单片机原理与接口技术（第二版）

主　编　吴亦锋　陈德为

副主编　冯维杰　曹双贵　吴海彬

電子工業出版社

Publishing House of Electronics Industry

北京 · BEIJING

内容简介

本书以 MCS-51 系列单片机为典型机型，从实际应用出发，系统讲解单片机的硬件结构、指令系统、汇编语言程序设计、中断与定时、存储器扩展与并行 I/O 接口扩展、显示器与键盘接口技术、模拟量通道接口、串行接口、单片机 C 语言程序设计、单片机系统设计方法与应用实例及 Proteus 电路设计与仿真软件等知识。

本书延袭了第一版的特点和风格，并增加了 Proteus 电路设计与仿真软件等新内容。全书内容更实用，章节编排更合理，文字叙述通俗易懂，重点突出、难点分散、易教易学，理论联系实际，具有较强的实用性。

本书可作为高等院校机械设计制造及其自动化、机械电子工程、测控技术及仪器、车辆工程以及相关专业的教学用书，也可作为机电类高职、高专教材或自学用书，还可供有关工程技术人员参考。

图书在版编目（CIP）数据

单片机原理与接口技术/吴亦锋，陈德为主编. —2 版. —北京：电子工业出版社，2014.2
普通高等教育机械类“十二五”规划系列教材
ISBN 978-7-121-21853-8

Ⅰ. ①单… Ⅱ. ①吴… ②陈… Ⅲ. ①单片微型计算机－基础理论－高等学校－教材②单片微型计算机－接口技术－高等学校－教材 Ⅳ. ①TP368.1

中国版本图书馆 CIP 数据核字（2013）第 269314 号

策划编辑：李　洁（lijie@phei.com.cn）
责任编辑：李　洁　特约编辑：钟永刚
印　　刷：北京虎彩文化传播有限公司
装　　订：北京虎彩文化传播有限公司
出版发行：电子工业出版社
　　　　　北京市海淀区万寿路 173 信箱　邮编 100036
开　　本：787×1 092　1/16　印张：21.25　字数：540 千字
版　　次：2010 年 11 月第 1 版
　　　　　2014 年 2 月第 2 版
印　　次：2022 年 8 月第 8 次印刷
定　　价：39.90 元

凡所购买电子工业出版社图书有缺损问题，请向购买书店调换。若书店售缺，请与本社发行部联系，联系及邮购电话：（010）88254888，88258888。

质量投诉请发邮件至 zlts@phei.com.cn，盗版侵权举报请发邮件至 dbqq@phei.com.cn。

本书咨询联系方式：lijie@phei.com.cn。

第二版前言

《单片机原理与接口技术》出版以来，受到了广大读者和高校师生的好评。为了使单片机课程教学能跟上新形势的发展以及满足教学的需要，作者对原书进行了全面的修订，尤其是第 3 章和第 4 章增加了许多编程实例，对第 7 章的数码管动态扫描显示进行了较大篇幅的改写，并增加了第 12 章 Proteus 电路设计与仿真软件的介绍。

本书保持了第一版深入浅出、易教易学的特点。在简要介绍基本原理的基础上，详尽介绍了 MCS-51 系列单片机的指令系统、汇编语言程序设计、中断与定时及单片机接口技术，并通过具体的应用案例介绍单片机的实际应用，具有较强的实用性。全书重点突出、难点分散，各章末均附有小结和练习题。本书作为本科生教材时，课堂讲授与实验总学时约 56～72 学时，教师在讲授时，可根据各专业特点和需要适当删减部分内容。

修订后的全书共分 12 章。第 1～2 章简要介绍数制及其转换，计算机中数和编码的表示方法及 MCS-51 单片机的硬件结构等知识。第 3～4 章详细介绍 MCS-51 单片机的指令系统，汇编语言程序的结构及汇编语言常用程序的设计方法。第 5 章介绍 MCS-51 单片机的中断系统和内部定时器/计数器的应用。第 6～9 章着重讲解 MCS－51 单片机系统扩展技术，包括存储器扩展、并行 I/O 接口扩展、数码管和键盘接口技术、D/A 和 A/D 转换器接口技术、串行接口及其应用等。第 10 章介绍 51 单片机 C 程序设计及编程实例。第 11 章介绍单片机应用系统开发设计方法，并通过几个应用实例将前面各章的知识点系统化。第 12 章介绍当前流行的电路设计与仿真软件 Proteus，熟练应用 Proteus 软件将使单片机开发人员如虎添翼。修订后的本书与第一版相比，删除了部分不适合的内容，增加了许多新的内容，使得全书内容更实用，章节编排更合理，易教易学。本书配有 PPT 课件，如有需要，请登陆电子工业出版社华信教育资源网（www.hxedu.com.cn）注册后免费下载。

本书第 1 章、第 9 章由昆明学院冯维杰负责修订，第 2 章、第 10 章由淮海工学院曹双贵负责修订，第 3～6 章由福州大学吴亦锋负责修订，第 7～8 章由福州大学陈德为负责修订，第 11～12 章由福州大学吴海彬负责修订和编写，全书由吴亦锋统稿。本书在修订过程中得到了福州大学和电子工业出版社的大力支持和帮助。同时，编者还参考和引用了参考文献中的部分资料，在此一并向相关人员表示衷心的感谢。

由于编者水平有限，书中难免有疏漏和不妥之处，恳请读者通过电子邮箱 yifengwu@126.com 进行联系，提出批评意见和建议。

编　者

2013 年 11 月

目录

第 1 章 微型计算机基础知识

第 2 章 MCS-51 单片机的硬件结构及原理

第 3 章 MCS-51 单片机指令系统

第6章　存储器扩展与并行I/O接口扩展

第7章　显示器与键盘接口技术

第8章　模拟量通道接口

第9章　MCS-51单片机的串行接口

*第 10 章 单片机 C 语言程序设计

*第 11 章 单片机应用系统设计方法与应用实例

*第 12 章 Proteus 电路设计与仿真软件

注：章节前面标有“*”号的为选学标志，不同专业可视具体要求及课时进行选讲。

第 1 章　微型计算机基础知识

【知识点】

☆ 微型计算机和单片机的发展
☆ 数制及各种进制数之间的转换
☆ 二进制数的算术运算和逻辑运算
☆ 计算机中有符号数的表示（原码、反码和补码，补码的加减运算）
☆ 字符的编码（BCD 码、ASCII 码）
☆ 微型计算机系统的基本组成与工作原理

1.1　微型计算机和单片机发展概述

计算机作为一种计算工具，是人类有史以来最伟大的发明之一和人类智慧的结晶，也是目前文明社会中最有价值的工具之一。人类经过几个世纪的努力，计算机随着生产的发展和社会的进步，经历了一个从简单到复杂，从低级到高级的漫长发展过程，其中相继出现了如算盘、计算尺、手摇机械计算机、电动机械计算机等不同类型的计算机。直到 1946 年，在美国宾夕法尼亚大学研制成功了世界上第一台全电子管的电子数字积分式计算机 ENIAC（Electronic Numerical Integrator And Computer）。ENIAC 的诞生，标志着人类电子计算机时代的到来。

1.1.1　微型计算机的发展

1．电子计算机的发展

1943 年，美国为适应第二次世界大战的需要（计算弹道轨迹），在美国陆军军部主持下，由美国宾夕法尼亚大学物理学家约翰·莫克利（John.Mauchly）和工程师普雷斯·埃克特（Prespen. Eckert）领导，开始研制世界上第一台电子数字积分计算机 ENIAC（Electronic Numerical Integrator And Computer）。1945 年 12 月 ENIAC 研制成功，1946 年 2 月正式交付使用，共服役 9 年。这台计算机总共安装了 17468 只电子管，7200 个二极管，70000 多只电阻器，10000 多只电容器和 6000 只继电器，占地面积为 $170m^2$ 左右，总质量达 30000kg，总功耗约 140kW，运算速度达到每秒能进行 5000 次加法运算、300 次乘法运算。尽管人类后来的计算机并不是在这台机器的基础上发展起来的，但计算机界还是认同，把 ENIAC 的启动之时作为电子计算机的诞生日并载入史册。

应该说，现代计算机理论的奠基人是英国数学家、逻辑学家阿兰·麦席森·图灵（Alan Mathison Turing，1912—1957 年）。1936 年，年仅 24 岁图灵发表《论可计算数及其在判定问题中的应用》的论文，首次阐明了现代计算机的原理，从理论上证明了现代通用计算机存在的可能性，为后来计算机的发展奠定了理论基础。

1946 年，美籍匈牙利数学家冯·诺依曼（Von Neuman，1903—1957 年）发表了《关于

离散变量自动电子计算机的草案》的论文，论文长达 101 页，第一次提出了在数字计算机内部的存储器中存放程序的概念。同时领导研制小组开始研制一种“基于程序存储和程序控制”的计算机，并于 1952 年研制成功且投入使用。这台计算机被称为电子离散变量计算机 EDVAC（Electronic Discrete Variable Automatic Computer），它对于计算机的体系结构有着重要的理论意义，这种“基于程序存储和程序控制”体系结构的计算机被称之为冯• 诺依曼原理计算机，并且一直延续至今。

从 1946 年第一台电子数字计算机 ENIAC 诞生以来，随着电子技术和电子元器件的发展，电子计算机在短短的 60 多年里经历了电子管、晶体管、集成电路和超大规模集成电路的发展阶段，使计算机的体积越来越小，功能越来越强，价格越来越低，应用越来越广泛。计算机界一般把计算机的发展阶段分为五代。

第一代：电子管电子计算机（1946—1958 年）。

第一代计算机的基本逻辑元件是电子管，内存储器采用水银延迟线，外存储器主要采用磁鼓、纸带、卡片、磁带等。运算速度只是每秒几千次～几万次基本运算，内存容量也不大。程序设计语言处于低级阶段，主要使用二进制表示的机器语言和符号语言编程，没有高级语言和系统软件，一切操作都是由中央处理器集中控制，输入、输出设备简单，采用穿孔纸带或卡片来输出结果。因此，第一代计算机的特点是：体积大、耗电多、运算速度低、成本高、可靠性低、使用不便。应用主要局限于一些军事和科研部门进行科学计算。

第二代：晶体管电子计算机（1958—1965 年）。

1948 年，美国贝尔实验室发明了晶体管，晶体管代替了体积庞大的电子管，电子设备的体积不断减小。10 年后晶体管取代了计算机中的电子管，诞生了第二代计算机——晶体管计算机。晶体管计算机的基本逻辑元件是晶体管，内存储器主要采用磁芯，其运算速度为每秒几十万～百万次基本运算，体积为第一代计算机的几十分之一。外存储器仍主要采用磁鼓、纸带、卡片、磁带等。与第一代电子管计算机相比，晶体管计算机具有体积小，耗电少，成本低，逻辑功能强，使用方便，可靠性高等优点。

在这个时期，系统软件出现了监控程序，提出了操作系统概念，各种高级语言层出不穷，常见的有 COBOL、FORTRAN、ALGOL 60 等。与低级语言（机器语言）相对比，高级语言是以人类自然语言为基础的一种编程语言，使用人们易于接受的文字、符号和语法来描述解算过程，使计算机编程更容易，也比低级语言有较高的可读性。计算机管理方式和编程方式的改变，扩大了计算机的应用领域，也催生了计算机软件学科和软件产业。应用范围进一步扩大，从军事和尖端技术领域延伸到气象、数据处理、事务处理、工业控制以及其他科学研究领域。

第三代：中小规模集成电路电子计算机（1965—1970 年）。

1958 年，美国德州仪器公司的杰克·基尔比发明了世界上第一块集成电路，开辟了微电子时代。

第三代计算机的基本逻辑元件采用中、小规模集成电路，原有的磁芯存储器被半导体存储器逐步取代，计算机运算速度提高到每秒百万～几百万次基本运算，性能和稳定性进一步提高。终端设备和远程终端迅速发展，并与通信设备、通信技术结合起来，为日后计算机网络的出现打下了基础。

在这个时期，系统软件有了很大的发展，出现了分时操作系统，高级程序设计语言进一步发展，产生了会话式语言和结构化程序设计语言。计算机的管理和使用方式也由手工操作改变为自动管理，使计算机的使用效率显著提高。计算机的功能越来越强，应用范围越来越广，不仅用于科学计算，还用于文字处理、企业管理、自动控制等领域。同时，计算机体系结构进入标准化、模块化、系列化的发展时期。

第四代：大规模、超大规模集成电路电子计算机（1971 年开始）。

第四代计算机是指从 1970 年以后基本逻辑元件采用大规模集成电路（LSI）、超大规模集成电路（VLSI）和极大规模集成电路（ULSI），内存储器采用半导体存储器制成的计算机。与第三代计算机相比，第四代计算机体积更小，可靠性更强，寿命更长。计算速度加快，达到每秒几百万～千亿次基本运算。内存储器普遍采用半导体存储器，存储容量、存取速度和可靠性均大幅度提高。外存储器除广泛使用软、硬磁盘外，还相继出现大容量的硬磁盘、光盘、U 盘等。另外，各种使用方便的输入输出设备也相继出现，如大容量的磁盘、光盘、U 盘、鼠标、图像扫描仪、数字化照相机、高分辨率彩色显示器、激光打印机和绘图仪等，为计算机在各行各业的应用，开辟了广阔的空间。

这一时期的计算机不论是在体系结构方面还是在软件技术方面都有了较大的提高，并行处理、多机系统、嵌入式系统、多媒体系统、网络通信和网格计算等方面都在快速发展。软件产业高度发达，系统软件和各种实用软件层出不穷，出现了数据库管理系统、分布式操作系统和图形界面操作系统，极大地方便了计算机的应用，使计算机的应用范围迅速扩大，广泛应用于数据处理、工业控制、各类辅助设计、图像识别、语言识别、通信等方面。另外，计算机网络技术也得到了巨大的发展，Internet 已经成为覆盖整个地球的最大的信息网络，正在改变人们的工作、生活、交流和娱乐方式。

第四代计算机中最有影响的机种是微型计算机，它诞生于 20 世纪 70 年代初，20 世纪 80 年代得到了迅速推广，成为计算机发展史上最显赫的事件之一。

第五代：智能计算机（20 世纪 80 年代中期至今）。

第五代计算机将把信息采集、存储、处理、通信和人工智能结合在一起，具有形式推理、联想、学习和解释能力。它的系统结构将突破传统的冯·诺依曼机器的概念，可实现高度的并行处理。现仍处于研制发展中，其工作原理、结构至今尚未统一。

2．微型计算机的发展

1971 年，Intel 公司采用 MOS 大规模集成电路技术，生产开发出全球第一块微处理器 Intel 4004，该芯片能同时处理 4 位二进制数，集成了 2300 个晶体管，每秒可进行 6 万次运算，成本约为 200 美元。它本来是为高级袖珍计算器 Busicom 而设计的，但生产出来后，却获得了意外的成功。这项突破性的发明开始了人类将智能内嵌入计算机中的伟大历程。也标志着计算机进入微型机的时代。

将计算机的运算器和控制器集成在一块大规模集成电路芯片上，该芯片就称为中央处理单元（CPU），也称为微处理器或微处理机。以微处理器为核心，再配上存储器、接口电路、电源和部分基本外部设备（如键盘、显示器、磁盘驱动器等）构成的计算机就称为微型计算机。微型计算机的发展是以微处理器的发展为标志，学术界一般以微处理器的发展来划分微型计算机的发展阶段。

第一代（1971—1973 年）的 4 位和低档 8 位微处理器。

1971 年，Intel 公司推出的世界上第一个微处理器 Intel 4004，它能够处理 4bit 的数据，每秒运算 6 万次，运行频率为 108kHz。

1972 年，Intel 又推出 8 位微处理器 Intel 8008，它采用工艺简单、速度较低的 PMOS 工艺，集成了约 9000 个晶体管，时钟频率 0.5/0.8MHz，平均指令执行时间为 1～2μs。

第二代（1973—1977 年）的中高档 8 位微处理器。

1974 年，Intel 公司将 Intel 8008 发展成 Intel 8080。由于微处理器可用来完成以前需要很多设备才能完成的计算任务，且价格便宜，因此各半导体公司开始竞相开发微处理器芯片。Zilog 公司生产了 Z80，Motorola 公司生产了 MC6800，Rockwell 公司生产了 R6502，Intel 公司于 1976 年又推出了 Intel 8085。这时期微处理器的特点是采用 NMOS 工艺，时钟频率为 2～4MHz，运算速度是第一代的 10～15 倍，指令系统比较完善，寻址能力有所增强，已有典型的计算机体系结构以及中断和 DMA 功能，支持语言有汇编语言、BASIC、FORTRAN 和 PL/M 等，后期开始配备 PC/M 操作系统。

第三代（1978—1982 年）的 16 位微处理器。

随着超大规模集成电路（VLSI）的发展，1978 年 Intel 公司推出了 16 位微处理器 Intel 8086，片内集成了 29000 个晶体管。Zilog 公司和 Motorla 公司也先后推出 16 位的 Z8000 和 MC68000。1979 年 Intel 公司推出了内部 16 位结构、外部数据总线为 8 位的微处理器 Intel 8088。特点是采用 HMOS 工艺，时钟频率为 4～8MHz，平均指令执行时间为 0.5μs，集成度达 2～6 万晶体管/片；1982 年 Intel 公司推出了 Intel 80286。80286 芯片集成了 14.3 万只晶体管、16 位字长，时钟频率为 20MHz。其内部和外部数据总线皆为 16 位，地址总线为 24 位，内存寻址能力为 16MB。80286 可工作于实模式与保护模式。在实模式下，微处理器可访问的内存容量限制在 1MB；而在保护模式下，80286 可直接访问 16 MB 的内存，且可以保护操作系统。另外 80286 也是第一款能实现多任务切换的 CPU。

1981 年，IBM 公司采用 Intel 8088 微处理器生产了第一台通用微型计算机 IBM PC，从此 IBM PC 系列微机成为个人计算机的主流机之一。

第四代（1982—1992 年）的 32 位微处理器。

1985 年，Intel 划时代的 80386DX 芯片正式发布，片内集成了 27.5 万个晶体管，时钟频率为 12.5MHz，后来又逐步提高到 20MHz、25MHz、33MHz。80386DX 具有 32 位数据线和 32 位地址线，内部寄存器均为 32 位，最大地址空间为 4GB，支持 64TG 的虚拟存储空间。在 80386 中还引入多任务管理机制，用任务寄存器来管理各任务的内存段，实现多个任务的切换。80386 也是第一个支持片外 Cache 的 CPU。

1989 年，Intel 公司推出了 80486 芯片，它使用 1 μm 的制造工艺，集成了 120 万个晶体管，是超级版本的 386。80486 是将 80386 和数学协处理器 80387 以及一个 8KB 的高速缓存集成在一个芯片内，并且，在 80486 中首次采用 RISC（精简指令集）技术，可以在一个时钟周期内执行一条指令。它还采用了突发总线方式，大大提高了与内存的数据交换速度。

第五代（1993—1995 年）的 32 位奔腾微处理器。

1993 年，新一代芯片 80586 问世，微处理器技术发展到了一个新的阶段。 为了摆脱 80486 时代微处理器名称混乱及申请数字版权的困扰，Intel 公司把自己的新一代产品命名为 Pentium（奔腾），以区别 AMD 和 Cyrix 的产品。

Intel 公司推出的 Pentium（奔腾）微处理器片内集成了 310 万个晶体管。Pentium 的 CPU 字长 32 位，使用 64 位数据线，32 位地址线，内存寻址能力为 4GB，时钟频率达 120MHz 以上。内部集成了 8KB 的代码和数据 Cache。采用了超标量流水线和指令分支预测技术，集成了高性能的浮点处理单元。它提供有四种工作模式：即实地址模式、虚地址模式、虚拟 8086 模式和系统管理模式。

1996 年，Intel 公司推出 Pentium MMX（Multi Media eXtensions），在 Pentium 的基础上增加了 57 条 MMX（多媒体扩展指令集）指令，采用了 SIMD（单指令流多数据流）技术，用于音频、视频、图形/图像数据处理，使多媒体和通信处理能力得到了很大提高。

AMD 公司和 Cyrix 公司也分别推出了 K5 和 6X86 微处理器来对付“芯片巨人”。但是由于奔腾微处理器的性能最佳，还是由 Intel 公司逐渐占据了大部分市场。

第六代（1995—1999 年）的加强型 Pentium 微处理器。

1995 年，Intel 公司推出了 Pentium Pro（高性能奔腾），片内集成了 550 万个晶体管。具有 64 位数据线、36 位地址线，时钟频率可达 300MHz。内部集成了 16KB 的一级 Cache 和 256/512KB 的二级 Cache。Pentium Pro 具有 3 个整数执行单元和 1 个浮点单元，可以同时执行 3 条整数型指令。并采用指令乱序执行和寄存器重命名技术，进一步提高指令执行的并行性。

1997 年 5 月，Intel 公司发布 Pentium II。Pentium II 集成了 750 万个晶体管，CPU 字长仍为 32 位，内部 1 级代码和数据 Cache 增加为 16KB，内部 2 级 Cache 仍为 256/512KB，增加了 MMX 技术。

1999 年 2 月，Intel 公司发布 Pentium III 微处理器。Pentium III 在 Pentium II 的基础上进一步提高了性能，集成了 950 万个晶体管，时钟频率为 500MHz，而 2000 年推出的 PIII 其时钟频率高达 1GHz，并增加了 128 位的 SIMD（Single Instruction Multiple Data，单指令多数据流）寄存器和 72 条指令，用于互联网流式 SIMD 扩展 SSE（Streaming SIMD Extensions），内部 L1 级 Cache 达到 32KB，L2 级 Cache 为 512KB。

2000 年 11 月 21 日，更为强大的 Pentium Ⅳ处理器诞生，Pentium Ⅳ基于 0.18μm 工艺技术，集成了 4200 万个晶体管，采用了 Intel 全新的 NetBurst 架构，采用了超级流水线技术和快速执行引擎，增强了浮点和多媒体单元。L1 级 Cache 还增加了 12KB 的执行跟踪 Cache，系统总线速度达到 400MHz。Pentium Ⅳ增加了由 144 条新指令组成的 SSE2，提供 128 位 SIMD 整数算法操作和双精度浮点操作，时钟频率达 1.3GHz。

2001 年 8 月，Intel Pentium Ⅳ处理器时钟频率达 2GHz。

2002 年 11 月，Pentium Ⅳ处理器的时钟频率达 3.06GHz，并使用超线程（HT）技术，可使微机性能提升 25%。

2003 年 6 月，含超线程（HT）技术的 Intel Pentium Ⅳ处理器的时钟频率达 3.2 GHz。

2004 年 6 月，支持超线程（HT）技术的 Intel Pentium Ⅳ处理器主频突破 3.4 GHz，此后 Intel Pentium 4 处理器的主频被提高到 3.8GHz。

在这阶段 Intel 公司不断推出新一代的处理器，其他公司也紧追不舍。应该感谢 AMD 公司一直不断努力，力图超越自己和 CPU 巨人 Intel。正因为有了 AMD 和其他公司给予 Intel 强有力的挑战，CPU 才会如此快速地降低价格。

AMD 公司在同期推出的微处理器有：K6、K6-2 3D NOW、Athlon、Athlon XP 等。

2004 年，Intel 未能按计划发布 4GHz Pentium Ⅳ处理器，其根本原因是遭遇无法解决的功耗问题。从 1971 年开始，第一款处理器 Intel 4004 问世，主频 400kHz，1994 年达到 100MHz，2001 年突破 1GHz，以后每年提高 1GHz。然而 2004 年未能超过 4GHz，历时 33 年企图通过加快主频来提升处理器性能的路停在 4GHz 之下。从 20 世纪 90 年代初开始的，以 Intel 公司和 AMD 公司为主角的 CPU 频率大战，到此偃旗息鼓。此后，各 CPU 开发公司，不约而同地把处理器的发展转向 64 位处理器和多核处理器，历史走到了转折点。

第六代后（2000 年至今）的 64 位微处理器和多核处理器。

❶ 64 位微处理器。

2003 年 4 月，AMD 公司发布世界上首款基于 AMD64 技术的 64 位微处理器 AMD Opteron，Opteron 面向服务器产品是同时支持 32 位计算的 64 位微处理器，它奠定了 64 位计算机发展史上的里程碑。同年 9 月 AMD 公司又发布面向 PC 用户的 Athlon 64。这两款产品在内核上差异很小，均采用 0.13μm SOI（Silicon On Insulator）工艺制造，集成了 1 亿多个晶体管，主频为 1.6GHz。由于 AMD64 架构完全兼容 X86-32 指令集，代表了微处理器的发展方向，一推出就得到了业界的广泛欢迎和青睐。Opteron 和 Athlon64 的成功，使得 AMD 公司在和 Intel 公司 30 多年的竞争中首次战胜 Intel，暂时取得了优势。

面对 AMD 公司的挑战，Intel 公司也在 2004 年推出代号为 Nocona 的具有 64 位处理能力的 Xeon（至强）微处理器，Nocona 采用与 AMD 公司的 64 位微处理器相同的架构。

64 位微处理器的竞争已经拉开了序幕，究竟那一种微处理器能代表未来的发展方向？在回顾微处理器发展历史的过程中，可以清楚地看到相互兼容的优势。在当前由 32 位向 64 位转折面前，计算机行业将面临新的机遇和挑战，走相互兼容的道路，将是人们明智的选择。

❷ 多核心微处理器。

多核心，也指单芯片多处理器（Chip Multi Processors，CMP）。CMP 是由美国斯坦福大学提出的，其思想是将大规模并行处理器中的对称多处理器（Symmetrical MultiProcessing，SMP）集成到同一芯片内，各个处理器并行执行不同的进程。

多核微处理器已成为高性能通用处理器的发展主流。这个阶段多核微处理器的代表产品有：

IBM 公司：Power4（2001 年，双核）、Power5（2004 年，双核）、Power6（2007 年，双核）、Power7（2010 年，8 核）。

Intel 公司：Montecito（2004 年，双核）、SmithField（2005 年，双核）、Conroe（2006 年，双核）、Conroe i7（2008 年，4 核）、Tukwila（2010 年，4 核）。

AMD 公司：Opteron（2004 年，双核）、AMD 双核速龙（2006 年，双核），Shanghai（2008 年，4 核）、Istanbul（2009 年，6 核）、Magny-Cours（2010 年，12 核）。

虽然微处理器已经发展到多核心微处理器阶段，一方面它的发展远没有结束，我们必须清醒地认识到，多核的大众时代尚未到来。对于桌面应用，多核的大众化并不会很快变为现实。尽管利用并行 CPU 来提高软件总体性能的概念至少已经出现 35 年了，但是在开发工具方面，使这种方法进入商业市场的产品却非常少，可供程序员迅速开发程序的仍是单线程程序。不管你有一个处理器还是多个处理器，现今的大部分应用程序仍是单线程程序，性能增加不会很大。因此，多核技术的真正有效应用成为限制多核处理器在计算机上面普及的瓶颈。为了再一次提高性能和功能，还得等待计算机应用厂商对多核应用软件改写和投资，这个过程可能是漫长的。

1.1.2 单片机的发展

随着大规模集成电路技术的发展，可以将 CPU、ROM、RAM、定时/计数器以及输入/输出（I/O）接口电路等主要计算机部件集成在一块集成电路芯片上。这样所组成的芯片级的微型计算机称为单片微型计算机（Single Chip Microcomputer），简称单片微机或单片机。虽然单片机只是一个芯片，但从组成和功能上看，它已具有了微机系统的含义。

单片机的出现是为满足控制领域应用的要求和各种控制要求而得到迅速发展的，例如80C51、68HC05、68HC11 等系列单片机着重扩展了各种控制功能，如 A/D、PWM、PCA 计数器捕获/比较逻辑、高速 I/O 接口、WTD 等，已突破了微型计算机的传统内容。所以更准确地反映单片机本质的名称应是微控制器（Microcontrollor，MCU）。

目前，单片机在工业测控领域中占有重要地位。各电气厂商、家电行业、机电行业和测控企业都把单片机作为本部门产品更新换代、产品智能化的重要工具。正因为如此，各大电子器件和电气厂商均有自己的单片机系列产品。据不完全统计，目前全世界单片机的生产厂家有一百多家，能生产 60 多个系列、1000 多个型号的单片机产品。

1．单片机的发展简史

自从 1974 年美国仙童（Fairchild）公司的第一台单片机问世以来，单片机的发展非常迅速，各种新型和高性能单片机不断推陈出新冲向市场。迄今已有 30 多年历史，大致经历了五个发展阶段。

第一阶段（1971—1974 年）：单片机萌芽阶段。

1971 年 11 月美国 Intel 公司设计出集成度为 2300 只晶体管/片的 4 位微处理器 Intel 4004，并且配有随机存储器 RAM，只读存储器 ROM 和移位寄存器等芯片，构成第一台 MCS-4 微型计算机。随后又研制出 8 位微处理器 Intel 8008。在此期间 Fairchild 公司也研制出了 8 位微处理器 F8。这些微处理器虽说还不是单片机，但从此拉开了研制单片机的序幕。

第二阶段（1974—1978 年）：初级单片机阶段。

1976 年 Intel 公司推出了 MCS-48 单片机，它将 8 位 CPU、并行 I/O 接口、8 位定时/计数器和 28 字节的 RAM 集成在一个芯片内。寻址范围不大于 4KB，且无串行接口。使用 NMOS 工艺。这个时期的单片机才是真正的 8 位单片微型计算机。它以体积小，功能全，低价位赢得了广泛的应用，为单片机的发展奠定了基础，成为单片机发展史上的重要里程碑。

第三阶段（1978—1983 年）：高性能单片机阶段。

这一阶段单片机和前阶段相比，不仅存储容量和寻址范围大，而且中断源、并行 I/O 接口和定时/计数器个数有了增加，集成了全双工串行通信接口。在指令系统方面，普遍增设了乘除法和比较指令。这类单片机代表产品有 Intel 公司的 MCS-51 系列、Motorola 公司的 MC6801 系列、Zilog 公司的 Z8 系列、TI 公司的 TMS7000 系列等。

于 1980 年推出的 MCS-51 单片机为发展具有良好兼容性的新一代微控制器奠定了良好的基础。在 8051 技术实现开放后，Philips、Atmel、Dallas 和 Siemens 等公司纷纷推出了基于 80C51 内核（8051 的 CMOS 版本）的微控制器。这些各具特色的产品能够满足大量嵌入式应用需求。基于 80C51 内核的微控制器并没有停止发展的脚步，例如现在 Maxim/Dallas 公司提供的 DS89C430 系列微控制器，其单周期指令速度已经提高到了 8051 的 12 倍。

此外，Rockwell、NS 和日本松下公司也先后生产了自己的单片机系列。由于这类单片机应用领域极其广泛，各大公司都大力改进其结构与性能。所以，这个时期的各类产品目前仍是国内外产品的主流。其中 MCS-51 系列产品由于其优良的性能价格比，有可能在相当长一段时间内仍处于主流产品地位。

第四阶段（1983 年至今）：8 位单片机巩固发展及 16 位单片机推出阶段。

20 世纪 80 年代，世界各大公司均竞相研制出品种多、功能强的单片机，约有几十个系列，300 多个品种，此时的单片机均属于真正的单片化，大多集成了 CPU、RAM、ROM、数目繁多的 I/O 接口、多种中断系统，甚至还有一些带 A/D 转换器的单片机，功能越来越

强大，RAM 和 ROM 的容量也越来越大，寻址空间甚至可达 64KB，可以说，单片机发展到了一个新的阶段。

16 位单片机工艺先进、集成度高、内部功能强，加法运算速度可达 1μs 以上，而且允许用户采用面向工业控制的专用语言。代表产品有 Intel 公司的 MCS-96 系列、TI 公司的 TMS9900、NEC 公司的 783XX 系列和 NS 公司的 HPC16040 等。

现阶段：32 位单片微机系列。

继 16 位单片机出现后不久，几大公司先后推出了代表当前最高性能和技术水平的 32 位单片微机系列。32 位单片机具有极高的集成度，内部采用新颖的 RISC（精简指令系统计算机）结构，CPU 可与其他微控制器兼容，主频频率可达 33MHz 以上，指令系统进一步优化，运算速度可动态改变，设有高级语言编译器，具有性能强大的中断控制系统、定时/事件控制系统、同步/异步通信控制系统。代表产品有 Intel 公司的 MCS-80960 系列、Motorola 公司的 M68300 系列、Hitachi 公司的 Super H（简称 SH）系列等。

这类单片机主要应用于汽车、航空航天、高级机器人、军事装备等方面。它代表着单片机发展中的高、新技术水平。

2. 单片机的发展趋势

目前，单片机发展趋势将是进一步向着 CMOS（金属栅氧化物）化、低功耗、小体积、大容量、高性能、低价格和外围电路内装化等几个方面发展。

1）CMOS 化

近年来，由于 CHMOS 技术的进步，大大地促进了单片机的 CMOS 化。CMOS 芯片除了低功耗特性之外，还具有功耗的可控性，使单片机可以工作在功耗精细管理状态。这也是今后以 80C51 取代 8051 为标准 MCU 芯片的原因。因为单片机芯片多数是采用 CMOS 半导体工艺生产。CMOS 电路的特点是低功耗、高密度、低速度、低价格。采用双极型半导体工艺的 TTL 电路虽然速度快，但功耗和芯片面积较大。随着技术和工艺水平的提高，又出现了 HMOS（高密度、高速度 MOS）和 CHMOS 工艺，以及 CHMOS 和 HMOS 工艺的结合。目前生产的 CHMOS 电路已达到 LSTTL 的速度，传输延迟时间小于 2ns，它的综合优势已高于 TTL 电路。因而，在单片机领域 CMOS 正在逐渐取代 TTL 电路。

2）低功耗化

单片机的功耗已从 mA 级，降至 1μA 以下，甚至更低。使用电压在 3～6V 之间，完全适应电池工作。低功耗化的效应不仅是功耗低，而且带来了产品的高可靠性、高抗干扰能力以及产品的便携化。

3）低电压化

几乎所有的单片机都有 WAIT、STOP 等省电运行方式。允许使用的电压范围越来越宽，一般在 3～6V 范围内工作。低电压供电的单片机电源下限已可达 1～2V。目前 0.8V 供电的单片机已经问世。

4）低噪声与高可靠性

为提高单片机的抗电磁干扰能力，使产品能适应恶劣的工作环境，满足电磁兼容性方面更高标准的要求，各厂家在单片机内部电路中都采用了新的技术措施。

5）大容量化

以往单片机内的 ROM 为 1～4KB，RAM 为 64～128B。但在需要复杂控制的场合，该存储容量是不够的，必须进行外接扩充。为了适应这种领域的要求，须运用新的工艺，使片内存储器大容量化。目前，单片机内 ROM 最大可达 64KB，RAM 最大为 2KB。

6）高性能化

主要是进一步改进 CPU 的性能，加快指令运算的速度和提高系统控制的可靠性。采用精简指令集（RISC）结构和流水线技术，可以大幅度提高运行速度。现指令速度最高者已达 100MIPS（Million Instruction Per Seconds，即兆指令每秒），并加强了位处理功能、中断和定时控制功能。这类单片机的运算速度比标准的单片机高出 10 倍以上。由于这类单片机有极高的指令速度，就可以用软件模拟其 I/O 功能，由此引入了虚拟外设的新概念。

7）小容量、低价格化

与上述相反，以 4 位、8 位机为中心的小容量、低价格化单片机也是发展方向之一。这类单片机的用途是把以往用数字逻辑集成电路组成的控制电路单片机化，可广泛用于家电产品。

8）外围电路内装化

这也是单片机发展的主要方向。随着集成度的不断提高，有可能把众多的各种外围功能器件集成在片内。除了一般必须具有的 CPU、ROM、RAM、定时/计数器等以外，片内集成的部件还有模/数转换器、DMA 控制器、声音发生器、监视定时器、液晶显示驱动器、彩色电视机和录像机用的锁相电路等。

9）串行扩展技术

在很长一段时间里，通用型单片机通过三总线结构扩展外围器件成为单片机应用的主流结构。随着低价位 OTP（One Time Programable）及各种类型片内程序存储器的发展，加之外围接口不断进入片内，推动了单片机“单片”应用结构的发展。特别是 I^2C、MICROWIRE、SPI 等串行总线的引入，可以使单片机的引脚设计得更少，单片机系统结构更加简单化及规范化。

1.2 各种进制数的表示及相互转换

1.2.1 各种进制数的表示

数是客观事物的量在人们头脑中的反映。数制是人们对事物的量进行计量的一种规律。日常生活中最常用的是十进制，在十进制数中要用 0、1、2、3、…、9 十个数码。计算机的电路基础是数字电路，由于电路元件最容易实现的是两种稳定状态，即器件的“开”与“关”，电平的“高”与“低”。二进制的数仅使用 0、1 两个数码。若用器件的“关”或电平的“低”表示 0，则用器件的“开”或电平的“高”表示 1。即可实现二进制数的电路表示。这就是迄今为止在计算机内部仍使用二进制数的原因。而且，二进制数是计算机唯一能够识别和处理的数制。二进制数不够直观，位数较长，不便书写和记忆。向计算机输入数据时，往往直接输入人们习惯的十进制数，计算机将其转化为二进制数后再进行计算和处理；计算机的处理结果也要转换为人们习惯的十进制数。因此，在计算机中，需要进行各种数制之间的转换。

1．数的位置表示法

用一组数码（或符号）表示数时，如果每个数码所表示的量，不仅决定于数码本身而且还决定于这个数码所处的位置，这种表示法就称为数的位置表示法。在位置表示法中，对每一个数位都赋予一定的位值，称为权。每个数位上数字所表示的数量为该数字所表示的量与该位权的乘积。

相邻两位中高位的权与低位的权之比如果是一个常数，此常数称为基数，基数的大小就反映了计数的进制数。

如用一组数码$a_n a_{n-1} \cdots a_1 a_0 a_{-1} a_{-2} \cdots a_{-m}$表示数量$N$，则用位置表示法可表示为：

$$N = a_n X^n + a_{n-1} X^{n-1} + \cdots + a_1 X^1 + a_0 X^0 + a_{-1} X^{-1} + a_{-2} X^{-2} + \cdots + a_{-m} X^{-m}$$

$$= \sum_{i=-m}^{n} a_i X^i = \sum_{i=0}^{n} a_i X^i (\text{整数部分}) + \sum_{i=-1}^{-m} a_i X^i (\text{小数部分})$$

式中　X——基数，$X \geqslant 2$，取值不同就可以得到不同进制数；

a_i——表示各数位上的数码，称为系数，$a_i = \{0,1,2,\cdots,X-1\}$。

【例 1-1】　$123.456 = 1\times10^2 + 2\times10^1 + 3\times10^0 + 4\times10^{-1} + 5\times10^{-2} + 6\times10^{-3}$

2．各种不同进制的数

1）十进制（Decimal）

计数规律：逢十进一，借一当十；

基数$X = 10$；系数$a_i = \{0,1,2,\cdots,9\}$。

一般表达式：

$$(N)_{10} = (N)_{\mathrm{D}} = (\sum_{i=-m}^{n} a_i 10^i)_{10}$$

2）二进制（Binary）

计数规律：逢二进一，借一当二；

基数$X = 2$；系数$a_i = \{0,1\}$。

一般表达式：

$$(N)_2 = (N)_{\mathrm{B}} = (\sum_{i=-m}^{n} a_i 2^i)_{10}$$

【例 1-2】　$(1011.11)_2 = (1\times2^3 + 0\times2^2 + 1\times2^1 + 1\times2^0 + 1\times2^{-1} + 1\times2^{-2})_{10}$

二进制数的特点是电路实现极为方便，运算简单，在计算机中使用。

二进制数运算规则：

加法运算：0 +0 = 0，0 + 1 = 1，1 + 0 = 1，1 + 1 =10（逢二进一）；

减法运算：0−0 = 0，10−1 = 1（借位），1−0 = 1，1−1 = 0；

乘法运算：0×0 =0，0×1 =0，1×0 =0，1×1 =1；

除法运算：0/1 =0，1/1 =1。

3）八进制（Octal）

计数规律：逢八进一，借一当八；

基数$X = 8$；系数$a_i = \{0,1,2,\cdots,7\}$。

一般表达式：

$$(N)_8 = (N)_{\mathrm{Q}} = (\sum_{i=-m}^{n} a_i 8^i)_{10}$$

【例 1-3】　$(345.67)_8 = (3\times8^2 + 4\times8^1 + 5\times8^0 + 6\times8^{-1} + 7\times8^{-2})_{10}$

八进制数的特点是：$2^3 = 8$，即 3 位二进制数对应 1 位八进制数，可减少二进制数的书写长度，在计算机编程时使用。

4）十六进制（Hexadecimal）

计数规律：逢十六进一，借一当十六；

基数 $X=16$；系数 $a_i=\{0,1,2,\cdots,9,A,B,C,D,E,F\}$。

一般表达式：

$$(N)_{16}=(N)_{\mathrm{H}}=(\sum_{i=-m}^{n}a_i 16^i)_{10}$$

【例 1-4】 $(56\mathrm{D.3A})_{16}=(5\times16^2+6\times16^1+13\times16^0+3\times16^{-1}+10\times16^{-2})_{10}$

十六进制数的特点是：$2^4=16$，即 4 位二进制数对应 1 位十六进制数，可减少二进制数的书写长度，在计算机编程时经常使用。

3．各种不同进制数的书写规定

不同进制的数在书写时有两种方法：一是在数字后加规定的字符；二是在括号外加下标，下标也必须使用规定的字符。

下面给出不同进制数的书写规定。

❶ 十进制（Decimal）：数字后加字符 D 或不加。

【例 1-5】 $2010.5=(2010.5)_{10}=(2010.5)_{\mathrm{D}}=2010.5\mathrm{D}$

❷ 二进制（Binary）：数字后加字符 B。

【例 1-6】 $(1011.11)_2=(1011.11)_{\mathrm{B}}=1011.11\mathrm{B}$

❸ 八进制（Octal）

【例 1-7】 $(3732.031)_8=(3732.031)_{\mathrm{Q}}=3732.031\mathrm{Q}$

❹ 十六进制（Hexadecimal）：数字后加字符 H，若以 A～ F 开头，前加 0。

【例 1-8】 $(7\mathrm{DA.8})_{16}=(7\mathrm{DA.8})_{\mathrm{H}}=7\mathrm{DA.8H}$

$(0\mathrm{D5.A})_{16}=(0\mathrm{D5.A})_{\mathrm{H}}=0\mathrm{D5.AH}$

1.2.2 不同进制数的相互转换

1．N（N≠10）进制 ⇒ 十进制

把一个 N（$N\neq10$）进制数 R 转换为十进制数的转换方法是按权展开，即按十进制的规律计算前开式：

$$(R)_N=(\sum_{i=-m}^{n}a_i N^i)_{10}$$

【例 1-9】 $(1011.11)_2=(1\times2^3+0\times2^2+1\times2^1+1\times2^0+1\times2^{-1}+1\times2^{-2})_{10}=11.75$；

$(345.67)_8=(3\times8^2+4\times8^1+5\times8^0+6\times8^{-1}+7\times8^{-2})_{10}=299.859375$；

$(7\mathrm{DA.8})_{16}=(7\times16^2+13\times16^1+10\times16^0+8\times16^{-1})_{10}=2010.5$。

2．十进制 ⇒ N（N≠10）进制

把一个十进制数 R 转换为 N（$N\neq10$）进制数 M 的转换方法是将整数和小数部分分开，分别按不同的方法进行转换。转换的条件是等量转换，转换的算法是求 N（$N\neq10$）进制下 M 的系数 a_i。

整数部分转换

已知：十进制整数 $(R)_{10}$，将其转换为 N 进制整数 $(M)_N$。

设 $(M)_N=a_n a_{n-1}\ldots a_1 a_0=\sum_{i=0}^{n}a_i N^i$，因为等量 $(R)_{10}=(M)_N$，则有

$$(R)_{10}=a_n N^n+a_{n-1}N^{n-1}+\cdots+a_1 N^1+a_0 N^0$$

作代余数整数除法，两端同除 N

$(R)_{10}/N=(a_nN^{n-1}+a_{n-1}N^{n-2}+\cdots+a_1N^0)+a_0$(余数)$=Q_0$(商)$+a_0$(余数)

求得 a_0，商 Q_0 除 N

$(Q_0)_{10}/N=(a_nN^{n-2}+a_{n-1}N^{n-3}+\cdots+a_2N^0)+a_1$(余数)$=Q_1$(商)$+a_1$(余数)

求得 a_1，商 Q_1 再除 N

$(Q_1)_{10}/N=(a_nN^{n-3}+a_{n-1}N^{n-4}+\cdots+a_3N^0)+a_2$(余数)$=Q_2$(商)$+a_2$(余数)

重复上述计算，直到商等于 0，最后求得 a_n

$(Q_{n-1})_{10}/N=0+a_n$(余数)

将每次求得的余数按后先顺序排列，第一次求得的余数在最低位，最后求得的余数在最高位，即可求得 $(M)_N$。并且，由上述算法可知，整数部分的转换不存在转换误差。

【例 1-10】 将 125 转换为二进制数。

		余数	
2 | 125	---	1	最低位
2 | 62	---	0	
2 | 31	---	1	
2 | 15	---	1	
2 | 7	---	1	
2 | 3	---	1	
2 | 1	---	1	最高位
0			

转换结果：125 = 1111101B

【例 1-11】 将 386 转换为八进制数

		余数	
8 | 386	---	2	最低位
8 | 48	---	0	
8 | 6	---	6	最高位
0			

转换结果：386 = 602Q

小数部分转换

已知：十进制纯小数 $(r)_{10}$，将其转换为 N 进制小数 $(M)_N$。

设 $(M)_N=0.a_{-1}a_{-2}\cdots a_{-m}=\sum_{i=-1}^{-m}a_iN^i$，因为等量 $(r)_{10}=(M)_N$，则有

$$(r)_{10}=a_{-1}N^{-1}+a_{-2}N^{-2}+\cdots+a_{-m}N^{-m}$$

作乘法，两端同乘 N

$(r)_{10}\times N=a_{-1}N^0+a_{-2}N^{-1}+\cdots+a_{-m}N^{-(m-1)}=a_{-1}$(整数)$+P_0$(小数)

求得 a_{-1}，小数 P_0 乘 N

$(P_0)_{10}\times N=a_{-2}N^0+a_{-3}N^{-1}+\cdots+a_{-m}N^{-(m-2)}=a_{-2}$(整数)$+P_1$(小数)

求得 a_{-2}，小数 P_1 再乘 N

$(P_1)_{10}\times N=a_{-3}N^0+a_{-4}N^{-1}+\cdots+a_{-m}N^{-(m-3)}=a_{-3}$(整数)$+P_3$(小数)

重复上述计算，直到小数部分等于 0，或者满足转换精度为止，最后求得 a_n。

将每次求得的整数按先后顺序排列，第一次求得的整数在最高位，最后求得的整数在最低位，即可求得 $(M)_N$。

同理，由上述算法可知，小数部分的转换可能出现转换误差。若转换到小数部分等于0，转换不存在误差；但若小数部分不等于 0 结束转换，必定存在转换误差。可以证明，若转换到小数点后第 i 位，并且小数部分不等于0，则转换误差≤N^{-i}。

【例 1-12】 将 0.6875 转换为二进制数。

					整数	
2×	0.6875	=	1.375	---	1	最高位
2×	0.375	=	0.75	---	0	
2×	0.75	=	1.5	---	1	
2×	0.5	=	1.0	---	1	最低位

转换结果：0.6875D = 0.1011B。

【例 1-13】 将 0.78125 转换为十六进制数。

					整数	
16×	0.78125	=	12.5	---	12（C）	最高位
16×	0.5	=	8.0	---	8	最低位

转换结果：0.78125D = 0.C8H。

3．二进制、八进制和十六进制数之间的相互转换

（1）八进制数与二进制数之间的相互转换。

由于 $2^3=8$，所以八进制数与二进制数之间的对应关系是 1 位八进制数对应 3 位二进制数。

二进制转为八进制：整数部分，从最低位开始每 3 位分为一组，不足 3 位的前面补零；小数部分，则从最高位开始每 3 位分为一组，不足 3 位的后面补 0。然后每组以其对应的八进制数代替，排列顺序不变。

八进制转为二进制：将每位八进制数写成对应的 3 位二进制数，再按原来的顺序排列起来即可。

【例 1-14】 $(11110.10001)_2 = (011\quad 110\,.\,100\quad 010)_2 = (36.42)_8$

$(64.03)_8 = (110\quad 100\,.\,000\ 011)_2 = (110100.000011)_2$

（2）十六进制数与二进制数之间的相互转换。

由于 $2^4=16$，所以十六进制数与二进制数之间的对应关系是 1 位十六进制数对应 4 位二进制数。

转换方法跟八进制数与二进制数之间的相互转换相似，只是按 4 位分组即可。

【例 1-15】 $(1111010.001)_2 = (0111\quad 1010\,.\,0010)_2 = (7A.2)_{16}$

$(B5.9)_{16} = (1011\quad 0101\,.\,1001)_2 = (10110101.1001)_2$

八进制数与十六进制数之间的相互转换通过二进制数作中间变量进行变换。

【例 1-16】 $(B5.9)_{16} = (1011\quad 0101\,.\,1001)_2 = (010\ 110\ 101.100\ 100)_2 = (265.44)_8$

1.3　二进制数的运算

1.3.1　二进制数的算术运算

二进制计数制不仅物理实现容易，而且运算方法也较十进制计数制大为简单。只要注意到二进制数的**计数规律是：加法“逢二进一”，减法“借一当二”**。仿照十进制数算术运算

的方法，就能很容易地理解和进行二进制数的算术运算。

下面分别举例说明：

【例 1-17】　二进制加法运算，10110101B＋1011B。

```
被加数      1 0 1 1 0 1 0 1 B
 加数       0 0 0 0 1 0 1 1 B
 进位     + 0 1 1 1 1 1 1 0 B
          -------------------
  和        1 1 0 0 0 0 0 0 B
```

结果：10110101B＋1011B＝11000000B。

【例 1-18】　二进制减法运算，10110101B－1011B。

```
被减数      1 0 1 1 0 1 0 1 B
 减数       0 0 0 0 1 0 1 1 B
 借位     - 0 0 0 1 0 1 0 0 B
          -------------------
  差        1 0 1 0 1 0 1 0 B
```

结果：10110101B－1011B＝10101010B。

【例 1-19】　二进制乘法运算，10110101B×1011B。

```
被乘数                1 0 1 1 0 1 0 1 B
 乘数     ×                   1 0 1 1 B
          -----------------------------
                      1 0 1 1 0 1 0 1
                    1 0 1 1 0 1 0 1
                  0 0 0 0 0 0 0 0
          +     1 0 1 1 0 1 0 1
          -----------------------------
  积            1 1 1 1 1 0 0 0 1 1 1 B
```

结果：10110101B×1011B＝11111000111B。

【例 1-20】　二进制除法运算，10111111B÷1001B。

```
   商                 0 0 0 1 0 1 0 1 B
被除数/除数   1 0 0 1 | 1 0 1 1 1 1 1 1 B
                   - 1 0 0 1
                   ---------
                         1 0 1 1
                       - 1 0 0 1
                       ---------
                             1 0 1 1
                           - 1 0 0 1
                           ---------
  余数                             1 0 B
```

结果：10111111B÷1001B ⇒ 商=10101B，余数=10B。

1.3.2　二进制数的逻辑运算

二进制数的逻辑运算常用的有“与”、“或”、“异或”和“非”四种。在组成表达式时，可分别用符号“AND”、“OR”、“XOR”和“NOT”作为运算符，有时也用“·”、“+”、“⊕”作为“与”、“或”、“异或”的运算符，用数字上面加横线“—”表示对该数进行非运算。

二进制数的逻辑运算只能按位进行运算，不存在进位问题，这是逻辑运算同算术运算的区别所在。1位二进制数逻辑运算规划见表1-1。

表1-1　1位二进制数逻辑运算规则

取　值		逻辑运算结果				
		与运算（AND）	或运算（OR）	异或运算（XOR）	非运算（NOT）	
0	0	0	0	0	0	1
0	1	0	1	1		
1	0	0	1	1	1	0
1	1	1	1	0		

【例1-21】　二进制数10010111B和00111000B的“与”、“或”及“异或”运算。

```
        1 0 0 1 0 1 1 1 B
AND     0 0 1 1 1 0 0 0 B
-------------------------
        0 0 0 1 0 0 0 0 B
```

结果：10010111B AND 00111000B = 00010000B。

```
        1 0 0 1 0 1 1 1 B
OR      0 0 1 1 1 0 0 0 B
-------------------------
        1 0 1 1 1 1 1 1 B
```

结果：10010111B OR 00111000B = 10111111B。

```
        1 0 0 1 0 1 1 1 B
XOR     0 0 1 1 1 0 0 0 B
-------------------------
        1 0 1 0 1 1 1 1 B
```

结果：10010111B XOR 00111000B = 10101111B。

【例1-22】　二进制数10011011B的“非”运算。

```
        1 0 0 1 1 0 1 1 B

NOT     0 1 1 0 0 1 0 0 B
```

结果：NOT 10011011B = 01100100B。

1.4　计算机中数的表示方法

1.4.1　无符号数和有符号数

前面我们所讨论的数均未涉及数的符号问题。计算机把不涉及符号问题的数称为无符号数，整个二进制代码都用于表示数值。但在实际应用中，一个数可能还有正、负之分。在数学里，可以在数的前面冠以正号或负号，以表示正数或负数。而计算机只能识别

“0”和“1”两个数码，不能识别其他符号。因此，在计算机中规定，将二进制数的最高位规定为符号位用来表示该数的正负，“0”表示正号，“1”表示负号，其余位表示数值。这种将最高位规定为符号位的二进制数，称为有符号数。如一个字长为 8 位的二进制代码，用于表示无符号数时，数值位有 8 位。而用于表示有符号数时，符号位占 1 位，数值位只有 7 位。

为了讨论方便，有必要引入两个概念：机器数和机器数的真值（简称真值）。

机器数：有符号二进制数在计算机内部的编码。

真值：机器数所代表的实际数值。

在计算机中，有符号数有原码、反码、补码、变形原码、变形反码、变形补码和移码等多种编码形式。下面主要讨论原码、反码和补码。

1.4.2 原码、反码和补码

1．原码（True Form）

符号位用“0”表示正数，“1”表示负数，其余各位表示真值的绝对值，这种表示方法称为原码表示法。

若二进制数为 $X = X_{n-1}X_{n-2}\cdots X_1X_0$，则字长为 n 位的原码的数学定义是

$$[X]_{原} = \begin{cases} X, & 0 \leqslant X < 2^{n-1} \\ 2^{n-1} + |X|, & -2^{n-1} < X \leqslant 0 \end{cases}$$

从定义可看出：n 位原码能够表示的数值的范围为$-(2^{n-1}-1)\sim+(2^{n-1}-1)$。另外，0 的原码不是唯一的，有$[+0]_{原}$和$[-0]_{原}$之分。

原码表示法的优点是简单易于理解，机器数与真值间的转换较为方便。

【例 1-23】 设 X=+1010B，Y=−1010B，求字长为 8 位的原码$[X]_{原}$，$[Y]_{原}$。

解：因为 X=+1010B，所以$[X]_{原}$=00001010B。

因为 Y=−1010B，所以$[Y]_{原}$=10001010B。

2．反码（One's Complement）

若二进制数为 $X = X_{n-1}X_{n-2}\cdots X_1X_0$，则字长为 n 位的反码的数学定义是

$$[X]_{反} = \begin{cases} X, & 0 \leqslant X < 2^{n-1} \\ (2^n - 1) + X, & -2^{n-1} < X \leqslant 0 \end{cases}$$

从定义可看出：

若 X>0，则$[X]_{反}=[X]_{原}$；

若 X<0，则$[X]_{反}$＝符号位为 1，原码数值部分按位变反；

n 位反码能够表示的数值的范围为$-(2^{n-1}-1)\sim+(2^{n-1}-1)$；

0 的反码也不是唯一的，有$[+0]_{反}$和$[-0]_{反}$之分；

反码与原码的关系：$[[X]_{反}]_{反}=[X]_{原}$。

【例 1-24】 设 X=+105，Y=−105，求字长为 8 位的反码$[X]_{反}$，$[Y]_{反}$。

解：因为 X=+105=+1101001B，所以$[X]_{反}=[X]_{原}$=01101001B。

因为 Y=−105=−1101001B，所以$[Y]_{原}$=11101001B，$[Y]_{反}$=10010110B。

3．补码（Two's Complement）

在讨论补码之前，先介绍模（mod）和补的概念。

“模”是指一个计量系统的计数量程。如时钟以 12 为模，2 位十进制整数以 100 为模，n 位寄存器以 2^n 为模。当计量值达到模数时，将产生溢出，溢出的值被丢弃。

例如：5 + 8 = 12（丢弃）+ 1 = 1（mod 12）

85 + 60 = 100（丢弃）+ 45 = 45（mod 100）

现以时钟为例说明补的概念，设当前时钟为 2 点，而标准时间是 6 点，校准时钟的方法有两种，一是时针顺拨 4h，二是时针倒拨 8h，结果都是相同的。显然，时针顺拨是加法操作，时针倒拨是减法操作，据此可得到如下的两个数学表达式：

顺拨时针 4h：　2 + 4 = 6（mod 12）

倒拨时针 8h：　2 − 8 = 6（mod 12）

比较上述两个数学表达式，可发现 2-8 的按模减法和 2+4 的按模加法等价。在以 12 为模的系统中，+4 和-8 互补，+4 称为-8 的补码。它们在数学上的关系为：

$$2-8=2+[-8]_{补}=2+4=6\ (\text{mod } 12)$$

这就说明：2-8 的减法可以用 $2+[-8]_{补}=2+4$（mod 12）的加法替代。同时也可得出**结论：任何一个有模的计量，均可化减法为加法运算**（证明略）。

若二进制数为 $X=X_{n-1}X_{n-2}\cdots X_1X_0$，则字长为 n 位的补码的数学定义是

$$[X]_{补}=\begin{cases} X, & 0\leqslant X<2^{n-1} \\ 2^n+X=2^n-|X|, & -2^{n-1}<X<0 \end{cases}$$

从定义可看出：

若 $X>0$，则$[X]_{补}=[X]_{原}$；

若 $X<0$，则$[X]_{补}=[-X]_{反}+1$；

n 位补码能够表示的数值的范围为：-2^{n-1}～$+(2^{n-1}-1)$；

与原码和反码不同，0 的补码是唯一的，这可由补码的定义得到。对于 $n=8$，有

$[+0]_{补}=[+0]_{反}=[+0]_{原}=00000000$

$[-0]_{补}=[-0]_{反}+1=11111111+1=00000000$（mod 2^8）

补码与原码的关系：$[[X]_{补}]_{补}=[X]_{原}$。

注意：$n=8$ 时，10000000B 这个二进制代码在原码中表示-0，在反码中表示-127，而在补码中表示-128。

【例 1-25】 求 $X=+52$ 和 $Y=-52$ 的补码。

解：$X=+52=+0110100$B，因为 $X>0$，所以有$[X]_{补}=[X]_{原}=00110100$B；

$Y=-52=-0110100$B，因为 $Y<0$，所以有$[Y]_{原}=10110100$B，$[Y]_{反}=11001011$B，$[Y]_{补}=[Y]_{反}+1=11001011\text{B}+1=11001100$B。

4．有关原码、反码和补码的几点说明

- 仅有符号数才有原码、补码和反码；
- 正数的原码、补码和反码相同；
- 负数的原码、补码和反码不同；
- 在计算机中未加特别说明的有符号数一律采用补码表示。

1.4.3　补码的加减运算

在计算机中，原码表示的数，其真值易于被人们识别，但运算复杂，符号位需要单独处理。补码的真值虽不易识别，但运算方便，符号位不需单独处理，和数值一样参与运算，显然运算的结果也必然是补码。

1．补码加法运算

补码加法运算的通式为

$$[X+Y]_{补}=[X]_{补}+[Y]_{补}\quad (\text{mod } 2^n)$$

即两数之和的补码等于两数的补码之和，其中 n 为字长。运算过程中符号位和数值位一起参与运算，符号位的进位不计入运算结果。

【例 1-26】　已知 X=+52 和 Y=−7，试用 8 位二进制补码运算求 X+Y 的二进制值。

解： $[X]_{补}=[+52]_{补}=[+52]_{原}$=00110100B；

$[Y]_{原}=[-7]_{原}$=10000111B，$[Y]_{反}$=11111000B，$[Y]_{补}$=11111001B。

$[X]_{补}$		0	0	1	1	0	1	0	0	B
$[Y]_{补}$		1	1	1	1	1	0	0	1	B
$[X+Y]_{补}$	1	0	0	1	0	1	1	0	1	B

故有：$[X+Y]_{补}=[X]_{补}+[Y]_{补}$=00101101B

真值为：+0101101B=+45。

2．补码减法运算

补码减法运算的通式为

$$[X-Y]_{补}=[X]_{补}+[-Y]_{补}\quad (\text{mod } 2^n)$$

即两数之差的补码等于两数的补码之和，其中 n 为字长。运算过程中符号位和数值位一起参与运算，符号位的进位不计入运算结果。

【例 1-27】　已知 X=+6 和 Y=+25，试用 8 位二进制补码运算求 X−Y 的二进制值。

解： $[X]_{补}=[+6]_{补}=[+6]_{原}$=00000110B；

$[-Y]_{原}=[-25]_{原}$=10011001B，$[-Y]_{反}$=11100110B，$[-Y]_{补}$=11100111B。

$[X]_{补}$		0	0	0	0	0	1	1	0	B
$[-Y]_{补}$		1	1	1	0	0	1	1	1	B
$[X-Y]_{补}$	0	1	1	1	0	1	1	0	1	B

故有：$[X-Y]_{补}=[X]_{补}+[-Y]_{补}$=11101101B

$[X-Y]_{原}=[[X-Y]_{补}]_{补}$=10010011B

真值为：−0010011B=−19。

1.4.4　加减法运算溢出判别方法

计算机中运算器的字长总是有限的，而数是无限的。因此，计算机在运算时，若运算结果超出数的表示范围，则称为计算溢出，发生溢出时结果是不正确的，如果不处理是不能直接使用的。

如 n=8，若有符号数运算结果超出-128～+127 时，或者无符号数运算结果超出 0～255 时，均发生运算溢出。

1．有符号数运算溢出的判别

计算机中判别溢出方法有多种，但在微机和单片机中多采用“双进位位”法（或称“双高位”法）进行判断。图 1-1 给出了双进位位法判断溢出的原理示意图。

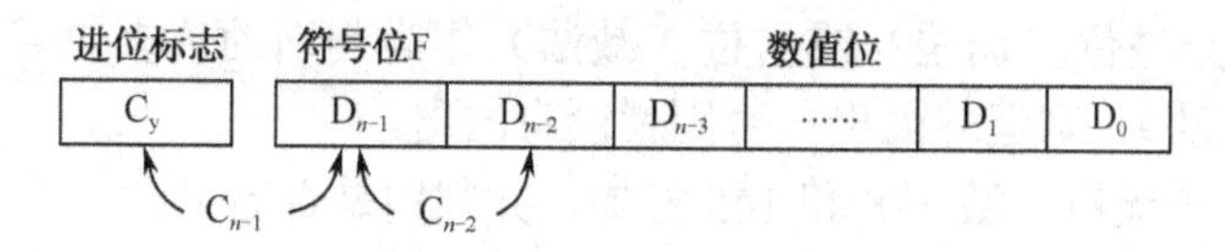

图 1-1　双进位位法判断溢出的原理示意图

运算时：最高数值位 D_{n-2} 向符号位 $F(D_{n-1})$ 的进位为 C_{n-2}，若有进位（加法）或借位（减法）$C_{n-2}=1$，否则 $C_{n-2}=0$；符号位 $F(D_{n-1})$ 向进位标志位 C_y 的进位为 C_{n-1}，若有进位（加法）或借位（减法）$C_{n-1}=1$，否则 $C_{n-1}=0$。

双进位位法：可用 C_{n-1} 与 C_{n-2} 的异或运算来判断补码运算的结果是否有溢出，即

$$OV = C_{n-2} \oplus C_{n-1} = \begin{cases} 0 & \text{不溢出} \\ 1 & \text{溢出} \end{cases}$$

对上述溢出判别方法的正确性，我们不妨用几个例子来说明（均假定为 8 位补码）。

【例 1-28】　用二进制补码运算，计算 55＋66，并判别是否溢出。

$$\begin{array}{rrl} & [55]_{补} & = 0\ 0\ 1\ 1\ 0\ 1\ 1\ 1\ \text{B} \\ + & [66]_{补} & = 0\ 1\ 0\ 0\ 0\ 0\ 1\ 0\ \text{B} \\ \hline & [55+66]_{补} & \boxed{0}\ 0\ 1\ 1\ 1\ 1\ 0\ 0\ 1\ \text{B} \quad =[+121]_{补} \end{array}$$

因为 $C_7=0$，$C_6=0$，$OV=C_7 \oplus C_6=0$，所以无溢出，结果正确。

【例 1-29】　用二进制补码运算，计算−14＋(−59)，并判别是否溢出。

$$\begin{array}{rrl} & [-14]_{补} & = 1\ 1\ 1\ 1\ 0\ 0\ 1\ 0\ \text{B} \\ + & [-59]_{补} & = 1\ 1\ 0\ 0\ 0\ 1\ 0\ 1\ \text{B} \\ \hline & [-14-59]_{补} & \boxed{1}\ 1\ 0\ 1\ 1\ 0\ 1\ 1\ 1\ \text{B} \quad =[-73]_{补} \end{array}$$

因为 $C_7=1$，$C_6=1$，$OV=C_7 \oplus C_6=0$，所以无溢出，结果正确。

【例 1-30】　用二进制补码运算，计算 98＋45，并判别是否溢出。

$$\begin{array}{rrl} & [+98]_{补} & = 0\ 1\ 1\ 0\ 0\ 0\ 1\ 0\ \text{B} \\ + & [+45]_{补} & = 0\ 0\ 1\ 0\ 1\ 1\ 0\ 1\ \text{B} \\ \hline & [98+45]_{补} & \boxed{0}\ 1\ 0\ 0\ 0\ 1\ 1\ 1\ 1\ \text{B} \quad =[-113]_{补} \end{array}$$

因为 $C_7=0$，$C_6=1$，$OV=C_7 \oplus C_6=1$，所以溢出，结果不正确。

【例 1-31】　用二进制补码运算，计算（−93）＋（−59），并判别是否溢出。

$$\begin{array}{rrl} & [-93]_{补} & = 1\ 0\ 1\ 0\ 0\ 0\ 1\ 1\ \text{B} \\ + & [-59]_{补} & = 1\ 1\ 0\ 0\ 0\ 1\ 0\ 1\ \text{B} \\ \hline & [-93-59]_{补} & \boxed{1}\ 0\ 1\ 1\ 0\ 1\ 0\ 0\ 0\ \text{B} \quad =[+104]_{补} \end{array}$$

因为 $C_7=1$，$C_6=0$，$OV=C_7 \oplus C_6=1$，所以溢出，结果不正确。

上面【例 1-28】～【例 1-31】说明，根据 C_{n-1} 与 C_{n-2} 值不仅可判断有无溢出，而且可判断有溢出时是正溢出还是负溢出。其**结论**如下：

$C_{n-1}\ C_{n-2}=00=11$ 时，无溢出；

$C_{n-1}\ C_{n-2}=01$ 时，为正溢出；

$C_{n-1}C_{n-2}=10$ 时，为负溢出。

2．无符号数运算溢出的判别

无符号数没有符号位，整个二进制代码都用于表示数值，无符号数运算溢出的判别是利用最高数值位有无进位（加法）或借位（减法）作为判别的依据。若最高数值位有进位（加法）或借位（减法），则运算溢出；否则就没有溢出。

【例 1-32】 8 位无符号数 198 和 145 相加，并判别是否溢出。

$$
\begin{array}{rlcl}
 & 198 & = & 1\ 1\ 0\ 0\ 0\ 1\ 1\ 0\ \mathrm{B} \\
+ & 145 & = & 1\ 0\ 0\ 1\ 0\ 0\ 0\ 1\ \mathrm{B} \\
\hline
 & 193+145 & & \boxed{1}\ 0\ 1\ 0\ 1\ 0\ 1\ 1\ 1\ \mathrm{B} \quad =87
\end{array}
$$

因为 $C_7=1$，所以溢出，结果超出 8 位无符号数的表示范围 0～255，不正确。

上面主要介绍了整数的表示和运算，有关小数的表示和运算可参考相关教材和资料。

1.5 计算机中的字符编码

一个二进制代码，可以表示一个无符号数，也可表示一个有符号数，也可根据事先的约定表示一个文字、一个符号或者代表一个特定的内容。下面我们介绍 BCD 码和字符的表示。

1.5.1 BCD 码

BCD 码是一种用 4 位二进制数来表示 1 位十进制数的编码，也称为二进制编码表示的十进制数（Binary Code Decimal），简称 BCD 码。1 位十进制数需要用 10 个不同数码才能表示，而 4 位二进制数有 16 种不同的组合，从中任选 10 个编码，用来表示 1 位十进制的数，因此，BCD 码的编码方案约有 $A_{16}^{10}\approx 2\times 10^9$ 种编码方法，但实用的不多。在任何一种 BCD 码编码方案中，均使用 10 个编码，剩下 6 个未被使用。未被使用的编码称为非法码或冗余码，在用 BCD 码表示十进制的数时，不应出现非法码，非法码不能表示真正的 BCD 数。下面介绍几种常见的 BCD 码。

1．8421 BCD 码

8421 BCD 码是用 4 位二进制数的前 10 种组合来表示 0～9 这 10 个十进制数。这种代码每一位的权都是固定不变的，属于恒权代码。它和 4 位二进制数一样，从高位到低位各位的权分别是 8、4、2、1，故称为 8421 码。其特点是每个代码的各位数值之和就是它所表示的十进制数。所以，它便于记忆，应用也比较普遍。

8421 BCD 码编码方案见表 1-2。

表 1-2 几种常用的 BCD 码

十进制数	8421 BCD	2421 BCD（A）	2421 BCD（B）	余 3 码
0	0000B	0000B	0000B	0011B
1	0001B	0001B	0001B	0100B
2	0010B	0010B	0010B	0101B
3	0011B	0011B	0011B	0110B
4	0100B	0100B	0100B	0111B

续表

十进制数	8421 BCD	2421 BCD（A）	2421 BCD（B）	余3码
5	0101B	0101B	1011B	1000B
6	0110B	0110B	1100B	1001B
7	0111B	0111B	1101B	1010B
8	1000B	1110B	1110B	1011B
9	1001B	1111B	1111B	1100B
非法码	1010B	1000B	0101B	0000B
	1011B	1001B	0110B	0001B
	1100B	1010B	0111B	0010B
	1101B	1011B	1000B	1101B
	1110B	1100B	1001B	1110B
	1111B	1101B	1010B	1111B

2．2421 BCD码

2421 BCD码也属于恒权代码，从高位到低位各位的权分别是2、4、2、1，故而得名。2421 BCD码又分为（A）和（B）两种代码，它们的编码状态不完全相同。在2421（B）码中，0和9、1和8、2和7、3和6、4和5互为反码，即两码对应位的值相反。

2421 BCD码编码方案见表1-2。

3．余3码

这种代码所组成的4位二进制数，正好比它代表的十进制数多3，故称为余3码。两个余3码相加时，其和要比对应表示的十进制数之和多6。因而两个十进制数之和等于10时，两个对应余3码之和相当于4位二进制的16，刚好产生进位信号，不必进行修正。另外，余3码的0和9、1和8、2和7、3和6、4和5也互为反码。余3码不能由各位二进制数的权来决定其代表的十进制数，属于无权码。

余3码的编码方案见表1-2。

1.5.2 ASCII码

现代计算机不仅要处理数字信息，而且还需要处理大量的字母和符号信息。这就需要人们对这些数字、字母和符号进行二进制编码，以便计算机识别、存储和处理。这些数字、字母和符号统称为字符，故字母和符号的二进制编码又称为字符的编码。

ASCII码（American Standard Card for Information Interchange，即美国标准信息交换码），诞生于1963年，它是一种比较完整的西文字符编码，在计算机领域中，是事实上的国际标准编码。

通常，ASCII码由7位二进制编码构成，共有2^7=128个符号，如附录A所列。这128个符号共分为两类：一类是图形字符，共96个；一类是控制字符，共32个。96个图形字符包括十进制数码符号10个、大小写英文字母52个和其他字符34个。这类字符有特定的形状，可以显示在显示器上和打印在打印纸上，其编码可以存储、传送和处理。32个控制符包括回车符、换行符、退格符、控制符和信息分隔符等。这类字符没有特定的形状，其编码虽然可以存储、传送和起某种控制作用，但字符本身不能在显示器上显示和打印机上打印。

在附录 A 的 ASCII 码字符表中，上边和左边分别为相应字符的 ASCII 码的高 3 位和低 4 位。例如：数字 0～9 的 ASCII 码为 0110000B～0111001B(30H～39H)，大写英文字母 A～Z 的 ASCII 码为 1000001B～1011010B(41H～5AH)，小写英文字母 a～z 的 ASCII 码为 1100001B～1111010B(61H～7AH)。

用一个字节（8 位二进制数）来表示一个特定的字符，其中低 7 位为字符的 ASCII 码值，最高位一般用做校验位，常常用做奇偶校验，故又称为奇偶校验位。奇偶校验位在信息交换中十分有用，它可校验信息交换是否正确。若不进行校验，该位通常取 0。

1.6 微型计算机组成原理

1.6.1 微型计算机的基本组成

1．计算机的基本结构

1946 年，以美籍匈牙利著名数学家冯•诺依曼（Von Neuman）为代表的研究组提出具有现代计算机基本结构的 EDVAC 计算机方案，它明确指出**计算机硬件系统由运算器、控制器、存储器、输入和输出设备五部分组成**，如图 1-2 所示，图中的双线箭头代表数据信号流向，单线箭头代表控制信号流向。在目前常用的微机中，运算器和控制器被设计和制作在同一个微处理器中。冯•诺依曼同时提出了**存储程序和控制方式的重要思想：任何复杂的运算和操作都可转换成一系列用二进制代码表示的简单指令**（计算机的程序就是由这样的指令组成的），**各种数据则可用二进制代码来表示；将组成程序的指令和数据存储起来，让计算机自动地执行有关指令，就可以完成各种复杂的运算操作**。这些思想已成为现代计算机技术的理论基础。

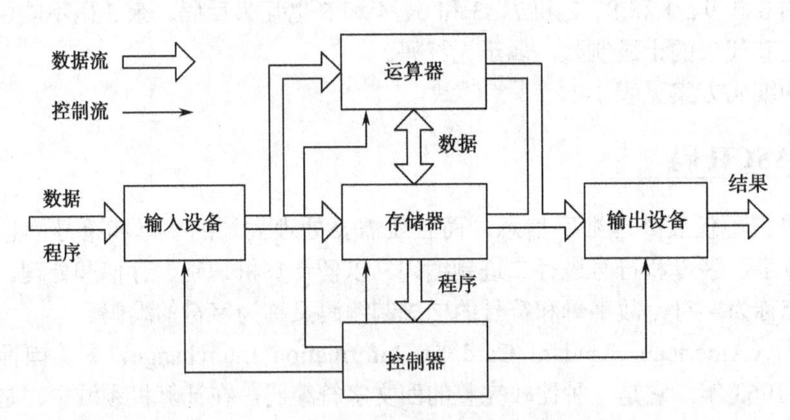

图 1-2　冯•诺依曼计算机的基本结构

1）运算器

运算器是计算机中对信息进行加工和处理的功能部件，主要由算术逻辑部件 ALU（Arithmetic and Logical Unit）和与之相连的寄存器组组成。**运算器的主要功能**有两个：一是对数据加工处理，完成二进制代码的算术运算和基本逻辑运算。该功能是通过 ALU 来完成的；二是暂时存放参与运算的数据和某些中间结果，通常是通过与 ALU 相连的寄存器组来实现。

2）控制器

控制器是计算机的指挥中心，它的作用是从存储器中取出指令，然后分析指令，发出由该指令规定的一系列操作命令，完成指令的功能。控制器主要由程序计数器（PC）、指令寄存器（IR）、指令译码器（ID）、时序信号发生器等部件构成。**控制器是计算机的关键部件**，它的功能直接关系到计算机的性能。

3）存储器

存储器是用来存放数据和程序的部件，在控制器的控制下，可以与输入设备、输出设备、运算器、控制器等进行信息交换。**计算机中的存储器分为三类：主存储器、辅助存储器和高速缓冲存储器**。主存储器和高速缓冲存储器统称为内存储器，简称内存，现在都由半导体存储器构成，它可以被控制器和运算器直接访问。辅助存储器又称为外存储器，简称外存，它不能被控制器和运算器直接访问。

4）输入设备

用户事先编写好的程序和运行程序所需的数据是经过输入设备送到计算机中去的。输入设备必须要将程序和数据转换为计算机能识别和接受的二进制信息，才能完成输入。这种转换工作通常由I/O接口来完成。

目前最常见的输入设备是键盘和鼠标。

5）输出设备

输出设备的功能是把运算器和存储器中的处理结果转换成人们所需要和接受形式，计算机才能为人所用。例如，在显示终端屏幕上显示或用打印机打印在纸上。

2．微型计算机硬件系统的组成

微型计算机硬件系统在基本结构和基本功能上与计算机大致相同，但由于微型计算机采用了具有特定功能的大规模和超大规模集成电路组件，并使用总线结构实现各部件之间的连接，使微型计算机在系统结构上有着简单、规范和易于扩展的特点。

微型计算机硬件系统由微处理器、存储器、输入/输出（I/O）接口电路和连接这些功能部件的总线（数据总线DB、地址总线AB、控制总线CB）组成，如图1-3所示。

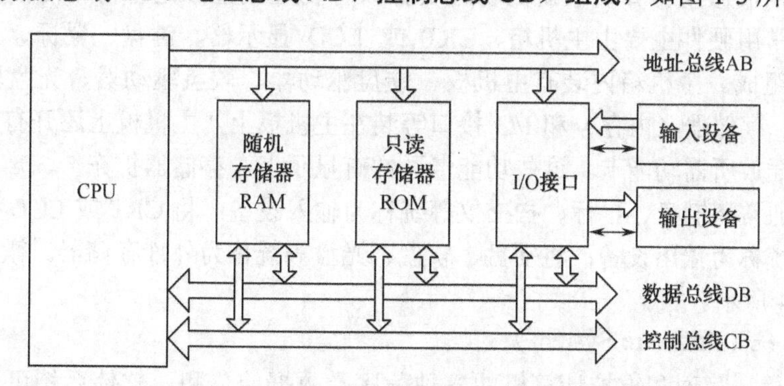

图1-3　微型计算机硬件系统的基本结构

1）微处理器即中央处理器（CPU）

微处理器是把运算器和控制器这两部分功能部件集成在一个芯片上的超大规模集成电路。**微处理器是微型计算机的核心部件**，它的基本功能是按指令的要求进行算术和逻辑运算，暂存数据及控制和指挥其他部件协调工作。

2）存储器

微型计算机的内存储器采用集成度高、容量大、体积小、功耗低的半导体存储器。根据能否写入信息，内存储器分为随机存取存储器（RAM）和只读存储器（ROM）两类。随机存取存储器又称**读写存储器**，存储器中的信息按需要可以读出和写入，断电后，其中储存的信息自动消失，用于存放当前正在使用的程序和数据。**只读存储器**的信息在一般情况下只能读出，不能写入和修改，断电后原信息不会丢失，是非易失性存储器，主要用来存放固定的程序和数据。

3）输入/输出（I/O）接口电路

介于计算机 CPU 和外部设备之间的电路称为输入/输出接口电路，它具有数据缓存作用，使各种速度的外部设备与计算机 CPU 的速度相适配；具有对信号的变换作用，使各种电气特性不同的外部设备与计算机相连接；具有连接作用，使外部设备的输入输出与计算机操作同步。外部设备必须通过相应的 I/O 接口才能与微型计算机 CPU 相连和交换信息。

4）系统总线

所谓总线，是计算机中连接多个功能部件或多个装置的一组公共信号线的总称。依其在系统中的不同位置，**总线可以分为内部总线和外部总线**。内部总线是 CPU 内部各功能部件和寄存器之间的连线；外部总线是 CPU 与存储器、I/O 接口之间的连接线，又称为系统总线。按所传送信息的不同类型，系统总线可以分为数据总线 DB（Data Bus）、地址总线 AB（Address Bus）和控制总线 CB（Control Bus）三种类型。数据总线用于传送数据信息，它是双向总线，数据流可有两个方向传送，数据总线用于实现微处理器、存储器和 I/O 接口之间的数据交换。地址总线用于传送内存地址和 I/O 接口地址，一般是单向，由 CPU 输出。控制总线则传送各种控制信号和状态信号，使微型计算机各部件协调工作。

3．微型计算机系统的组成

微型计算机系统由硬件系统和软件系统两大部分组成。

1）硬件系统（Hardware System）

硬件是指构成微型计算机系统的物理实体或称物理装置，是看得见，摸得着的。微型计算机系统的常用硬件主要由主机箱、CRT 或 LCD 显示器、键盘、鼠标、打印机、绘图仪、扫描仪等组成。主机箱内装有主机板、硬盘驱动器、软盘驱动器、光盘驱动器和电源等。微处理器、存储器（内存）和 I/O 接口等装在主机板上，主机板上还开有若干插槽，用户可根据需要插放所需功能卡。这些功能卡通常有显示卡、存储器扩充卡、声卡、防病毒卡和网卡等等。通常将键盘、鼠标、扫描仪等统称为输入设备；将 CRT 或 LCD 显示器、打印机、绘图仪等统称为输出设备；将硬盘、软盘、光盘等统称为外部存储器。微型计算机系统的组成如图 1-4 所示。

2）软件系统（Software System）

软件是运行、管理和维护计算机的各种程序及数据的总和，软件系统可以分为系统软件和应用软件两大类。

❶ 系统软件：它是为了方便用户使用和管理计算机，以及为生成和执行其他程序所需要的一系列程序和文件的总称，包括操作系统、各种高级语言的编译或解释程序、数据库管理系统、网络软件等。

❷ 应用软件：也称应用程序或用户程序，它是用户在各自的应用领域中开发和使用的程序。由于计算机的应用极其广泛，所以应用软件种类繁多，不胜枚举。如：各种管理软

件，文字、图表处理软件及各种工程设计软件等。

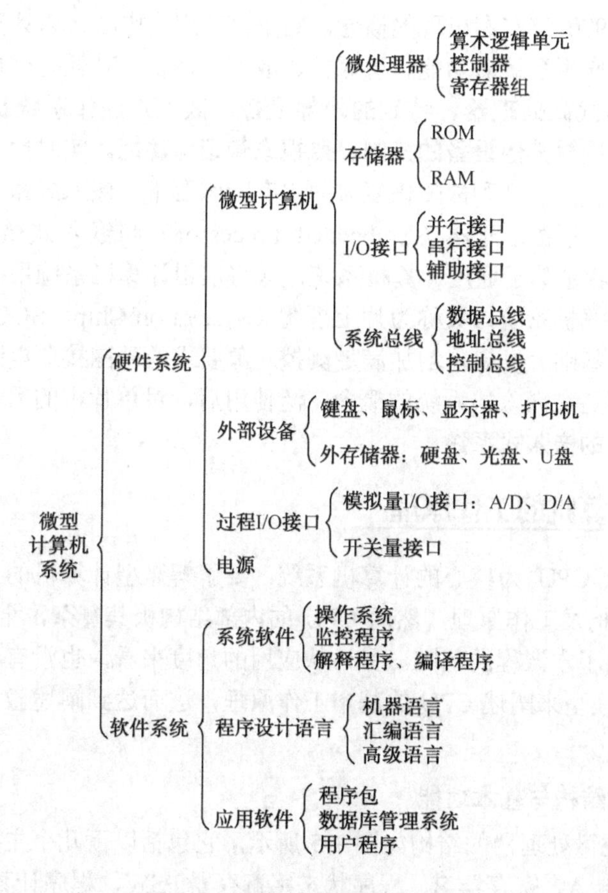

图 1-4 微型计算机系统的组成

3）硬件和软件的关系

硬件和软件是微型计算机系统的两个不可缺少的组成部分，它们互相配合，协调一致地工作。对整个系统来说，**硬件是基础**，是软件赖以工作的载件，决定了系统的能力，即系统能做什么；**软件是关键**，决定了在系统的能力范围内，系统具体做什么及如何做。没有软件的硬件称为“裸机”，没有任何作用；而软件的运行必须依赖于与之相对应的硬件，才能充分发挥各自的功效。

另外，软件和硬件也不是绝对一成不变的，软件中的一些功能可以用硬件电路来实现从而使软件简化。硬件的某些功能也可以用软件来实现，也可简化硬件电路。例如：把软件固化在只读存储器中，软件就变成了硬件，这种硬件又称为固件（Firmware）。因此，随着微型计算机的高速发展，硬件和软件间的相互转化和渗透是经常发生的。

4. 单片机系统

单片机系统与微型计算机系统一样，也由硬件系统和软件系统两部分组成。但其硬件和软件要比微型计算机系统简单得多。其硬件系统主要由单片机芯片配上少量的外围元件以及被控对象组成。它的键盘通常采用简单的独立式或行列式键盘；显示器通常采用 LED 或 LCD 显示器。其软件系统通常只包括用汇编语言或 C 语言编写的监控程序（主程序）以及若干个完成某些特定功能的子程序。

5．单片机与嵌入式系统

嵌入式系统是 1970 年左右出现的概念。它是以应用为中心，以计算机技术为基础，软硬件可裁剪，适用于应用系统对功能、可靠性、成本、体积、功耗有严格要求的专用计算机系统。它一般由**嵌入式微处理器、特定的外部设备、嵌入式操作系统及用户的应用程序 4 个部分组成，用于实现对其他设备的控制、监视或管理等功能**。实时性是其主要特征，另外在可靠性、物理尺寸、重启动和故障恢复方面也有特殊要求。嵌入式系统通常有工控机、通用 CPU 模块、嵌入式微处理器（Embedded Processor）和嵌入式微控制器（Embedded Microcontroller)。前者是基于通用计算机系统，即将通用计算机系统用于测控对象。后两者是基于芯片形态的计算机系统，又称为片上系统（System on Chip，SOC)。其中嵌入式微处理器是在通用 CPU 基础上发展，增加满足测控对象要求的外围接口电路，用于测控领域。而嵌入式微控制器则是在嵌入式系统的概念广泛使用后，对单片机的另一种叫法。**事实上，单片机本身就是典型的嵌入式系统。**

1.6.2 微型计算机的工作原理

微型计算机是以 CPU 为核心的计算机系统，要了解微型计算机的工作原理，首先就要了解 CPU 的基本结构及工作原理，然而 CPU 的内部结构极其复杂，全面介绍 CPU 内部电路的组成已远远超出了本课程的范围。另外从应用的角度来看，也没有必要。下面我们通过一个 8 位通用 CPU 模型来阐述 CPU 的基本工作原理，进而达到阐述微型计算机基本工作原理的目的。

1．CPU 的内部结构与基本功能

一个典型的 8 位微处理器的结构如图 1-5 所示，它包括以下几个主要部分：算术逻辑运算单元 ALU、累加器 A、寄存器 B、程序状态字寄存器 PSW、程序计数器 PC、地址寄存器 AR、数据寄存器 DR、指令寄存器 IR、指令译码器 ID 和时序逻辑部件。

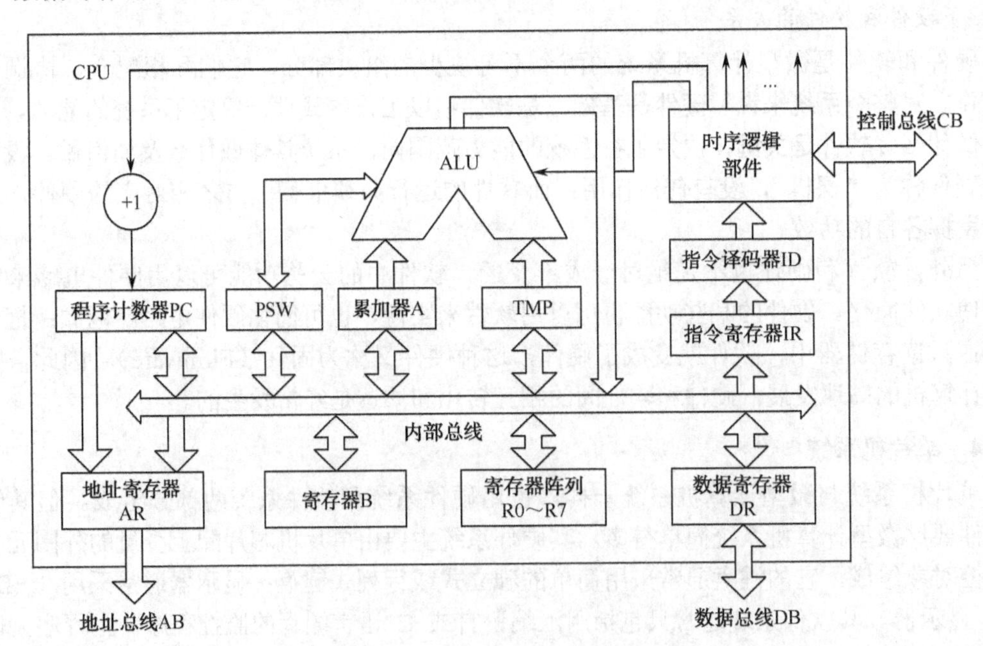

图 1-5 典型的 8 位微处理器的结构

1）累加器 A 和算术逻辑运算部件 ALU

累加器 A 和算术逻辑运算部件 ALU 主要用来完成数据的算术和逻辑运算。ALU 有两个输入端和两个输出端，其中一端接至累加器 A，接收由累加器 A 送来的一个操作数；另一端通过内部数据总线接到寄存器阵列，以接收第二个操作数。参加运算的操作数在 ALU 中进行规定的操作运算，运算结束后，将结果送至累加器 A，同时将按照结果的特征和状态送程序状态字寄存器 PSW。

2）寄存器阵列

程序计数器 PC（Program Count）是 CPU 内部的一个寄存器，用于记录将要执行的指令代码所在存储单元的地址。PC 具有自动加 1 的功能，每从存储器读入一个字节的指令码后，PC 自动加 1，指向下一个存储单元。**必须明确指出，就是因为程序计数器 PC 的自动加 1，才使得计算机能够自动地执行程序。**

一般说来，PC 的长度与 CPU 的地址总线宽度一致，例如 8 位微机的 CPU 一般具有 16 根地址线（A15～A0），PC 的长度就是 16 位。复位后 PC 具有一个确定值，由于复位后，PC 的值就是第一条指令代码存放的存储单元的地址，即从程序存储器的该存储单元开始读取第一条指令代码。

通用寄存器组 R0～R7：可由用户灵活支配，用来寄存参与运算的数据或地址信息。

地址寄存器 AR（Address Register）：专门用来存放地址信息的寄存器。

数据寄存器 DR（Data Register）：用于存放写入存储器或 I/O 端口的数据信息。数据寄存器 DR 对输出的数据具有锁存功能，它与外部数据总线 DB 直接相连。

程序状态字寄存器 PSW（Program State Word）：用于记录运算过程中的状态，如是否溢出、是否有进位等。

3）指令寄存器、指令译码器和时序逻辑部件

指令寄存器 IR（Instruction Register）：用来存放当前正在执行的指令代码；

指令译码器 ID（Instruction Decode）：用来对指令代码进行分析、译码，根据指令译码的结果，输出相应的控制信号。

时序逻辑：产生执行指令所需的全部控制信号。

4）内部总线和总线缓冲器

内部总线把 CPU 内各寄存器和 ALU 连接起来，以实现各单元之间的信息传送。内部总线分为内部数据总线和地址总线，它们分别通过数据缓冲器和地址缓冲器与芯片外的系统总线相连。缓冲器用来暂时存放信息（数据或地址）和扩大总线的驱动能力。

2．微型计算机的工作原理

1）程序和指令的概念

程序：是指一些指令和数据的有序集合。程序可以分为机器语言程序（目标代码程序）、汇编语言程序和高级语言程序。

指令：是指计算机能够识别并执行的某种具体操作的命令。指令可以分为机器指令和汇编指令。一条指令能进行何种操作由操作码规定，即指令不同，操作码也不同；一条指令所进行操作的对象称为操作数或地址码，操作数可以是立即数、寄存器操作数、存储器操作数。因此，任何一条指令都由操作码和操作数两个部分组成。

2）工作原理

微型计算机按照“存储程序，程序控制”的方式工作。具体为将程序和数据存放在存储器中，计算机的控制器按照程序中指令序列，从存储器中取出指令，并分析指令的功能，进而发出各种控制信号，指挥计算机中的各类部件来执行该指令。**简单地讲，微型计算机系统的工作过程是取指令（代码）→分析指令→执行指令的不断循环的过程。**

存储程序及程序控制的概念，就是著名的冯·诺依曼概念（原理），也称为冯·诺依曼计算机基本原理。

3．微型计算机的工作过程

下面通过由图 1-5 中 CPU 构成的微型机上完成“6+5”运算来说明微型计算机的工作过程。

首先，我们使用汇编语言编制完成“6+5”运算的程序，如表 1-3 中汇编语言程序栏所示。汇编语言程序是用助记符语言表示的程序，而机器语言程序是计算机能够识别并加以执行的程序，汇编语言程序不能直接被计算机“识别”和执行，需经过汇编把它转换为机器语言程序后才能执行。为此，我们把完成“6+5”运算的汇编语言程序汇编为相应的机器语言程序，如表 1-3 中机器语言程序栏所示。

其次，我们将该机器语言程序顺序放入存储器，假设从内存中地址为 0000H 的单元开始存放，实现存储程序，如表 1-3 中存储单元栏所示。

表 1-3　完成“6+5”运算所需的机器语言程序和汇编语官程序

存　储　器		机器语言程序		汇编语言程序	指令功能说明
地址	内容	二进制	十六进制		
0000H	74H	01110100B	74H	MOV　A，#06H	双字节指令，立即数 6 送累加器 A
0001H	06H	00000110B	06H		
0002H	24H	00100100B	24H	ADD　A，#05H	双字节指令，累加器 A 内容加立即数 5，结果送累加器 A
0003H	05H	00000101B	05H		
0004H	75H	01110101B	75H	MOV　PCON，#02H	三字节指令，停止所有操作
0005H	87H	10000111H	87H		
0006H	02H	00000010B	02H		

微型计算机的工作过程就是不断地从内存中取出指令并执行指令的过程，指令是一条一条地执行，每条指令的执行分两个阶段，即取指阶段和执行阶段。

当开始运行程序时，首先应把第一条指令所在存储单元的地址（这里为 0000H）赋予程序计数器 PC，然后机器就进入取指阶段。在取指阶段，CPU 从内存中读出的内容必为指令，于是，数据缓冲寄存器的内容将被送至指令寄存器 IR，然后由指令译码器对 IR 中指令的操作码进行译码，译码后 CPU 就知道该指令所要进行的操作，并发出执行该指令所需要的各种微操作控制信号。取指阶段结束后，CPU 就进入执行指令阶段，这时 CPU 便执行指令所规定的具体操作。当一条指令执行完毕后，即转入下一条指令的取指阶段。这样周而复始地循环，直到执行停机指令结束。

假定完成“6+5”运算所需的机器语言程序（见表 1-3）已由输入设备存放到存储器中起始地址为 0000H，如图 1-6 所示。下面进一步说明微型计算机内部执行该程序的具体操作过程。

开始执行程序时，首先将第一条指令的首地址 0000H 送程序计数器 PC，然后就进入第一条指令的取指阶段。

1）取指操作过程

指令取指操作过程如图 1-6 所示。

❶ 把 PC 内容 0000H 送地址寄存器 AR；

❷ PC 内容送入 AR 后，PC 自动加 1，即由 0000H 变为 0001H，使 PC 指向下一个要读取的内存单元。**注意，此时 AR 的内容并没有变化；**

❸ 把地址寄存器 AR 的内容 0000H 放在地址总线上，经地址总线送至存储器系统的地址总线，经存储器系统译码选中相应的 0000H 单元；

❹ CPU 发出存储器读命令；

❺ 在读命令的控制下，存储器把选中的 0000H 单元的内容即第一条指令的操作码 74H 放到数据总线 DB 上；

❻ 经数据总线把读出的内容 74H 送到数据缓冲寄存器 DR；

❼ 因为取出的是指令的操作码，故数据缓冲寄存器 DR 中的内容被送到指令寄存器 IR；

❽ 然后再由指令寄存器 IR 送到指令译码器 ID 中进行译码；

❾ 经过译码，CPU“识别”出这个操作码代表的指令是一条数据传送指令，要完成的操作是将下一个单元的内容送到累加器 A 中，PC 经加 1 后已经指向下一个单元，于是由控制器发出执行该指令所需要的各种控制命令，CPU 进入指令执行的阶段。

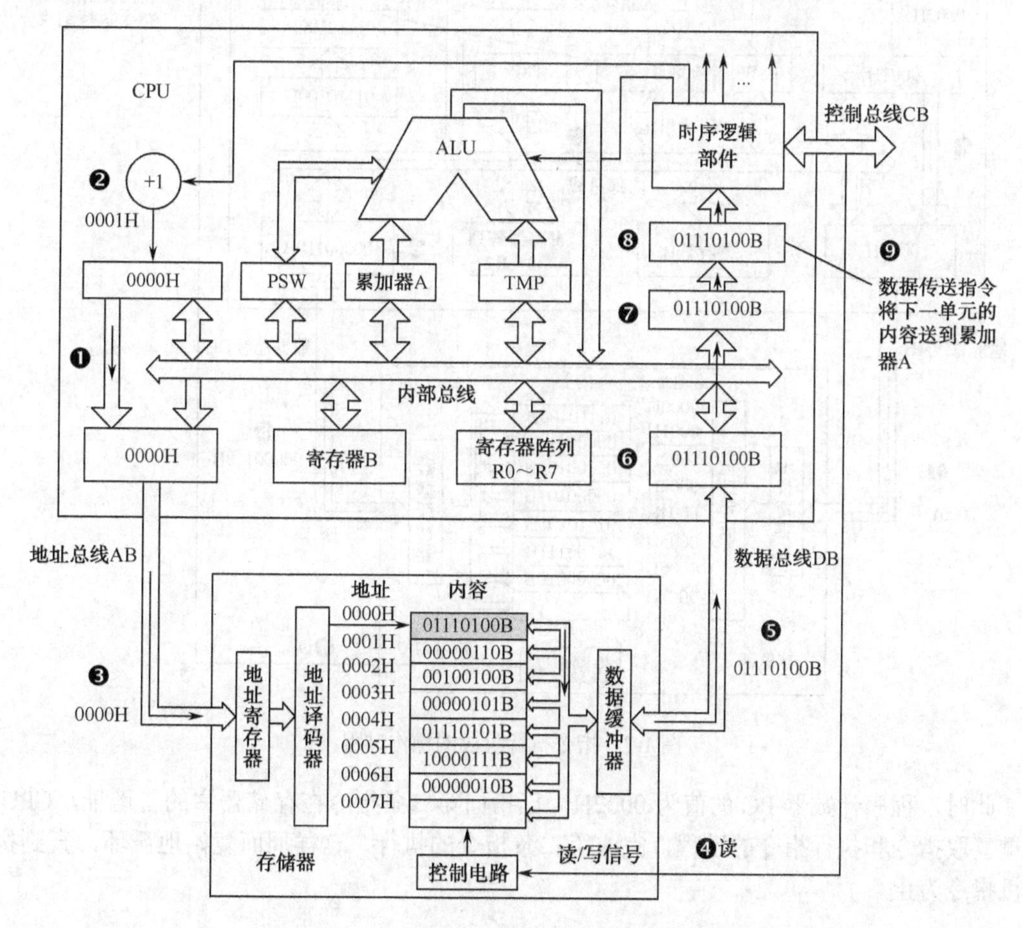

图 1-6 取第一条指令的操作过程

2）指令执行操作过程

指令执行阶段的操作过程如图 1-7 所示。

❶ 把 PC 内容 0001H 送地址寄存器 AR；

❷ PC 内容被送入 AR 后，PC 自动加 1，即由 0001H 变为 0002H，使 PC 指向下一个要读取的内存单元。**注意，此时 AR 的内容也没有变化**；

❸ 把地址寄存器 AR 的内容 0001H 放在地址总线上，经地址总线送至存储器系统的地址总线,经存储器系统译码选中相应的 0001H 单元；

❹ CPU 发出存储器读命令；

❺ 在读命令的控制下，存储器把选中的 0001H 单元的内容 06H 放到数据总线 DB 上；

❻ 经数据总线把读出的内容 06H 送到数据缓冲寄存器 DR；

❼ 因为是数据传送指令，故数据缓冲寄存器 DR 中的内容被送到指令规定的目的寄存器累加器 A 中。于是，第一条指令执行完毕，操作数 06H 被送到累加器 A 中。

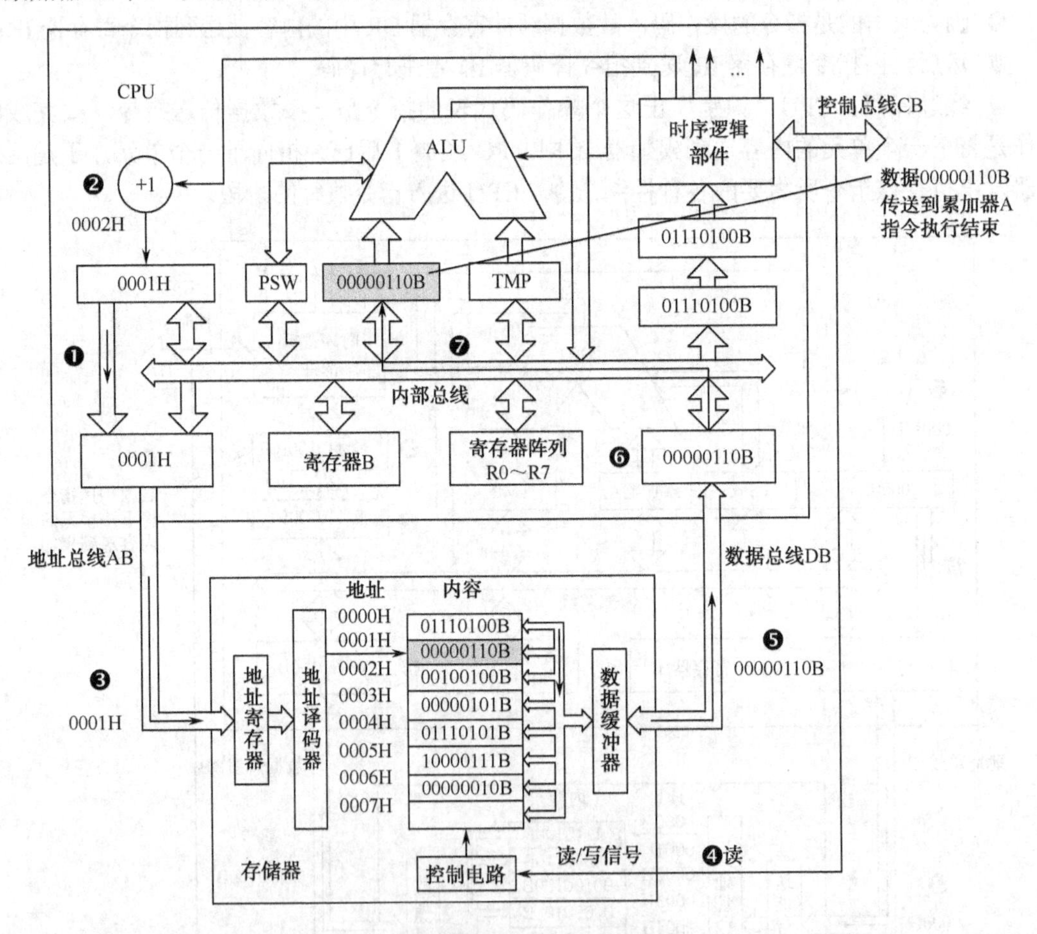

图 1-7　指令执行阶段的操作过程

此时，程序计数器 PC 的值为 0002H，已指向第二条指令在存储器中的首地址，CPU 再次重复取指令和执行指令的过程，完成第二条指令的执行。这样周而复始地循环，直到执行停机指令为止。

本章小结

本章首先介绍了计算机和微型计算机的发展概况，对各个时期计算机，特别是微型计算机的技术特点和发展思路作了较为详细的介绍。在此基础上介绍了单片机的发展、应用领域和发展前景。了解历史的目的是把握现在，展望未来，通过这些内容，可了解当今计算机技术的概况和发展趋势，对本课程的学习很有必要。

其次，本章介绍了计算机的数学基础，计算机中数的表示方式（无符号数，有符号数），有符号数编码方式（原码、反码和补码），数的表示范围及各种进制数之间的转换方法，二进制数的算术运算和逻辑运算规则，运算溢出及其溢出的判别方法，十进制数的二进制编码表示方法（BCD 码），字符和符号的表示法（ASCII 码）。

最后，本章介绍了微型计算机系统基本组成，包括硬件系统和软件系统的基本组成，同时对微型计算机基本工作原理和基本工作过程作了详细的叙述。

思考题和习题

1.1　微型计算机经历了哪几个发展阶段，它的发展与整个计算机发展有什么关系？

1.2　什么叫单片机？它有哪些主要特点？

1.3　单片机主要用在哪些方面？在你生活中应用单片机的例子有哪些？

1.4　单片机有哪几个发展阶段？8 位单片机会不会过时？为什么？

1.5　查资料，比较 MCS-51、MC68、PIC16、MSP430 以及 AVR 等系列单片机。

1.6　为什么在计算机内部都采用二进制数？

1.7　将下列二进制数分别转换为十进制数、八进制数和十六进制数。

① 11010110B　　② 1100110111B　　③ 0.1011B

④ 0.10011001B　　⑤ 1011.1011B　　⑥ 111100001111.11011B

1.8　比较下列数值，找出最大数和最小数。

① $(369)_{10}$　　② $(107)_{16}$　　③ $(100100011)_{2}$

④ $(467)_{8}$　　⑤ $(1101011001)_{BCD}$　　⑥ $(FA)_{16}$

1.9　将下列十进制数转换为二进制数（保留 4 位小数）和十六进制数（保留 2 位小数）。

① 135　　② 0.625　　③ 47.6875　　④ 0.94

⑤ 111.111　　⑥ 1995.12　　⑦ 2003.88　　⑧ 3031.25

1.10　把下列十六进制数转换为十进制数和二进制数。

① 0AAH　　② 0BBH　　③ 0C.CH

④ 0DE.FCH　　⑤ 0ABC.DH　　⑥ 128.08H

1.11　写出下列各十进制数的机器数。

① +28　　② +68　　③ −112　　④ −0

⑤ +315　　⑥ −158　　⑦ +0　　⑧ −128

1.12　写出下列各十进制数在 8 位微型计算机中的原码、反码和补码形式。

① X=+38　　② X=+76　　③ X=−54

④ X=−115　　⑤ X=−42

1.13　已知原码如下，写出其反码和补码。

① $[X]_{原}$=01011001B　　② $[X]_{原}$=11011001B

③ $[X]_{原}$=00101110B　　④ $[X]_{原}$=11111100B

1.14　先把下列各数转换成二进制数,然后按补码运算规则求出$[X+Y]_{补}$及其真值。

① X=+46，Y=+55　　② X=+78，　Y=+15

③ X=−51，Y=+97　　④ X=+112，　Y=−83

1.15　写出下列各十进制数的 BCD 码。

① 47　② 59　③ 1996　④ 1006　⑤ 201308

1.16　已知 X 和 Y 的补码，计算$[X+Y]_{补}$和$[X-Y]_{补}$，并判断运算结果是否有溢出。

① $[X]_{补}$=10011011B　② $[X]_{补}$=00100110B　③ $[X]_{补}$=10110001B

$[Y]_{补}$=11100011B　$[Y]_{补}$=00010111B　$[Y]_{补}$=10001110B

1.17　用十六进制形式写出下列字符的 ASCII 码。

① AB8　② STUDENT　③ Computer

④ Good　⑤ CPU　⑥ 2010.07

1.18　微型计算机的硬件系统由哪几部分组成？各起什么作用？

1.19　简述微型计算机的基本工作原理？

1.20　什么叫嵌入式系统？它与单片机有什么关系？

1.21　微型计算机系统的硬件和软件包括哪些主要部分？各部分的作用是什么？

第2章 MCS-51单片机的硬件结构及原理

【知识点】

☆ MCS-51单片机的组成和总体结构（单片机内部结构框图、51单片机引脚功能）
☆ 中央处理单元（控制器、运算器）
☆ MCS-51单片机的存储器（程序存储器、数据存储器、特殊功能寄存器、位处理器）
☆ MCS-51单片机的并行I/O接口（并行I/O接口电路结构、并行I/O接口的特点）
☆ MCS-51单片机最小系统（单片机最小系统概念、最小系统分析、AT89系列单片机最小系统、最小系统的不足）

2.1 MCS-51系列单片机及其内部结构

单片机和其他微型机一样，也是由CPU（包括运算器和控制器）、存储器、输入设备、输出设备组成，只不过单片机是将CPU、RAM、ROM、定时/计数器，以及输入/输出（I/O）接口电路等计算机的主要部件集成在一小块硅片上的单片微型计算机（Single Chip Microcomputer），如图2-1所示。它具有体积小、可靠性高、性价比高等优点，主要应用于工业检测与控制、计算机外设、智能仪器仪表、通讯设备、家用电器和机电一体化产品等领域。

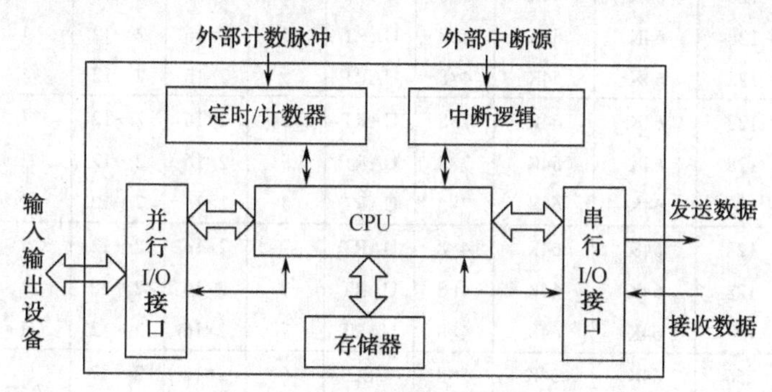

图2-1 单片机内部结构示意图

典型的单片机产品有Intel公司的MCS-51系列单片机（高档8位机）、Intel MCS-96系列单片机（16位机）、ATMEL公司的AVR系列单片机、Microchip公司的PIC单片机和凌阳公司的SPCE系列单片机等。

2.1.1 MCS–51系列单片机

51系列单片机源于Intel公司的MCS-51系列，在Intel公司将该系列单片机实行技术开放之后，许多公司，如Philips、Dallas、Siemens、Atmel、华邦和LG等都以MCS-51中的

基础结构 8051 为基核推出了许多各具特色、性能优异又与 8051 完全兼容的单片机。因此，MCS-51 系列单片机中的 8051 是其中最基础的、使用最为广泛的单片机型号。在 MCS-51 系列单片机中，尤其值得一提的是 ATMEL 公司生产的 AT89C、AT89S 系列，它与 MCS-51 系列单片机兼容，内含 flash 存储器，擦除和改写次数可达 1000 次以上，得到广泛应用。基于上述事实，本书以 MCS-51 系列单片机为讲述对象。表 2-1 列出了 MCS-51 系列单片机的产品分类及特点。

MCS-51 单片机系列有 51、52 两个子系列，51 系列有 8031、8051 和 8751 三种机型。它们的指令系统和引脚完全相同，差别在于片内有无 ROM 或 EPROM。8031 内部无 ROM，8051 内部有 4K 的 ROM，8751 内部有 4K 的 EPROM。52 系列有 8032、8052 和 8752 三种机型，52 系列的指令系统及引脚与 51 系列相同，不同的是 52 系列单片机内有 3 个 16 位定时/计数器，6 个中断源，片内有 256 字节 RAM。8032 内部无 ROM，8052 内部有 8K ROM，8752 内部有 8K EPROM。本章主要以 8051 为例来介绍 MCS-51 系列单片机内部结构和外部特性。

表 2-1　MCS-51 系列单片机分类

型　号	程序存储器 R/E	数据存储器	寻址范围(RAM)	寻址范围(ROM)	并行接口	串行接口	中断源	定时器计数器	晶振（MHz）	典型指令（μs）	其　他
8051AH	4KR	128	64K	64K	4×8	UART	5	2×16	2～12	1	HMOS—Ⅱ工艺
8751H	4KE	128	64K	64K	4×8	UART	5	2×16	2～12	1	HMOS—Ⅰ工艺
8031AH	——	128	64K	64K	4×8	UART	5	2×16	2～12	1	HMOS—Ⅱ工艺
8052AH	8KR	256	64K	64K	4×8	UART	6	3×16	2～12	1	HMOS—Ⅱ工艺
8752H	8KE	256	64K	64K	4×8	UART	6	3×16	2～12	1	HMOS—Ⅰ工艺
8032AH	——	256	64K	64K	4×8	UART	6	3×16	2～12	1	HMOS—Ⅱ工艺
80C51BH	4KR	128	64K	64K	4×8	UART	5	2×16	2～12	1	
87C51H	4KE	128	64K	64K	4×8	UART	5	2×16	2～12	1	CHMOS 工艺
80C31BH	——	128	64K	64K	4×8	UART	5	2×16	2～12	1	
83C451	4KR	128	64K	64K	7×8	UART	5	2×16	2～12	1	CHMOS 工艺
87C451	4KE	128	64K	64K	7×8	UART	5	2×16	2～12	1	有选通方式
80C451	——	128	64K	64K	7×8	UART	5	2×16	2～12	1	双向口
83C51GA	4KR	128	64K	64K	4×8	UART	7	2×16	2～12	1	CHMOS 工艺
87C51GA	4KE	128	64K	64K	4×8	UART	7	2×16	2～12	1	8×8 A/D 有 16 位监
80C51GA	——	128	64K	64K	4×8	UART	7	2×16	2～12	1	视定时器
83C152	8KR	256	64K	64K	5×8	GSC	6	2×16	2～17	0.73	CHMOS 工艺
80C152	——	256	64K	64K	5×8	GSC	11	2×16	2～17		有 DMA 方式
83C251	8KR	256	64K	64K	4×8	UART	7	3×16	2～12	1	CHMOS 工艺，有高
87C251	8KE	256	64K	64K	4×8	UART	7	3×16	2～12	1	速输出、脉冲调制、
80C251	——	256	64K	64K	4×8	UART	7	3×16	2～12	1	16 位监视定时器
80C52	8KR	256	64K	64K	4×8	UART	6	3×16	2～12	1	CHMOS 工艺
8052AH BASIC	8KR	256	64K	64K	4×8	UART	6	3×16	2～12	1	HMOS—Ⅱ工艺 片内固化 BASIC

注：HMOS 工艺，即高密度短沟道 MOS 工艺；UART:通用异步接受发送器；R/E：MaskROM/EPROM；GSC：全局串行通道。

前面提到了 ATMEL 公司生产的 AT89C、AT89S 系列与 MCS-51 系列单片机完全兼容。其中 AT89C 系列主要有 AT89C1051、AT89C2051、AT89C51、AT89C52、AT89C55 等，内部分别集成有 1K、2K、4K、8K、20K 的 Flash 存储器，可擦写次数达 1000 次以上。89C51 的缺陷在于不支持 ISP（在线更新程序）功能，目前已经停产。AT89S 系列弥补了 89C51 的缺点，与 AT89C 系列相比，运算速度有了较大的提高，静态工作频率为 0～33MHz，片内集成有双数据指针 DPTR、定时监视器（watch dog timer，又称看门狗）、低功耗休闲状态及关电方式、关电方式下的中断恢复等诸多功能，极大地满足了各种不同的应用要求。其中 AT89S52 片内 Flash 存储器容量达 8K，是 AT89S51 的 2 倍。

此外，关于单片机的温度特性，与其他芯片一样按所能适应的环境温度范围，可划分为 3 个等级：民用级为 0～70℃；工业级为-40℃～+85℃；军用级为-65℃～+125℃。因此在使用时应注意根据现场温度选择芯片。

2.1.2 MCS-51 单片机内部结构框图

8051 单片机在一块芯片中集成了 CPU、RAM、ROM、定时/计数器、I/O 接口等功能部件。具体如下：

（1）一个面向控制的 8 位 CPU。

（2）一个片内振荡器及时钟电路。

（3）256 字节片内 RAM（低 128 字节为数据存储器，高 128 字节包含 21 个特殊功能寄存器 SFR）。

（4）4KB 片内程序存储器 ROM。

（5）4 个 8 位并行 I/O 接口。

（6）1 个全双工串行 I/O 接口。

（7）2 个 16 位定时/计数器 T0/Tl。

（8）为 5 个中断源配套的两级优先级嵌套的中断结构。

（9）有位寻址功能、适于布尔处理的位处理机。

图 2-2 为 8051 单片机的内部系统组成的基本框图。

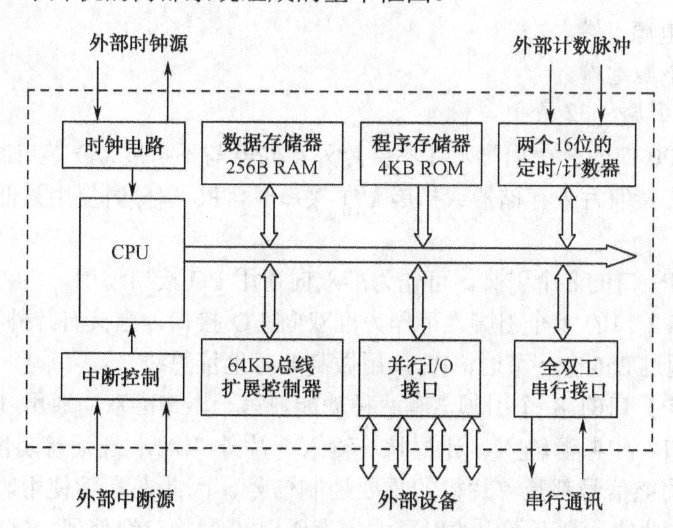

图 2-2 8051 单片机的内部系统组成基本框图

2.2 MCS-51 单片机典型芯片的外部引脚功能

8031/8051/8751 单片机最常见的封装形式是 40 脚双列直插式 DIP（Dual In-line Package），此外，低功耗的、采用 CHMOS 制造的机型（在型号中间加“C”字作识别，如 80C31、80C51、87C51）也有 44 引脚的无引线芯片载体封装 PLCC（Plastic Leaded Chip Carrier）。

80C51 双列直插式封装形式及引脚排列如图 2-3 所示。

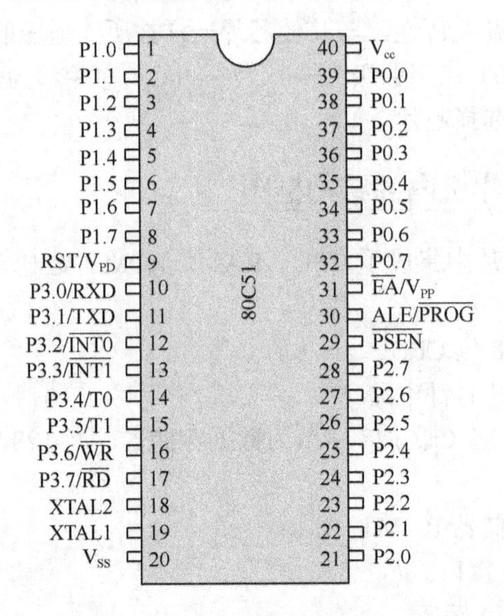

图 2-3 80C51 双列直插式封装形式及引脚排列

40 条引脚中 2 条为电源线，2 条为外接晶体振荡器，4 条控制和复位线，32 条 I/O 引脚。各引脚功能分别说明如下。

1）电源引脚（2 条）

V_{cc}：接+5V 电源正端。

V_{ss}：接+5V 电源地端。

2）输入/输出引脚（32 条）

P0.0～P0.7：P0 口的 8 个引脚。在不接片外存储器与不扩展 I/O 接口时，可作为准双向输入/输出接口。在接有片外存储器或扩展 I/O 接口时，P0 口分时复用为低 8 位地址总线和双向数据总线。

P1.0～P1.7：P1 口的 8 个引脚。可作为准双向通用 I/O 接口使用。

P2.0～P2.7：P2 口的 8 个引脚。可作为准双向 I/O 接口，当接有片外存储器或扩展 I/O 接口且寻址范围超过 256 个字节时，P2 口用做高 8 位地址总线。

P3.0～P3.7：P3 口的 8 个引脚，有两种功能。第一，作准双向通用 I/O 接口使用；第二，用于串行接口、中断源输入、计数脉冲输入、片外 RAM 选通等功能。具体如表 2-2 所列。由于第二功能信号都是单片机的重要控制信号，因此在实际使用时，总是先按需要优先选用它的第二功能，剩下不用的引脚才作为通用 I/O 接口线使用。I/O 接口的详细结构参见 2.5 节。

表 2-2 P3 口的第二功能

引 脚	第 二 功 能
P3.0	RXD（串行输入口）
P3.1	TXD（串行输出口）
P3.2	$\overline{\text{INT0}}$（外部中断 0 请求输入端）
P3.3	$\overline{\text{INT1}}$（外部中断 1 请求输入端）
P3.4	T0（定时/计数器 0 请求脉冲输入端）
P3.5	T1（定时/计数器 1 请求脉冲输入端）
P3.6	$\overline{\text{WR}}$（片外数据存储器写选通信号输出端）
P3.7	$\overline{\text{RD}}$（片外数据存储器读选通信号输出端）

3）控制线（4 条）

ALE/$\overline{\text{PROG}}$：地址锁存有效信号输出端。在访问片外程序存储器期间，每个机器周期该信号出现两次，其下降沿用于控制锁存 P0 口输出的低 8 位地址。对于片内含 EPROM 的机型，在编程期间，此引脚用做编程脉冲$\overline{\text{PROG}}$的输入端。

$\overline{\text{PSEN}}$：片外程序存储器读选通信号输出端，或称片外取指信号输出端。在向片外程序存储器读取指令或常数期间，每个机器周期该信号两次有效（低电平），以通过数据总线 P0 口读回指令或常数。

RST/V_{PD}：复位端（RST 是 RESET 的缩写）。单片机的振荡器工作时，该引脚上至少保持连续两个机器周期（24 个振荡器周期）的高电平就可实现系统复位，使单片机恢复到初始状态。复位期间不产生 ALE 及$\overline{\text{PSEN}}$信号。内部复位操作使堆栈指示器 SP 为 07H，各端口都为高电平（P0～P3 口的内容均为 0FFH），特殊功能寄存器都复位为 0，但不影响 RAM 的状态。当 RST 引脚返回低电平以后，CPU 从地址 0000 开始执行程序。复位后各内部寄存器状态如下：

寄存器	内容
PC	0000H
ACC	00H
B	00H
PSW	00H
SP	07H
DPTR	0000H
P0～P3	0FFH
IP	×××00000
IE	0××00000
TMOD	00H
TCON	00H
TH_0	00H
TL_0	00H
TH_1	00H
TL_1	00H
SCON	00H

SBUF　　　　　　　　　　不定

PCON　　　　　　　　　　0×××××××

图 2-4（a）为上电自动复位电路。上电时，考虑到振荡器有一定的起振时间，该引脚上高电平必须持续 10ms 以上才能保证有效复位。加电瞬间，RST 端的电位与 V_{cc} 相同，随着 RC 电路充电电流的减小 RST 端的电位下降，但只要 RST 端保持 10 ms 以上的高电平就能使 MCS-51 单片机有效地复位，复位电路中的 RC 数值通常由实验调整。当振荡频率选用 6MHz 时，C 选 22μF，R 选 1kΩ，便能可靠地实现加电自动复位。若采用 RC 电路接斯密特电路的输入端，斯密特电路输出端接 MCS-51 和外围电路的复位端，能使系统可靠地同步复位。图 2-4（b）电路既能按键手动复位，又能上电自动复位。

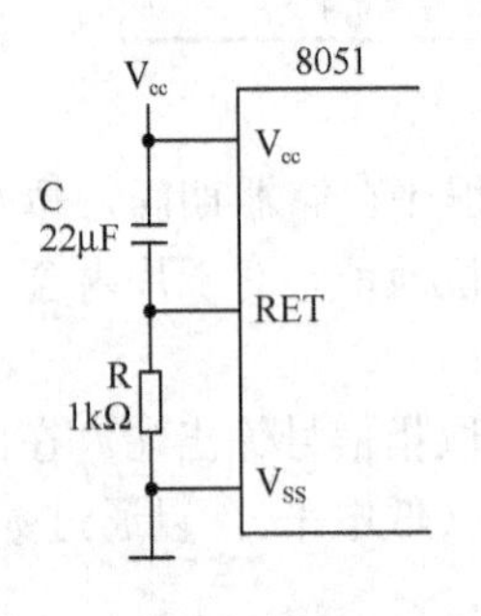

（a）上电自动复位电路

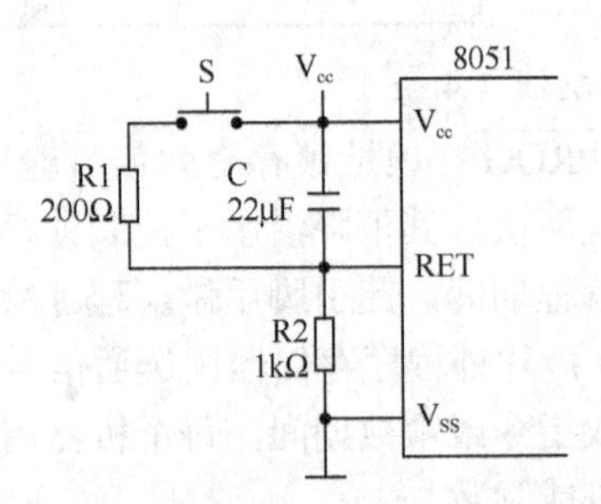

（b）按键手动及上电自动复位电路

图 2-4　复位电路

复位电路在实际应用中很重要，不能可靠地复位会导致系统不能正常工作。所以现在有将复位电路、电源监控电路、看门狗电路、串行 E^2PROM 存储器全部集成在一起的 CPU，有的可分开单独使用，有的可只用其部分功能，让使用者根据实际情况灵活选用。

V_{PD}：对 HMOS 芯片为片内 RAM 掉电保护备用电源，V_{cc} 掉电期间，该引脚如接备用电源 V_{PD}（+5V±0.5V），可用于保存片内 RAM 中的数据。当 V_{cc} 下降到某规定值以下，V_{PD} 便向片内 RAM 供电。

$\overline{EA}$ /V_{PP}：片外程序存储器选通端。该引脚有效（低电平）时只选用片外程序存储器，否则 CPU 上电或复位后先选用片内程序存储器。对于片内含 EPROM 的机型，在编程期间，此引脚用做 21V 编程电源 V_{DD} 的输入端。

4）外接晶体引脚（2 条）

XTAL1：内部振荡电路反相放大器的输入端。当采用外部振荡器时，此引脚接地。

XTAL2：内部振荡电路反相放大器的输出端。当采用外部振荡器时，此引脚接外部振荡源。

当使用芯片内部时钟时，此二引线端用于外接石英晶体和微调电容，电路见 2.3 节。

综上所述，对 MCS-51 系列单片机的引脚可归纳出下列两点：

第一，单片机功能多，引脚数少，以致许多引脚都具有第二功能。

第二，单片机对外呈三总线形式。由 P2 口和 P0 口组成 16 位地址总线；由 P0 分时复用为数据总线；由 ALE、RST、$\overline{EA}$ 与 P3 口中的 $\overline{INT0}$、$\overline{INT1}$、T0、T1、$\overline{WR}$、$\overline{RD}$ 共 10 个引脚组成控制总线。由于有 16 位地址线，可使片外存储器的寻址范围达到 64KB。

2.3　中央处理单元（CPU）

MCS-51 CPU 是单片机的指挥、执行机构，由它读入用户编写的控制程序并逐条执行。下面把 CPU 分成控制器和运算器两大部分加以说明。

2.3.1　控制器

控制器是 CPU 的大脑中枢，它包括程序计数器 PC、指令寄存器和指令译码器以及定时和控制逻辑电路。此外，数据指针 DPTR、堆栈指针 SP 也包含在控制器之中。

1）程序计数器 PC

程序计数器 PC 是一个 16 位寄存器构成的加 1 计数器，用于存放程序存储器中将要执行的指令所在存储单元的地址。PC 本身没有物理地址（不属于特殊功能寄存器 SFR 之列），是不可寻址的，因此用户无法对它进行读/写。它具有自动加 1 的功能，改变 PC 的内容就可以改变程序执行的方向。可以通过转移、调用、返回等指令改变其内容，以实现程序的转向和循环。单片机要执行一个程序，就必须把该程序按顺序预先装入存储器 ROM 的某个区域。而 CPU 上电时，PC 的初始值为零。当单片机开始执行程序时，给 PC 装入第一条指令所在地址，以后 CPU 每取出一条指令（如为多字节指令，则每取出一个指令字节），PC 的内容就自动加 1，从而指向下一个存储单元。这样就保证单片机按顺序一条条取出指令来加以执行。只有当程序遇到转移指令、子程序调用指令，或遇到中断时，PC 才转到所需要的地方去。

2）指令寄存器和指令译码器

8051 CPU 的工作过程实质上是按照程序计数器 PC 提供的地址，依次从程序存储器的相应单元中取出相应指令后，首先放到指令寄存器中，然后由指令译码器翻译成各种形式的控制信号。这些信号与单片机时钟振荡器产生的时钟脉冲在定时与控制逻辑电路的协调下，形成按一定时间节拍变化的电平和脉冲，即所谓控制信息，在规定的时刻向有关部件发出相应的控制信号来协调寄存器之间的数据传输、运算等操作。如寄存器传送、存储器读写、加或减算术操作、逻辑运算等命令，其动作的依据就是该时刻执行的指令。

3）定时和控制逻辑电路

❶ 时钟电路。

CPU 的操作需要精确的定时，它是用一个晶体振荡器产生稳定的时钟脉冲来控制的。8051 片内有一个由高增益反相放大器所构成的振荡电路，XTAL1 和 XTAL2 分别为振荡电路的输入和输出端，时钟可以由内部方式产生或由外部方式产生。

内部方式时钟电路如图 2-5（a）所示。在 XTAL1 和 XTAL2 之间跨接晶体振荡器和微调电容，组成并联谐振回路，从而构成一个稳定的自激振荡器。电容值在 5～30pF 之间选择，电容的大小可起频率微调作用。晶振可以在 1.2MHz 到 12MHz 之间选择，晶体振荡频率越高，则系统的时钟频率也越高，单片机运行速度也就更快。MCS-51 单片机在通常应用情况下，使用 6MHz 或 12MHz 的振荡频率。

外部方式时钟电路如图 2-5（b）所示，主要用于多单片机系统。在由多个单片机组成的系统中，为使各单片机之间时钟信号的同步，应当引入唯一的公用外部脉冲信号作为各单片机的振荡脉冲。这时外部的脉冲信号是经 XTAL2 引脚注入，而将 XTAL1 接地。

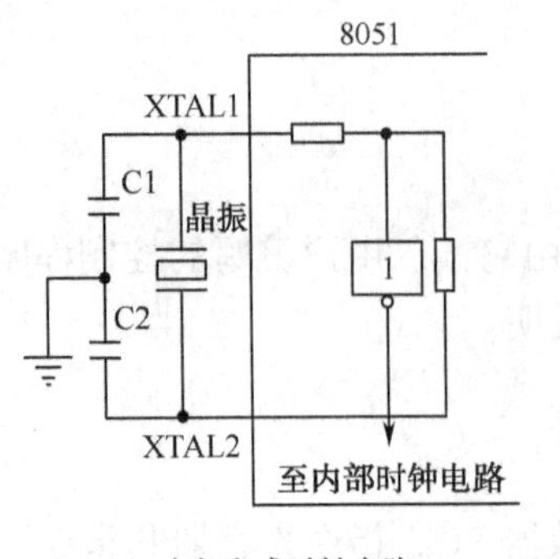

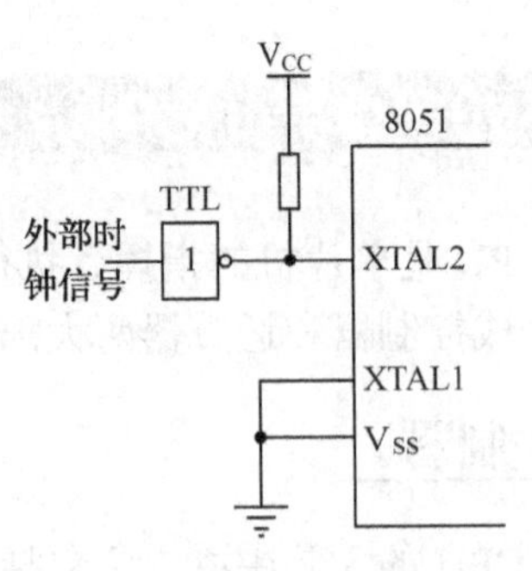

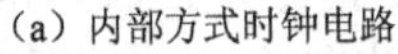
（a）内部方式时钟电路

（b）外部方式时钟电路

图 2-5 时钟电路

❷ 时序。

单片机执行的每一条指令都可以分解为若干基本的微操作。而这些微操作在时间上都有极严格的先后次序，这些次序就是 CPU 的时序。换句换说，时序就是进行某种操作时，各种数据、控制信号先后出现的顺序。时序是用定时单位来描述的，**MCS-51 系列单片机的时序定时单位共有 4 个，从小到大依次是振荡周期，状态周期，机器周期**，指令周期。通常把振荡器频率的倒数称为振荡周期。内部时钟电路把振荡频率二分频（即周期加倍）之后供单片机使用，称（内部）时钟周期，又称状态周期，用 S 表示。每个状态包括两个时相 P_1 和 P_2，其前半周期记为 P_1，后半周期记为 P_2。一个机器周期由 6 个状态（12 个振荡周期）组成。每个状态又被分成两个时相 P_1 和 P_2。所以，一个机器周期可以依次表示为 S_1P_1，S_1P_2，…，S_6P_1，S_6P_2。因此

1 个机器周期=12 个振荡周期

而指令周期是指单片机执行一条指令所花的时间，不同的指令在执行时所花的时间多少是不同的，所以指令周期有长有短。一个指令周期一般含 1～4 个机器周期。MCS-51 典型的指令周期为一个机器周期，即大部分指令是单字节单周期指令，少数是单字节双周期、双字节双周期指令，只有乘法和除法指令占用 4 个机器周期。

图 2-6 给出了 8051 单片机的机器周期、状态周期和振荡周期之间的关系及执行指令的定时关系，这些内部时钟信号不能从外部观察到，所以用 XTAL2 振荡信号作参考。从图 2-6 中可看到，低 8 位地址的锁存信号 ALE 在每个机器周期中两次有效：一次在 S_1P_2 与 S_2P_1 期间，另一次在 S_4P_2 与 S_5P_1 期间。每次出现，CPU 进行一次取指操作。

通常算术逻辑操作在 P_1 时相进行，而内部寄存器传送在 P_2 时相进行。

对于单周期指令，当操作码被送入指令寄存器时，便从 S_1P_2 开始执行指令。如果是双字节单机器周期指令，则在同一机器周期的 S_4 期间读入第二字节，若是单字节单机器周期指令，则在 S_4 期间仍进行读，但所读的这个字节操作码被忽略，程序计数器也不加 1，在 S_6P_2 结束时完成指令操作。图 2-6 的（a）和（b）给出了单字节单机器周期和双字节单机器周期指令的时序。8051 指令大部分在一个机器周期完成。乘（MUL）和除（DIV）指令是仅有的需要两个以上机器周期的指令，占用 4 个机器周期。对于双字节单机器周期指令，通常是在一个机器周期内从程序存储器中读入 2 字节，唯有 MOVX 指令例外。MOVX 是访问外部数据存储器的单字节双机器周期指令。在执行 MOVX 指令期间，外部数据存储器被访问且被选通时跳过两次取指操作。图 2-6（c）给出了一般单字节双机器周期指令的时序。

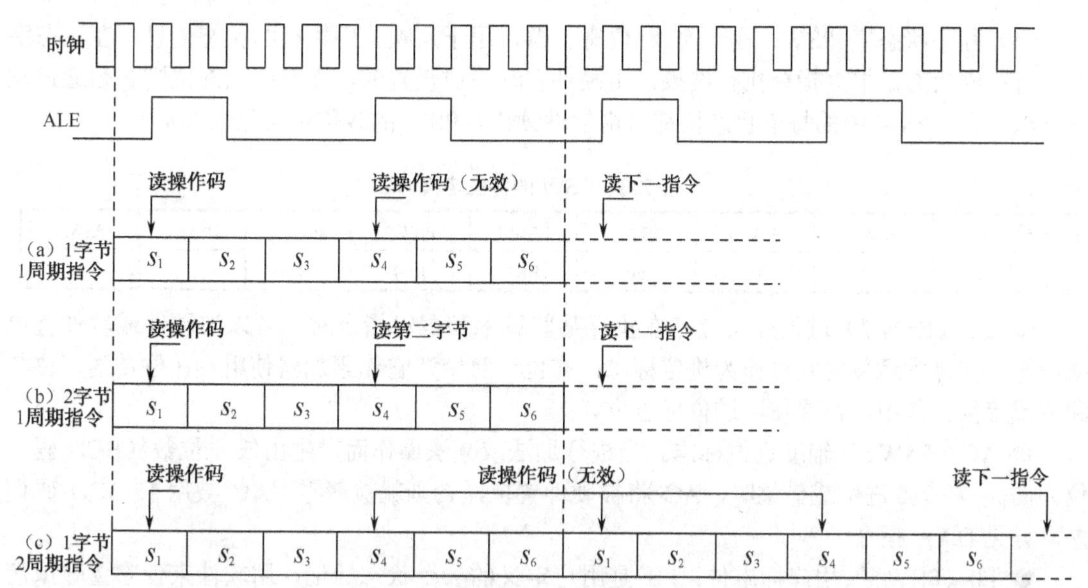

图 2-6 8051 单片机各种周期之间的关系及执行指令的定时关系

2.3.2 运算器

运算器的功能是进行算术运算和逻辑运算。可以对半字节（4 位）、单字节（8 位）等数据进行操作。例如，能完成加、减、乘、除、加 1、减 1、十进制 BCD 码调整、比较等算术运算和与、或、异或、循环等逻辑运算，操作结果的状态信息送至状态字寄存器。

MCS-51 运算器主要由 8 位的算术逻辑运算单元 ALU、两个 8 位的暂存器 TMP1 和 TMP2、8 位累加器 ACC、寄存器 B 和程序状态字寄存器 PSW 组成。

（1）ALU：可对 4 位、8 位数据进行操作和处理。

如加、减、乘、除、加 1、减 1、十进制数调整、比较、逻辑与、或、异或、循环移位等操作。

（2）累加器 A：累加器（Accumulator）是使用最频繁的寄存器，它既可用于存放操作数，也可用来存放运算的中间结果。指令系统中字节操作指令一般用 A 作为累加器的助记符，当进行位操作时，一般用 ACC 表示。在算术和逻辑运算中，参与运算的两个操作数必须有一个放在 A 累加器中。运算后的结果都存放在累加器 A 中。大部分单操作数指令的操作数由累加器提供，例如：

指令 INC　A，是执行 A 中内容加 1 的操作；

指令 CLR　A，是执行将 A 内容清零的操作；

指令 RL　A，是执行使 A 各位内容依次循环向左移动一位的操作。

大量双操作数指令的一个操作数也来自 A，例如：

指令 ADD　A，#data 是执行 A←A+#data 的算术操作；

指令 ANL　A，#data 是执行 A←A∧#data 的逻辑操作。

（3）通用寄存器 B：8 位通用寄存器，主要用于配合累加器 A 完成乘除运算。乘法运算时，寄存器 B 放乘数。乘法操作后，乘积的高 8 位存于 B 中。除法运算时，寄存器 B 放除数，除法操作后余数存于 B 中。在不作乘除运算时，寄存器 B 也可作为一般数据寄存器使用。

（4）程序状态字 PSW：是一个 8 位寄存器，用于反映程序执行的状态信息。在状态字中，有些位状态是根据指令执行结果，由硬件自动完成设置的，而有些状态位则必须通过软件方法设定。PSW 中的每个状态位都可由软件读出，PSW 的各位定义见表 2-3。

表 2-3　PSW 的各位定义

位　序	PSW.7	PSW.6	PSW.5	PSW.4	PSW.3	PSW.2	PSW.1	PSW.0
位标志	CY	AC	F0	RS1	RS0	OV	/	P

❶ CY（PSW.7）进位标志位。在执行某些算术和逻辑指令时，可以被硬件或软件置位或清零。在算术运算中它可作为进位标志；在位运算中，它作累加器使用。在位传送、位与和位或等位操作中，都要使用进位标志位。

❷ AC（PSW.6）辅助进位标志。当进行加法或减法操作而产生由低 4 位数（BCD 码一位）向高 4 位数进位或借位时，AC 将被硬件置位，否则就被清零。AC 被用于 BCD 码调整。详见 DA A 指令。

❸ F0（PSW.5）用户标志位。F0 是用户定义的一个状态标记，用软件来使它置位或清零。该标志位状态一经设定，可由软件测试 F0，以控制程序的流向。

❹ RS1 和 RS0（PSW.4，PSW.3）寄存器区选择控制位。用于选择 CPU 当前工作寄存器组。工作寄存器共有四组，其对应关系见表 2-4。

表 2-4　寄存器组选择控制位与工作寄存器组的对应关系

RS1　RS0	寄 存 器 组	片内 RAM 地址
0　0	第 0 组	00H～07H
0　1	第 1 组	08H～0FH
1　0	第 2 组	10H～17H
1　1	第 3 组	18H～1FH

这两个选择位的状态是由软件设置的，被选中的寄存器组即为当前工作寄存器组。当单片机上电或复位时，RS1 RS0=00。

❺ OV（PSW.2）溢出标志。当执行算术指令时，由硬件置位或清零，以指示溢出状态。

当执行加法指令 ADD 时，位 6 向位 7 有进位而位 7 不向 CY 进位时，或位 6 不向位 7 进位而位 7 向 CY 进位时，溢出标志 OV 置位，否则清零。

溢出标志常用于 ADD 和 SUBB 指令对有符号数的加减运算，OV=1 表示加减运算的结果超出了目的寄存器 A 所能表示的有符号数（2 的补码）的范围（-128～+127），参见第 3 章中关于 ADD 和 SUBB 指令的说明。

在 MCS-51 单片机中，无符号数乘法指令 MUL 的执行结果也会影响溢出标志。若置于累加器 A 和寄存器 B 的两个数的乘积超过 255 时，OV=1，否则 OV=0。此积的高 8 位放在 B 内，低 8 位放在 A 内。因此，OV=0 意味着只要从 A 中取得乘积即可，否则要从 B A 寄存器对中取得乘积。

除法指令 DIV 也会影响溢出标志。当除数为 0 时，OV=1，否则 OV=0。

❻ P（PSW.0）奇偶标志，每个指令周期都由硬件来置位或清零，以表示累加器 A 中 1 的位数的奇偶性。若 1 的位数为奇数，P 置“1”，否则 P 清零。

P 标志位对串行通信中的数据传输有重要的意义，在串行通信中常用奇偶校验的办法来检验数据传输的正确性。在发送端可根据 P 的值对数据的奇偶位置位或清零。通信协议中规定采用奇校验的办法，则 P=0 时，应对数据（假定由 A 取得）的奇偶位置位，否则就清零。

最后需要说明的是，8051 运算器还包含有一个布尔处理器，用来处理位操作。它是以进位标志位 C 为累加器的，可执行置位、复位、取反、等于 1 转移、等于 0 转移、等于 1 转移且清零以及进位标志位与其他可寻址的位之间进行数据传送等位操作；也能使进位标志位与其他可位寻址的位之间进行逻辑与、或操作。

2.4 存储器

在微型计算机中，程序和数据是以字节（8 位二进制数）为单位存放在存储单元中的。通常把众多的存储单元按顺序用十六进制编上号，称为存储单元的地址。CPU 要访问（读写）哪个存储单元，只需要把程序计数器 PC 中的地址值通过地址总线送到存储器的地址译码器，经过译码器的译码，就能找到相应的存储单元。可见，CPU 能够管理（组织）的存储空间的大小取决于其地址线的多少。8051 单片机由 P0 和 P2 口传送地址信号，因此，它能够管理的地址空间最多有 2^{16}=64KB。

另外，从 CPU 对存储器的组织管理角度看，计算机的存储器结构分为两种。一种称为哈佛结构，即程序存储器和数据存储器分开，相互独立；另一种结构称为普林斯顿结构，即程序存储器和数据存储器地址空间是统一编址的。MCS-51 单片机属于哈佛结构，在物理结构上二者是分开的。因此，理论上 8051CPU 最多可以管理 64K 的程序存储器和 64K 的数据存储器。而由于单片机一般在片内集成了一定容量的 ROM（EPROM）/RAM，这样，8051 就在物理结构上共有 4 个存储空间：片内程序存储器和片内数据存储器以及片外程序存储器和片外数据存储器，如图 2-7 所示。8051 程序存储器由 ROM 组成，用来存放指令代码和常数；而数据存储器则由 SRAM 组成，用于数据缓冲区。

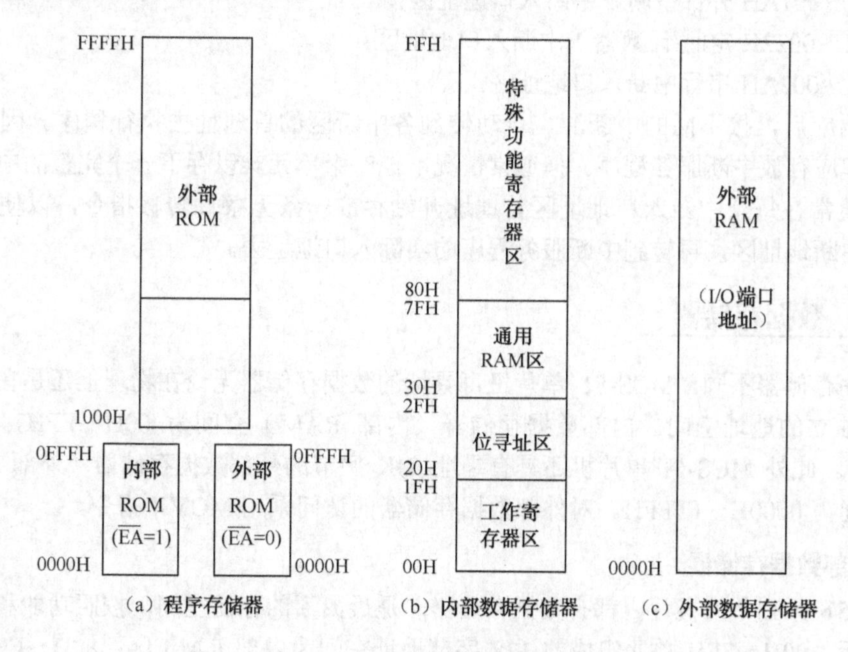

图 2-7 8051 单片机的存储空间

需要特别注意的是，与 PC 机的 80X86 系列 CPU 不同，MCS-51 系列单片机将字数据的高位字节存放在低地址字节中，低位字节存放在高地址字节中。

2.4.1 程序存储器

MCS-51 的程序存储器用于存放编好的程序和表格常数。8051 片内有 4KB 的 ROM，8751 片内有 4KB 的 EPROM，而由于 8031 片内无程序存储器，所以选用 8031 时最少要外接一个 EPROM 或 E^2PROM 作程序存储器使用（此时$\overline{EA}$引脚应始终接低电平）。程序存储器以程序计数器 PC 作地址指针，通过 16 位地址总线，最多可寻址 64K 字节的程序存储器，片内、片外统一编址。因此，8051 在物理上虽然可寻址内外两个程序存储器，但在逻辑上却只有一个统一的存储空间，采用 MOVC 指令进行访问。如$\overline{EA}$端保持高电平，8051 的程序计数器 PC 在 0000H～0FFFH 地址范围内（前 4KB 地址）是执行片内 ROM 中的程序，当 PC 在 1000H～FFFFH 地址范围时，自动执行片外程序存储器中的程序。当$\overline{EA}$保持低电平（接地）时，只能寻址外部程序存储器，片外存储器可以从 0000H 开始编址，参见图 2-7（a）。

MCS-51 单片机的程序存储器中有些单元具有特殊功能，使用时应予以注意。

其中一组特殊单元是 0000H～0002H。系统复位后，（PC）=0000H，单片机从 0000H 单元开始取指令执行程序。如果程序不从 0000H 单元开始，应在这 3 个单元中存放一条无条件转移指令，以便直接转去执行指定的程序。

还有一组特殊单元是 0003H～002AH。共 40 个单元，这 40 个单元被均匀地分为 5 段，作为 5 个中断源的中断服务程序的入口地址区。其中：

0003H～000AH 外部中断 0 中断入口地址区；

000BH～0012H 定时/计数器 0 中断入口地址区；

0013H～001AH 外部中断 1 中断入口地址区；

001BH～0022H 定时/计数器 1 中断入口地址区；

0023H～002AH 串行中断入口地址区。

中断响应后，按不同的中断源，自动转到各中断区的首地址去执行程序。因此在中断地址区中理应存放中断服务程序。但通常情况下，8 个单元难以存下一个完整的中断服务程序，因此通常在每个中断入口地址区首地址开始存放一条无条件转移指令，以便中断响应后，通过中断地址区，再转到中断服务程序的实际入口地址去。

2.4.2 数据存储器

与程序存储器不同，MCS-51 单片机可寻址的数据存储器无论在物理上还是在逻辑上都分为两个独立的地址空间。内部数据存储器（内部 RAM）空间为 00H～FFH，访问时用 MOV 指令。此外 MCS-51 单片机还具有寻址 64K 字节的外部数据存储器（外部 RAM）的能力，空间为 0000H～FFFFH。对外部数据存储器的访问采用 MOVX 指令。

1．内部数据存储器

MCS-51 系列单片机片内都有数据存储器，是最灵活的存储空间，按照功能和性质把它分成几个区：00H～7FH 单元组成的 128 字节地址空间为内部 RAM 区；80H～FFH 单元组成的高 128 字节地址空间为特殊功能寄存器（SFR）区。

1）内部数据存储器低128字节单元

8051 的内部 RAM 低 128 个字节单元是单片机的真正数据存储器，按其用途划分为 3 个区域，如表 2-5 所列。

表 2-5 片内 RAM 低 128 个单元的配置

地 址	功 能
30H～7FH	数据缓冲区
20H～2FH	位寻址区（00H～7FH）
18H～1FH	工作寄存器 3 区（R7～R0）
10H～17H	工作寄存器 2 区（R7～R0）
08H～0FH	工作寄存器 1 区（R7～R0）
00H～07H	工作寄存器 0 区（R7～R0）

❶ 工作寄存器区（00H～1FH）。

工作寄存器区共有 4 组寄存器，每组 8 个寄存单元（各为 8 位），各组都以 R0～R7 作寄存单元编号（寄存器名）。这些寄存器常用于存放操作数及中间结果等，由于它们的功能及使用不作预先规定，因此称之为通用寄存器，也叫工作寄存器。4 组工作寄存器占据内部 RAM 的 00H～1FH 单元地址。工作寄存器为 CPU 提供了就近数据存储的便利，有利于提高单片机的运算速度。此外，使用工作寄存器还能提高程序编制的灵活性，因此在单片机的编程中应充分利用这些寄存器，以简化程序设计，提高程序运行速度。

在任意时刻，CPU 只能使用其中的一组寄存器，并且把正在使用的这组寄存器称之为当前工作寄存器组。到底是哪一组，由程序状态字寄存器 PSW 中 RS1、RS0 位的状态组合来决定，参见表 2-4。

❷ 位寻址区。

内部 RAM 的 20H～2FH 单元，既可作为一般 RAM 单元使用，进行字节操作，也可以对单元中每一位进行位操作，因此把该区称之为位寻址区。位寻址区共有 16 个 RAM 单元，计 128 位，位地址为 00H～7FH。**MCS-51 具有布尔处理机功能，这个位寻址区可以构成布尔处理机的存储空间。这种位寻址能力是 MCS-51 的一个重要特点。**表 2-6 为片内 RAM 位寻址区的位地址表。

表 2-6 片内 RAM 位寻址区的位地址表

单元地址	MSB			位地址				LSB
2FH	7F	7E	7D	7C	7B	7A	79	78
2EH	77	76	75	74	73	72	71	70
2DH	6F	6E	6D	6C	6B	6A	69	68
2CH	67	66	65	64	63	62	61	60
2BH	5F	5E	5D	5C	5B	5A	59	58
2AH	57	56	55	54	53	52	51	50
29H	4F	4E	4D	4C	4B	4A	49	48
28H	47	46	45	44	43	42	41	40
27H	3F	3E	3D	3C	3B	3A	39	38
26H	37	36	35	34	33	32	31	30
25H	2F	2E	2D	2C	2B	2A	29	28

续表

单元地址	MSB			位地址				LSB
24H	27	26	25	24	23	22	21	20
23H	1F	1E	1D	1C	1B	1A	19	18
22H	17	16	15	14	13	12	11	10
21H	0F	0E	0D	0C	0B	0A	09	08
20H	07	06	05	04	03	02	01	00

其中：MSB——最高有效位。

LSB——最低有效位。

❸ 数据缓冲区。

在内部 RAM 低 128 单元中，工作寄存器占去 32 个单元，位寻址区占去 16 个单元，剩下 80 个单元，这就是供用户随机读写使用的数据缓冲区，其单元地址为 30H～7FH。

对数据缓冲区的使用没有任何规定或限制。但在一般应用中常把堆栈开辟在此区中，所以 MCS-51 单片机堆栈的最大深度为 80 字节。

2）内部数据存储器高 128 单元

内部数据存储器高 128 单元是供给专用寄存器使用的，其单元地址为 80H～FFH。因为这些寄存器的功能已作专门规定，故而称之为专用寄存器，也常称为特殊功能寄存器（SFR），详见 2.4.3 节。

2．外部数据存储器

MCS-51 单片机具有寻址 64K 字节外部数据存储器（外部 RAM）的能力，即外部数据存储器最多可达 64K 字节，空间为 0000H～FFFFH。对于不同的单片机应用系统，若系统较小，内部的 RAM（30H～7FH）足够的话，就不要再扩展外部数据存储器 RAM，若内部 RAM 不够用，就需要进行外部数据存储器扩展。对外部数据存储器的访问采用 MOVX 指令，用间接寻址方式，工作寄存器 R0，R1 和 DPTR 都可作间址寄存器来访问它。有关外部存储器的扩展和信息传送将在第 6 章详细介绍。

2.4.3 特殊功能寄存器（SFR）

内部 RAM 的高 128 单元是供给专用寄存器使用的，其单元地址为 80H～FFH。因这些寄存器的功能已作专门规定，故而称之为专用寄存器，俗称特殊功能寄存器（SFR）。如累加器 A、寄存器 B、程序状态字 PSW 都属于特殊功能寄存器，实质上都对应着一个内部 RAM 单元的地址。8051 共有 21 个特殊功能寄存器，见表 2-7。21 个可字节寻址的特殊功能寄存器是不连续地分散在内部 RAM 高 128 单元之中的，尽管还余有许多空闲地址，但用户并不能使用。对特殊功能寄存器只能使用直接寻址方式，书写时既可使用寄存器符号，也可使用寄存器单元地址。

表 2-7　8051 特殊功能寄存器一览表

寄存器符号	地　址	寄存器名称
ACC	E0H	累加器
B	F0H	B 寄存器
PSW	D0H	程序状态字

续表

寄存器符号	地址	寄存器名称
SP	81H	堆栈指示器
DPL	82H	数据指针低八位
DPH	83H	数据指针高八位
IE	A8H	中断允许控制寄存器
IP	B8H	中断优先控制寄存器
P0	80H	I/O 端口 0
P1	90H	I/O 端口 1
P2	A0H	I/O 端口 2
P3	B0H	I/O 端口 3
PCON	87H	电源控制及波特率选择寄存器
SCON	98H	串行接口控制寄存器
SBUF	99H	串行接口数据缓冲寄存器
TCON	88H	定时器控制寄存器
TMOD	89H	定时器方式选择寄存器
TL0	8AH	定时器 0 低 8 位
TL1	8BH	定时器 1 低 8 位
TH0	8CH	定时器 0 高 8 位
TH1	8DH	定时器 1 高 8 位

这 21 个特殊功能寄存器中累加器 A、寄存器 B、程序状态字 PSW 已在第 2 章第 2 节有详细介绍，其余简介如下。

1．数据指针 DPTR

数据指针 DPTR 为特殊功能寄存器中唯一可访问的 16 位寄存器（程序计数器 PC 虽为 16 位，但在物理上是独立的，不属 SFR 的范畴，没有对应的 RAM 地址，不可寻址），通常在访问外部数据存储器时作地址指针使用。由于外部数据存储器的寻址范围为 64KB，故把 DPTR 设计为 16 位。编程时，DPTR 可以分成两个 8 位寄存器：高位字节寄存器 DPH 和低位字节寄存器 DPL，既可作一个 16 位寄存器用，也可作两个 8 位寄存器来用，即：

DPH——DPTR 高位字节，地址为 83H；

DPL——DPTR 低位字节，地址为 82H。

在访问外部数据存储器时，可以用下列两条传送指令：MOVX A，@DPTR 和 MOVX @DPTR，A。特别一提的是 DPTR 也可用做基址寄存器来访问程序存储器，即用指令 MOVC A，@A+DPTR 以读取存放在程序存储器内的表格常数，详细介绍见第 3 章。

2．堆栈指针 SP

堆栈是一段特殊的存储区域，用来暂存数据和地址，它是按“先进后出”的原则来存取数据的。堆栈共有两种操作：进栈和出栈。

堆栈指针 SP 在本质上一个特殊功能寄存器，总是指向（存放）堆栈顶部存储单元的地址。进栈时，每压入一个字节，SP 的值自动加 1，出栈时，每弹出一个字节，SP 的值自动减 1。MCS-51 单片机由于堆栈设在内部 RAM 中，因此 SP 是一个 8 位寄存器。系统复位时，SP 的内容为 07H，使得堆栈在复位时是从 08H 单元开始。但 08H～1FH 单元分别属于

工作寄存器 1～3 区，如程序中要用到这些区，则最好把 SP 值改为 1FH 或更大的值。一般情况下，堆栈最好在内部 RAM 的 30H～7FH 内开辟。SP 的内容一经确定，堆栈的位置也就跟着确定下来，由于 SP 可初始化为不同值，因此堆栈位置是浮动的。

堆栈的功能主要有以下 3 点。

❶ 保护断点，即用来临时保存从主程序转向子程序、中断入口时的断点地址，以保证子程序、中断正确返回。

❷ 保护现场，即对子程序、中断程序中要用到的、现场的某些寄存器的内容进行保护，以保证返回时正确恢复。

❸ 用于数据的临时存放。

堆栈指针 SP 的字节地址为 81H，除用软件直接改变 SP 值外，在执行 PUSH、POP 指令，各种子程序调用，中断响应，子程序返回（RET）和中断返回（RETI）等指令时，SP 值将自动调整。

3．端口 P0～P3

特殊功能寄存器 P0、P1、P2 和 P3 分别是 I/O 端口 P0～P3 的锁存器（具体内部结构见 2.4 节），它们的字节地址分别为 80H、90H、A0H、B0H。P0～P3 作为特殊功能寄存器可用直接寻址方式参与其他操作指令，也可以对每个端口的每一位独立进行操作，即所谓位寻址。

4．串行数据缓冲器

串行数据缓冲器 SBUF 用于存放欲发送或已接收的数据，它实际上由两个独立的寄存器组成的，一个是发送缓冲器，另一个是接收缓冲器。当要发送的数据传送到 SBUF 时，放入发送缓冲器。当要从 SBUF 读数据时，则取自接收缓冲器，取走的是刚接收到的数据。

5．定时/计数器

MCS-51 系列单片机有两个 16 位定时/计数器 T0 和 T1。它们各由两个独立的 8 位寄存器组成，共有 4 个独立的寄存器：TH0，TL0，TH1，TL1。可以对这 4 个寄存器寻址，但不能把 T0、T1 当做一个 16 位寄存器来寻址。

6．其他控制寄存器

IP，IE，TMOD，TCON，SCON 和 PCON 寄存器分别包含有中断系统、定时/计数器、串行接口和供电方式的控制和状态位，这些寄存器将在以后有关章节中叙述。

需要特别说明的是，MCS-51 系列单片机的 21 个可寻址的特殊功能寄存器中，其中有 11 个专用寄存器是可以位寻址的，其特点是字节地址能被 8 整除。下面把各寄存器的字节地址及位地址一并列于表 2-8。

表 2-8　各寄存器的字节地址及位地址表

SFR	字节地址	位地址							
		D0	D1	D2	D3	D4	D5	D6	D7
P0*	80	P0.0	P0.1	P0.2	P0.3	P0.4	P0.5	P0.6	P0.7
		80	81	82	83	84	85	86	87
SP	81								
DPL	82								
DPH	83								

续表

SFR	字节地址	位地址							
		D0	D1	D2	D3	D4	D5	D6	D7
PCON	87								
TCON*	88	IT0					TF0		
		88	89	8A	8B	8C	8D	8E	8F
TMOD	89								
TL0	8A								
TL1	8B								
TH0	8C								
TH1	8D								
P1*	90	P1.0	P1.1	P1.2	P1.3	P1.4	P1.5	P1.6	P1.7
		90	91	92	93	94	95	96	97
SCON*	98	RI	TI	RB8	TB8	REN	SM2	SM1	SM0
		98	99	9A	9B	9C	9D	9E	9F
SBUF	99								
P2*	A0	P2.0	P2.1	P2.2	P2.3	P2.4	P2.5	P2.6	P2.7
		A0	A1	A2	A3	A4	A5	A6	A7
IE*	A8	EX0	ET0	EX1	ET1	ES			EA
		A8	A9	AA	AB	AC			AF
P3*	B0	P3.0	P3.1	P3.2	P3.3	P3.4	P3.5	P3.6	P3.7
		B0	B1	B2	B3	B4	B5	B6	B7
IP*	B8	PX0	PT0	PX1	PT1	PS			
		B8	B9	BA	BB	BC			
PSW*	D0	P	—	OV	RS0	RS1	F0	AC	C_Y
		D0	D1	D2	D3	D4	D5	D6	D7
ACC*	E0								
		E0	E1	E2	E3	E4	E5	E6	E7
B*	F0								
		F0	F1	F2	F3	F4	F5	F6	F7

表 2-8 中凡第一列寄存器名称中带*的都是可进行位寻址的寄存器，而不带*的是不可进行位寻址的寄存器。全部专用寄存器可寻址的位共有 83 位，这些位都具有专门的定义和用途。这样加上位寻址区的 128 位，在 MCS-51 的内部 RAM 中共有 128+83=211 个可寻址位。

2.4.4 位处理器（布尔处理机）

MCS-51 单片机有一个强大的位处理器，设有一些特殊的硬件逻辑，如位累加器 C，CPU 能按位操作，有自己的位寻址空间。位处理功能在开关决策、逻辑电路仿真和实时控制方面非常有用。在 MCS-51 指令系统中有 17 条位处理指令，构成了布尔处理机的指令集，可对片内 RAM 中 16 字节（20H～2FH）的 128 位直接寻址，其位地址从 00H～7FH（也可字节寻址 20H～2FH）。还可对 11 字节的专用寄存器（80H、88H、90H、98H、A0H、A8H、B0H、B8H、（C8H）、D0H、E0H、F0H 单元）进行位寻址，其位地址从 80H～F7H（中间不完全连续，见表 2-8）。从有关特殊功能寄存器的介绍中，也可看出 4 个并行

I/O 接口 P0～P3 的各位也可以进行位操作，具体操作方法见第 3 章指令系统部分的介绍。

位处理机事实上提供了面向控制的功能，可简化、优化实时控制程序设计，实现复杂的组合逻辑功能。

2.5 MCS-51 单片机的并行 I/O 接口

单片机芯片内除了有存储器外，还有一项重要的资源就是并行 I/O 接口。所谓“接口”一般是指集数据输入缓冲、数据输出驱动及锁存等多项功能为一体的 I/O 接口电路，为了方便，也简称为“口”。MCS-51 单片机共有 4 个 8 位并行 I/O 接口，分别是 P0、P1、P2、P3，共 32 根接口线。实际上，它们已被归入专用寄存器之列，并且具有字节寻址和位寻址功能。这些接口在结构和特性上具有一定的共性，在无片外扩展存储器的系统中，这 4 个接口的每一位均可作为双向的 I/O 端口使用。但又各具特点，尤其是有片外存储器扩展时，低 8 位地址和数据要由 P0 口分时传送，高 8 位地址要由 P2 接口传送。以下就各个接口的电路结构和特点分别予以介绍。

2.5.1 并行 I/O 接口电路结构

从结构上看，4 个 8 位并行 I/O 接口中，每个口的每一位口线都包含一个锁存器、一个输出驱动器和输入缓冲器。

1．P0 口

P0 口的一位口线逻辑电路如图 2-8 所示。

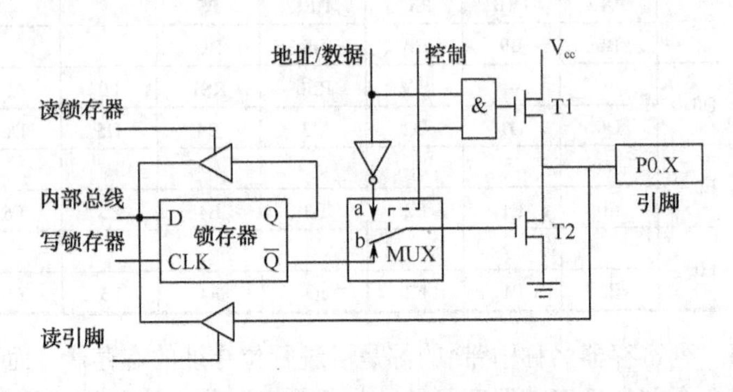

图 2-8　P0 口的一位的结构

由图 2-8 可见，电路中包含有 1 个数据输出锁存器、2 个三态数据输入缓冲器、1 个数据输出驱动电路和 1 个输出控制电路。当对 P0 口进行写操作时，由锁存器和驱动电路构成数据输出通路。由于通路中已有输出锁存器，因此数据输出时可与外设直接连接，而不需再加数据锁存电路。

考虑到 P0 口既可以作为通用的 I/O 接口进行数据的输入输出，也可以作为单片机系统的地址/数据线使用。为此在 P0 口的电路中有一个多路转接电路 MUX。在控制信号的作用下，多路转接电路可以分别接通锁存器输出或地址/数据线。当作为通用的 I/O 接口使用时，内部的控制信号为低电平，封锁与门将输出驱动电路的场效应管（FET）截止，同时使多路转接电路 MUX 接通锁存器 Q 端的输出通路。

当 P0 口作为输出口使用时，内部的写脉冲加在 D 触发器的 CP 端，数据写入锁存器，并向端口引脚输出。

当 P0 口作为输入口使用时，应区分读引脚和读端口两种情况。为此在口电路中有两个用于读入驱动的三态缓冲器。所谓读引脚就是读芯片引脚上的数据，这时使用下方的数据缓冲器，由“读引脚”信号把缓冲器打开，把端口引脚上的数据从缓冲器通过内部总线读进来。使用传送指令（MOV）进行读口操作都是属于这种情况。

而读端口则是指通过上面的缓冲器读锁存器 Q 端的状态。在端口已处于输出状态的情况下，本来 Q 端与引脚的信号是一致的，这样安排的目的是为了适应对口进行“读—修改—写”操作指令的需要。例如“ANL P0，A”就是属于这类指令，执行时先读入 P0 口锁存器中的数据。然后与 A 的内容进行逻辑与，再把结果送回 P0 口。对于这类“读—修改—写”指令，不直接读引脚而读锁存器是为了避免可能出现的错误。因为在端口已处于输出状态的情况下，如果端口的负载恰是一个晶体管的基极，导通了的 PN 结会把端口引脚的高电平拉低，这样直接读引脚就会把本来的“1”误读为“0”。但若从锁存器 Q 端读，就能避免这样的错误，得到正确的数据。

但要注意的是，当 P0 口进行一般的 I/O 输出时，由于输出电路是漏极开路电路，必须外接上拉电阻才能有高电平输出；当 P0 口进行一般的 I/O 输入时，必须先向电路中的锁存器写入“1”，使场效应管（FET）截止，以避免锁存器为“0”状态时对引脚读入的干扰。

在实际应用中，P0 口绝大多数情况下都是作为单片机系统的地址/数据线使用，这要比当做一般 I/O 接口应用简单。当输出地址或数据时，由内部发出控制信号，打开上面的与门，并使多路转接电路 MUX 处于内部地址/数据线与驱动场效应管栅极反相接通状态。这时的输出驱动电路由于上下两个 FET 处于反相，形成推拉式电路结构，使负载能力大为提高。而当输入数据时，数据信号则直接从引脚通过输入缓冲器进入内部总线。

2. P1 口

P1 口的一位口线逻辑电路如图 2-9 所示。因为 P1 口通常是作为通用 I/O 接口使用的，所以在电路结构上与 P0 口有一些不同之处。首先是它不再需要多路转接电路 MUX；其次是电路的内部有上拉电阻，与场效应管共同组成输出驱动电路。

因此 P1 口作为输出口使用时，已能向外提供推拉电流负载，无需再外接上拉电阻。当 P1 口作为输入口使用时，同样也需要先向其锁存器写“1”，使输出驱动电路的场效应管 T2（FET）截止。

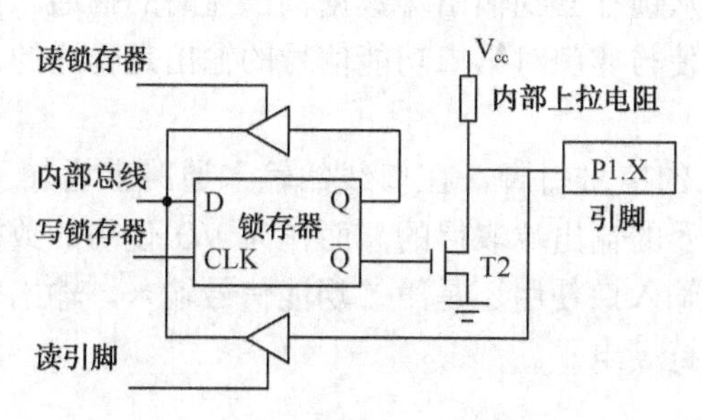

图 2-9 P1 口的一位口线逻辑电路

3. P2 口

P2 口的一位口线逻辑电路如图 2-10 所示。

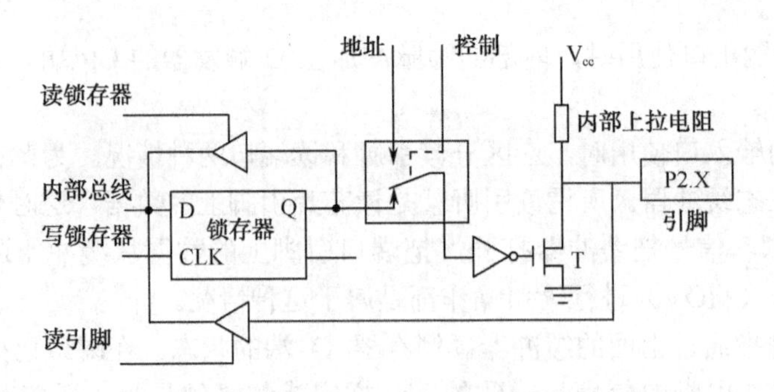

图 2-10　P2 口的一位口线逻辑电路

P2 口电路比 P1 口多了一个多路转接电路 MUX，这又正好与 P0 口一样。P2 口可以作为通用 I/O 口使用，这时多路转接开头倒向锁存器 Q 端。但通常应用情况下，P2 口是作为高位地址线使用的，此时多路转接开头倒向相反方向。

4．P3 口

P3 口的一位口线逻辑电路如图 2-11 所示。

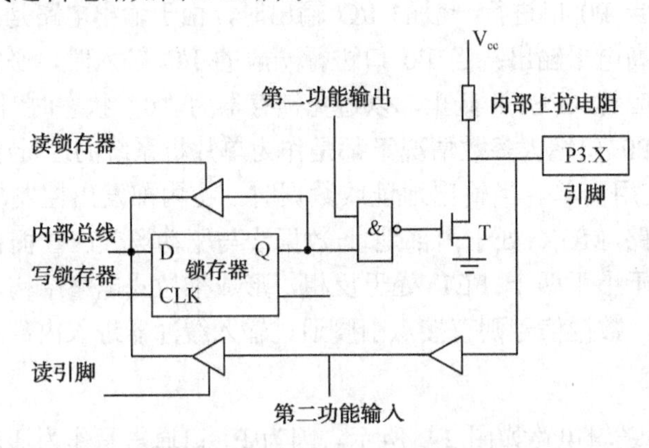

图 2-11　P3 口的一位口线逻辑电路

P3 口的特点在于为适应引脚信号第二功能的需要，增加了第二功能控制逻辑，每个口线的具体功能详见表 2-2。由于第二功能信号有输入和输出两类，因此分两种情况说明。

对于第二功能为输出的信号引脚，当作为 I/O 使用时，第二功能信号引线应保持高电平，与非门开通，以维持从锁存器到输出端数据输出通路的畅通。当输出第二功能信号时，该位的锁存器应置“1”，使与非门对第二功能信号的输出是畅通的，从而实现第二功能信号的输出。

对于第二功能为输入的信号引脚，在口线的输入通路上增加了一个缓冲器，输入的第二功能信号就从这个缓冲器的输出端取得的。而作为 I/O 使用的数据输入，仍取自三态缓冲器的输出端。不管是作为输入口使用还是第二功能信号输入，输出电路中的锁存器输出和第二功能输出信号线都应保持高电平。

2.5.2　并行 I/O 接口的特点

4 个接口工作在一般 I/O 方式时，具有以下基本相同的特性：

❶ 作为输出口用时，内部带锁存器，故可以直接和外设相连，不必加锁存器。

❷ 作为输入口用时，有读锁存器和读引脚两种读方式。读锁存器实际上并不从外部引脚读入数据，而只是把端口锁存器中的内容读到内部总线，经过某种运算和变换后，再写回到锁存器。属于这类操作的指令很多，如对端口内容取反等。这类指令称为读—修改—写指令。而读引脚时才真正把外部的数据读入到内部总线。

❸ 执行读引脚指令读入 I/O 引脚状态，当端口作输入口使用时，要先将端口锁存器置 1。然后再执行读引脚操作，否则就可能读错。

当扩展有外部存储器时，P0 口作为低 8 位地址和 8 位数据分时使用口，是真正的双向口，三态，负载能力为 8 个 LSTTL 电路；P1 口仍作为准双向口，连接一般的 I/O 设备。作为 I/O 输入时，口锁存器必须先置“1”。P2 口则作为高 8 位地址输出口。P3 口也作为准双向口，优先使用其第二功能。

2.6 MCS-51 单片机最小系统

2.6.1 单片机最小系统概念

所谓单片机最小系统，是指能满足单片机基本应用的最简单而又是必不可少的基本电路。8031 单片机由于没有内部 ROM，因此其单片机最小系统由三片集成块组成，它们是 CPU(8031)、8 位 D 锁存器、ROM。事实上光有这三件单片机还是不能工作，还要加上一个时钟电路和复位电路，由这些基本电路组成一个完整的最小系统，如图 2-12 所示，其中 74LS373 是 8 位 D 锁存器，2764 是 8K×8 的 EPROM。该电路可提供 P1 口、P3 口作为用户的输入/输出口（I/O）。

2.6.2 单片机最小系统分析

1．8 位 3 态 D 锁存器 74LS373 的使用

根据 2.3 节所述单片机工作原理知道，MCS-51 在取指令和存取数据时，地址信号总是先于数据信号发出，以便准确找到存放数据的存储单元。基于上述原理，单片机为了减少引脚，采用低 8 位地址线和 8 位数据线分时复用的方式。即 P0 口既提供低 8 位地址信号，也传送数据信号，为了把二者分开，在系统中采用了 D 锁存器。从图 2-12 可以看出，P0 口一路直接与 2764 的数据口线相连，而另一路则通过 8 位 3 态 D 锁存器 74LS373 与 2764 的低 8 位地址线相连。在物理上将数据信号通道和地址信号通道分开，工作时与软件配合分时传送地址信号和数据信号。当单片机的地址锁存允许信号 ALE 为高电平时，D 锁存器打开，单片机 P0 口输出的低 8 位地址信号送到 74LS373（高位地址信号由 P2 口直接输出）。而当 ALE 信号由高变低时，74LS373 锁存器输出端的低 8 位地址信号就被一直保持到下次使能端 ALE 变高为止。在 P0 口传送数据时，ALE 无效，数据信号即被送至存储器的数据线上。

2．2764 的使用

8031 单片机由于没有内部 ROM，因此构成最小应用系统时必须外接一块程序存储器芯片。图 2-12 中的 2764 是一块 8K×8 的 EPROM 程序存储器，28 脚，分成地址线、数据线、控制线，有关这方面知识在第 6 章有专门的论述。

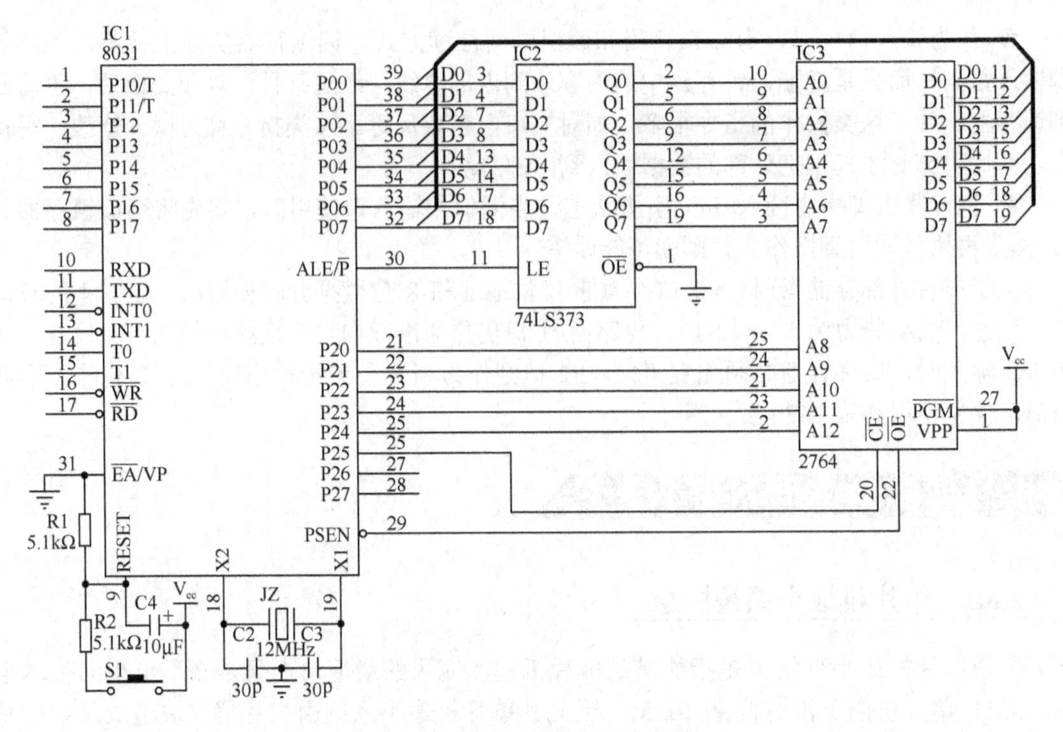

图 2-12　8031 单片机最小系统

2.6.3　AT89 系列单片机最小系统

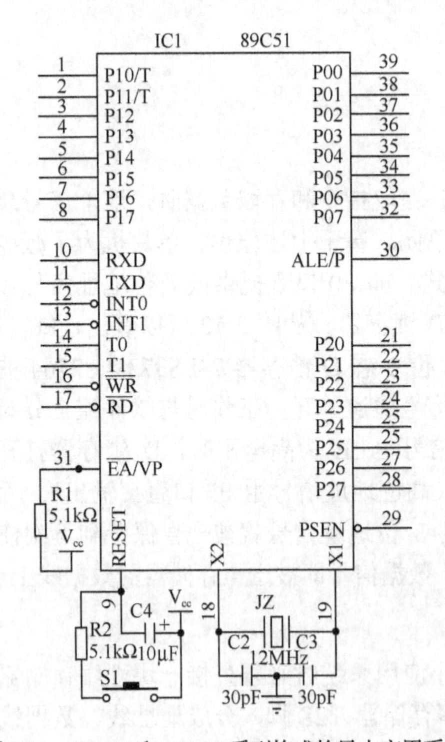

图 2-13　AT89C 和 AT89S 系列构成的最小应用系统

在本章 2.1 节曾经提到 ATMEL 公司生产的 AT89C 和 AT89S 系列单片机，它与 MCS-51 系列单片机完全兼容，内含 Flash 存储器。因此，若用 AT89C 和 AT89S 系列来构成单片机最小应用系统，则不须外接存储器，这样锁存器也就不用，只要有复位电路和时钟电路即可。用 AT89C 和 AT89S 系列来构成单片机最小应用系统如图 2-13 所示。

2.6.4　单片机最小系统的不足

最小系统只是单片机能工作的最低要求，它不能对外完成控制任务，也不能完成人机交互对话。实际开发的单片机应用系统中要进行人机对话还要一些输入、输出部件，作控制时还要有执行部件。常见的输入部件有开关、按钮、键盘、鼠标等，输出部件有指示灯、数码管、显示器等，执行部件有继电器、电磁阀等，图 2-14 所示为一个单片机控制的电烤箱控制系统硬件组成框图。有关单片机 I/O 扩展的内容将在第 6～9 章中介绍。

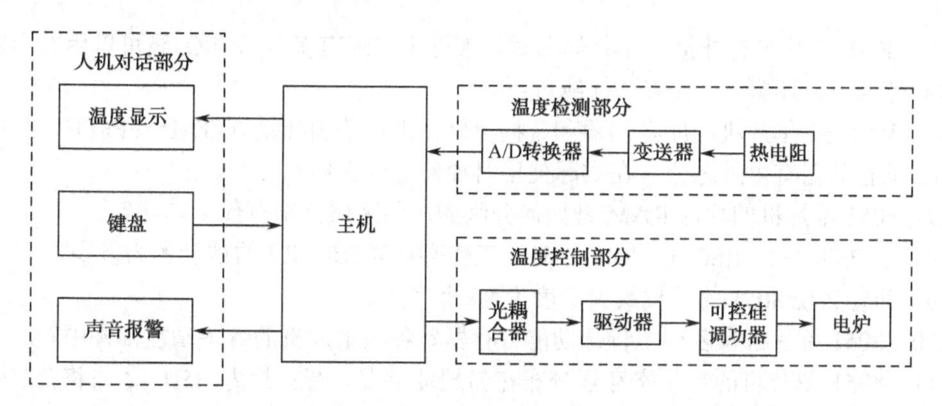

图 2-14 单片机控制的电烤箱控制系统硬件组成框图

本章小结

本章内容是学好《单片机原理与接口技术》课程的硬件基础，要注重理解和融会贯通。

MCS-51 单片机的内部结构和外部特性与一般微处理器相比，既有共性又有特点。单片机的结构特点就是除了运算器和控制器外，还集成了存储器、定时/计数器、并行口、串行接口、中断逻辑等众多功能模块。在外部引脚上，I/O 线、地址线、数据线一线多能。

控制器和运算器是单片机的大脑和神经中枢。8051 单片机的工作过程实际上就是按照程序计数器 PC 提供的地址，从 ROM 相应单元中取出指令，然后由指令译码器翻译成各种形式的控制信号，并在振荡器产生的时钟脉冲的协调下，形成按一定时间节拍变化的控制电平和脉冲。

MCS-51 单片机理论上最多可以管理 64K 的程序存储器和 64K 的数据存储器，但实际应用系统中应根据需要进行扩展。8051 在物理结构上共有 4 个存储空间：即片内程序存储器、片外程序存储器统一编址、片内数据存储器和片外数据存储器独立编址。程序存储器用来存放指令代码和常数，而数据存储器则用做数据缓冲区。同时片内 RAM 又被划分为几个区域，尤其是位寻址区和特殊功能寄存器区。需要特别注意的是 MCS-51 系列单片机将字数据的高位字节存放在低地址字节中，低位字节存放在高地址字节中。

MCS-51 单片机的 4 个并行 I/O 接口，在结构和特性上具有一定的共性，在无片外扩展存储器的系统中，这 4 个接口的每一位均可作为双向的 I/O 端口使用，但又各具特点。当有外扩存储器时，P0 口作地址/数据复用线，是真正的双向口，而 P1～P3 是准双向口，P3 口每一位还具有第二功能。

思考题和习题

2.1 8051 单片机内部结构主要由哪些部件组成？各部件的主要功能各是什么？

2.2 AT89C 系列和 AT89S 系列单片机有什么共同点和差别之处？

2.3 8051 单片机的引脚 $\overline{EA}/V_{PP}$、RST/V_{PD}、$ALE/\overline{PROG}$ 和 $\overline{PSEN}$ 的功能分别是什么？

2.4 8051 的振荡周期和机器周期有什么关系？当振荡频率为 10MHz 时，机器周期是多少？

2.5　8031 单片机有外接程序存储器时，实际上它还有多少条 I/O 线可以用？当接有外部数据存储器时，还剩下多少条 I/O 线可用？

2.6　MCS-51 单片机程序存储器和数据存储器地址范围都是 0000H～FFFFH，且程序存储器和数据存储器有内外之分，在实际使用时如何区分它们？

2.7　8051 单片机的片内 RAM 是如何分区的，各区域分别有什么功能？

2.8　当 PSW 中的 RS0=1、RS1=1 时，工作寄存器 R0～R7 的地址各为多少？

2.9　为什么说 8051 的堆栈最大深度为 80 个字节？

2.10　8051 单片机有多少个特殊功能寄存器？各在单片机的哪些功能部件中？

2.11　8051 单片机的专用寄存器分布在何地址范围？若对片内 85H 读/写将会产生什么结果？

2.12　分别说明程序计数器 PC、数据指针 DPTR 的作用。

2.13　什么是堆栈？堆栈和堆栈指针 SP 有什么作用？

2.14　8031 单片机的几个输入/输出口的作用分别是什么？

2.15　8051 单片机的 P3 口每一条引脚均有第二功能，使用时会不会和第一功能冲突？

2.16　何谓对输入/输出口的“读—修改—写”指令操作？写出三条对 P1 口的“读—修改—写”指令，并指出这些指令的功能。

第3章 MCS-51单片机指令系统

【知识点】

☆ 指令格式与寻址方式

☆ 数据传送指令（内部/外部数据传送指令、堆栈操作指令、数据交换指令）

☆ 算术运算指令（加法指令、减法指令、乘除法指令）

☆ 逻辑运算与移位指令（逻辑与、或、异或运算指令、累加器清零和取反指令、移位指令）

☆ 控制转移指令（无条件转移指令、条件转移指令、子程序调用及返回指令）

☆ 位操作指令（位赋值指令、位传送指令、位运算指令）

3.1 指令格式与寻址方式

指令可以用两种语言形式来表示：即机器语言指令和汇编语言指令。机器语言指令是用二进制代码来表示的指令，计算机可以自动识别并执行它，因此常称之为机器语言或目标代码，通常用十六进制书写。机器语言生涩难懂，人们为了便于记忆和使用指令，常采用助记符（汇编语言指令）来描述计算机的指令。汇编语言指令便于用户编写和阅读程序，但计算机不能直接识别并执行。必须经过编译或汇编程序，将用户所编的汇编语言源程序翻译成机器语言指令代码，方能供计算机执行。

MCS-51 系列单片机共有 111 条指令。其中单字节指令 49 条，双字节指令 45 条，三字节指令 17 条。按指令执行的时间分类，单周期指令 64 条，双周期指令 45 条，4 周期指令 2 条。按功能分可以分成 33 种共 5 大类。

❶ 数据传送类指令 28 条；

❷ 算术运算类指令 24 条；

❸ 逻辑运算类指令 25 条；

❹ 位操作指令 17 条；

❺ 控制转移类指令 17 条。

由于某些功能可能用几种助记符表示，如传送指令，有 MOV、MOVX 和 MOVC 三种，分别表示内部 RAM，外部 RAM 及程序存储器间信息的传送，所以 33 种功能共有 42 种助记符。而且同一个助记符可以有不同的“目的”和“源”操作数。因此，42 种助记符可组成 111 条指令。

3.1.1 指令格式

MCS-51 单片机的指令系统是一个具有 255 种代码的集合，绝大多数指令都包含两个基本部分：即操作码和操作数。操作码表明指令要执行的操作的性质；操作数则说明参与操作的数据或数据所存放的地址。

MCS-51 指令系统中所有程序指令是以机器语言形式表示的，可分为单字节、双字节和三字节 3 种格式。用二进制编码表示的机器语言由于阅读困难，且难以记忆。因此在单片机编程中均采用汇编语言指令来编写程序。本章就以汇编语言来描述 MCS-51 的指令系统。

每条汇编语言指令包含 4 个区段，如下所示：

```
[标号：]操作码助记符[目的操作数][，源操作数][;注释]
```

标号与操作码之间用“：”隔开；

操作码与操作数之间用“空格”隔开；

目的操作数和源操作数之间用“，”分隔；

操作数与注释之间用“；”隔开。

标号是由用户定义的符号组成，必须用英文大写字母开始，后跟字母或数字，一般不超过 8 个字符；操作码是指令的功能部分；操作数表示参与操作的数本身或操作数所在的地址。

注释段用来对指令或程序段作简要的说明。注释段可省略。

3.1.2 寻址方式

所谓寻址方式就是寻找指令中操作数地址的方法。寻址方式有源操作数寻址方式和目的操作数寻址方式。严格来讲，讨论寻址方式时应把源操作数寻址方式和目的操作数寻址方式分别进行讨论。由于二者的寻址方式基本相同，所以除非在特别说明的情况下，一般来讲寻址方式指的是源操作数的寻址方式。寻址方式越多，指令系统的功能就越强，灵活性越大。寻址方式的方便与快捷是衡量 CPU 性能的一个重要方面，MCS-51 单片机有 7 种寻址方式。

1．立即数寻址

立即数寻址就是操作数包含在指令字节中，跟在指令操作码后面字节的内容就是操作数本身。立即数只能作为源操作数，不能作为目的操作数。

```
例如：  MOV   A,#52H          ;A←立即数 52H
        MOV   DPTR,#5678H     ;DPTR←5678H
```

立即数寻址如图 3-1 所示。

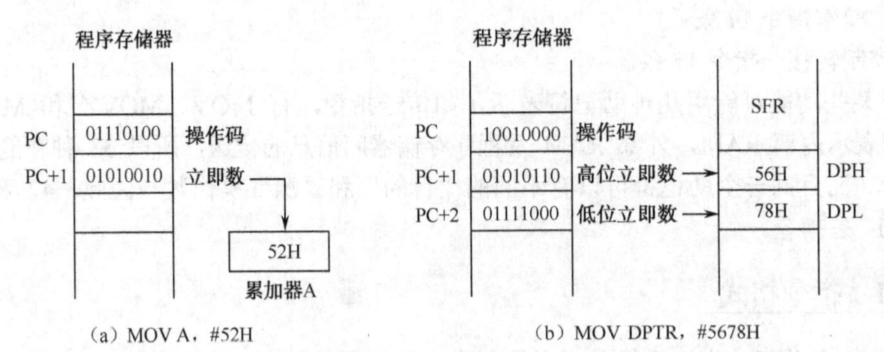

（a）MOV A，#52H　　（b）MOV DPTR，#5678H

图 3-1　立即数寻址示意图

2．寄存器寻址

将操作数放在寄存器中，指令中直接给出该寄存器的名称，这种寻址方式称为寄存器寻址。可以寄存器寻址的寄存器有：

❶ 四组工作寄存器 R0～R7，由 PSW 中 RS1、RS0 指定当前寄存器组号；

❷ MCS-51 内部累加器 A、通用寄存器 B 和数据指针 DPTR。

```
例如：MOV   A,Rn      ;A←工作寄存器 Rn,其中 n 为 0～7 之一。
      MOV   Rn,A      ;Rn←A
      MOV   B,A       ;B←A
```

3．直接寻址

在指令中直接给出操作数所在存储单元的地址，这种寻址方式称为直接寻址。

在 MCS-51 单片机指令系统中，直接寻址方式可以访问两种存储空间。

❶ 内部数据存储器的低 128 字节单元（00H～7FH）。

❷ 80H～FFH 中的特殊功能寄存器（SFR）。

例如：MOV　A，52H　；把片内 RAM 中地址 52H 单元的内容送累加器 A，如图 3-2 所示。

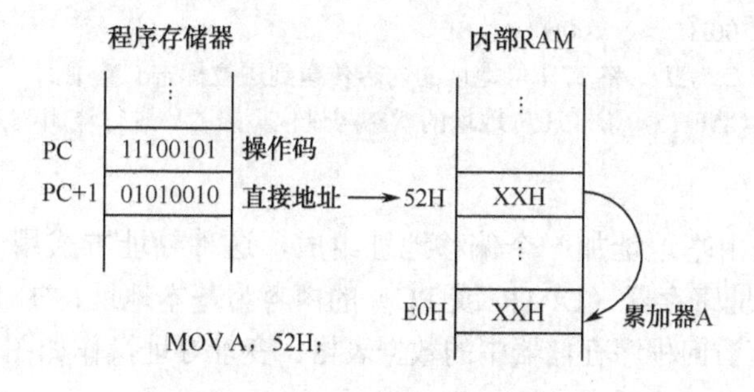

图 3-2　直接寻址方式示意图

要注意立即寻址与直接寻址的区别，如 MOV　A，#12H 指令与 MOV　A，12H 指令，前者表示将立即数 12H 送入累加器 A；后者表示把片内 RAM 中地址为 12H 单元的内容送入累加器 A。

4．寄存器间接寻址

指令中给出的某一个寄存器的内容是操作数所在的存储器单元地址，从该地址取操作数的寻址方式称为寄存器间接寻址。

寄存器间接寻址可使用寄存器 R0、R1 或 DPTR 作为地址指针。R0 或 R1 可用于间接寻址内部 RAM（00H～FFH）中的数据，也可用于间接寻址外部 RAM 的低 8 位地址，此时高 8 位地址由 P2 口的值决定。采用 DPTR 作为间接寻址寄存器时，可以寻址 64KB 片外 RAM，寻址范围为 0000H～FFFFH。寄存器间接寻址用符号“@”表示。

```
例如：MOV   A，@R0        ；（R0）→A
```

该指令功能是把 R0 所指的内部 RAM 单元中的内容送入累加器 A。若 R0 内容为 60H，而内部 RAM 的 60H 单元中的内容是 3BH，则指令 MOV　A，@R0 的功能是将 60H 单元中的 3BH 这个数送入累加器 A，如图 3-3 所示。

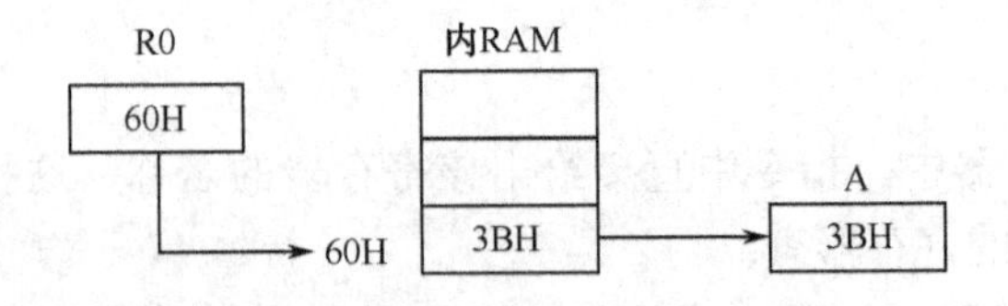

图 3-3　寄存器间接寻址方式示意图

```
例如：MOV   DPTR,#1234H  ;DPTR←1234H
      MOVX      A,@DPTR ;A ←（DPTR）
```

上述两条指令是把 DPTR 寄存器所指的那个外部 RAM1234H 单元中的内容传送给 A，假设（1234H）= 99H，则指令运行后 A = 99H。

5．位寻址

MCS-51 单片机中设有独立的位处理器。位操作指令能对内部 RAM 中的位寻址区（20H～2FH）和某些有位地址的特殊功能寄存器进行位操作。也就是说可对位地址空间的每位进行位状态传送、状态控制、位逻辑运算操作等。指令中直接给出位操作数的地址，这种寻址方式称为位寻址。

```
例如：SETB   TR0     ;TR0←1
      CLR    00H     ;（00H）0←0
      MOV   C,57H   ;将 57H 位地址的内容传送到进位标志 CY 中。
      ANL   C,5FH   ;将 5FH 位地址的状态与进位标志 CY 进行逻辑与,结果存在 CY 中。
```

6．变址寻址

操作数的地址是由基地址加一个偏移地址组成，这种寻址方式用于访问程序存储器中的数据表格，它以基址寄存器（DPTR 或 PC）的内容为基本地址，加上变址寄存器 A 的内容形成 16 位的地址，访问程序存储器中的数据表格。变址寻址操作如图 3-4 所示。

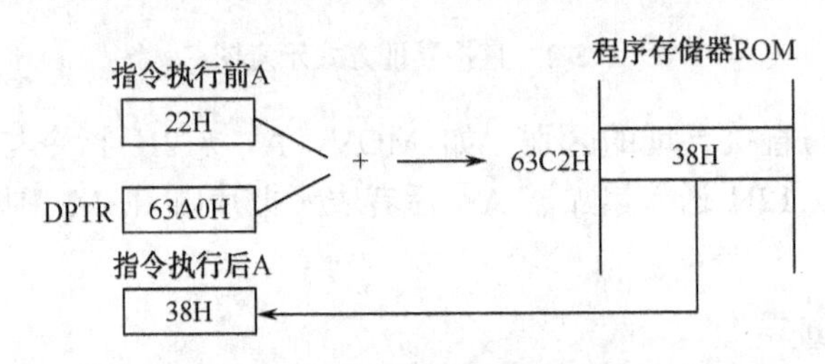

图 3-4　变址寻址操作示意图

```
例如：MOVC   A，@A + DPTR
      MOVC   A，@A + PC
```

7．相对寻址

相对寻址以程序计数器 PC 的当前值作为基地址，与指令中给出的相对偏移量 rel 进行相加，把所得之和作为程序的转移地址。这种寻址方式用于相对转移指令中，指令中的相对偏移量是一个 8 位带符号数，用补码表示。可正可负，转移的范围为-128～+127。使用中应注意 rel 的范围不要超出。

例如：JC　80H 为判 C 转移指令（2 字节），当 CY=1 时转移，其操作示意图如图 3-5 所示。

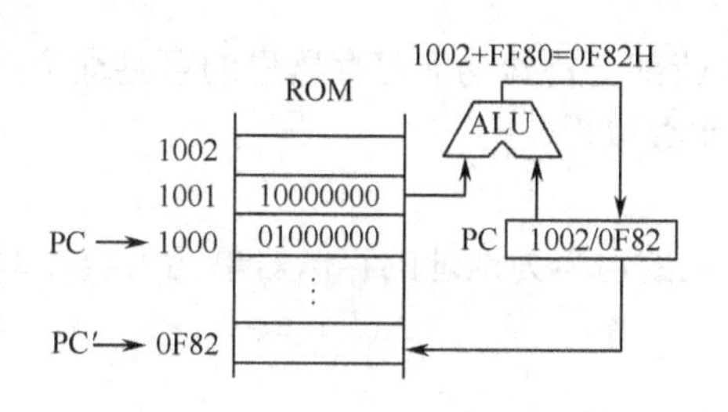

图 3-5 相对寻址操作示意图

综上所述，MCS-51 单片机寻址不同的存储空间时，允许使用的寻址方式不同。表 3-1 列出了 7 种寻址方式对应的寻址空间。

表 3-1 7 种寻址方式对应的寻址空间

序 号	寻址方式	汇编语言使用的符号	寻址空间
1	立即寻址	#data	程序存储器
2	寄存器	R0～R7、A、B、CY、DPTR	指令中所涉及的寄存器
3	直接寻址	内部 RAM 的单元地址号	内部 RAM：00H～7FH、SFR
4	寄存器间址	@R0、@R1 、SP	内部 RAM：00H～FFH
		@R0、@R1	外部 RAM 页内地址：00H～FFH
		@DPTR	外部 RAM：0000H～FFFFH
5	位寻址	直接位地址	20H～2FH、可位寻址的 SFR
6	变址寻址	@A+PC、@A+DPTR	程序存储器
7	相对寻址	PC+偏移量	程序存储器

8．汇编语言指令中的常用符号

本书中汇编语言指令及其注释中常用的符号和含义如下所示：

Rn——表示当前工作寄存器区中的工作寄存器，*n* 取 0～7，表示 R0～R7。

direct——8 位内部数据存储单元地址。它可以是一个内部数据 RAM 单元地址（00～7FH）或特殊功能寄存器地址或地址符号。

@Ri——通过寄存器 R1 或 R0 间接寻址的 8 位内部数据 RAM 单元（00～FFH），*i*=0 或 1。

#data——指令中的 8 位立即数。

#data16——指令中的 16 位立即数。

addr16——16 位目标地址。用于 LCALL 和 LJMP 指令，可指向 64KB 程序存储器地址空间的任何地方。

addr11——11 位目标地址。用于 ACALL 和 AJMP 指令，转到当前 PC 所在的同一个 2KB 程序存储器地址空间内。

rel——补码形式的 8 位偏移量。用于相对转移和所有条件转移指令中。偏移量相对于当前 PC 计算，在-128～+127 范围内取值。

DPTR——数据指针，用做 16 位的地址寄存器。

A——累加器。

B——特殊功能寄存器，用于配合 A 完成乘（MUL）、除（DIV）运算。

C——进位标志或进位位。

bit——内部数据 RAM 或部分特殊功能寄存器里的可寻址位的位地址。

$\overline{\text{bit}}$——表示对该位操作数取反。

X——X 中的内容。

（X）——表示以 X 单元的内容为地址的存储器单元内容，即 X 作为地址，该地址单元的内容用（X）表示。

3.2 数据传送指令

数据传送操作是一种最基本、最重要的操作之一，无论什么程序都必不可少地要用到数据传送操作。

数据传送类指令一般是将源操作数传送到指令所指定的目标地址。指令执行后，源操作数保持不变，目的操作数被源操作数所替代。数据传送指令用到的助记符共有 8 种，它们是：MOV、MOVX、MOVC、XCH、XCHD、SWAP、PUSH、POP。

以 MOV 传送指令为例，数据传送指令的一般表示形式如下。

格式：MOV　目的操作数，源操作数。

功能：目的操作数 ← 源操作数中的数据。

源操作数可以是：A、Rn、direct、@Ri、#data。

目的操作数可以是：A、Rn、direct、@Ri。

除了奇偶位 P 以外，数据传送指令一般不影响程序状态字 PSW 的状态。只有堆栈操作指令可以直接修改程序状态字 PSW，可能使某些标志位发生变化。

3.2.1 内部数据传送指令

1．以累加器 A 为目的操作数的内部数据传送指令

```
MOV     A,Rn          ;A ← Rn
MOV     A,direct      ;A ←(direct)
MOV     A,@Ri         ;A ←(Ri)
MOV     A,#data       ;A ← data
```

这组指令的功能是将源操作数的内容送入累加器 A。

```
例如：  MOV    A,R7      ;A ← R7
        MOV    A,77H     ;A ←(77H)
        MOV    A,@R0     ;A ←(R0)
        MOV    A,#79H    ;A ← 79H
```

2．数据传送到工作寄存器 Rn 的指令

```
MOV     Rn,A          ;Rn ← A
MOV     Rn,direct     ;Rn ←(direct)
MOV     Rn,#data      ;Rn ← data
```

这组指令的功能是将源操作数的内容送入当前工作寄存器区的 R0～R7 中的某一个寄存器。指令中 Rn 在内部 RAM 中的地址由 PSW 中的当前工作寄存器区选择位 RS1、RS0 确定，可以是 00H～07H、08H～0FH、10H～17H 或 18H～1FH。

例如：MOV R0，A，若当前 RS1、RS0 设置为 00（工作寄存器 0 区），执行该指令时，将累加器 A 中的数据传送至工作寄存器 R0（内部 RAM 00H）单元中。

```
例如:   MOV     R2,A            ;R2 ← A
        MOV     R7,77H          ;R7 ←(77H)
        MOV     R7,#0A1H        ;R7← A1H
```

3．数据传送到直接地址的指令

```
MOV     direct,A            ;direct ← A
MOV     direct,Rn           ;direct ← Rn
MOV     direct1,direct2     ;direct 1 ←(direct2)
MOV     direct,@Ri          ;direct ←(Ri)
MOV     direct,#data        ;direct ← data
```

这组指令的功能是将源操作数的内容送入内部 RAM 单元的直接地址中，其中第三条指令和第五条指令都是三字节指令。第三条指令的功能很强，能实现内部 RAM 之间、特殊功能寄存器之间以及特殊功能寄存器与内部 RAM 之间的直接数据传送。

```
例如:   MOV   P1,A          ;P1 ← A
        MOV   90H,A         ;P1 ← A
        MOV   77H,R2        ;77H ← R2
        MOV   0E0H,79H      ;A ←(79H)
        MOV   40H,@R1       ;40H ←(R1)
        MOV   01H,#80H      ;01H ← 80H
```

4．数据传送到间接寻址单元的指令

```
MOV     @Ri,A           ;(Ri)← A
MOV     @Ri,direct      ;(Ri)←(direct)
MOV     @Ri,#data       ;(Ri)← data
```

这组指令的功能是将源操作数的内容送入由间接寻址指出的内部 RAM 单元中。

5．内部 RAM 的 16 位数传送指令

```
MOV     DPTR,#data16        ;DPTR ← data16
```

这条指令是将 16 位的立即数送入数据指针寄存器 DPTR 中。

3.2.2 外部数据传送指令

1．累加器 A 与外部数据存储器之间的传送指令

```
MOVX    A,@DPTR         ;A ←(DPTR)
MOVX    A,@Ri           ;A ←(Ri)
MOVX    @DPTR,A         ;(DPTR)← A
MOVX    @Ri,A           ;(Ri)← A
```

这组指令的功能是累加器 A 和外部扩展的 RAM 或 I/O 端口之间的数据传送指令。由于 MCS-51 系列单片机外部 RAM 与 I/O 端口是统一编址的，共占同 64KB 的空间，所以指令

本身看不出是对 RAM 还是对 I/O 端口的操作，而是由硬件的地址分配而定的。

```
例如：MOV     DPTR，#0650H    ;DPTR←0650H
      MOV     R0，#0FAH       ;R0←FAH
      MOV     P2，#20H        ;P2←20H
      MOVX    A，@ R0         ;A ←(20FAH)
      MOVX    @ DPTR，A       ;0650H ← A
```

【例 3-1】 将立即数 18H 传送到外部 RAM 中的 0100H 单元中去。接着从外部 RAM 中的 0100H 单元取出数再送入外部 RAM 中的 0280H 单元中去。

```
ORG     0000H           ;伪指令，指出下面指令的首地址为 0000H
MOV     A,#18H          ;将立即数 18H 传送到累加器 A 中
MOV     DPTR,#0100H     ;将立即数 0100H(外部 RAM 的地址)送到 DPTR 中
MOVX    @DPTR,A         ;将 A 中内容 18H 送到外部 RAM 地址 0100H 单元中
MOVX    A,@DPTR         ;将外部 RAM 的 0100H 单元中内容 18H 送到累加器 A 中
MOV     R0,#80H         ;将立即数 80H 送到寄存器 R0 中，作为外部 RAM 地址低 8 位
MOV     P2,#02          ;将外部 RAM 地址高 8 位送 P2 口，由 P2 口给出地址的高 8 位
MOVX    @R0,A           ;将 A 中内容 18H 送到外部 RAM 地址 0280H 单元中
SJMP    $               ;停止
END                     ;伪指令，表示程序结束
```

2．程序存储器内容送累加器

```
MOVC    A,@A+PC         ;A ←(A+PC)
MOVC    A,@A+DPTR       ;A ←(A+DPTR)
```

这两条都是查表指令，可用来查找存放在程序存储器中的表格数据。第一条指令是以当前 PC 作为基址寄存器，A 的内容作为无符号数和当前 PC 的值（下一条指令的起始地址）相加后得到一个 16 位的地址，将该地址指出的程序存储器单元的内容送到累加器 A。这条指令的优点是不改变程序计数器 PC 的状态，只要根据 A 的内容就可以取出表格中的数据。缺点是表格只能放在该条指令后面的 256 个单元之中，表格的大小受到了限制，而且表格只能被一段程序所使用。第二条指令是以 DPTR 作为基址寄存器，累加器 A 的内容作为无符号数与 DPTR 内容相加，得到一个 16 位的地址，把该地址指出的程序存储器单元的内容送到累加器 A。

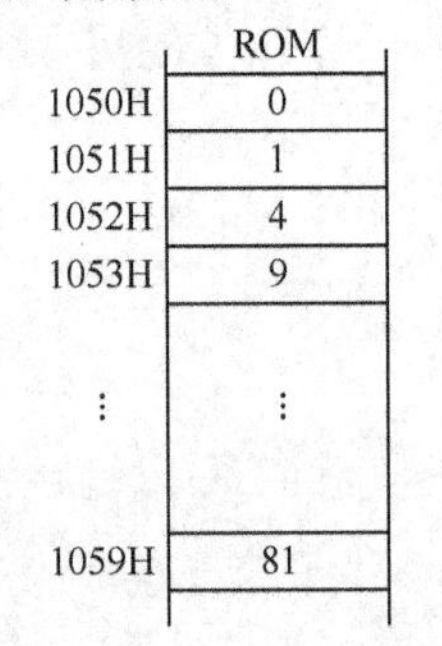

图 3-6　建立 0～9 的平方表

例如：若 A=10H,DPTR=2000H,ROM 中（2010H）= 68H。

则执行 MOVC A,@A+DPTR 指令后,A = 68H。

若 A=10H,MOVC A,@A+PC 指令的首地址为 2000H,（2010H）= 66H,（2011H）= 88H,则指令执行后,A=88H。

【例 3-2】 已知在累加器 A 中有一个 0～9 范围内的数，试用查表指令编写求某数平方值的程序。

要通过查表求某数的平方值，需要在程序存储器中建立一个 0～9 的平方表。设该平方表的起始地址为 1050H，如图 3-6 所示。

如采用以 DPTR 为基址的查表指令，需先将待查数放在 A 中，将 DPTR 指向平方表的表头，然后用查表指令即可查出平方值，程序如下：

```
MOV     DPTR,    #1050H；DPTR←表头地址
MOVC    A,       @A+DPTR；A←平方值
```

假设 A=2，执行上述程序，有 A+DPTR=1052H，则有（1052H）= 4，即查出 2 的平方值并送入 A 中。

3.2.3　堆栈操作指令

在 MCS-51 单片机的内部 RAM 中，可以设定一个先进后出、后进先出的特殊存储区域，称其为堆栈。在特殊功能寄存器中有一个堆栈指针 SP，它会自动指向堆栈的栈顶位置。

MCS-51 单片机堆栈示意图如图 3-7 所示。

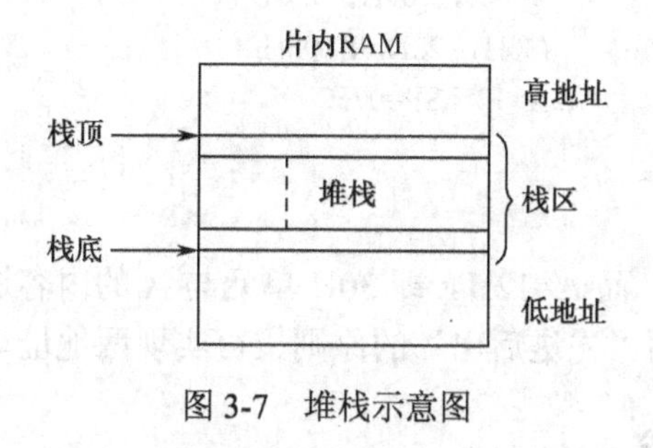

图 3-7　堆栈示意图

1．进栈指令

```
PUSH    direct        ;SP←SP+1,(SP)←(direct)
```

进栈指令的功能是：首先将堆栈指针 SP 的内容加 1，然后将直接地址所指的单元内容送入 SP 所指的内部 RAM 单元。

2．出栈指令

```
POP     direct        ;direct ←(SP),SP←SP-1
```

出栈指令的功能是：将 SP 所指的内部 RAM 单元的内容送入由直接地址所指的字节单元中，接着将 SP 的内容减 1。

例如：进入中断服务程序时，把程序状态寄存器 PSW、累加器 A、数据指针 DPTR 实施进栈保护。设当前 SP 为 60H，则程序段如下：

```
PUSH    PSW
PUSH    ACC
PUSH    DPL
PUSH    DPH
```

执行后，SP 内容修改为 64H，而 61H、62H、63H 和 64H 单元中依次压入 PSW、A、DPL 和 DPH 的内容，当中断服务程序结束之前，用如下程序段恢复程序状态寄存器 PSW、累加器 A、数据指针 DPTR 的值：

```
POP     DPH
POP     DPL
POP     ACC
POP     PSW
```

指令执行之后，SP 内容修改为 60H，而 64H、63H、62 和 61H 单元的内容依次弹出到 DPH、DPL、A 和 PSW 中。

MCS-51 提供一个向上增长的堆栈，因此 SP 设置初值时，要充分考虑堆栈的深度，要留出适当的单元空间，满足堆栈的使用，避免发生堆栈溢出。

【例 3-3】 写出以下程序每条指令的运行结果并指出 SP 的值。设 SP 初值为 07H。

```
ORG     0000H
MOV     30H，#12H       ;SP=07H,(30H)= 12H
MOV     A，#23H         ;SP=07H,A = 23H
PUSH    30H             ;SP=08H,(08H)= 12H
PUSH    ACC             ;SP=09H,(09H)= 23H
POP     30H             ;(30H)= 23H,SP=08H
POP     ACC             ;A=12H,SP=07H
SJMP    $
END
```

结果是（30H）= 23H，而 A=12H。即 30H 单元与 A 的内容进行了交换。从这个例子可以看出，使用堆栈时，利用“先进后出”的原则，可实现两地址单元的数据交换。

3.2.4 数据交换指令

数据交换主要是在内部 RAM 单元与累加器 A 之间进行，分字节交换和半字节交换两种指令。

1．字节交换指令

```
XCH   A,    Rn          ;A⇌Rn,n=0~7
XCH   A,    direct      ;A⇌(direct)
XCH   A,    @Ri         ;A⇌(Ri)，i=0 或 1
```

这组指令的功能是将累加器 A 的内容和源操作数内容相互交换。源操作数有寄存器寻址、直接寻址和寄存器间接寻址等寻址方式。

例如：设 A＝80H，R7=08H，执行指令：

```
XCH   A,R7
```

结果：A=08H，R7=80H。

【例 3-4】 设 A=12H，R5=34H，写出下列程序段中每条指令的执行结果。

```
ORG     0000H
MOV     A,#12H          ;A=12H
MOV     R5,#34H         ;R5=34H
XCH     A,R5            ;A⇌R5，A=34H，R5=12H
SJMP    $               ;停止
END
```

2．半字节交换指令

字节单元与累加器 A 进行低 4 位的半字节数据交换。只有一条指令。

```
XCHD   A,@Ri;A0~3⇌(Ri)0~3
```

这条指令将 A 的低 4 位与 R0 或 R1 所指的 RAM 单元中的低 4 位相互交换，各自的高 4 位保持不变。

例如：设 A=15H，R0=30H，（30H）= 34H。执行指令：

```
XCHD   A,@R0
```

结果：A=14H，（30H）= 35H。

【例 3-5】 已知在片内 RAM 的 20H 单元中有一个十进制数，编程将其转换成 ASCII 码，仍放入原单元中。

由附录 A 可知，十进制数 0～9 的 ASCII 码为 30H～39H，可见，对一个十进制数，只要在其十位数位置配上 3 即得相应的 ASCII 码。程序如下：

```
MOV     A,       #30H；A←30H
MOV     R0,      #20H；R0 指向 20H 单元
XCHD             A，@R0；将十进制数交换到 A 的低半字节
MOV     @R0,     A；结果送回 20H 单元
```

3．累加器 A 高低半字节交换指令

```
SWAP  A  ;A7~4⇌A3~0
```

这条指令的功能是将累加器 A 中高 4 位和低 4 位交换，也可以看成是 4 位循环移位指令，不影响标志位。

例如：设 A=0A5H。执行指令：

```
SWAP    A
```

结果：A=5AH。

在上述交换指令中，A 累加器至少为其交换一方，指令不经累加器 A 不能交换。

数据传送类指令翻译成机器指令后的字节数和每条指令执行时需要的机器周期数见表 3-2。

表 3-2　数据传送类指令

指令助记符（包括寻址方式）	指令功能		字节数	周期数
MOV A，Rn	工作寄存器内容送累加器 A	A ← Rn	1	1
MOV A，direct	直接寻址字节内容送累加器 A	A←（direc）	2	1
MOV A，@Ri	间接寻址 RAM 内容送累加器 A	A←（Ri）	1	1
MOV A，#data	立即数送累加器 A	A←#data	2	1
MOV Rn，A	累加器 A 送工作寄存器	Rn←A	1	1
MOV Rn，direct	直接寻址字节送工作寄存器	Rn←（direct）	2	2
MOV Rn，#data	立即数送工作寄存器	Rn←#data	2	1
MOV direct，A	累加器 A 送直接寻址字节	direct←A	2	1
MOV direct，Rn	工作寄存器送直接寻址字节	direct ← Rn	2	2
MOV direct1，direct2	直接寻址字节送直接寻址字节	direct1 ←（direct2）	3	2
MOV direct.，@Ri	间接寻址 RAM 单元送直接寻址字节	direct ←（Ri）	2	2
MOV direct，#data	立即数送直接寻址字节	direct←#data	3	2
MOV @Ri，A	累加器 A 送片内间接寻址 RAM 单元	（Ri）← A	1	1

续表

指令助记符 （包括寻址方式）	指令功能	字节数	周期数
MOV @Ri，direct	直接寻址字节送片内间接寻址 RAM 单元　（Ri）←（direct）	2	2
MOV @Ri，#data	立即数送片内间接寻址 RAM 单元　（Ri）← #data	2	1
MOV DPTR ，#data16	16 位立即数送数据指针　DPRT←#data16	3	2
MOVC A，@A+DPTR	变址寻址字节送累加器 A（相对 DPTR）　A←（A+DPTR）	1	2
MOVC A，@A+PC	变址寻址字节送累加器 A（相对 PC）　A←（A+PC）	1	2
MOVX A，@Ri	片外 RAM（8 位地址 ）送累加器 A　A←（Ri）	1	2
MOVX A，@DPTR	片外 RAM（16 位地址）送累加器 A　A←（DPTR）	1	2
MOVX @Ri，A	累加器 A 送片外 RAM（8 位地址）　（Ri）←A	1	2
MOVX @DPTR，A	累加器 A 送片外 RAM（16 位地址）　（DPTR）← A	1	2
PUSH direct	直接寻址字节压入堆栈　SP←SP+1，（SP）←（direct）	2	2
POP direct	栈顶内容弹至直接寻址字节　direct←（SP），SP←SP-1	2	2
XCH A，Rn	工作寄存器与累加器 A 交换　A←→ Rn	1	1
XCH A，direct	直接寻址字节与累加器 A 交换　A←→（direct）	2	1
XCH A，@Ri	片内间接寻址 RAM 单元与累加器 A 交换　A←→（Ri）	1	1
XCHD A，@Ri	片内间接寻址 RAM 单元与累加器 A 低 4 位交换　$A_{3\sim0}$←→（Ri）$_{3\sim0}$	1	1

3.3 算术运算指令

算术运算类指令共有 24 条，包括加、减、乘、除 4 种基本算术运算指令，这 4 种指令能对 8 位无符号数进行直接运算，借助溢出标志，可对有符号数进行补码运算；借助进位标志，可实现多字节的加、减运算，同时还可对压缩 BCD 码进行运算，其运算功能较强。算术指令用到的助记符共有 8 种：ADD、ADDC、INC、SUBB、DEC、DA 、MUL、DIV。

算术运算指令执行结果将影响进位标志 CY，辅助进位标志 AC、溢出标志位 OV，但是加 1 和减 1 指令不影响这些标志。

3.3.1 加法指令

在算术运算和逻辑运算指令中，累加器 A 是一个特别重要的寄存器，因为加、减、乘、除指令都必须以 A 作为操作数。

加法指令分为不带进位加法指令、带进位加法指令和加 1 指令。

1．不带进位加法指令

```
ADD     A,Rn          ;A←A+Rn
ADD     A,direct      ;A←A+(direct)
ADD     A,@Ri         ;A←A+(Ri)
ADD     A,#data       ;A←A+ data
```

这组加法指令的功能是把寄存器寻址、直接寻址、寄存器间接寻址和立即寻址方式所指出的源操作数字节中的数和累加器 A 的内容相加，其结果放在累加器 A 中。

如果相加时，D7 位有进位输出，则进位位 CY 置“1”，否则 CY 清零；如果 D3 位有进位，则辅助进位位 AC 置“1”，否则 AC 清零；如果 D6 位有进位输出而 D7 位没有，或者 D7 位有进位输出而 D6 位没有，则溢出标志 OV 置“1”，否则 OV 清零。

对于无符号数相加，若 CY 置“1”，说明结果有溢出（大于 255）。对于有符号数相加时，结果是否溢出（大于+127 或小于-128），则可通过溢出标志 OV 来判断，若 OV 置“1”，说明和有溢出。

例如：设 A=0C3H，R0＝0AAH。执行指令：ADD A，R0 过程如下：

```
        A              11000011
   +）R0           +）10101010
                      101101101B
```

结果：A=6DH，CY=1，AC=0，OV=1，P=1。

从上面的结果来看，若把 C3H 和 AAH 看作无符号数相加，结果大于 255，则应考虑 CY=1 溢出，判断（A）=6DH 是错误的；若把 C3H 和 AAH 看作有符号数，得到两个负数相加，结果为正数，则应考虑 OV=1 溢出，判断 A=6DH 是错误的。

对于加法，溢出只能发生在两个加数符号相同的情况。在进行有符号数的加法运算时，溢出标志 OV 是一个重要的状态标志，利用它可以判断两个有符号数相加的结果是否溢出。

【例 3-6】 用符号标识法注释下列程序各指令的操作功能、结果及加法指令对标志位的影响。设 CY=1，AC=1，OV=1。

```
ORG     0000H
MOV     34H,#18H        ; (34H) ←18H,(34H)=18H,CY=1,AC=1,OV=1
MOV     R0.#13H         ;R0←13H,R0=13H,CY=1,AC=1,OV=1
MOV     A.34H           ;A←(34H),A=18H,CY=1,AC=1,OV=1
ADD     A.R0            ;A←A+R0,A=2BH,CY=0,AC=0,OV=0
MOV     R1,#34H         ;R1←34H,R1=34H,CY=0,AC=0,OV=0
ADD     A,@R1           ;A←A+(R1),A=43H,CY=0,AC=1,OV=0
SJMP    $               ;停止
END
```

2．带进位加法指令

```
ADDC    A,Rn            ;A←A+Rn+CY
ADDC    A,direct        ;A←A+(direct)+CY
ADDC    A,@Ri           ;A←A+(Ri)+CY
ADDC    A,#data         ;A←A+ data+CY
```

这组指令的功能与 ADD 加法指令类似，唯一的不同之处是，在执行加法时，还要将上一次进位标志 CY 的内容也一起加进去，对于标志位的影响也与 ADD 加法指令相同。

例如：A=85H，（20H）= 0FFH，CY=1，执行指令：ADDC A，20H 过程如下：

```
        10000101
        11111111
 +）           1
CY=1  10000101
```

结果：A＝85H，CY=1，AC=1，OV=0，P=1。

【例 3-7】 用符号标识法注释下列程序各指令的操作功能、结果及带进位加法指令对标志位的影响。设 CY=1，AC=1，OV=1。

```
ORG     0000H
MOV     A,#0E0H          ;A←E0H,A=E0H,CY=1,AC=1,OV=1
ADDC    A,#28H           ;A←A+28H+CY,A=09H,CY=1,AC=0,OV=0
MOV     30H,#28H         ;(30H) ←28H, (30H)=28H,CY=1,AC=0,OV=0
ADDC    A,30H            ;A←A+(30H)+CY,A=32H,CY=0,AC=1,OV=0
SJMP    $                ;停止
END
```

3．加 1 指令

```
INC  A          ;A←A+1
INC  Rn         ;Rn ←Rn+1
INC  direct     ;direct ←(direct)+1
INC  @Ri        ;(Ri)←(Ri)+1
INC  DPTR       ;DPTR ←DPTR+1
```

这组指令的功能是：将指令中指出的操作数的内容加 1。若原来的内容为 0FFH，则加 1 后将产生溢出，使操作数的内容变成 00H，但不影响任何标志。最后一条指令是对 16 位的数据指针寄存器 DPTR 执行加 1 操作，指令执行时，先对低 8 位指针 DPL 的内容加 1，当产生溢出时就对高 8 位指针 DPH 加 1，但不影响任何标志。

例如：A＝12H，R3＝0FH，（35H）＝ 4AH，R0＝56H，（56H）＝ 00H

执行如下指令：

```
INC     A          ;执行后 A＝13H
INC     R3         ;执行后 R3＝10H
INC     35H        ;执行后 35H＝4BH
INC     @R0        ;执行后(56H)＝01H
```

【例 3-8】 用符号标识法注释下列程序各指令的操作功能结果及加 1 指令对标志位的影响。设 R1=0FEH，（01H）= 0FFH，DPTR=0FFFFH，CY=0，AC=0，OV=0。

```
ORG     0000H
INC     R1         ;R1 ←R1+1,R1=FFH,CY=0,AC=0,OV=0
INC     01H        ;01H ←(01H)+1,(01H)= 00H,CY=0,AC=0,OV=0
INC     DPTR       ;DPTR ←DPTR+1,DPTR=0000H,CY=0,AC=0,OV=0
SJMP    $
END
```

从执行结果可看出，执行加 1 指令对 CY、AC、OV 不产生影响。

【例 3-9】 已知被加数的低 8 位在片内 RAM 的 30H 单元中，高 8 位在 31H 单元中，加数的低 8 位在 40H 单元中，高 8 位在 41H 单元中，试编写两数相加程序，并将和的低 8 位放在 30H，和的高 8 位放在 31H 单元中（设两数之和未超过 16 位）。

MCS-51 单片机没有 16 位加法指令，因此只能先将两数的低 8 位相加，并将低 8 位的和放入 30H 单元，然后再进行高 8 位相加，并将和放入 31H 单元。程序如下：

```
MOV     R0,  #30H; R0 指向被加数低字节
MOV     R1,  #40H; R1 指向加数低字节
MOV     A,   @R0; 被加数低字节取到 A 中
ADD     A,   @R1; 加上加数的低字节
```

```
MOV   @R0,  A;  和的低字节送 30H 单元
INC   R0       ；修改指针，指向被加数的高字节
INC   R1       ；修改指针，指向加数的高字节
MOV   A,  @R0；被加数高字节取到 A 中
ADDC  A,  @R1；加上加数的高字节
MOV   @R0,  A；和的高字节送 31H 单元
SJMP  $        ；暂停
```

上面的程序中，在进行高 8 位相加时，要考虑来自低 8 位的进位，所以用带进位加指令 ADDC。

4．十进制调整指令

DA A

这条指令用于对累加器 A 中的两个 BCD 数相加所得的 8 位结果进行调整，使和调整为 2 位 BCD 码数。

由于 ADD 和 ADDC 指令本身只能进行二进制加法，将 DA 指令紧跟在加法指令后，就可实现十进制数相加。

DA 指令的功能为：若在加法过程中低 4 位向高 4 位有进位（AC=1）或累加器 A 中低 4 位>9，则累加器 A 作加 6 调整；若在加法过程中最高位有进位（CY=1）或累加器高 4 位>9，则累加器作加 60H 调整（高 4 位加 6）。DA 指令执行时仅对 CY 位产生影响。

【例 3-10】 设计将 BCD 码数 56 和 67 相加的程序。

```
        0101 0110   ；表示 BCD 码 56
+）     0110 0111   ；表示 BCD 码 67
        1011 1101   ；是二进制加法结果，且高 4 位和低 4 位都大于 9
+）     0110 0110   ；DA A 调整，对高 4 位和低 4 位分别加 6
CY=1 0010 0011      ；调整结果得 BCD 和数为 123
BCD 和数 1   2   3
```

程序如下：

```
ORG     0000H
MOV     A,#56H      ;将 56H 传送到 A 中,但表示的是 BCD 数 56
MOV     B,#67H      ;将 67H 传送到 B 中,但表示的是 BCD 数 67
ADD     A,B         ;C=0,A=BDH,此时 BDH 数为二进制加法的结果
DA      A           ;C=1、A=23H,即结果是 123,可见调整后结果正确
SJMP    $           ;停止
END
```

说明：❶ 指令 ADD A，B 和 DA A 共同完成两个 BCD 数的相加运算，即 56+67=123；

❷ 本例中，加法指令中的 A 和 B 的内容实质上是 BCD 数；

❸ DA A 指令必须跟在 ADD 加法或 ADDC 带进位加法指令后，对结果进行十进制调整。调整过程为：若两个 BCD 数相加后的和，低 4 位大于 9，则低 4 位加 6 调整；若高 4 位大于 9，则高 4 位加 6 调整。该指令对 CY 产生影响；

❹ 不能用 DA 指令对减法操作的结果进行调整。

3.3.2 减法指令

1．带借位减法指令

```
SUBB    A,Rn        ;A←A-Rn-CY
SUBB    A,direct    ;A←A-(direct)-CY
SUBB    A,@Ri       ;A←A-(Ri)-CY
SUBB    A,#data     ;A←A-data-CY
```

这组带借位减法指令从累加器 A 中减去寄存器寻址、直接寻址和寄存器间接寻址方式所指出的操作数和借位标志，结果放在累加器 A 中。

如果相减时，D7 位发生借位，则借位标志 CY 置“1”，否则 CY 清零；如果 D3 位发生借位，辅助借位标志 AC 置“1”，否则 AC 位清零；如果 D6 位有借位而 D7 位没有借位，或者 D7 位有借位而 D6 位没有借位，则溢出标志 OV 置“1”，否则 OV 清零。

例如：设 A=0C9H，R1=54H，CY=1。指令 SUBB　A，R1 执行过程如下：

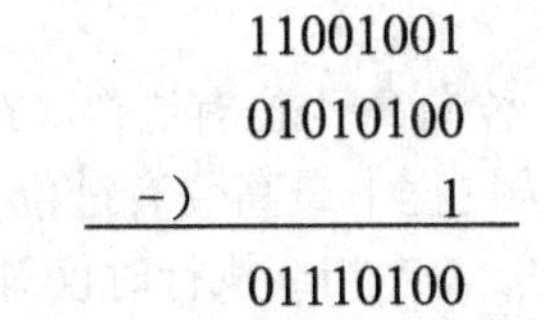

结果：A=74H，CY=0，AC=0，OV=1，P=0。

例如：用减法竖式表示下列两条减法指令的执行情况。

❶ 设 A=83H，（30H）=53H，CY=1 ，执行减法指令 SUBB　A，30H；

❷ 设 A=0C9H，R0=54H，CY=0 ，执行减法指令 SUBB　A，R0。

```
SUBB  A，30H                      SUBB  A，R0
 A=83H       10000011             A=0C9H   11001001
（30H）=53H  01010011             R0=54H   01010100
 -）C               1             -）C            0
 ----------------------           ---------------------
             00101111                      01110101
A=2FH，CY=0, AC=1，OV=1，P=1      A=75H，CY=0, AC=0，OV=1，P=1
```

虽然 MCS-51 没有不带借位的减法指令，但可在带借位减法指令前将 CY 先清零（清进位标志指令为 CLR C），然后再执行带借位减指令，其实际效果就是不带借位的减法运算。

2．减 1 指令

```
DEC     A         ;A ← A-1
DEC     Rn        ;Rn ← Rn-1
DEC     direct    ;direct ←(direct)-1
DEC     @Ri       ;(Ri)←(Ri)-1
```

这组指令的功能是将指定单元的内容减 1。若原来为 00H，减 1 后下溢为 0FFH，但不影响状态标志（除 A 减 1 会影响 P 外）。

当本指令用于修改输出端口的数据时，原端口数据的值将从端口内部锁存器 P*i*（*i*=0,1,2,3）读入，而不是从引脚读入。

例如：设 A＝0FH，R7＝19H，（30H）＝ 00H，R1= 40H，（40H）＝ 0FFH。执行下列指令：

```
DEC   A                        ;A ← A-1
DEC   R7                       ;R7 ← R7-1
DEC   30H                      ;30H ←(30H)-1
DEC   @R1                      ;(R1)←(R1)-1
```

结果：A=0EH，P=1，R7=18H，（30H）＝0FFH，（40H）＝0FEH，不影响其他标志。

【例 3-11】 用符号标识法注释下列程序各指令的操作功能、结果及减 1 指令对标志位的影响。设 R1=00H，（00H）=0H，（01H）=FFH，CY=0，AC=0，OV=0。

```
ORG      0000H
DEC      @R1          ;(R1) ← (R1)-1,(R1)=FFH,CY=0,AC=0,OV=0
DEC      R1           ;R1←R1-1,R1=FFH,CY=0,AC=0,OV=0
DEC      01H          ;01H ←(01H)-1,(01H)= FEH,CY=0,AC=0,OV=0
SJMP     $            ;停止
END
```

从执行结果可看出减 1 指令对 CY、AC、OV 标志不产生影响。

3.3.3 乘除法指令

1．乘法指令

乘法指令完成单字节的乘法，只有一条指令：

```
MUL   AB
```

该指令的功能是把累加器 A 和寄存器 B 中的 8 位无符号整数相乘，其 16 位积的低 8 位放在累加器 A 中，高 8 位放在寄存器 B 中，当乘积大于 255（FFH）时，溢出标志 OV 置“1”，否则 OV 清零。进位标志 CY 总是清零。

例如：A＝50H，B＝0A0H，执行乘法指令：

```
MUL   AB
```

结果：B＝32H，A＝00H（即乘积为 3200H），CY＝0，OV＝1。

2．除法指令

除法指令完成单字节的除法，只有一条指令：

```
DIV   AB
```

该指令的功能是把累加器 A 中的 8 位无符号整数除以寄存器 B 中的 8 位无符号整数，所得商的整数部分存放在累加器 A 中，余数放在寄存器 B 中。进位标志 CY 和溢出标志 OV 均为 0。

如果除数为 0，则结果 A 和 B 中内容不定，且溢出标志 OV 置“1”。在任何情况下，CY 都清零。

【例 3-12】 设被乘数为 A=4EH，乘数为 B=5DH，CY=1、OV=0。注释出执行如下程序后的结果。

```
ORG     0000H
MOV     A,#4EH          ;将被乘数 4EH 传送到 A 中
MOV     B,#5DH          ;将乘数 5DH 传送到 B 中
MUL     AB              ;相乘后 B=1CH，A=56H，即积为 1C56H，CY=0，OV=1
SJMP    $               ;停止
END
```

【例 3-13】 编写程序，将内部 RAM 中 43H 和 42H 两单元内的无符号数相乘，乘积的低 8 位存入 41 H，高 8 位存入 40H。

解： 由于本例中几个 RAM 单元的地址相邻，用间接寻址方式更方便。程序如下：

```
ORG     0000H
MOV     R0,#43H
MOV     A,@R0           ;A ←(43H)
DEC     R0
MOV     B,   @R0        ;B ←(42H)
MUL     AB
DEC     R0
MOV     @R0,A           ;41H ← A
DEC     R0
MOV     @R0,B           ;40H ← B
SJMP    $
END
```

【例 3-14】 设被除数 A=0FBH，除数 B=12H，CY=1、OV=1。注释出执行下列程序后的结果。

```
ORG     0000H
MOV     A,#0FBH         ;将被除数 FBH 传送到 A 中
MOV     B,#12H          ;将除数 12H 传送到 B 中
DIV     AB              ;商在 A 中，A=0DH，余数放在 B 中，B=11H，CY=0，OV=0
SJMP    $               ;停止
END
```

算术运算类指令翻译成机器指令后的字节数和每条指令执行时需要的机器周期数见表 3-3。算术运算类指令对标志位的影响见表 3-4。

表 3-3 算术运算类指令

指令助记符（包括寻址方式）	说　明		字节数	周期数
ADD A，Rn	A 与工作寄存器内容相加结果送累加器 A	A←A+Rn	1	1
ADD A，direct	A 与直接寻址单元内容相加结果送累加器 A	A←A+（direct）	2	1
ADD A，@Ri	A 与间接寻址单元的内容相加结果送累加器 A	A←A+（Ri）	1	1
ADD A，#data	A 与立即数相加结果送累加器 A	A←A+data	2	1
ADDC A，Rn	A 与工作寄存器带进位加结果送累加器 A	A←A+Rn+C_Y	1	1
ADDC A，direct	A 与直接寻址单元带进位加结果送累加器 A	A←A+（direct）+CY	2	1

续表

指令助记符（包括寻址方式）	说 明		字节数	周期数
ADDC A，@Ri	A 与间接寻址单元带进位加结果送累加器 A	A←A+（Ri）+CY	1	1
ADDC A，#data	A 与立即数带进位加结果送累加器 A	A←A+data+ CY	2	1
SUBB A，Rn	A 与工作寄存器带借位减结果送累加器 A	A←A-Rn－CY	1	1
SUBB A，direct	A 与直接寻址单元带借位减结果送累加器 A	A←A-（direct）－CY	2	1
SUBB A，@Ri	A 与间接寻址单元带借位减结果送累加器 A	A←A-（Ri）－CY	1	1
SUBB A，#data	A 与立即数带借位减结果送累加器 A	A←A-data-CY	2	1
INC A	累加器 A 加 1	A←A+1	1	1
INC Rn	工作寄存器加 1	Rn←Rn+1	1	1
INC direct	直接寻址单元内容加 1	direct ←（direct）+1	2	1
INC @Ri	间接寻址单元内容加 1	（Ri）←（Ri）+1	1	1
INC DPTR	数据指针寄存器加 1	DPTR←DPTR+1	1	2
DEC A	累加器 A 减 1	A ←A-1	1	1
DEC Rn	工作寄存器减 1	Rn←Rn-1	1	1
DEC direct	直接寻址单元内容减 1	direct ←（direct）-1	2	1
DEC @Ri	间接寻址单元内容减 1	（Ri）←（Ri）-1	1	1
MUL AB	累加器 A 和寄存器 B 相乘	BA←A*B	1	4
DIV AB	累加器 A 除以寄存器 B	AB←A/B	1	4
DA A	十进制调整		1	1

表 3-4 影响标志的指令

指 令	进位标志 CY	溢出标志 OV	辅助进位 AC
ADD	√	√	√
ADDC	√	√	√
SUBB	√	√	√
MUL	0	√	
DIV	0	√	
DA	√		
RRC	√		
RLC	√		
SETB C	1		
CLR C	0		
CPL C	√		
ANL C，bit	√		
ANL C，/bit	√		

续表

指　令	进位标志 CY	溢出标志 OV	辅助进位 AC
OR　C，bit	√		
OR　C，/bit	√		
MOV　C，bit	√		
CJNE	√		

3.4　逻辑运算与移位指令

逻辑运算指令共有 24 条，包括与、或、异或、清零、求反、左右移位等逻辑操作。逻辑运算类指令用到的助记符共有 9 个，它们是：ANL、ORL、XRL、RL、RLC、RR、RRC、CLR、CPL。

3.4.1　逻辑与运算指令

```
ANL     A,Rn            ;A←A∧Rn
ANL     A,direct        ;A←A∧(direct)
ANL     A,@Ri           ;A←A∧(Ri)
ANL     A,#data         ;A←A∧ data
ANL     direct,A        ;direct ←(direct)∧A
ANL     direct,#data    ;direct ←(direct)∧ data
```

这组指令的功能是将两个操作数的内容按位进行逻辑与运算，并将结果送目的操作数单元中。

例如：A＝37H，R0＝0A9H，执行指令：

```
ANL   A,R0
```

结果：A＝21H。

【例 3-15】　写出执行下列程序后的结果。

```
ORG     0000H
MOV     A,#05H
MOV     30H,#16H
ANL     A,30H           ;A ← A∧(30H)
SJMP    $
END
```

结果：A=04H。

注意：❶“与”运算是将源操作单元的内容与目的操作单元的内容进行与运算后，将结果存放在目的操作单元中，而源操作单元中的内容不变。

❷“与”运算可将字节中指定的位清零，而其他位不变。

【例 3-16】　将累加器 A 中的压缩 BCD 码转换成非压缩 BCD 码，分别存入片内 RAM 的 40H 和 41H 单元中。

本题可用逻辑与运算指令，分别将 A 中的高 4 位 BCD 码和低 4 位 BCD 码分离，程序如下：

```
MOV     30H,    A       ;暂存原始数据
ANL     A,  #0FH        ;屏蔽高 4 位，保留低 4 位
MOV     40H,    A       ;低位 BCD 码放入 40H 单元中
MOV     A,    30H       ;再次取出原始数据
ANL     A,  #0F0H       ;屏蔽低 4 位，保留高 4 位
SWAP    A               ;将高 4 位交换到低 4 位
MOV     41H,    A       ;结果存入 41H 单元中
SJMP    $               ;暂停
```

3.4.2　逻辑或运算指令

```
ORL     A,Rn                ;A←A∨Rn
ORL     A,direct            ;A←A∨(direct)
ORL     A,@Ri               ;A←A∨(Ri)
ORL     A,#data             ;A←A∨ data
ORL     direct,A            ;direct ←(direct)∨A
ORL     direct,#data        ;direct ←(direct)∨ data
```

这组指令的功能是将两个操作数的内容按位进行逻辑或运算，并将结果送目的操作数单元中。

例如：A＝37H，P1＝09H　执行指令：

ORL　P1，A

结果：P1＝3FH。

【例 3-17】　写出执行下列程序后的结果。

```
ORG     0000H
MOV     A,#0C3H
MOV     R0,#55H
ORL     A,R0                ;A←A∨R0
SJMP    $
END
```

结果：A＝D7H。

注意：❶“或”运算是将源操作单元的内容与目的操作单元的内容进行或运算后，将结果存放在目的操作单元中，而源操作单元中的内容不变。

❷“或”运算可用于将字节中的指定位置“1”，而其他位不变。

3.4.3　逻辑异或运算指令

```
XRL     A,Rn                ;A←A⊕Rn
XRL     A,direct            ;A←A⊕(direct)
XRL     A,@Ri               ;A←A⊕(Ri)
XRL     A,#data             ;A←A⊕ data
XRL     direct,A            ;direct ←(direct)⊕ A
XRL     direct,#data        ;direct ←(direct)⊕ data
```

这组指令的功能是将两个操作数的内容按位进行逻辑异或运算，并将结果送回目的操作数单元中。

例如：A= 90H，R3=73H，执行指令：

XRL　A ，　R3

结果：A= 0E3H。

【例 3-18】　写出执行下列程序后的结果。

```
ORG     0000H
MOV     A,#0C3H
MOV     R0,#0AAH
XRL     A,R0            ;A←A ⊕ R0
SJMP    $
END
```

结果：A = 69H。

注意：❶“异或”运算可以对某存储单元中数据进行处理，使其中某些位取反，而其他位保持不变。

❷“异或”运算还可以用于判别两数是否相等，若相等，结果全为 0，否则不全为 0。

3.4.4　累加器清零和取反指令

```
CLR     A               ;对累加器 A 清零
CPL     A               ;对累加器 A 按位取反
```

【例 3-19】　写出执行下列程序后的结果。

```
ORG     0000H
MOV     A,#55H
CLR     A               ;A ←0,A=0
CPL     A               ;A←/A,A=0FFH
SJMP    $
END
```

执行指令 CLR 后，结果 A=0；接着再执行指令 CPL 后，结果 A=FFH。

3.4.5　移位指令

```
RL      A               ;累加器 A 的内容向左循环移 1 位
RLC     A               ;累加器 A 的内容带进位向左循环移 1 位
RR      A               ;累加器 A 的内容向右循环移 1 位
RRC     A               ;累加器 A 的内容带进位向右循环移 1 位
```

这组指令的功能是对累加器 A 的内容进行简单的移位操作，除了带进位的移位指令外，其他都不影响 CY、AC、OV 等标志。循环移位指令工作如图 3-8 所示。

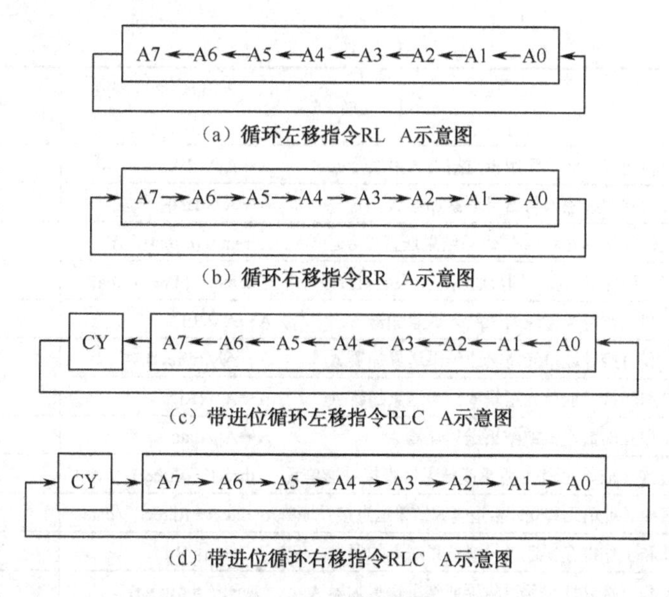

图 3-8　循环移位指令工作示意图

【例 3-20】　已知 M1 和（M1+1）单元中有一个 16 位的二进制数（M1 中为低 8 位），请通过编程将其扩大 2 倍（设该数扩大后小于 65 536）。

解：一个 16 位的二进制数扩大 2 倍相当于对它进行一次算术左移。由于 MCS-51 的移位指令都是 8 位二进制的移位指令，因此 16 位数的移位必须分两次移位来实现，相应程序如下：

```
ORG     1000H
CLR     C                ;CY←0
MOV     R1,#M1           ;R1 指向 M1 单元
MOV     A,@R1            ;A←操作数低 8 位
RLC     A                ;操作数低 8 位左移，低位补 0
MOV     @R1,A            ;送回 M1 单元
INC     R1               ;R1 指向(M1+1)单元
MOV     A,@R1            ;A←操作数高 8 位
RLC     A                ;操作数高 8 位左移
MOV     @R1,A            ;送回(M1+1)单元
SJMP    $                ;停止
END
```

逻辑运算和移位类指令翻译成机器指令后的字节数和每条指令执行时需要的机器周期数见表 3-5。

表 3-5　逻辑运算和移位类指令

指令助记符（包括寻址方式）	说　明		字 节 数	周 期 数
ANL A，Rn	A 和工作寄存器逻辑与结果送累加器 A	A←A∧Rn	1	1
ANL A，direct	A 和直接寻址单元逻辑与结果送累加器 A	A←A∧(direct)	2	1

续表

指令助记符（包括寻址方式）	说　明		字节数	周期数
ANL A，@Ri	A 和间接寻址单元逻辑与结果送累加器 A	A←A∧(Ri)	1	1
ANL A，#data	A 和立即数逻辑与结果送累加器 A	A←A∧data	2	1
ANL direct，A	直接寻址单元和 A 逻辑与结果送直接寻址单元	direct←(direct)∧A	2	1
ANL direct，#data	直接寻址单元和立即数逻辑与结果送直接寻址单元	direct←(direct)∧data	3	2
ORL A，Rn	A 和工作寄存器逻辑或结果送累加器 A	A←A∨Rn	1	1
ORL A，direct	A 和直接寻址单元逻辑或结果送累加器 A	A←A∨(direct)	2	1
ORL A，@Ri	A 和间接寻址单元逻辑或结果送累加器 A	A←A∨(Ri)	1	1
ORL A，#data	A 和立即数逻辑或结果送累加器 A	A←A∨data	2	1
ORL direct，A	直接寻址单元和 A 逻辑或结果送直接寻址单元	direct←(direct) ∨A	2	1
ORL direct，#data	直接寻址单元和立即数逻辑或结果送直接寻址单元	direct←(direct)∨data	3	2
XRL A，Rn	A 和工作寄存器逻辑异或结果送累加器 A	A←A ⊕ Rn	1	1
XRL A，direct	A 和直接寻址单元逻辑异或结果送累加器 A	A←A ⊕ (direct)	2	1
XRL A，@Ri	A 和间接寻址单元逻辑异或结果送累加器 A	A←A ⊕ (Ri)	1	1
XRL A，#data	A 和立即数逻辑异或结果送累加器 A	A←A ⊕ data	2	1
XRL direct，A	直接寻址单元和 A 逻辑异或结果送直接寻址单元	direct←(direct) ⊕ A	2	1
XRL direct，#data	直接寻址单元和立即数异或结果送直接寻址单元	direct←(direct) ⊕ data	3	2
CLR A	累加器 A 清零	A←0	1	1
CPL A	累加器 A 求反	A ← $\overline{A}$	1	1
RL A	累加器 A 循环左移	A 循环左移一位	1	1
RLC A	累加器 A 带进位循环左移	A 带进位循环左移一位	1	1
RR A	累加器 A 循环右移	A 循环右移一位	1	1
RRC A	累加器 A 带进位循环右移	A 带进位循环右移一位	1	1
SWAP A	A 半字节交换		1	1

3.5 控制转移指令

控制转移类指令共有 17 条，分为无条件转移和条件转移。

无条件转移指令有：绝对转移指令 AJMP、相对转移指令 SJMP、长转移指令 LJMP、变址转移指令 JMP、绝对调用指令 ACALL、长调用指令 LCALL、子程序返回指令 RET、中断返回指令 RETI。

条件转移指令有：累加器 A 判零转移指令 JZ、累加器 A 非零转移指令 JNZ、减 1 不为 0 转移指令 DJNZ、比较不相等转移指令 CJNE、空操作指令 NOP。

3.5.1 无条件转移指令

1. 绝对转移指令

```
AJMP     addr11       ;PC←PC＋2， PC10～0←addr11
```

这是 2KB 范围内的无条件跳转指令，执行该指令时，先将 PC+2，然后将 addr11 送入 PC10～PC0，而 PC15～PC11 保持不变，形成了跳转的目标地址。需要注意的是，目标地址与 AJMP 下一条指令第一字节的地址必须在同一个 2KB 的存储器区域内。

例如：若 AJMP 指令地址为 2FFEH，则 PC+2=3000H，故目标转移地址必在 3000H～37FFH 这个 2KB 区域内。

例如：已知 PC=1500H，若执行绝对转移指令 AJMP 1789H 是否正确？为什么？

本指令下一条指令的地址为 1500H+2H=1502H，该地址的高 5 位为 00010，与绝对转移地址 1789H 的高 5 位相同，可见它们是在同一 2KB 地址范围内，因此该绝对转移指令正确。

2．相对转移指令

```
SJMP   rel            ;PC←PC+2,  PC←PC+rel
```

该指令执行时先将 PC+2，再把指令中带符号的偏移量加到 PC 上，得到跳转的目的地址送入 PC。该指令转移的目标地址与源地址的关系如下：

目标地址 ＝ 源地址 ＋2＋rel

源地址是 SJMP 指令操作码所在的地址，相对偏移量 rel 是一个用补码表示的 8 位有符号数，转移范围为当前 PC 值的（-128～+127）256 个单元。

例如：若指令 SJMP $ 的地址为 30H，求该指令的偏移量 rel。

根据题意，本条指令的地址（源地址）是 30H，而“$”表示本条指令的地址，所以转移的目标地址也等于 30H，将其代入相对转移指令中目标地址与源地址的关系式，可得：

rel＝ 目标地址-（源地址+2）＝30H-（30H+2）＝-2

因为-2 的补码为 FEH，所以 SJMP $ 指令中的偏移量 rel= FEH。

由于执行该指令后的转移地址为本条指令的首地址，所以该指令将实现“原地”转圈的所谓动态停机状态。MCS-51 单片机指令系统中没有专门的停机指令，通常就用指令 SJMP $ 实现动态停机。

3．长跳转指令

```
LJMP     addr16        ;PC ← addr16
```

执行该指令时，将 16 位目标地址 addr16 装入 PC，程序无条件转向指定的目标地址。长跳转指令的目标地址可放在 64KB 程序存储器地址空间的任何地方，不影响任何标志。

4．变址转移指令（散转指令）

```
JMP     @A+DPTR        ;PC ←(A+DPTR)
```

这条指令的功能是把累加器 A 中的 8 位无符号数与数据指针 DPTR 的 16 位数相加（模 256），其和作为下一条指令的地址送入 PC 中，既不改变 A 和 DPTR 的内容，也不影响标志。该指令采用变址方式实现无条件转移，其特点是转移地址可以在程序运行中加以改变。例如，当把 DPTR 作为基地址而确定后，根据 A 的不同值就可以实现多分支转移，故一条指令可完成多条条件判断转移指令功能。这种功能称为散转功能，所以变址转移指令又称为散转指令。

【例 3-21】 编写根据累加器 A 的值实现四分支的程序，若 A=0 则跳到 PM0 程序段；若 A=1 则跳到 PM1 程序段；若 A=2 则跳到 PM2 程序段；若 A=3 则跳到 PM3 程序段。

根据本题要求，可通过跳转指令来实现转到指定程序段中，并将跳到 4 个程序段中的 4 条跳转指令集中在一起，组成一个转移指令表，如图 3-9 所示。

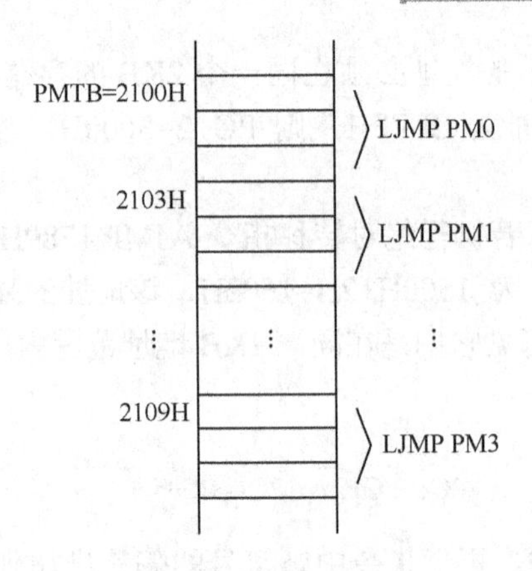

图 3-9　转移指令表

然后根据累加器 A 的值，到转移指令表中执行对应的跳转指令，即可转入相应的程序段。算法如下：

❶ 取 A 值并乘以 3；

❷ 取表头地址；

❸ 表头地址+3×A，获得转移指令在表中的位置；

❹ 到表中执行跳转指令，则转入相应的程序段中。

按照上述算法，可编写程序如下：

```
        MOV     R1,  A          ; 暂存 A
        RL      A               ; A 值×2
        ADD     A,   R1         ; A 值×3
        MOV     DPTR,    #PMTB  ; DPTR 指向表头
        JMP     @A+DPTR         ; 到表中执行跳转指令
PMTB:   LJMP    PM0             ; 转去 PM0 程序段
        LJMP    PM1             ; 转去 PM1 程序段
        LJMP    PM2             ; 转去 PM2 程序段
        LJMP    PM3             ; 转去 PM3 程序段
PM0:    ……
        ……
PM1:    ……
        ……
PM2:    ……
        ……
PM3:    ……
```

3.5.2　条件转移指令

1．累加器 A 判零转移指令

```
JZ    rel          ;A=0 转移
JNZ   rel          ;A≠0 转移
```

这两条指令是依据累加器 A 的内容是否为 0 的条件转移指令。条件满足则转移，条件不满足则顺序执行下一条指令。转移的目标地址在下一条指令的起始地址为中心的 256 字节

范围之内（−128～+127），即 PC←PC+2 + rel，其中 PC 为该条件转移指令的第一字节的地址。

【例 3-22】 试分析当 R0 取不同值时，下列程序的执行过程及结果。

```
        ORG     0000H
        MOV     A,R0
        JZ      L1              ;A=0 则转 L1
        MOV     R1,#00H
        AJMP    L2
    L1:MOV      R1,#0FFH
    L2:SJMP     L2
        END
```

在执行上面这段程序前，如果 R0=0，则转移到 L1 执行，因此最终的执行结果 R1=0FFH。

如果 R0≠0，则程序顺序执行，也就是执行 MOV R1，#00H 指令，最终的执行结果 R1=0。

2．比较不相等转移指令

在 MCS-51 中没有专门的比较指令，但提供了下面 4 条比较不相等转移指令：

```
CJNE    A,direct,rel        ;A ≠(direct)转移
CJNE    A,#data,rel         ;A ≠ data 转移
CJNE    Rn,#data,rel        ;Rn ≠ data 转移
CJNE    @Ri,#data,rel       ;(Ri)≠ data 转移
```

这组指令的功能是比较两个操作数的大小，如果它们的值不相等则转过一个 rel。该指令执行时是将第一操作数减去第二操作数，但不送结果只设标志。如果第一个操作数（无符号整数）小于第二个操作数，则借位标志 CY 置“1”，否则 CY 清零，但不影响源操作数的内容。

3．减 1 不为 0 转移指令

```
DJNZ    Rn,rel              ;Rn←Rn−1 ≠ 0 转移
DJNZ    direct,rel          ;direct ←(direct)−1 ≠ 0 转移
```

这两条指令把源操作数减 1，结果回送到源操作数中，如果结果不为 0 则转移。转移的目标地址在下一条指令的起始地址为中心的 256 字节范围之内（−128～+127）。这两条指令常用于对循环次数进行控制。

【例 3-23】 在片内 RAM 的 DATA1 开始有 10 个单字节无符号数，试编程将这 10 个数累加起来，并将累加和放入 SUM 单元中（设累加和不超过 1 字节）。

本题要求对多个数据累加，即需要多次重复使用加法运算指令，这类问题一般应通过循环来实现。程序如下：

```
        MOV     R0,  #DATA1   ; 指向数据块首地址
        MOV     R2,  #0AH     ; 设循环次数
        CLR     A             ; A←0
LOOP:   ADD     A,   @R0      ; 将数据加到累加器 A
```

```
        INC     R0              ；指向下一个数据
        DJNZ    R2， LOOP       ；数据个数减 1，不为 0 则转 LOOP
        MOV     SUM，     A     ；存累加和
        SJMP    $               ；暂停
```

3.5.3 子程序调用及返回指令

在程序设计中，通常把具有一定功能的相对独立的程序段编成子程序，在主程序需要的地方使用调用指令来调用子程序，而在子程序的最后安排一条返回指令，以便执行完子程序后能返回到主程序继续执行。

主程序和子程序结构：子程序是独立于主程序且具有特定功能的程序段，单独编写，既能被主程序调用，又能返回主程序。按两者的关系有两种调用情况：多次调用和子程序嵌套。如图 3-10（a）所示为主程序调用子程序结构，当主程序执行到调用指令时，会自动将断点地址压入堆栈，然后转到子程序去执行。当子程序执行到返回指令时，原来保存在堆栈中的断点地址会弹出给 PC，从而返回到主程序继续执行。

如图 3-10（b）所示为子程序嵌套示意图，当主程序执行到调用子程序 1 指令时，就会保护断点 1 并转到子程序 1 入口去执行。在子程序 1 执行过程中又遇到调用子程序 2 指令，此时又会保护断点 2 并转到子程序 2 入口去执行。当子程序 2 执行到返回指令时，会先返回到子程序 1 的断点处继续执行子程序 1，当子程序 1 执行到返回指令时，再返回到主程序继续执行，从而形成子程序的嵌套。

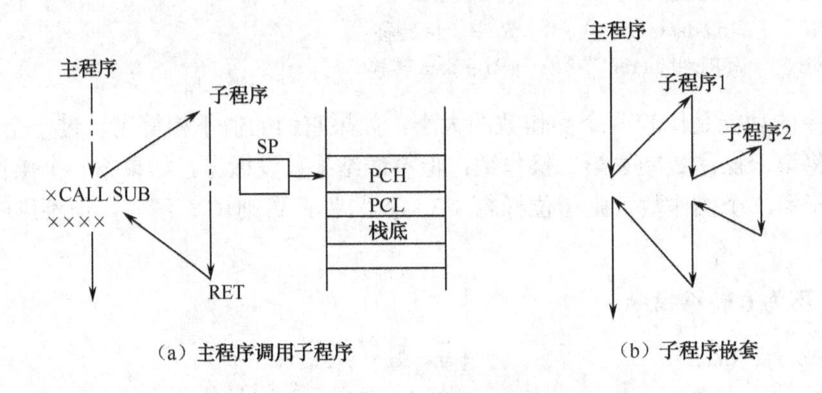

（a）主程序调用子程序　　（b）子程序嵌套

图 3-10　主程序调用子程序及子程序嵌套示意图

断点自动保存：调用子程序时，CPU 会自动将断点地址（当前 PC 值）保存在堆栈中，其中低 8 位 PCL 先压入堆栈，高 8 位 PCH 后压入堆栈。子程序返回时，保存在堆栈中的断点地址会自动弹出给 PC，从而回到主程序的断点处继续执行程序。

保护现场和恢复现场：保护现场就是将需要保护的单元内容（如 ACC、PSW 等）在子程序的开始使用压栈指令保存在堆栈中。恢复现场就是在子程序返回之前，通过出栈指令将保存在堆栈中的内容送回原来的寄存器，从而保证主程序在调用子程序前后程序执行的连贯性。

下面介绍子程序调用与返回指令。

1．绝对调用指令

```
ACALL   addr11
```

该指令的操作过程如下：

（1）PC← PC+ 2，并压入堆栈，先 PCL，后 PCH，过程如下：

```
SP←SP+1，SP←PC7~0
SP←SP+1，SP←PC15~8
```

（2）PC10～0←addr11，获得子程序入口地址；

（3）调用范围为：子程序入口地址与 ACALL 下一条指令第一字节的地址必须在同一个 2KB 的存储器区域内。

2．长调用指令

```
LCALL      addr16
```

这条指令无条件调用位于 16 位地址 addr16 的子程序。执行该指令时，先将 PC 内容加 3 以获得下一条指令的首地址，并把它压入堆栈（先低字节后高字节），SP 内容加 2，然后将 16 位地址放入 PC 中，转去执行以该地址为入口的程序。LCALL 指令可以调用 64KB 程序存储器范围内任何地方的子程序。指令执行后不影响任何标志，其操作过程如下：

（1）PC← PC+ 3，并压入堆栈，先 PCL，后 PCH，过程如下：

```
SP←SP+1，SP←PC7~0
SP←SP+1，SP←PC15~8
```

（2）PC ←addr16，获得子程序起始地址；

（3）本指令可调用 64KB 地址范围内的任意子程序。

例如：已知 SP=60H，执行下列指令：

❶ 1000H：ACALL　100H

❷ 1000H：LCALL　0800H

结果：

❶ SP=62H，61H=02H，62H=10H，PC=1100H

❷ SP=62H，61H=03H，62H=10H，PC=0800H

3．子程序返回指令

```
RET         ;PCH←(SP),SP←SP-1
             PCL←(SP),SP←SP-1
```

子程序返回指令是把栈顶两个单元的内容弹出到 PC，SP 的内容减 2，程序返回 PC 值所指的指令处执行。RET 指令通常安排在子程序的末尾，使程序能从子程序返回到主程序。

4．中断返回指令

```
RETI
```

这条指令的功能与 RET 指令相类似。但它用在中断服务程序的最后。从堆栈中弹出高 8 位和低 8 位字节给 PC，SP 的内容减 2，同时清除中断优先，开放低级中断。

3.5.4 空操作指令

```
NOP;PC ←PC+1
```

空操作指令是一条单字节单周期指令，执行时 CPU 不做任何操作，只是要花费一个机器周期的时间，因此常用于程序的等待或时间的延迟。

控制转移类指令翻译成机器指令后的字节数和每条指令执行时需要的机器周期数见表3-6。

表3-6　控制转移类指令

指令助记符（包括寻址方式）	说　明	字节数	周期数
LJMP addr16	长转移　PC←addr16	3	2
AJMP addr11	绝对转移　$PC_{10\sim0}$←addr11	2	2
SJMP rel	短转移（相对偏移）　PC←PC+rel	2	2
JMP @A+DPTR	相对 DPTR 的变址转移　PC←A+DPTR	1	2
JZ rel	累加器 A 为零则转移　PC←PC+2，若 A=0 则 PC←PC+rel	2	2
JNZ rel	累加器 A 非零则转移　PC←PC+2，若 A≠0 则 PC←PC+rel	2	2
CJNE A，direct，rel	直接寻址单元和 A 比较不相等则转移 PC←PC+3，若 A≠（direct）则 PC←PC+rel	3	2
CJNE A，#data，rel	立即数和 A 比较不相等则转移 PC←PC+3，若 A≠data 则　PC←PC+rel	3	2
CJNE Rn，#data，rel	立即数和工作寄存器比较不相等则转移 PC←PC+3，若 Rn≠data 则　PC←PC+rel	3	2
CJNE @Ri，#data，rel	比较立即数和间接寻址 RAM 不相等则转移 PC←PC+3，若(Ri)≠data 则　PC←PC+rel	3	2
DJNZ Rn，rel	工作寄存器减 1 不为零则转移 PC←PC+2，Rn←Rn−1，若 Rn≠0，则 PC←PC+rel	2	2
DJNZ direct，rel	直接寻址单元减 1 不为零则转移 PC←PC+3　direct←（direct）−1 若（direct）≠0，则 PC←PC+rel	3	2
ACALL addrR11	绝对调用子程序　PC← PC+2，SP←SP+1，（SP）←PC_L， SP←SP+1，（SP）←PC_H，$PC_{10\sim0}$←addR11	2	2
LCALL addrR16	长调用子程序　PC←PC+3，SP←SP+1，（SP）←PC_L， SP←SP+1，（SP）←PC_H，PC←addr16	3	2
RET	子程序返回　PC_H←（SP），SP←SP−1，PC_L←（SP），SP←SP−1	1	2
RETI	中断返回　PC_H←（SP），SP←SP−1，PC_L←（SP），SP←SP−1	1	2
NOP	空操作	1	1

3.6 位操作指令

MCS-51 指令系统加强了对位变量的处理能力，具有丰富的位操作指令，有位变量操作运算器、位累加器（借用进位标志 CY，指令中助记符用 C 表示）和位存储器（位寻址区中的各位）等。

位操作指令的操作对象是内部 RAM 的位寻址区，即字节地址为 20H～2FH 单元中连续的 128 位（位地址为 00H～7FH），以及特殊功能寄存器中可以进行位寻址的各位。

位操作指令包括布尔变量的传送、逻辑运算、位控制转移等指令，共有 17 条指令，所用到的助记符有 MOV、CLR、CPL、SETB、ANL、ORL、JC、JNC、JB、JNB、JBC 共11种。

在布尔处理机中，进位标志 CY 的作用相当于字节处理中的累加器 A，通过 CY 完成位的传送和逻辑运算。指令中位地址的表达方式有以下几种：

❶ 直接地址方式，如 0A8H；
❷ 点操作符方式，如 IE.0；
❸ 位名称方式，如 EX0；
❹ 用户定义名方式，如用伪指令 BIT 定义：

```
WBZD0   BIT   EX0
```

经伪指令 BIT 定义后，允许在程序中使用 WBZD0 代替 EX0。

以上四种方式都是指中断允许寄存器 IE 中的位 0（外部中断 0 允许位 EX0），它的位地址是 0A8H，而名称为 EX0，用户自定义名为 WBDZ0。

3.6.1 位赋值指令

```
CLR   C          ;CY ←0
CLR   bit        ;bit ←0
SETB  C          ;CY ←1
SETB  bit        ;bit ←1
```

例如：CLR 27H ;(24H)₇←0

```
CLR      08H      ;(21H)0←0
SETB     P1.7     ; P1.7←1
```

这组指令对操作数所指出的位进行清零或置“1”操作，不影响其他标志。

3.6.2 位传送指令

```
MOV     C,bit     ;CY←bit
MOV     bit,C     ;bit←CY
```

这组指令的功能是把源操作数指出的布尔变量送到目的操作数指定的位地址去，其中一个操作数必须为进位标志 CY， 另一个操作数可以是任何可直接寻址位。

例如：设 CY=1，（20H）=0BFH 执行程序如下：

```
MOV   C,06H        ;CY←(20H)6，CY=0
MOV   P1.0,C       ;P1.0 ←CY
```

【例 3-24】 编写程序将片内 RAM 位地址 00H 与位地址 7FH 内容相交换。

在进行位地址内容相交换的过程中，为保证内容不丢失，可借助位地址 01H 暂存。程序如下：

```
MOV     C,    00H      ； C←(20H)0
MOV     01H,   C       ； 暂存在 (20H)1
MOV     C,    7FH      ； C←(2FH)7
MOV     00H,   C       ； (20H)0←C
```

```
MOV     C,    01H       ；取出暂存数
MOV     7FH,    C       ；传送到（2FH)7
SJMP    $               ；暂停
```

3.6.3 位逻辑运算指令

1. 位变量逻辑与指令

```
ANL   C,bit          ;CY ←CY∧bit
ANL   C,/bit         ;CY ←CY∧/bit(取反)
```

例如：设 P1 为输入口，P3 为输出口，执行下列程序：

```
MOV     C,P1.0
ANL     C,P1.1 P1.2
ANL     C,/P1.2 P1.2
MOV     P3.0,C
```

结果：$P3.0 = P1.0 \wedge P1.1 \wedge / \overline{P1.2}$ 。

2. 位变量逻辑或指令

```
ORL   C,bit          ;CY ←CY∨bit
ORL   C,/bit         ;CY ←CY∨/bit(取反)
```

【例 3-25】 将位地址 40H、41H 中的内容进行逻辑异或运算，结果存入位地址 42H。程序如下：

```
MOV     C,41H
ANL     C,/40H
MOV     42H,C
MOV     C,40H
ANL     C,/41H
ORL     C,42H
MOV     42H,C
```

3. 位变量逻辑取反指令

```
CPL   C        ;CY← CY(取反)
CPL   bit      ;bit ← bit(取反)
```

3.6.4 位变量条件转移指令

```
JC      rel        ;若 CY=1,则转移,       PC←PC+2+rel
JNC     rel        ;若 CY=0,则转移,       PC←PC+2+rel
JB      bit,rel    ;若 bit=1,则转移,      PC←PC+3+rel
JNB     bit,rel    ;若 bit=0,则转移,      PC←PC+3+rel
JBC     bit,rel    ;若 bit=1,则转移,      PC←PC+3+rel，且 bit←0
```

这组指令的功能是：当指定条件满足时，执行转移操作指令（相当于一条相对转移指令）；条件不满足时，顺序执行下一条指令。前 4 条指令在执行中不改变条件位的值，最后一条指令在转移时将 bit 位清零。

【例 3-26】 已知内部 RAM 的 M1 和 M2 单元中各有一个无符号 8 位二进制数。试编程比较它们的大小，并把大数送到 MAX 单元。

相应程序为：

```
          MOV   A,M1          ;A←(M1)
          CJNE  A,M2，LOOP    ;若 A 不等于(M2)，则转移 LOOP，形成 CY 标志
LOOP:     JNC   LOOP1         ;若 A 大于等于(M2)，则转移 LOOP1
          MOV   A,M2          ;若 A 小于(M2)，则 A←(M2)
LOOP1:MOV       MAX,A         ;大数送 MAX
          RET
```

【例 3-27】 在片外 RAM 的 2000H 开始有一个数据块，该数据块以回车符（ASCII 码为 0DH）为结束标记，要将其中的正数传送到片内 RAM 从 30H 开始连续存放，将负数传送到片内 RAM 从 40H 开始连续存放，试编写程序。

本题要求将片外 RAM 的一批数据传送到片内 RAM 中，一般应采用循环来实现。而在传送的过程中，要判断每一个数据是正数还是负数，然后分别传送到片内 RAM 的不同区域。程序如下：

```
        MOV    DPTR,   #2000H        ；DPTR 指向片外 RAM 数据块首地址
        MOV    R0,     #30H          ；R0 指向片内 RAM 存放正数的首地址
        MOV    R1,     #40H          ；R1 指向片内 RAM 存放负数的首地址
NEXT:   MOVX   A,   @DPTR            ；源数据取到 A
        CJNE   A,   #0DH,    COMP    ；不是回车符则转 COMP
        SJMP   DONE                  ；是回车符则转结束
COMP:   JB     ACC.7,  LOOP          ；如果是负数则转 LOOP
        MOV    @R0,    A             ；是正数，传送到正数存放区域
        INC    R0                    ；指向下一个接收正数的单元
        INC    DPTR                  ；指向下一个源数据
        SJMP   NEXT                  ；转到 NEXT
LOOP:   MOV    @R1,    A             ；是负数，传送到负数存放区域
        INC    R1                    ；指向下一个接收负数的单元
        INC    DPTR                  ；指向下一个源数据
        SJMP   NEXT                  ；转到 NEXT
DONE:   SJMP   $                     ；暂停
```

位操作类指令翻译成机器指令后的字节数和每条指令执行时需要的机器周期数见表 3-7。

表 3-7 位操作及位变量控制转移类指令

指令助记符（包括寻址方式）	说 明		字节数	周期数
CLR C	清进位位	CY←0	1	1
CLR bit	指定位清零	bit←0	2	1
SETB C	置进位位	CY←1	1	1
SETB bit	指定位置 1	bit←1	2	1

续表

指令助记符（包括寻址方式）	说　明		字 节 数	周 期 数
CPL　C	进位位求反	CY← $\overline{CY}$	1	1
CPL　bit	指定位求反	bit← $\overline{bit}$	2	1
ANL　C，　bit	进位位和指定位相逻辑与	CY←CY∧bit	2	2
ANL　C，　/bit	进位位和指定位的反进行逻辑与	CY←CY∧ $\overline{bit}$	2	2
ORL　C，bit	进位位和指定位逻辑或	CY←CY∨bit	2	2
ORL　C，/bit	进位位和指定位的反进行逻辑或	CY←CY∨ $\overline{bit}$	2	2
MOV　C，bit	指定位逻辑值送进位位	CY←bit	2	1
MOV　bit ，C	进位位逻辑送指定位	bit←CY	2	2
JNC　rel	进位位为 0 则转移	PC←PC+2，若 CY=0 则 PC←PC+rel	2	2
JB　bit ，　rel	指定位为 1 则转移	PC←PC+3，若 bit=1 则 PC←PC+rel	3	2
JC　rel	指定位为 1 则转移	PC←PC+2，若 CY=1 则 PC←PC+rel	2	2
JNB　bit ，rel	进位位为 0 则转移	PC←PC+3，若 bit=0 则 PC←PC+rel	3	2
JBC　bit ，　rel	指定位为 1 则转移，且该位清零	PC←PC+3，若 bit=1 则 bit←0，PC←PC+rel	3	2

本章小结

本章介绍单片机的指令系统，包括指令的寻址方式和指令分类介绍。本章是 MCS-51 单片机汇编语言程序设计的基础。

MCS-51 单片机有 7 种寻址方式：立即寻址、寄存器寻址、直接寻址、寄存器间接寻址、位寻址、变址寻址和相对寻址。要正确理解这 7 种寻址方式的作用及不同寻址方式所访问的存储空间及其范围，对于常用的指令，能够给出指令的寻址方式。

MCS-51 单片机指令系统分为 5 大类：数据传送类指令（28 条）；算术运算类指令（24 条）；逻辑运算及移位类指令（25 条）；控制转移类指令（17 条）；位操作类指令（17 条）。

要掌握常用指令的格式及其用法，了解指令的用途，并能正确选择指令进行简单程序的编写。

思考题和习题

3.1　MCS-51 单片机有哪几种寻址方式？这几种寻址方式的作用空间如何？

3.2　指出下列每条指令的寻址方式和功能：

① MOV A，#50H　　② MOV A，50H

③ MOV A，@R0　　④ MOV A，R7

⑤ MOV A，@A+PC　　⑥ SJMP　LOOP

3.3　设内部 RAM 中 69H 单元的内容为 50H，写出当执行下列程序段后寄存器 A、R0 和内部 RAM 中 50H、51H 单元的内容为何值。

```
MOV     A,69H
MOV     R0,A
```

```
MOV     A,#00H
MOV     @R0,A
MOV     A,#35H
MOV     51H,A
MOV     52H,#80H
```

3.4 试编程将片外数据存储器0070H、0080H单元的内容交换。

3.5 访问外部数据存储器和程序存储器可以用哪些指令来实现？请举例说明。

3.6 设堆栈指针SP中的内容为60H，内部RAM中30H和31H单元的内容分别为24H和10H，执行下列程序段后，61H，62H，30H，31H，DPTR以及SP中的内容将有何变化？

```
PUSH    30H
PUSH    31H
POP     DPL
POP     DPH
MOV     30H,#00H
MOV     31H,#0FFH
```

3.7 用数据传送指令实现下列要求的数据传送。

① R0的内容传送到R1中。

② 内部RAM 20H单元的内容传送到A中。

③ 外部RAM 2030H单元的内容传送到R0中。

④ 外部RAM 2030H单元的内容传送到内部RAM 20H单元。

⑤ 外部RAM 1000H单元的内容传送到外部RAM 2000H单元。

⑥ 程序存储器ROM 2000H单元的内容传送到R1中。

⑦ ROM 2000H单元的内容传送到内部RAM 20H单元。

⑧ ROM 2000H单元的内容传送到外部RAM 0030H单元。

3.8 设A = 40H，R1=23H，（40H） = 05H。执行下列两条指令后，累加器A和R1以及内部RAM中40H单元的内容各为何值？

```
XCH     A,R1
XCHD    A,@R1
```

3.9 在“MOVC A，@A+DPTR”和“MOVC A，@A+PC”中，分别使用了DPTR和PC作为基址，试说明这两个基址代表什么地址，使用中有何不同。

3.10 设A=01010101B，R5=10101010B，分别写出执行下列指令后的结果。

```
ANL   A,R5;
ORL   A,R5;
XRL   A,R5;
```

3.11 试分析下列程序段，当程序执行后，位地址00H，01H中的内容将为何值，P1口的8条I/O线为何状态［设初始值(20H)=00H］？

```
        CLR     C
        MOV     A,#66H
        JC      LOOP1
```

```
        CPL     C
        SETB    01H
LOOP1:ORL       C,ACC.0
        JB      ACC.2,LOOP2
        CLR     00H
LOOP2:MOV       P1,A
```

3.12 编程将片内 RAM 的 40H～60H 单元中内容送到片外 RAM 以 3000H 开始的连续单元中。

3.13 两个 4 位 BCD 码数相加，被加数和加数分别存于 50H、51H 和 52H、53H 单元中（次序为：千位、百位在低地址中，十位、个位在高地址中），要求和数存放在 54H、55H 和 56H 中（56H 用来存放最高位的进位），试编写加法程序。

第4章 汇编语言程序设计

【知识点】

☆ 汇编语言概述（汇编语言与汇编的概念、汇编语言源程序的格式、伪指令、源程序的汇编）

☆ 汇编语言程序的结构（汇编语言程序设计步骤、顺序程序结构、分支程序结构、循环程序结构、主程序调用子程序结构）

☆ 算术运算程序设计（加法程序、减法程序、乘除法程序）

☆ 非数值操作程序设计（码制转换程序、查表程序、检索程序）

4.1 汇编语言概述

本章主要介绍汇编语言程序的结构及如何利用汇编语言指令进行程序设计的方法。

所谓程序设计，就是按照给定的任务要求编写出完整的计算机程序。要完成同样的任务，使用的方法或程序并不是唯一的。因此，程序设计的质量将直接影响到计算机系统的工作效率及运行可靠性等。

汇编语言是面向机器硬件的语言，要求程序设计者对 MCS-51 单片机具有很好的“软硬结合”的功底。

4.1.1 汇编语言与汇编的概念

用于程序设计的语言可分为机器语言、汇编语言和高级语言三种。

1．机器语言（Machine language）

由指令的二进制代码编写的程序称为机器语言，能被计算机直接识别并执行，但不易被人们所识别和读写，难记忆，易出错。

2．汇编语言（Assembly language）

由助记符指令及伪指令等编写的程序称为汇编语言，也称为符号语言，容易被人们识别、记忆和读写，但 CPU 不能直接识别。将汇编语言程序转换成为二进制代码表示的机器语言程序后 CPU 才能识别，这个转换过程就称为汇编，一般由专门的汇编程序来完成。经汇编程序进行汇编（翻译）后得到的机器语言程序称为目标程序，原来用汇编语言写的程序称为源程序。

汇编语言特点：

❶ 是面向机器的语言，要求程序设计人员必须对硬件有相当深入的了解。

❷ 助记符指令和机器指令一一对应，用汇编语言编写的程序效率高，占用存储空间小，运行速度快，用汇编语言能编出最优化的程序。

❸ 能直接管理和控制硬件设备（功能部件），能方便地处理中断，也能直接访问存储

器及 I/O 接口电路。

❹ 汇编语言和机器语言都脱离不开具体机器的硬件，都是面向“机器”的语言，缺乏通用性。

3．高级语言（High-level language）

高级语言是面向过程和问题并能独立于机器的通用程序设计语言，是一种接近自然语言和常用数学表达式的计算机语言。常用的如 BASIC，FORTRAN、COBOL、PASCAL、VB 及 C 语言等。

高级语言优点：通用性强、直观、易懂、易学、可读性好。

可使用 C 语言（C51）、PL/M 语言来进行 MCS-51 的应用程序设计，但在程序的空间和时间要求很高的场合，汇编语言仍是必不可缺的。

在很多需要直接控制硬件的应用场合，则是非用汇编语言不可。熟练使用汇编语言编程是单片机程序设计的基本功之一。

4.1.2 汇编语言源程序的格式

采用汇编语言编写的程序称为汇编语言源程序。源程序不能被计算机直接识别和执行，需人工或机器翻译成机器语言后才能被计算机执行。为了使机器能识别及正确汇编，用户在程序设计时必须严格遵循汇编语言的格式和语法规则，才能编写出符合要求的汇编语言源程序。

汇编语言源程序有两种类型的语句：指令性语句和伪指令语句。

1．指令性语句

前面第 3 章已介绍了 MCS-51 的指令语句，它们在汇编时都产生相应的指令代码——机器代码。

2．伪指令语句

伪指令也称指示性语句，是为汇编服务的，用于指导汇编过程的指令，没有机器代码与之对应。

3．MCS-51 的汇编语言格式

汇编语言中每条语句是典型的四分段格式：

```
标号段：操作码段操作数段；注释段
```

四分段的分隔规则：

❶ 标号段和操作码段之间要有冒号“：”分隔；

❷ 操作码段和操作数段之间用空格分开；

❸ 两个以上的操作数之间用逗号分隔；

❹ 操作数段和注释段之间用分号“；”分隔。

操作码段为必选项，其余各段为可选项。

以如下程序为例：

```
                ORG 0080H
START:          MOV A,#00H              ; A←0
                MOV R1,#0AH             ; R1←10
```

```
            MOV R2,#00000011B        ; R2←3
LOOP:       ADD A,R2                 ; A← A+R2
            DJNZ   R1,LOOP           ; R1 内容减 1 不为 0，则转 LOOP
            NOP
HERE:       SJMP HERE
            END
```

该程序共由 9 条语句组成，第 1、9 两条是伪指令，其余为指令性语句。第 2、5 两条是四分段齐全的语句，第 3、4、6、7 四条是省略标号段的语句，第 7、9 两条只有操作码字段。

4．基本语法规则

1）标号段

位于一条指令的开头，是该指令首字节所在存储单元地址的符号表示。

❶ 标号由字母开头的字母数字串构成，一般不超过 8 个字符；

❷ 标号后边必须跟冒号"："；

❸ 同一标号在一个程序中只能定义一次；

❹ 不能使用指令助记符作为标号。

2）操作码段

就是指令的助记符（如 MOV、ADD、NOP 等），也可以是伪指令的助记符（如 ORG、END 等）。操作码段是汇编语言四分段结构中唯一不能空缺的部分，源程序在汇编时就是根据操作码段生成机器代码的。

3）操作数段

用于存放指令的操作数或操作数地址，可以采用数字或字母符号等形式。通常有单操作数、双操作数和无操作数三种情况。如果是双操作数，则操作数之间要以逗号隔开。

❶ 操作数可以用十六进制、二进制或十进制形式表示。一般情况下多采用十六进制形式来表示，某些特殊场合才采用二进制或十进制的表示形式。

对十六进制数后缀加"H"，对二进制数后缀加"B"，对十进制数后缀加"D"或省略不写。

若十六进制的操作数以字母 A～F 开头时，则需在前面加一个"0"，以便在汇编时与标号区别开来。

❷ 操作数也可用寄存器表示。通常采用工作寄存器和特殊功能寄存器的代号来表示，也可用其地址来表示。

例如，累加器可用 A（或 Acc）表示，也可用累加器 A 的地址 0E0H 来表示。

❸ 采用符号$表示。"$"常在转移类指令的操作数段中使用，用于表示该转移指令操作码所在的存储单元地址。例如，下面两条指令是等价的。

```
        JNB   F0,$
HERE:   JNB   F0,HERE
```

4）注释段

用于注释指令或程序的含义，方便程序编写和阅读。注释段必须以分号"；"开头，换行书写也必须要以分号"；"开头。注释段是任选项，汇编时注释段不产生机器代码。

4.1.3 伪指令

伪指令和指令是完全不同的，伪指令不是真正的指令，是用来对汇编过程进行某种控制，或者对符号和标号进行赋值等，也称为汇编控制命令。只有在汇编前的源程序中才有伪指令，经过汇编得到的目标程序（机器代码）中不存在伪指令，即伪指令不会产生机器代码。

在 MCS-51 的汇编语言中，常用的伪指令如下。

1．汇编起始地址说明 ORG

```
指令格式:ORG   16 位地址或标号;
```

常用于汇编语言源程序或数据块的开头，用一条 ORG 伪指令来规定程序的起始地址。在一个源程序中，可以多次使用 ORG 指令，用来规定不同程序段的起始地址。但规定的地址必须是从小到大，不允许各程序段之间地址重叠。一个源程序如不用 ORG 规定，则汇编得到的目标程序将从 0000H 开始。例如：

```
            ORG   3000H
    START:  MOV   A,#12H;       规定标号 START 代表地址 3000H，程序从此地址开始存放
```

2．汇编结束伪指令 END

```
指令格式: END          ;
```

END 指令是汇编语言源程序的结束标志，用于终止源程序的汇编工作。一个源程序只能有一个 END 指令，且位于程序的最后，在 END 以后写的指令，汇编程序都不予处理。

3．定义字节伪指令 DB

指令格式：[标号：] DB 8 位二进制数表；

DB 伪指令的功能是从标号指定的地址单元开始，定义若干个 8 位内存单元的内容。例如：

```
            ORG       3000H
    TABL:   DB   30H,31H,32H,33H,34H;0～4 的 ASCII 码
```

汇编后：（3000H）=30H，（3001H）=31H，（3002H）=32H，（3003H）=33H，（3004H）=34H。

4．定义字伪指令 DW

指令格式：[标号：] DW 16 位二进制数表；

DW 伪指令的功能是从标号指定的地址单元开始，定义若干个 16 位数据。一个 16 位数占据两个内存单元，其中，高 8 位存入低地址单元，低 8 位存入高地址单元。例如：

```
            ORG       3010H
    TAB:DW   1234H,5678H,2010H
```

汇编后从 3010H 开始连续 6 个存储单元的内容为：（3010H）=12H，（3011H）=34H，（3012H）=56H，（3013H）=78H，（3014H）=20H，（3015H）=10H。

5．赋值伪指令 EQU

指令格式：变量名称 EQU 数或汇编符号；

EQU 伪指令的功能是将一个数或者特定的汇编符号赋予规定的变量名称。

“变量名称”不是标号，不能用“：”来作分隔符。用 EQU 赋值以后的变量可以用作数据地址、代码地址、位地址或者当作一个立即数来用。变量需赋值以后方可以使用，不能先使用后赋值。同时，变量名称不能和指令的助记符同名。

例如：TEST　EQU　2010H

表示标号 TEST=2010H，在汇编时，凡是遇到标号 TEST 时，均以 2010H 来代替。

6．位地址赋值 BIT

指令格式：变量名称　BIT　位地址；

BIT 伪指令的功能是将位地址赋给指定的变量名称。

例如：A1　BIT　00H，表示标号 A1=位地址 00H，在汇编时，凡是遇到标号 A1，均以位地址 00H 来代替。

4.1.4 源程序的汇编

汇编语言源程序“翻译”成机器代码（指令代码）的过程称为汇编。汇编可分为手工汇编和机器汇编两种。

1）手工汇编

人工查出指令的机器码，遇到相对转移指令时，要根据转移的目标地址计算出偏移量，手工汇编一般要经过两次汇编过程。

第一次汇编：查出每条指令的机器码，并将对应地址列成表，标号原样写出。

第二次汇编：计算相对转移的偏移量，并填入表中。

手工汇编不但麻烦，而且容易出错，现在多采用机器汇编。

2）机器汇编

首先用编辑软件进行源程序的编辑。编辑完成后，生成一个 ASCII 码文件，扩展名为“.ASM”。然后在计算机上运行汇编程序，把汇编语言源程序汇编成机器代码。机器汇编与人工汇编的原理基本相同，需要经过两次扫描过程。

第一次扫描：检查语法错误，确定符号名字。建立使用的全部符号名字表，每一符号名字后跟一对应值（地址或数）。

第二次扫描：在第一次扫描基础上，将符号地址转换成实际地址（代真）；利用操作码表将助记符转换成相应的目标码。

MCS-51 单片机应用程序的汇编和仿真一般需经历如下三个步骤：

❶ 在计算机上运行编辑程序进行源程序的输入和编辑；

❷ 对源程序进行汇编得到机器代码；

❸ 通过计算机的串行接口（或并行口）把机器代码传送到用户样机（或在线仿真器）进行程序的调试和运行。

4.2 汇编语言程序的结构

4.2.1 汇编语言程序设计步骤

根据任务要求，使用汇编语言设计一个程序大致上可分为以下几个步骤。

❶ 分析题意，明确要求。

在开始设计之前，首先要明确所要解决的问题和要达到的目的、技术指标等。

❷ 建立数学模型并确定算法。

根据实际问题的要求、给出的条件及特点，找出规律性，列出数学表达式，这就是建立数学模型。然后确定需采用的计算方法，这就是所谓的算法。算法是进行程序设计的依据，它决定了程序的正确性和程序所使用的指令。

❸ 画程序流程图。

程序流程图就是将解题步骤及其算法进一步具体化，是程序设计的重要依据，它直观清晰地体现了程序的设计思路。流程图是由规定的各种图形、流程线及必要的文字符号构成的，常用流程图符号如图 4-1 所示。

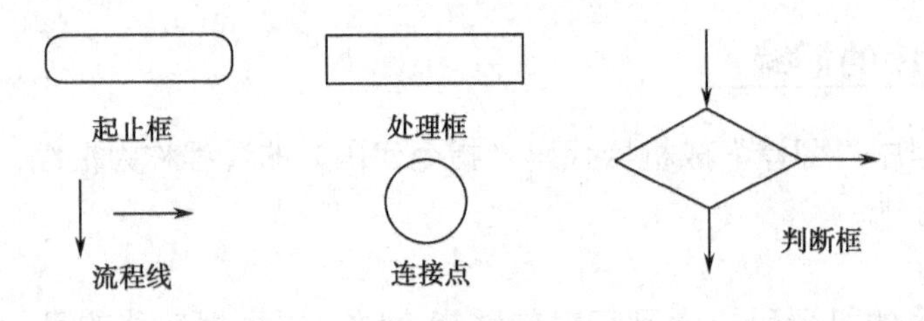

图 4-1　常用流程图符号

❹ 分配内存工作单元，确定程序与数据区的存放地址。

❺ 编写源程序。

根据程序流程图的设计思路，选用合适的汇编语言指令来实现流程图中每一个框的要求，从而编制出一个有序的指令流，这就是源程序设计。

❻ 程序优化。

程序优化的目的在于缩短程序的长度、加快运算速度和节省存储单元。例如，恰当地使用循环程序和子程序结构，通过改进算法和正确使用指令来节省工作单元及减少程序执行的时间。

❼ 上机调试、修改和最后确定源程序。

只有通过实际上机调试并获得通过的程序才能认为是正确的程序。对于单片机来说，没有自开发的功能，需要使用仿真器或利用仿真软件进行仿真调试，修改源程序中的错误，直至正确为止。

4.2.2　顺序程序结构

顺序程序是一种最简单、最基本的程序结构，它无分支、无转移、无调用子程序，按照程序编写的顺序依次执行，也称为简单程序。

【例 4-1】　编写对负数 16 位二进制数求补程序。

负数二进制数的求补可归结为“求反加 1”的过程，求反可用 CPL 指令实现，而加 1 时应注意，加 1 只能加在低 8 位的最低位上。因为本题是 16 位二进制数，有 2 字节，因此要考虑进位问题，即低 8 位取反加 1，高 8 位取反后应加上低 8 位加 1 时可能产生的进位，还要注意这里的加 1 不能用 INC 指令，因为 INC 指令不影响 CY 标志。最后还要保证求补后仍然是负数。

设 16 位二进制数的低 8 位在 R0，高 8 位在 R1，求补后的结果低 8 位放在 R2，高 8 位放在 R3。源程序如下：

```
        ORG     0200H
        MOV     A,R0        ;低 8 位送 A
        CPL     A           ;取反
        ADD     A,#01H      ;加 1
        MOV     R2,A        ;存结果低 8 位
        MOV     A,R1        ;高 8 位送 A
        CPL     A           ;取反
        ADDC    A,#00H      ;加进位
        ORL     A,#80H      ;保持符号位为 1
        MOV     R3,A        ;存结果高 8 位
        END
```

【例 4-2】 编写程序，将外部 RAM 单元中 0040H 单元中的压缩 BCD 码转换成 ASCII 码，分别送到内部 RAM 单元 60H～61H。

BCD 码有两种存放方式：一种是 1 字节只存放 1 个 BCD 码，适用于显示或输出；另一种是 1 字节存放 2 个 BCD 码，高 4 位和低 4 位各存放 1 个 BCD 码，可以节省存储单元，这种存放方式称为压缩 BCD 码。

解： 根据 ASCII 码字符表，十进制数 0～9 的 ASCII 码和它的 BCD 码之间仅相差 30H，本题要求把 1 字节中的 2 个 BCD 数进行拆分，然后分别和 30H 进行逻辑或运算，即得到相应的 ASCII 码。程序如下：

```
        ORG         0100H
        ADDR1       EQU     0040H
        ADDR2       EQU     60H
        MOV         DPTR,#ADDR1         ;源地址 => DPTR
        MOV         R0,#ADDR2           ;目标地址 => R0
        MOV         @R0,#00H            ;目标地址单元清零
        MOVX        A,@DPTR             ;源地址单元中 BCD 数送 A
        MOV         B,A                 ;暂存 B
        ANL         A,#0FH              ;取出低 4 位
        ORL         A,#30H              ;完成低位 BCD 数的转换
        MOV         @R0,A               ;存入 60H
        INC         R0
        MOV         A.B                 ;取回原数据
        ANL         A,#0F0H             ;取出高 4 位
        SWAP        A                   ;高位 BCD 数送低 4 位
        ORL         A,#30H              ;完成高位 BCD 数的转换
        MOV         @R0,A               ;存入 61H
        SJMP        $
        END
```

4.2.3 分支程序结构

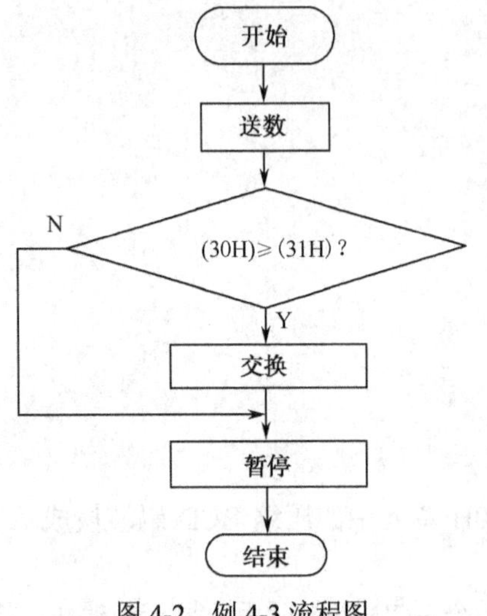

图 4-2 例 4-3 流程图

分支程序的特点是改变程序的执行顺序，跳过若干指令去执行另外的指令。应注意对每一个分支都要单独编写一段程序，每一个分支的开始地址应赋给一个标号。

在编写分支程序时，关键是如何判断分支的条件。在 MCS-51 系列单片机中可以直接用来判断分支条件的指令并不多，只有累加器为 0（或不为 0）、比较条件转移指令 CJNE，另外还提供了位条件转移指令，如 JC，JB 等。把这些指令结合在一起使用，就可以完成各种条件判断。分支程序设计的技巧，就在于正确而巧妙地使用这些指令。

【例 4-3】 有两个 8 位无符号二进制数分别存放在内部 RAM 的 30H 和 31H 中，设计程序比较这两数的大小，并将较小数存入 30H 单元，较大数存入 31H 单元中。

解： 程序流程图如图 4-2 所示，为选择结构的单分支程序流程图。汇编语言源程序如下：

```
            ORG     0000H
            LJMP    START
            ORG     2000H
START:      MOV     30H,#42H      ;送第 1 数
            MOV     31H,#30H      ;送第 2 数
            CLR     C             ;C←0
            MOV     A,30H         ;A←（30H）
            SUBB    A,31H         ;减法比较两数
            JC      NEXT          ;（31H）≥（30H）转
            MOV     A,30H         ;（30H）大则送 A
            XCH     A,31H         ;大数存入 31H 中
            MOV     30H,A         ;小数存入 30H 中
NEXT:       SJMP    $
            END
```

程序执行结果：（31H）=42H，（30H）=30H。

【例 4-4】 已知 X 为 8 位二进制数，存在 R0 中，试编制能实现下面符号函数的程序，将结果 Y 送入 R1 中。

$$Y=\begin{cases}+1, & \text{当 } X>0 \\ 0, & \text{当 } X=0 \\ -1, & \text{当 } X<0\text{（补码表示）}\end{cases}$$

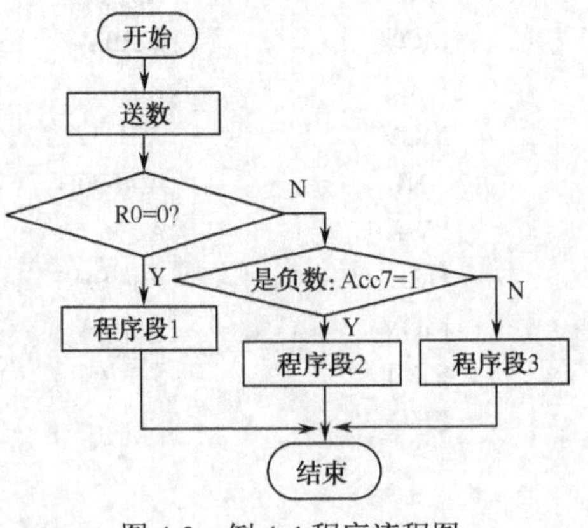

图 4-3 例 4-4 程序流程图

解： 程序流程图如图 4-3 所示，为选择结构有嵌套的分支程序。汇编语言源程序如下：（设 X=−6，

补码为 FAH）。

```
            ORG     0000H
            MOV     R0,#0FAH            ;X 数送到 R0
            CJNE    R0,#00H,MP1         ;R0≠0 转 MP1
            MOV     R1,#00H             ;R0=0 则 R1=0
            SJMP    MP3                 ;转程序尾
    MP1:    MOV     A,R0                ;A←R0
            JB      ACC.7,MP2           ;A 的符号位=1 表明 A<0,转 MP2
            MOV     R1,#01H             ;A 的符号位=0 则 R1=1
            SJMP    MP3                 ;转程序尾
    MP2:    MOV     R1,#0FFH            ;送-1 的补码 0FFH 到 R1
    MP3:    SJMP    $
            END
```

本程序在 $X=-6$ 时的执行结果：R1=FFH。

【例 4-5】 根据寄存器 R2 中的内容，散转执行三个不同的分支程序段：

R2=0，将 R3 的内容送到内部 RAM 的 50H 单元中；

R2=1，将 R3 的内容送到外部 RAM 的 0050H 单元中；

R2=2，将 R3、R4 的内容交换。

解： 程序流程图如图 4-4 所示，是选择结构中的多分支程序，R2 中内容可分别设为 0、1、2。设 R3=12H，R4=89H，汇编语言源程序如下：

```
            ORG     0000H
            MOV     R2,#0               ;设 R2=0
            MOV     R3,#12H             ;R3=12H
            MOV     DPTR,#TAB           ;DPTR=#TAB
            MOV     A,R2                ;A←R2
            MOVC    A,@A+DPTR           ;查表
            JMP     @A+DPTR             ;根据查表结果转
    TAB:    DB      TAB0-TAB
            DB      TAB1-TAB
            DB      TAB2-TAB
    TAB0:   MOV     50H,R3              ;（50H）←R3
            SJMP    ENDF                ;转 ENDF
    TAB1:   MOV     P2,#0               ;P2←0
            MOV     R0,#50H             ;R0←50H
            MOV     A,R3                ;A←R3
            MOVX    @R0,A               ;外部 0050H←A
            SJMP    ENDF                ;转 ENDF
    TAB2:   MOV     R4,#89H             ;R4←89H
            MOV     A,R3                ;A←R3
            XCH     A,  R4              ;交换
            MOV     R3,A                ;R3←A
    ENDF:   SJMP    $
            END
```

本程序在 R2=0 时的运行结果：（50H）=12H。

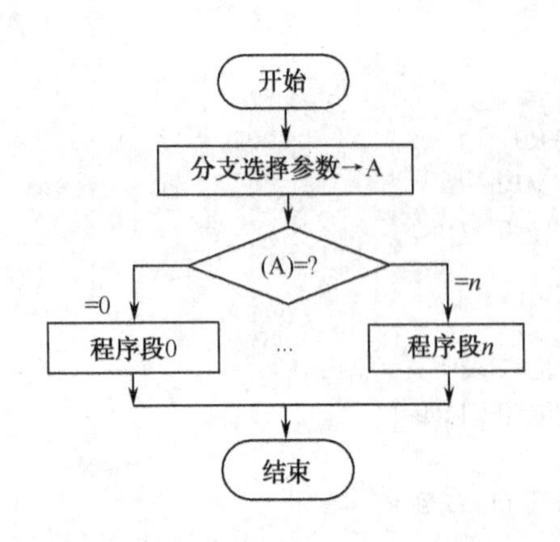

图 4-4　例 4-5 多分支程序流程图

分支结构程序允许嵌套，即一个程序的分支又由另一个分支程序所组成，从而形成多级分支。汇编语言本身并不限制嵌套的层数，但过多的嵌套将使程序的结构变得十分复杂和臃肿，造成逻辑上的混乱，因此，应尽量避免过多的分支嵌套。

4.2.4　循环程序结构

顺序程序和分支程序中的指令最多只执行一次。在实际问题中经常会遇到需要重复做某些事的情况，用计算机来做这些事就要重复地执行某些指令，此时可用循环程序来实现。

循环程序一般由以下四部分组成：

1）循环初始化

设置循环过程中有关工作单元的初始值，如设置循环次数、地址指针及工作单元清零等。

2）循环体

循环的工作部分，完成主要的计算或操作任务，是重复执行的程序段。

这部分程序应特别注意，因为它要重复执行许多次，若能少写一条指令，实际上就是少执行某条指令若干次，因此，应注意优化程序。

3）循环控制

每循环一次，就要修改循环次数、地址指针等，并根据循环的条件，判断是否结束循环。

4）存结果

将循环结束以后的程序运行结果送到指定单元。

如果在循环程序的循环体中不再包含循环程序，即为单重循环程序。如果在循环体中还包含有循环程序，那么这种结构就称为循环嵌套，这样的程序就称为二重循环程序或三重甚至多重循环程序。在多重循环程序中，只允许外重循环嵌套内重循环程序，而不允许循环体互相交叉，也不允许从循环程序的外部直接跳入循环程序的内部。

循环程序有两种编程方法：一种是先处理后判断，另一种是先判断后处理，如图 4-5 所示。图 4-5（a）是“先处理后判断”，适用于循环次数已知的情况。其特点是一进入循环，先执行循环处理部分，然后根据循环次数判断是否结束循环。图 4-5（b）是“先判断后处理”，适用于循环次数未知的情况。其特点是将循环控制部分放在循环的入口处，先根据循环控制条件判断是否结束循环，若未结束，则执行循环操作；若结束，则退出循环。

【例 4-6】　已知内部 RAM 的 BLOCK 单元开始有一无符号数据块，块长在 LEN 单元。请编写求数据块中各数的累加和（设和不超过 255），并存入 SUM 单元的程序。

为了使读者对循环程序的两种编程方法有一个全面了解，以便进行分析比较，现给出两种设计方法。

❶ 按照先判断后处理求累加，程序流程图如图 4-6（a）所示，参考源程序如下：

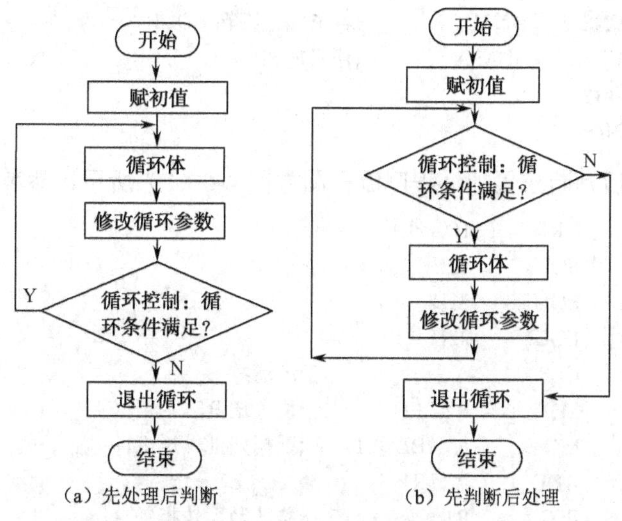

图 4-5　循环程序的编程方法

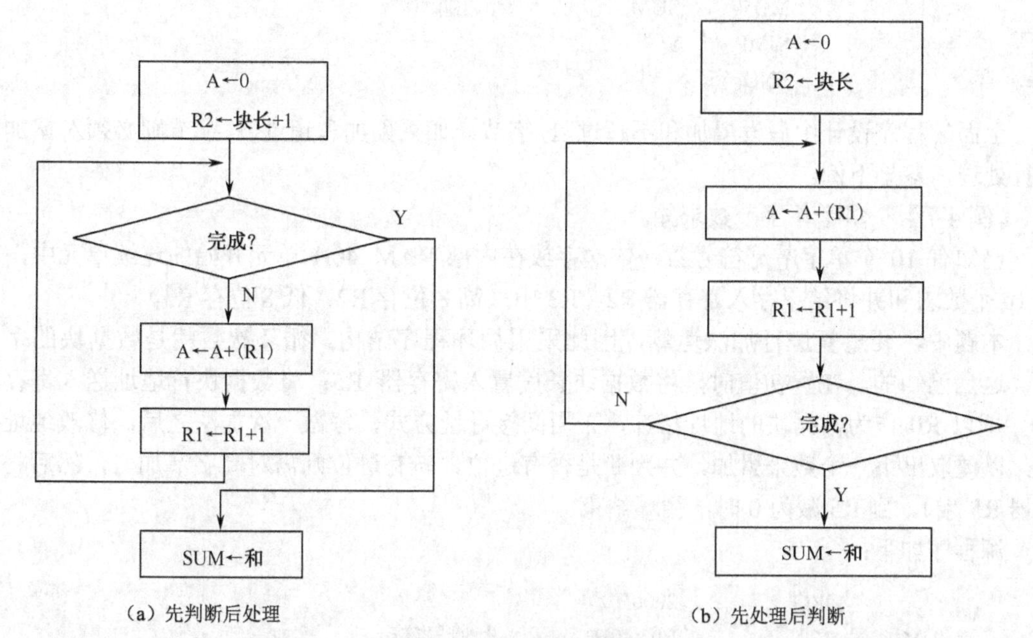

图 4-6　例 4-6 程序流程图

```
        ORG     1000H
LEN     EQU     20H
SUM     EQU     21H
BLOCK   EQU     22H
        CLR     A               ;A 清零
        MOV     R2,LEN          ;块长送 R2
        MOV     R1,#BLOCK       ;块始地址送 R1
        INC     R2              ;块长+1
        SJMP    CHECK
LOOP:   ADD     A,@R1           ;A+（R1）送 A
        INC     R1              ;修改数据块指针 R1
```

```
CHECK;  DJNZ    R2,LOOP         ;若未完，则转 LOOP
        MOV     SUM,A           ;存累加和
        SJMP    $
        END
```

❷ 按照先处理后判断求累加，程序流程图如图 4-6（b）所示，参考源程序如下：

```
                ORG     1000H
LEN             EQU     20H
SUM             EQU     21H
BLOCK           EQU     22H
                CLR     A               ;A 清零
                MOV     R2,LEN          ;块长送 R2
                MOV     R1,#BLOCK       ;数据始地址送 R1
NEXT:           ADD     A,@R1           ;A+（R1）送 A
                INC     R1              ;修改数据块指针 R1
                DJNZ    R2,NEXT         ;若未完，则转 NEXT
                MOV     SUM,A           ;存累加和
                SJMP    $
                END
```

上面的程序设计中假设累加和不超过 1 字节，如果累加和超过 1 字节则必须对累加和进行处理，参见下例。

【例 4-7】 多个单字节数求知。

已知有 10 个单字节无符号数，依次存放在内部 RAM 40H 单元开始的连续单元中，对这 10 个数求和并将结果存入寄存器 R2、R3 中（高 8 位存 R2，低 8 位存 R3）。

本题中，要重复进行加法运算，因此采用循环程序结构。循环次数就是数据块的字节数，这是已知的。在置初值时，将数据块长度置入寄存器 R5；将数据块首地址送入寄存器 R0，即以 R0 作为数据块的地址指针，采用间接寻址方式，每做一次加法之后，修改地址指针，以便取出下一个数来累加，并判断是否有进位，若有进位则需对高字节加 1，然后将寄存器 R5 减 1。到 R5 减为 0 时，循环结束。

源程序如下：

```
        ORG     2000H
SUM:    MOV     R0,#40H         ;设地址指针
        MOV     R5,#0AH         ;计数器初值送 R5
        MOV     A,#00H
        MOV     R2,A
LP:     ADD     A,@R0
        JNC     LP1             ;没进位则转 LP1
        INC     R2              ;若有进位，和的高 8 位+1
LP1:    INC     R0              ;地址指针+1
        DJNZ    R5,LP           ;判循环结束条件
        MOV     R3,A            ;存和的低 8 位
        END
```

本例已知循环次数，所以就按照先处理后判断求累加和。也可以按照先判断后处理的

方法来编写程序，读者可仿照例 4-6 自行编写。

4.2.5 主程序调用子程序结构

子程序是可被主程序中通过 LCALL、ACALL 等指令调用的程序段，该程序段的第一条指令地址称为子程序入口地址，它的最后一条指令必须是 RET 返回指令，即返回到主程序中调用子程序指令的下一条指令。典型的主程序调用子程序结构如图 4-7 所示。

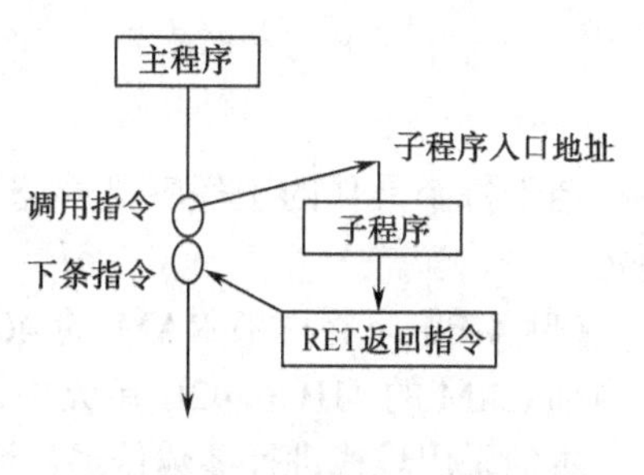

图 4-7 子程序调用结构

单片机在执行调用指令时，CPU 会自动将断点地址（下条指令的地址）压入堆栈。子程序的最后是返回指令 RET，执行这条指令时 CPU 自动将保存在堆栈里的断点地址弹出到 PC 中，程序就返回到调用的下一条指令继续运行。

在用汇编语言编程时，应考虑恰当地使用子程序，使整个程序结构清晰，而且阅读和理解方便。使用子程序还可以减少源程序和目标程序的长度。在多次调用同样的程序段时，采用子程序就不必每次重复书写同样的指令，而只需书写一次。当然从程序的执行来看，每调用一次子程序都要附加保护断点、进栈和出栈等操作，增加程序的执行时间。但一般来说，付出这些代价还是值得的。

在汇编语言源程序中调用子程序时，一般要注意两个问题：参数传递和保护现场。参数传递一般可采用以下方法：

1）传递数据

在子程序调用和返回过程中，通过工作寄存器 R0～R7 或累加器 A 来传送数据。即主程序和子程序在交接处，工作寄存器和累加器存储的是同一参数。

2）传递地址

数据存放在数据存储器中，在子程序调用和返回过程中参数的传递只通过 R0、R1、DPTR 传递数据所存放的地址。

3）通过堆栈传递参数

在调用之前，先把要传送的参数压入堆栈，进入子程序之后，再将压入堆栈的参数弹出到工作寄存器或者其他内存单元。

在进入子程序时（包括进入中断服务子程序时），还应注意保护现场问题，即对于那些不需要进行传递的参数，包括内存单元的内容、工作寄存器的内容，以及各标志的状态等都不应因调用子程序而改变。保护现场的方法就是在进入子程序时，将需要保护的数据压入堆栈，而腾出这些数据所占用的工作单元，供在子程序中使用。在返回主程序之前，则将原先压在堆栈里的数据弹出到原有的工作单元，恢复其原来的状态，使得主程序可以使用调用前的数据继续往下执行。

由于堆栈操作是“先进后出”，因此，先压入堆栈的参数应该后弹出，才能保证正确地恢复原来的数据。例如：

```
SUBROU:     PUSH     ACC       ;保护累加器
            PUSH     PSW       ;保护程序状态字
            PUSH     B         ;保护寄存器 B
```

```
        PUSH    00H         ;保护 R0
        ...
        POP     00H         ;恢复 R0
        POP     B           ;恢复寄存器 B
        POP     PSW         ;恢复程序状态字
        POP     ACC         ;恢复累加器
        RET
```

至于每个具体的子程序是否需要保护现场，以及哪些参数应该保护，则应视具体情况而定。

【例 4-8】 将内部 RAM 的 40H 单元中的两个十六进制数转换成 ASCII 码，分别存放在内部 RAM 的 41H 和 42H 单元中。

本例采用堆栈进行参数传递，源程序如下：

```
MAIN:   MOV     SP,#55H
        MOV     R1,#41H         ;R1 为存结果指针
        MOV     A,40H           ;取要转换的数据
        SWAP    A               ;先转换高半字节十六进制数
        PUSH    ACC             ;待转换数据压栈
        LCALL   HEASC           ;调用子程序
        POP     ACC             ;高半字节转换结果出栈
        MOV     @ R1,A          ;存高半字节转换结果
        INC     R1
        PUSH    40H             ;待转换数据压栈
        LCALL   HEASC           ;调用子程序
        POP     ACC             ;低半字节转换结果出栈
        MOV     @ R1,A          ;存低半字节转换结果
        SJMP    $               ;停止
HEASC:  MOV     R0,SP           ;低半字节转换成 ASCII 码子程序
        DEC     R0
        DEC     R0              ;R0 指向待转换数据
        XCH     A,@R0           ;取待转换数据
        ANL     A,# 0FH         ;保留低半字节
        ADD     A,#2            ;修正 A
        MOVC    A,@A+PC         ;查表得转换结果
        XCH     A,@R0           ;将结果送回堆栈
        RET
TAB:    DB      30H,31H,32H,… ;0～F 的 ASCII 码
```

【例 4-9】 求两个无符号数据块中的最大值。数据块的首地址分别为片内 RAM 的 60H 和 70H，每个数据块的第一字节都存放数据块的长度，结果存入片内 RAM 的 5FH 单元。

解： 本例可采用分别求出两个数据块的最大值，然后比较其大小的方法，求每个数据块的最大值可调用子程序。

子程序名称：QMAX。

子程序入口条件：R1 中存有数据块首地址。出口条件：最大值在 A 中。

下面分别编写主程序和子程序。

主程序：

```
            ORG     2000H
            MOV     SP, #2FH        ;设堆栈指针
            MOV     R1, #60H        ;R1 指向第一数据块首地址
            ACALL   QMAX            ;第一次调用求最大值子程序
            MOV     40H，A          ;第一个数据块的最大值暂存 40H
            MOV     R1,#70H         ;R1 指向第二数据块首地址
            ACALL   QMAX            ;第二次调用求最大值子程序
            CJNE    A,40H,NEXT      ;两个最大值进行比较
NEXT:       JNC     LP              ;A 大，则转 LP
            MOV     A,40H           ;A 小，则把 40H 中内容送入 A
LP:         MOV     5FH,A
            SJMP    $
            子程序:
            ORG     2200H           ;求最大值子程序
QMAX:       MOV     A,@R1           ;取数据块长度
            MOV     R2,A            ;R2 做计数器
            CLR     A               ;A 清零，准备做比较
LP1:        INC     R1              ;指向下一个数据地址
            CLR     C               ;清借位，准备做减法
            SUBB    A,@R1           ;用减法做比较
            JNC     LP3             ;若 A 大，则转 LP3
            MOV     A,@R1           ;A 小，则将大数送 A 中
            SJMP    LP4             ;转 LP4
LP3:        ADD     A,@R1           ;恢复 A 中值
LP4:        DJNZ    R2,LP1          ;计数器减 1，不为零，转 LP1 继续比较
            RET                     ;比较完，子程序返回
```

4.3 算术运算程序设计

MCS-51 指令系统中有加、减、乘、除、加 1、减 1 等指令，可通过设计程序来处理一般的算术运算。设计时要注意指令执行对 PSW 的影响。

4.3.1 加法程序

多字节加、减运算是应用程序设计中经常要进行的一种运算，加、减运算程序可以分为无符号多字节数加减运算和有符号多字节数加减运算程序两种。

【例 4-10】 3 字节无符号数加法程序。

设被加数和加数均为 3 字节无符号数，被加数存放在片内 RAM 的 BLOCK1 开始的连续 3 个单元中（低字节在前，高字节在后，下同），加数存放在片内 RAM 的 BLOCK2 开始的连续 3 个单元中，编程将两数相加，并将和存放在 BLOCK1 开始的连续单元中（设两数之和未超过 3 字节）。

多字节无符号数加法程序的算法均为间接寻址，循环相加。用 R0 作指针，指向被加数首地址 BLOCK1，用 R1 作指针，指向加数首地址 BLOCK2，程序如下：

```
        ORG     1000H
        MOV     R0,     #BLOCK1 ; R0 指向被加数首地址
        MOV     R1,     #BLOCK2 ; R1 指向加数首地址
        MOV     R3,     #03H    ; 字节数送 R3
        CLR     C               ; 清进位
LOOP1:  MOV     A,      @R0     ; 取被加数
        ADDC    A,      @R1     ; 加上加数
        MOV     @R0,    A       ; 存和
        INC     R0              ; 指向被加数下一字节
        INC     R1              ; 指向加数下一字节
        DJNZ    R3,     LOOP1   ; 字节数减 1 不为 0 则继续
        SJMP    $               ; 停止
        END
```

有符号单字节加、减运算程序和无符号加减运算程序类似，只是符号位处理上有所差别。

【例 4-11】 设在 BLOCK 和（BLOCK+1）单元中有两个补码形式的有符号数。请编制求两数之和，并把它放在 SUM 和（SUM+1）单元（低 8 位在 SUM 单元）的子程序。

解： 当两个 8 位二进制有符号数相加时，其和很可能会超过 8 位数能表示的范围，需要采用 16 位数来表示。因此，在进行加法之前，预先把这两个加数扩展成 16 位二进制补码形式，然后再对它们进行双字节相加。例如，设加数和被加数均为-98（补码为 9EH）时，扩展成 16 位二进制形式相加的算式为：

```
       -98     1 1 1 1 1 1 1 1 1 0 0 1 1 1 1 0 B
  +)   -98     1 1 1 1 1 1 1 1 1 0 0 1 1 1 1 0 B
      ---------------------------------------------
      -196     1 1 1 1 1 1 1 1 0 0 1 1 1 1 0 0 B
```

最高进位位丢弃不计，换算成真值是-196，可见结果是正确的。

将一个 8 位二进制正数扩展成 16 位时，只要把它的高 8 位用全“0”填充；将一个补码形式表示的 8 位二进制负数扩展成 16 位时，只要把它的高 8 位用全“1”填充。据此，我们在编程时应在加减运算前先对加数和被加数进行扩展，然后再进行求和。设 R2 和 R3 分别用来存放被加数和加数高 8 位，则相应源程序为：

```
        ORG     1000H
SBADD:  PUSH    ACC
        PUSH    PSW             ;保护现场
        MOV     PSW,#08H        ;调出 1 区工作寄存器组
        MOV     R0,#BLOCK       ;R0 指向一个加数
        MOV     R1.#SUM         ;R1 指向和单元
        MOV     R2,#00H         ;高位先令其为零
        MOV     R3,#00H
        MOV     A,@R0           ;取一个加数
        JNB     ACC.7,POS1      ;若为正数，则转 POS1
        MOV     R2,#0FFH        ;若为负数，则全“1”送 R2
POS1:   INC     R0              ;R0 指向下一个加数
        MOV     B,@R0           ;取第二加数到 B
        JNB     B.7,POS2        ;若是正数，则转 POS2
```

```
            MOV     R3,#0FFH        ;若是负数，则全“1”送R3
POS2:       ADD     A,B             ;低8位相加
            MOV     @R1,A           ;存低8位和
            INC     R1              ;R1指向（SUM+1）单元
            MOV     A,R2
            ADDC    A,R3            ;完成高8位求和
            MOV     @R1,A           ;存高8位和
            POP     PSW             ;恢复现场
            POP     ACC
            RET
            END
```

在上述程序中，入口参数：被加数存放在 BLOCK 单元，加数存放在（BLOCK+1）单元；出口参数：和的低字节存放在 SUM，和的高字节存放在（SUM+1）。参数传递是利用 BLOCK、（BLOCK+1）、SUM 和（SUM+1）单元实现的。

4.3.2 减法程序

【例 4-12】 已知在内部 RAM 的 BLOCK 1 和 BLOCK2 为起始地址的存储区中分别有 5 字节无符号被减数和减数（低位在前，高位在后），要求编制减法子程序，并把差值放在 BLOCK1 为起始地址的存储单元。

解：对多字节数的减法运算，一般采用间接寻址的方式，从低字节开始循环相减。相应源程序为：

```
            ORG     1000H
SBYTESUB:   MOV     R0,     #BLOCK1     ;被减数始址送R0
            MOV     R1,     #BLOCK2     ;减数始址送R1
            MOV     R2,     #05H        ;字长送R2
            CLR     C                   ;CY清零
LOOP:       MOV     A, @R0              ;被减数送A
            SUBB    A, @R1              ;相减
            MOV     @R0,    A           ;存差
            INC     R0                  ;修改被减数地址指针
            INC     R1                  ;修改减数地址指针
            DJNZ    R2,     LOOP        ;若未完，则转LOOP
            RET
            END
```

对多字节十进制数 BCD 码减法运算，由于 MCS-51 指令系统中只有十进制加法调整指令 DA A，即该指令只有用加法指令（ADD、ADDC）后，才能得到正确的结果。为了用十进制加法调整指令对十进制减法进行调整，必须采用补码相加的办法，即用 9AH 减去减数即得到以十为模的减数的补码。

【例 4-13】 设计多字节十进制 BCD 码减法子程序。

入口参数：被减数低字节地址在 R1，减数低字节地址在 R0，字节数在 R2。

出口参数：差（补码）的低字节地址在 R0，字节数在 R3。位地址 07H 为符号位，“0”为正数，“1”为负数。

源程序为：

```
        ORG     1000H
SBCD:   MOV     R3,     #00H    ;差的字节数置 0
        CLR     07H             ;符号位清零
        CLR     C               ;借位位清零
SBCD1:  MOV     A,      #9AH    ;减数对 100 求补码
        SUBB    A,      @R0
        ADD     A,      @R1     ;补码相加
        DA      A               ;十进制调整
        MOV     @R0,    A       ;存结果
        INC     R0              ;地址值增加 1
        INC     R1
        INC     R3              ;差字节数增加 1
        CPL     C               ;进位位求反，以形成正确的借位
        DJNZ    R2,     SBCD1   ;未减完，转 SBCD1，继续
        JNC     SBCD2           ;无借位，转 SBCD2
        SETB    07H             ;有借位，置"1"符号位
SBCD2:  RET                     ;返回主程序
```

上述程序中将减数求补后与被减数相加，方可利用 DA A 指令进行调整。若二者相加调整后结果无进位 CY=0，实际上表示二者相减有借位；若二者相加调整后结果有进位 CY=1，实际上表示二者相减无借位。为了正确反映其借位情况，必须对其进位标志位 C 进行求反操作。

4.3.3 乘除法程序

【例 4-14】 设 R0 和 R1 中有两个补码形式的有符号数，试编写出求两数之积并把积送入 R3、R2（R3 存放积的高 8 位）的程序。

解：MCS-51 乘法指令是对两个无符号数求积。若要对两个有符号数求积，则可采用对符号位单独处理的办法，其处理步骤如下：

❶ 单独处理被乘数和乘数的符号位。方法是单独取出被乘数符号位并和乘数符号位进行异或操作，因为积的符号位的产生规则是同号相乘为正和异号相乘为负。

❷ 求被乘数和乘数的绝对值，从而获得积的绝对值。方法是分别判断被乘数和乘数的符号位：若为正，则其本身就是绝对值；若为负，则对它求补。

❸ 对积进行处理。若积为正，则对积不作处理；若积为负，则对积求补，使之变为补码形式。

8 位有符号数乘法程序流程图如图 4-8 所示，源程序如下：

```
        ORG     1000H
SBIT    BIT     20H.0
SBIT1   BIT     20H.1
SBIT2   BIT     20H.2
        MOV     A,      R0      ;被乘数送 A
        RLC     A               ;被乘数符号送 CY
        MOV     SBIT1,  C       ;送入 SBIT1
```

```
        MOV     A,      R1      ;乘数送 A
        RLC     A               ;乘数符号送 Cy
        MOV     SBIT2,  C       ;送入 SBIT2
        ANL     C,      /SBIT1  ;/SBIT1∧SBIT2 送 CY
        MOV     SBIT,   C       ;暂存 SBIT
        MOV     C,      SBIT1   ;SBIT1 送 CY
        ANL     C,      /SBIT2  ;SBIT1∧/SBIT2 送 CY
        ORL     C,      SBIT    ;积的符号位送 CY
        MOV     SBIT,   C       ;积的符号存入 SBIT
        MOV     A,      R0      ;处理被乘数
        JNB     SBIT1,  NCH1    ;若它为正，则转 NCH1
        CPL     A               ;若它为负，则求补得绝对值
        INC     A
NCH1:   MOV     B,      A       ;被乘数绝对值送 B
        MOV     A,      R1      ;处理乘数
        JNB     SBIT2,  NCH2    ;若它为正，则转 NCH2
        CPL     A               ;若它为负，则求补得绝对值
        ADD     A,      #01H
NCH2:   MUL     AB              ;求积的绝对值
        JNB     SBIT,   NCH3    ;若积为正，则转 NCH3
        CPL     A               ;若积为负，则低字节求补
        ADD     A,      #01H
NCH3:   MOV     R2,     A       ;积的低字节存入 R2
        MOV     A,      B       ;积的高字节送 A
        JNB     SBIT,   NCH4    ;若积为正，则转 NCH4
        CPL     A               ;若积为负，则高字节求补
        ADDC    A,      #00H
NCH4:   MOV     R3,     A       ;积的高字节存入 R3
        SJMP            $       ;结束
        END
```

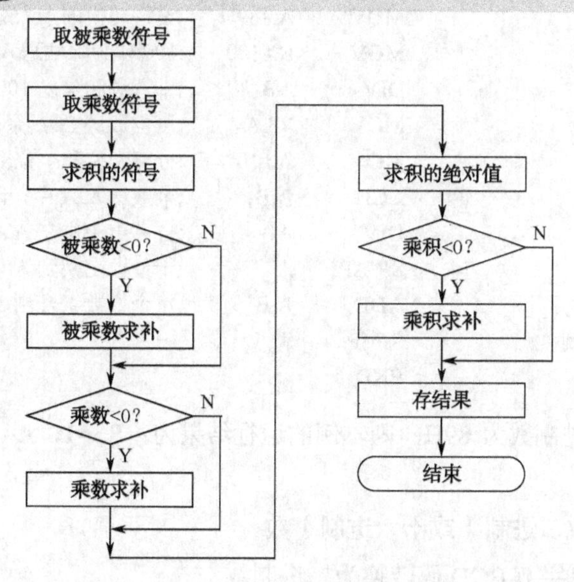

图 4-8 例 4-14 8 位有符号数乘法程序流程图

应当注意：对积的低字节求补时使用了 ADD 加法指令，之所以没有用 INC 指令是因为 INC 指令执行时不会影响 CY 标志。

这种对有符号数的处理方法，不仅可以用于单字节的乘法和除法，而且对多字节的乘法和除法也是适用的。

在做乘法时注意：❶ 正正得正，负负得正，正负得负的原则可得积的符号。

❷ 清零符号位，执行无符号数乘法，最后送积的符号。

4.4 非数值操作程序设计

4.4.1 码制转换程序

在单片机应用程序设计中，经常涉及各种码制的转换问题。在单片机系统内部进行数据计算和存储时，多采用二进制数。二进制数具有运算方便、存储量小的特点。在输入/输出中，按照人们的习惯多采用代表十进制数的 BCD 码表示。

1．二进制（或十六进制）数转换成 BCD 码

BCD 码就是用 4 位二进制数表示的十进制数，以方便计算机直接识别十进制数。

【例 4-15】 将单字节二进制数转换成 BCD 码。

将单字节二进制（或十六进制）转换为 BCD 码的一般方法是把二进制（或十六进制）数除以 100 得百位数，余数除以 10 的商和余数分别为十位数和个位数。

单字节二进制（或十六进制）数在 0～255 之间，设单字节数在累加器 A 中，转换结果的百位数放在 R3 中，十位和个位一同放入 A 中。除法指令完成的操作为：A 除以 B 的商放入 A 中，余数放入 B 中。

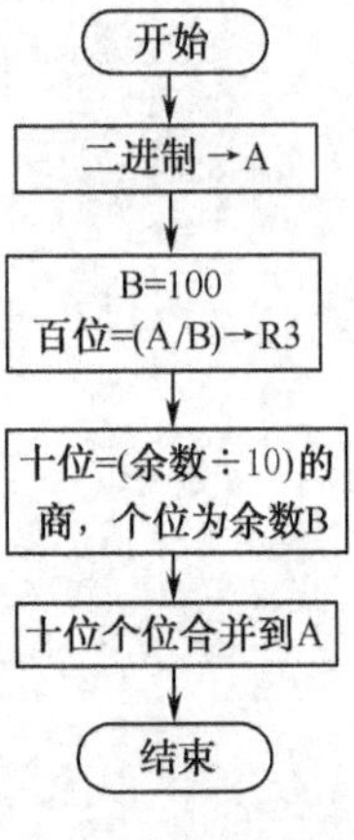

程序流程图如图 4-9 所示。源程序如下：

开始
二进制→A
B=100
百位=(A/B)→R3
十位=(余数÷10)的商，个位为余数B
十位个位合并到A
结束

图 4-9 单字节二进制转换为 BCD 码

```
        ORG     0000H
        MOV     A,#89H      ;设待转换的十六进制数为 89H
        MOV     B,#100      ;100 作为除数送入 B 中
        DIV     AB          ;十六进制除以 100
        MOV     R3,A        ;百位数送 R3，余数在 B 中
        MOV     A,#10       ;分离十位和个位数
        XCH     A,B         ;余数送入 A 中，除数 10 在 B 中
        DIV     AB          ;分离出十位在 A 中，个位在 B 中
        SWAP    A           ;十位数交换到 A 中的高 4 位
        ADD     A,B         ;将个位数组合到 A 的低 4 位
        SJMP    $
        END
```

设待转换的十六进制数为 89H，则本例的运行结果为：R3=1，A=37H，即 89H 的 BCD 码为 137。

2．BCD 码转换成二进制（或十六进制）数

【例 4-16】 将单字节 BCD 码转换为二进制数。

解：设单字节 BCD 码存放在 R2 中，将其转换为二进制数存入 R3 中。程序流程图如

图 4-10 所示。源程序如下：

```
STAR:   MOV     R2，#89H        ;设待转换 BCD 码为 89
        MOV     A，R2           ;A←R2
        ANL     A，#0F0H        ;屏蔽低 4 位
        SWAP    A               ;高 4 位与低 4 位交换
        MOV     B，#10          ;乘数
        MUL     AB              ;相乘
        MOV     R3，A           ;乘积暂存 R3
        MOV     A，R2           ;A←R2
        ANL     A，#0FH         ;屏蔽高 4 位
        ADD     A，R3           ;A←A+R3
        MOV     R3，A           ;结果存入 R3
        SJMP    $
        END
```

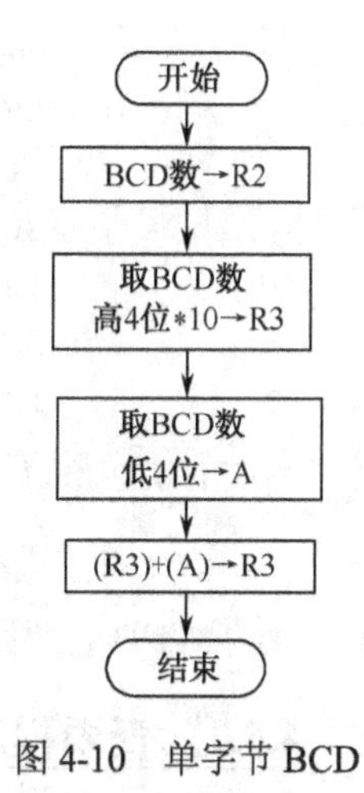

图 4-10 单字节 BCD 码转为二进制数

设待转换 BCD 码为 89，则本例运行结果为：十六进制数 59H 放在 R3 中。

3．十六进制转换为 ASCII 代码

【例 4-17】 将一个十六进制数转换为 ASCII 代码。

解： 从十六进制数与 ASCII 码的关系可知，当十六进制数在 0～9 范围时，则此十六进制数加上 30H 即得到相应的 ASCII 码；若十六进制数在 A～F 范围时，则该十六进制数应加上 37H 才是相应的 ASCII 码。下面直接给出转换子程序。

入口：待转换的十六进制数存放在 R2 中；

出口：转换后的 ASCII 码存放在 R2 中。

源程序如下：

```
        ORG     1000H
H2ASC:  MOV     A,R2
        ANL     A,#0FH          ;屏蔽高 4 位
        PUSH    ACC             ;压入堆栈
        CLR     C
        SUBB    A,#0AH          ;与数 10 比较
        POP     A               ;恢复待转换数
        JC      LOOP            ;小于 10，则转 LOOP 执行
        ADD     A,#07H          ;否则，该数先加 7
LOOP:   ADD     A,#30H          ;加 30H，得到 ASCII 码
        MOV     R2,A            ;结果存于 R2
        RET                     ;返回
```

4．ASCII 码转换为十六进制数

【例 4-18】 将一个 ASCII 码转换为十六进制数。

解： 这是上述转换的逆过程。

入口参数：待转换 ASCII 码放在 R2 中；

出口参数：转换后的十六进制数存在 R2 中。

源程序如下：

```
        ORG     1000H
ASC2H:  MOV     A,R2
        CLR     C
        SUBB    A,30H       ;先减去 30H
        MOV     R2,A        ;暂存 R2
        SUBB    A,#0AH      ;再减去 10
        JC      LOOP        ;若该数<10，返回主程序
        MOV     A,R2        ;若该数≥10，再减 7
        SUBB    A,07H
        MOV     R2,A        ;所得十六进制数送 R2
LOOP:   RET                 ;返回主程序
```

4.4.2 查表程序

在单片机应用系统中查表程序是一种常用的程序，它可以完成数据计算、转换、补偿等各种功能，具有程序简单、执行速度快等优点。在 MCS-51 单片机中，数据表格是存放在程序存储器 ROM 中，而不是在 RAM 中。编写程序时，可以通过 DB 或 DW 伪指令将数据以类似表格的形式存于 ROM 中。MCS-51 单片机有下列两条查表指令：

以 DPTR 为基址的查表指令：MOVC　A，@A+DPTR

以 PC 为基址的查表指令：MOVC　A，@A+PC

1. 以 DPTR 为基址的查表指令的编程

当用 DPTR 作为基址寄存器时，寻址范围为整个程序存储器的 64KB 空间，表格可放在 ROM 的任何位置。查表的步骤分三步：

❶ 基址值（表格首地址）→DPTR；

❷ 变址值（待查表中的项数与表格首地址之间的间隔字节数）→A；

❸ 执行 MOVC　@A+DPTR。

【例 4-19】 用 DPTR 为基址的查表指令编程，将 1 位十六进制数转换为 ASCII 码。设 1 位十六进制数放在 R0 的低 4 位，转换为 ASCII 后再送回 R0。用查表指令 MOVC A,@A+DPTR 编程。

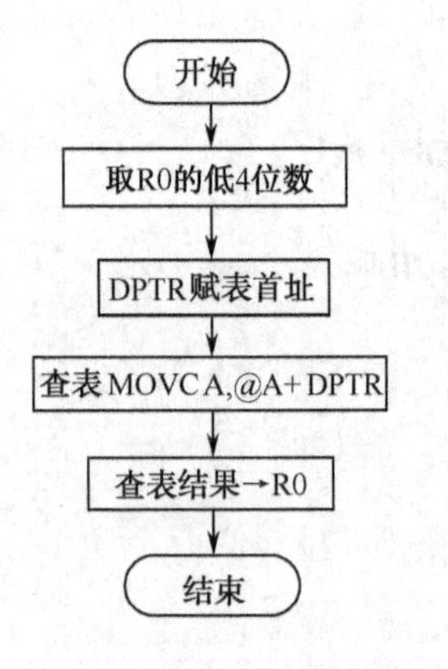

图 4-11 十六进制数转换为 ASCII 码

解：程序流程图如图 4-11 所示。源程序如下：

```
        ORG     0030H
        MOV     R0,#0BH         ;设待查十六进制数为 B
        MOV     A,R0            ;读数据
        ANL     A,#0FH          ;屏蔽高 4 位
        MOV     DPTR,#TAB       ;置表格首地址
        MOVC    A,@A+DPTR       ;查表
        MOV     R0,A            ;回存
        SJMP    $
        ORG     1000H
TAB:    DB 30H,31H,32H,33H,34H,35H,36H,37H,38H,39H;0～9 的 ASCII 码
        DB 41H,42H,43H,44H,45H,46H  ;A～F 的 ASCII 码
        END
```

当待查十六进制数为 B 时，本例执行结果为 42H。

2．以 PC 为基址的查表指令的编程

当用 PC 作基址寄存器时，基址 PC 是当前程序计数器的内容，即查表指令的下一条指令的首地址。查表范围是查表指令后的 256B 的地址空间。由于 PC 本身是一个程序计数器，与指令的存放地址有关，所以查表操作有所不同。分为下列三个步骤：

❶ 变址值（表中待查的项数与表格首地址之间的间隔字节数）→A；

❷ 修正量（查表指令下一条指令的首地址到表格首地址之间的间隔字节数）+A→A；

❸ 执行 MOVC @A+PC 指令。

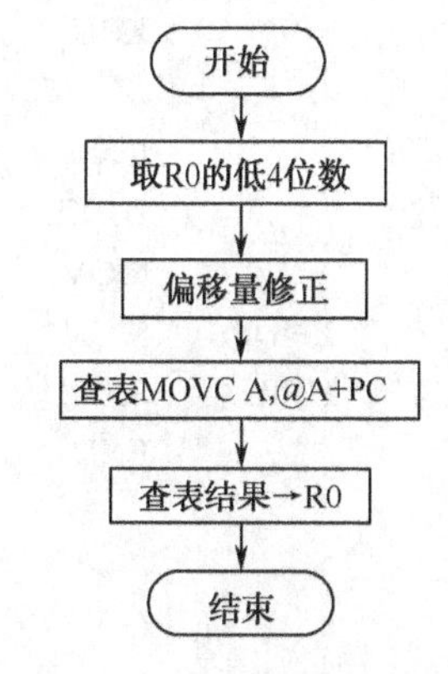

图 4-12　例 4-22 程序流程图

【例 4-20】　用查表指令 MOVC A，@A+PC 实现例 4-19 的功能。

解：程序流程图如图 4-12 所示，源程序如下：

```
        ORG     0100H
        MOV     R0,#07H                      ;设待查十六进制数为 7H
        MOV     A,R0                         ;读数据
        ANL     A,#0FH                       ;屏蔽高 4 位
        ADD     A,#03H                       ;偏移量修正
        MOVC    A,@A+PC                      ;查表
        MOV     R0,A                         ;回存
        SJMP    $
TAB:    DB      30H,31H,32H,33H,34H
        DB      35H,36H,37H,38H,39H          ;0～9 的 ASCII 码
        DB      41H,42H,43H,44H,45H,46H      ;A～F 的 ASCII 码
        END
```

设待查十六进制数为 07H，则本例执行结果为 37H。

4.4.3　检索程序

检索程序是在指定数据区中查找关键字的程序。一般有两种检索方法：顺序检索和对分检索。下面只介绍顺序检索。

【例 4-21】　假定数据区首地址是片内 RAM 20H，数据的长度为 10，关键字存放在 30H 单元中，把检索成功的数据序号放在 31H 单元中，若数据区中无该关键字，则 31H 单元存放 00H 标志。

检索开始先把 31H 单元设为 00H。程序结束后，如 31H 单元的内容还为 00H，则表示没有检索到关键字；否则即为检索成功，31H 单元的内容即为关键字在数据区中的序号。

检索程序流程图如图 4-13 所示，源程序如下：

```
        ORG     2000H
        MOV     R0，#20H      ;数据区的首地址
        MOV     R7，#0AH      ;数据个数
```

```
        MOV     R2，#00H      ;序号初值
        MOV     30H，#KEY     ;关键字
NEXT：  INC     R2
        MOV     A，  30H      ;取关键字
        XRL     A，  @R0      ;若 A=(R0)，则 A ⊕ (R0)＝0
        JZ      ENDP          ;相同则转
        INC     R0            ;修改指针
        DJNZ    R7，NEXT      ;继续
        MOV     R2，#00H
ENDP：  MOV     31H，R2       ;送检索结果
HERE：  SJMP    HERE
        END
```

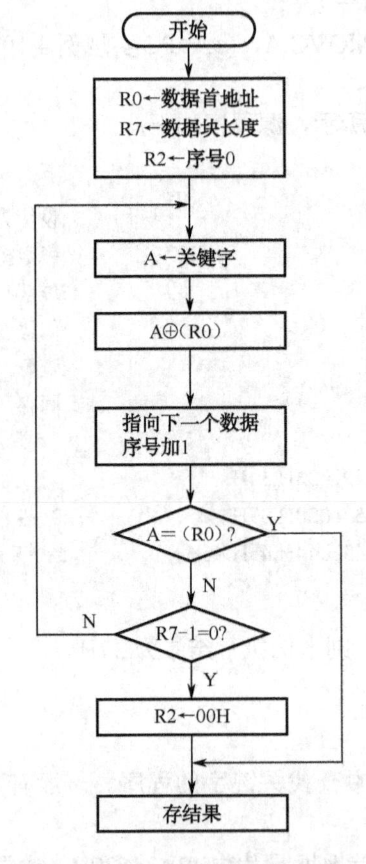

图 4-13　例 4-21 检索程序流程图

本章小结

本章首先介绍单片机汇编语言程序设计的基本概念，单片机汇编语言常用伪指令；然后详细介绍了汇编语言程序的基本结构，即顺序结构、分支结构、循环结构和调用子程序结构及其程序设计方法，并介绍了算术运算程序和非数值操作程序设计实例。

汇编语言程序设计的基本要求是可读性好、占用存储空间少和执行速度快。顺序结构程序设计中没有使用转移类指令，大量使用数据传送指令，结构简单，易于阅读理解。分支结构程序中含有转移指令，由于转移指令有无条件转移和条件转移之分，因此分支程序也可分为无条件分支程序和条件分支程序两类。条件分支程序体现了计算机执行程序时的分析判断能力。若条件满足，则 CPU 就转移到另一分支上执行程序；若条件不满足，则 CPU 就按原顺序继续执行。循环程序的特点是程序中含有可以重复执行的程序段，该程序段通常称为循环体。循环程序设计不仅可以大大缩短所编程序长度并使程序所占存储单元数最少，也能使程序结构紧凑和可读性好。应注意循环程序设计并不能缩短完成任务的程序执行时间。

在单片机应用中，汇编语言程序设计是一个很关键的问题，也是单片机开发中最重要的工作之一。它不仅是实现人机对话的基础和直接关系到所设计单片机应用系统的功能特性，而且对系统的存储容量和工作效率也有很大影响。因此，掌握汇编语言程序设计的方法和技巧对于单片机的软件编写至关重要。

思考题和习题

4.1　MCS-51 汇编语言有哪些常用伪指令？各起什么作用？

4.2　汇编语言程序设计有哪些步骤？各步骤的任务是什么？

4.3　已知从内部 RAM 的 BLOCK 单元开始存放一组有符号数，数的个数存放在 LEN 单元。请编写可以统计其中正数和负数个数并分别存入 NUM 和（NUM+1）单元的程序。

4.4　已知内存单元有 16 个无符号数，分别存放在 30H～3FH 中，试求它们的累加和，并将其和存放在 R4 和 R5 中。

4.5　将内部 RAM 的 30H～4FH 单元中的内容传送至外部 RAM 的 2000H 开始的连续单元中。

4.6　用调用子程序的方法编程计算 $c = a^2 + b^2$。

4.7　利用查表的方法编写求 $Y = X^2$（X=0，1，2，…，9）的程序。

4.8　将片内若干个 RAM 单元的内容传送到片外 RAM 单元，要求用“主程序”调用“子程序”编程。子程序入口参数为：R0 存放片内 RAM 起始地址，DPTR 存放片外 RAM 起始地址，R1 存放字节数。试分别编写主程序和子程序。

4.9　某系有 200 名学生参加外语统考，若成绩已存放在 MCS-51 外部 RAM 起始地址为 ENGLISH 的连续存储单元，现决定给成绩在 95～100 分之间的学生颁发 A 级合格证书，成绩在 90～94 分之间的学生颁发 B 级合格证书。试编制一个程序，可以统计 A 级和 B 级证书的学生人数，并把统计结果存入内部 RAM 的 GRADA 和 GRADB 单元。

4.10　设有一巡回检测报警装置，需对 16 路输入量进行测量控制，每路有一个最大允许值。控制时根据测量的路数，找出该路的最大允许值。测量的路数保存在 R2 中，最大值结果保存在 R3、R4 中。

4.11　设计程序，把片外 RAM 从 2000H 开始存放的 10 个数据传送到片外 RAM 0050H 开始的连续单元中。

4.12　设被加数和加数分别存放在片内 RAM 从 30H 和 50H 开始的连接单元中，均为无符号数。数的字节数存放在 R2 寄存器中，编程求出这两个数的和，并将和放在原被加数的

位置，和的字节数放在 R3 寄存器中。

4.13 有两个单字节无符号数分别存放在内部 RAM 的 30H 和 31H 单元，试编程计算它们的乘积，并将结果存放在内部 RAM 的 32H 和 33H 单元中。

4.14 编写延时 20ms 的延时子程序，设单片机的晶振频率为 12MHz。

4.15 片内 RAM 中 20H 单元开始存放 10 个无符号 8 位二进制数，编程找出其中的最大数，并将结果存放在 30H 单元。

第5章 MCS-51单片机的中断与定时

【知识点】

☆ 中断技术概述（中断的定义和作用、中断源与中断分类、中断嵌套、中断处理过程）

☆ MCS-51 单片机的中断系统（中断源和中断标志、中断请求的控制、中断的响应过程、中断请求的撤除、外中断应用举例、多外部中断源系统设计）

☆ MCS-51 单片机的定时/计数器（定时与计数原理、定时/计数器的控制、定时/计数器的工作方式、定时/计数器应用举例、用定时/计数器扩展外中断）

5.1 中断技术概述

中断是计算机的一个重要功能，准确理解中断的概念并掌握中断技术是学好本门课程的关键问题之一。

5.1.1 中断的定义和作用

当 CPU 正在处理某项任务时，如果由于外部或内部的某种原因，要求 CPU 暂停当前的程序而去执行相应的处理任务，待处理完后，再回到原来中断的地方，继续执行原来被中断的程序，这个过程称为中断。中断在现实生活中也经常碰到，比如一个同学正在房间里看书，突然电话铃声响了，该同学在书上夹上书签，就去接电话。通话完毕又返回书桌前，从刚才夹书签的地方继续看书，这就是生活中中断的例子。计算机中能够实现中断处理功能的部件称为中断系统。

中断类似于程序设计中的调用子程序，但它们之间有本质的区别。主程序调用子程序指令在程序中是事先安排好的，而中断事件是事先无法确知的，因为“中断”的发生是由外设引起的，程序中无法事先安排调用中断，因而中断的处理过程是由硬件自动完成的。

利用中断技术，计算机能够完成下列功能：

❶ 对突发事故做出紧急处理；

❷ 根据现场随时变化的各种参数、信息，做出实时监控；

❸ CPU 与外部设备并行工作，以中断方式相联系，可提高 CPU 的工作效率；

❹ 解决快速 CPU 与慢速外设之间的矛盾；

❺ 在多项外部设备同时提出中断请求情况下，CPU 能根据轻重缓急先后响应各外设的中断请求。

5.1.2 中断源与中断分类

引起中断的原因或能发出中断请求的来源，称为中断源。中断源要求 CPU 为它服务的

请求称为中断请求或中断申请。CPU 接受中断源提出的中断请求就称为中断响应。CPU 响应中断之后所执行的处理程序称为中断服务程序，原来运行的程序称为主程序。

常见的中断源有下列几种。

1）输入、输出设备中断源

计算机的各种输入、输出设备，如键盘、磁盘驱动器、打印机等，可通过接口电路向 CPU 申请中断。

2）故障中断源

故障中断源是产生故障信息的来源，有内部和外部之分。例如，CPU 内部故障源，如除法运算中除数为零时的情况；外部故障源，如电源掉电情况。

在电源掉电时可以接入备用的电池供电，以保存存储器中的信息。当电压因掉电降到一定值时，就会发出中断申请，在计算机中断系统的控制下进行替换备用电源的工作。

3）实时中断源

在实时控制中，常常将被控参数、信息作为实时中断源。例如，电压、电流、温度等超越上限或下限时，以及继电器、开关闭合断开时，都可以作为中断源申请中断。

4）定时/计数脉冲中断源

内部定时/计数中断是由单片机内部的定时/计数器计满溢出时自动产生的；外部定时/计数中断是由外部定时脉冲通过 CPU 的中断请求输入线或定时/计数器的输入线引起的。

5.1.3 中断嵌套

用户根据实际应用的需要，给各个中断源事先安排一个中断响应的优先顺序。然后按照事件的轻重缓急的次序响应中断。中断源的这种优先顺序常被称为中断优先权级别，简称中断优先级。当 CPU 响应某一中断的请求而正在执行中断处理期间，若有优先权级别更高的中断源发出中断请求，CPU 则中断正在进行的中断服务程序，并保留这个程序的断点，去响应高级中断（类似于子程序嵌套），在高级中断处理完以后，再继续执行被中断的中断服务程序，这就叫中断嵌套。中断嵌套示意图如图 5-1 所示。

如果发出中断请求的中断源的优先权级别与正在处理的中断源同级或更低时，CPU 暂时不响应这个中断请求，直至正在处理的中断服务程序执行完以后才去处理新的中断请求。

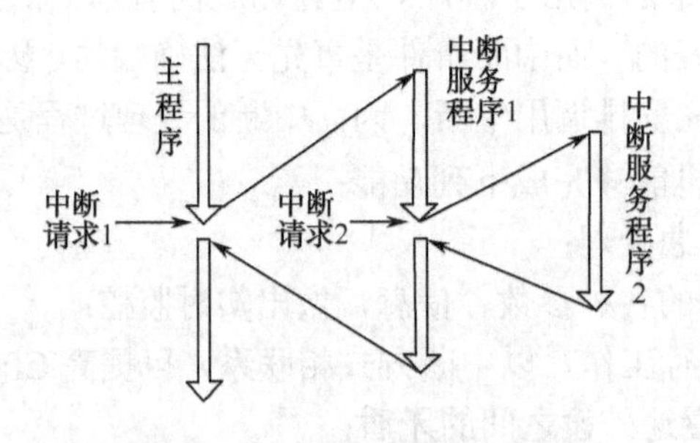

图 5-1 中断嵌套示意图

5.1.4 中断处理过程

中断处理过程为：中断源发出中断请求→CPU 对中断请求做出响应→执行中断服务程序→返回主程序。中断处理流程如图 5-2 所示。

1）中断响应与中断返回

中断响应是 CPU 对中断源所发出的中断请求的回应。在这一阶段，CPU 要完成中断服务之前的所有准备工作，包括保护断点地址和把程序转向中断服务程序的入口地址（也称为中断矢量地址）。保护断点就是把断点处的 PC 值（下一条指令的地址）压入堆栈保存起来，这是由硬件自动完成的。

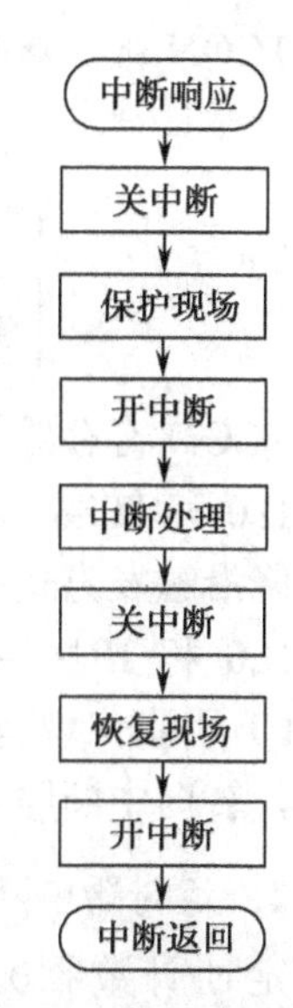

图 5-2 中断处理流程

中断返回是指执行完中断服务程序后，程序返回到断点（原来程序执行时被断开的位置），继续执行原来的程序。

2）保护现场与恢复现场

为了使中断服务程序的执行不破坏 CPU 中有关寄存器的原有内容，以免在中断返回后影响主程序的运行，因此在 CPU 响应中断请求后，将有关的寄存器内容和状态标志等压入堆栈保存起来，这称为“保护现场”。而在中断服务程序结束时，在返回主程序之前，需要把刚才保护起来的那些现场内容从堆栈中弹出，恢复寄存器的原来内容和状态标志，这就是“恢复现场”。**要注意的是，一定要按照“先进后出”的原则进行现场的保护与恢复。**

3）开中断与关中断

在中断处理的特定阶段，可能会有新的中断请求到来，为了防止这种高于当前优先级的中断请求打断当前的中断服务程序的执行，CPU 在响应中断后应关中断（很多 CPU 是自动关中断的，但 MCS-51 单片机不会自动关中断，需要时要用软件指令关中断）。而在编写保护现场和恢复现场程序时，也应在关中断后进行，以使得保护现场和恢复现场的工作不被干扰。如果希望在中断服务过程中能响应更高级的中断源的中断请求，那么应在现场保护之后再开中断，这样就使得系统具有中断嵌套的功能。

4）中断服务

中断服务是中断处理程序的主要内容，要根据中断功能去编写，以满足应用的需要。

5.2 MCS-51 单片机的中断系统

5.2.1 中断源和中断标志

MCS-51 单片机有 5 个中断源，分别是 2 个外部中断源、2 个内部定时/计数器溢出中断源和 1 个串行接口发送/接收中断源。

1. 外部中断源及其标志

外部中断 0（$\overline{INT0}$）：当 P3.2 引脚输入低电平或者下降沿信号时，产生中断请求。

外部中断 1（$\overline{INT1}$）：当 P3.3 引脚输入低电平或者下降沿信号时，产生中断请求。

用户可通过对定时器控制寄存器 TCON 中的 IT0 和 IT1 位状态的设定来选择外部中断的触发方式。

定时器控制寄存器 TCON 在特殊功能寄存器区中，其地址为 88H，可位寻址，其功能是对定时/计数器的启动、停止、计数溢出中断标志及外部中断请求和外部中断触发方式进行控制。其中高 4 位是对定时/计数器进行控制，低 4 位是对外部中断进行控制。

TCON 寄存器中各位的内容及位地址见表 5-1。

表 5-1 TCON 寄存器中各位的内容及位地址

位 地 址	8FH	8EH	8DH	8CH	8BH	8AH	89H	88H
位 符 号	TF1	TR1	TF0	TR0	IE1	IT1	IE0	IT0

TCON 寄存器低 4 位中各位的定义如下：

IT0 和 IT1——外部中断 0 和外部中断 1 中断请求触发方式控制位。IT0（IT1）=1 为脉冲下降沿触发方式；IT0（IT1）=0 为低电平触发方式。

IE0 和 IE1——外部中断 0 和外部中断 1 中断请求标志位。当 CPU 采样到 $\overline{\text{INT0}}$（或 $\overline{\text{INT1}}$）引脚出现有效中断请求信号时，IE0（IE1）位由 CPU 硬件自动置“1”。当中断响应后，转向中断服务程序时，由硬件把 IE0（或 IE1）自动清零。

2．定时器中断源及其标志

定时/计数器 0（T0）：T0 计数到发生溢出时，产生中断请求。

定时/计数器 1（T1）：T1 计数到发生溢出时，产生中断请求。

定时/计数器 T0 和定时/计数器 T1 的中断请求标志位在定时器控制寄存器 TCON 中，参见表 5-1。TCON 寄存器高 4 位中各位的定义如下：

❶ TF1——T1 溢出中断请求标志位。

当 T1 计数满溢出时，由 CPU 硬件自动将 TF1 置“1”。当采用中断方式进行计数溢出处理时（ET1 中断开放），由硬件查询到 TF1 为 1 时，产生定时器中断，执行定时器中断服务处理，在中断响应后由 CPU 硬件自动将 TF1 清零。当采用查询方式进行计数溢出处理时（ET1 中断关闭），由程序查询到 TF1 为 1 时，执行定时器溢出处理，在程序中用指令将 TF1 清零。

❷ TR1——T1 运行控制位。

当 TR1=1 时，T1 开始计数；当 TR1=0 时，T1 停止计数。

❸ TF0——T0 溢出中断请求标志位。

TF0 的功能及操作与 TF1 相同，只是它对应定时/计数器 T0。

❹ TR0——T0 运行控制位。

TR0 的功能及操作与 TR1 相同，只是它对应定时/计数器 T0。

3．串行接口中断源及其标志

当单片机串行接口接收或发送完一帧数据时，串行接口会产生中断请求。串行接口的中断由串行接口控制寄存器来控制。

串行接口控制寄存器 SCON 的单元地址为 98H。可按位操作。SCON 寄存器中各位的内容及位地址见表 5-2。

表 5-2 SCON 寄存器中的各位内容及位地址

位 地 址	9FH	9EH	9DH	9CH	9BH	9AH	99H	98H
位 符 号	SM0	SM1	SM2	REN	TB8	RB8	TI	RI

SCON 寄存器中与中断有关的控制位在寄存器的最低两位。

TI——串行接口发送中断请求标志位。

CPU 将一字节的数据写入发送缓冲器 SBUF 时，就启动一帧串行数据的发送，当发送完一帧串行数据后，CPU 硬件自动将 TI 置“1”。在进入中断服务程序后，用户必须用指令对 TI 标志清零。

RI——串行接口接收中断请求标志位。

在串行接口接收完一个串行数据帧时，CPU 硬件自动将 RI 标志置“1”。CPU 在响应串行接口接收中断后，用户必须在中断服务程序中用指令将 RI 标志清零。

MCS-51 系统复位后，定时器控制寄存器 TCON 和串行接口控制寄存器 SCON 中各位均被清零。

5.2.2 中断请求的控制

MCS-51 系列单片机为用户提供了两个特殊功能寄存器：中断允许控制寄存器 IE 和中断优先级控制寄存器 IP 来进行中断请求的控制。

1. 中断允许控制寄存器（IE）

CPU 对中断源的开放或屏蔽，由片内的中断允许寄存器 IE 控制。进行字节操作时，寄存器 IE 地址为 A8H，也可按位操作。IE 寄存器中各位的内容及位地址见表 5-3。

表 5-3 IE 寄存器中各位的内容及位地址

位 地 址	AFH	AEH	ADH	ACH	ABH	AAH	A9H	A8H
位 符 号	EA	—	—	ES	ET1	EX1	ET0	EX0

IE 寄存器对中断的开放和关闭实现两级控制：总的开关中断控制位 EA（IE.7 位），当 EA=0 时，所有的中断请求被屏蔽；当 EA=1 时，CPU 开放中断，但 5 个中断源的中断请求是否允许，还要由 IE 中的低 5 位所对应的 5 个中断请求允许控制位的状态来决定。

IE 寄存器中各位的功能如下：

❶ EA——中断允许总控制位。

EA=0，中断总禁止，禁止所有中断；

EA=1，中断总允许，每个中断源是禁止还是允许由各自的允许控制位确定。

❷ EX0 和 EX1——外部中断 0 和外部中断 1 中断允许控制位。

EX0（EX1）=0，禁止外部中断 0（外部中断 1）中断；

EX0（EX1）=1，允许外部中断 0（外部中断 1）中断。

❸ ET0 和 ET1——定时/计数器 0 和定时/计数器 1 中断允许控制位。

ET0（ET1）=0，禁止定时/计数器 0（定时/计数器 1）中断；

ET0（ET1）=1，允许定时/计数器 0（定时/计数器 1）中断。

❹ ES——串行接口中断允许控制位。

ES=0，禁止串行接口中断；

ES=1，允许串行接口中断。

MCS-51 系统复位时，IE 被清零，所有的中断请求被禁止。

若要某一个中断源被允许中断，除了 IE 相应的位被置“1”外，还必须使 EA =1，即

CPU 开放中断。改变 IE 的内容，可由位操作指令来实现，如 SETB　bit 或 CLR　bit。也可用字节操作指令。

【例 5-1】 允许 MCS-51 片内两个定时/计数器中断，禁止其他中断源的中断请求，请编写出设置 IE 的相应程序段。

解法一：用位操作指令来编写，如下程序段：

```
CLR   ES      ;禁止串行接口中断
CLR   EX1     ;禁止外部中断 1 中断
CLR   EX0     ;禁止外部中断 0 中断
SETB  ET0     ;允许定时/计数器 T0 中断
SETB  ET1     ;允许定时/计数器 T1 中断
SETB  EA      ;CPU 开中断
```

解法二：用字节操作指令来编写：

```
MOV  IE，#8AH
```

2．中断优先级控制寄存器（IP）

MCS-51 单片机具有两个中断优先级，由软件设置每个中断源为高优先级中断或低优先级中断，从而可实现两级中断嵌套。当 CPU 正在执行低优先级中断服务程序期间，可被高优先级中断请求所中断，转去执行高优先级中断服务程序，待高优先级中断处理完毕后，再返回低优先级中断服务程序。

MCS-51 单片机各中断源的优先级由中断优先级寄存器 IP 进行设定。IP 是特殊功能寄存器，其地址为 B8H，可按位操作。IP 寄存器中各位的内容及位地址见表 5-4。

表 5-4　IP 寄存器中各位的内容及位地址

位地址	BFH	BEH	BDH	BCH	BBH	BAH	B9H	B8H
位符号	—	—	—	PS	PT1	PX1	PT0	PX0

IP 寄存器中各位的功能如下：

PX0——外部中断 0 优先级控制位；

PT0——T0 中断优先级控制位；

PX1——外部中断 1 优先级控制位；

PT1——T1 中断优先级控制位；

PS——串行接口中断优先级控制位。

以上各位设置为 0 时，则相应的中断源为低优先级；设置为 1 时，则相应的中断源为高优先级。用户可以在程序中对各位置“1”或清零，以改变各中断源的中断优先级。

一个正在执行的低优先级中断程序能被高优先级的中断源所中断，但不能被另一个低优先级的中断源所中断。**任何一种中断（不管是高级还是低级），一旦得到响应，就不会再被它的同级中断源所中断**。可见，若 CPU 正在执行高优先级的中断，则不能被任何中断源所中断。

当 MCS-51 系统复位时，IP 寄存器全部清零，将所有中断源设置为低优先级中断。

【例 5-2】 设置 IP 寄存器的初始值，使得 MCS-51 的两个外部中断请求为高优先级，其他中断请求为低优先级。

解法一：用位操作指令。

```
SETB  PX0   ;两个外中断设为高优先级
SETB  PX1
CLR   PS    ;串行接口设为低优先级中断
CLR   PT0   ;两个定时/计数器设为低优先级中断
CLR   PT1
```

解法二：用字节操作指令。

```
MOV   IP,#05H
```

需要注意的是，如果同一优先级的几个中断源同时发中断请求时，系统按硬件设定的自然优先级顺序响应中断，即外中断0的自然优先级最高，串口的自然优先级最低，自然优先级从高到低的顺序如下：

$\overline{INT0}$中断→T0中断→$\overline{INT1}$中断→T1中断→串口中断

综上所述，MCS-51系列单片机主要是用4个专用寄存器TCON、SCON、IE、IP对中断过程进行控制的，其中断系统结构框图如图5-3所示。

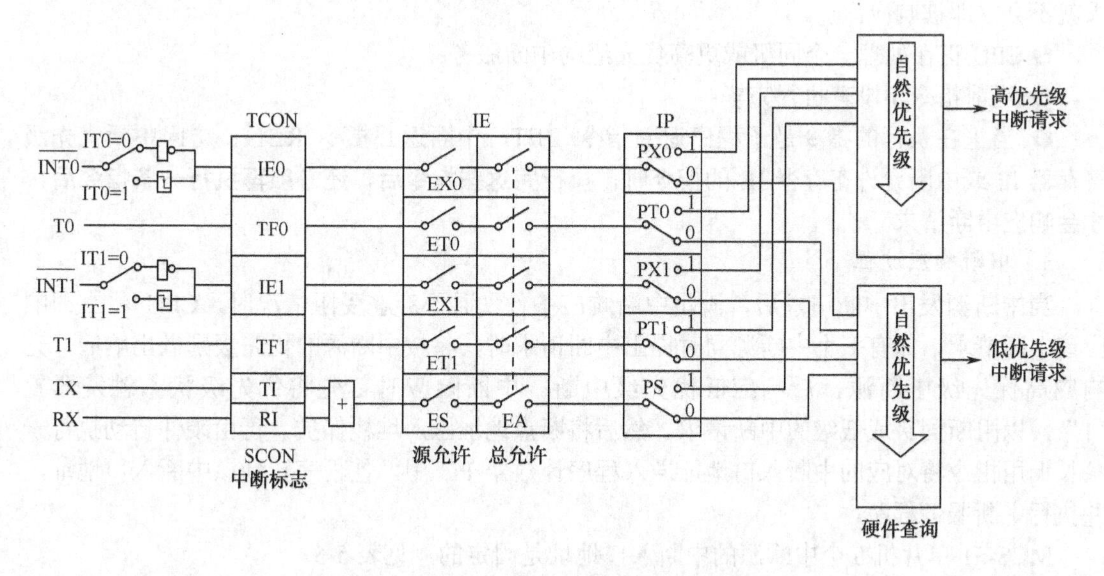

图5-3 MCS-51系列单片机中断系统结构框图

5.2.3 中断的响应过程

1. 中断请求

中断请求是中断源向CPU发出请求中断的信号，要求CPU中断原来执行的程序，转去为它服务。MCS-51单片机有2个外部中断源，3个内部中断源。当外部中断源有服务要求时，可通过中断请求线，向CPU发出信号，请求CPU中断。中断请求信号可以是低电平信号，也可以是下降沿信号。中断请求信号会一直保持到CPU做出响应为止。当有中断源发出中断请求时，CPU就将相应的中断请求标志位置“1”，以此请求一次中断服务。

2. 中断查询

CPU每个机器周期都会检查各个中断源，看看是否有中断请求发出。即CPU查询TCON寄存器和SCON寄存器中的各个中断请求标志位的状态，确定有哪个中断源发出中

断请求，查询时按优先级顺序进行，即先查询高优先级，再查询低优先级。如果优先级相同，则按自然优先级顺序查询。

3．中断响应

中断响应就是 CPU 对中断源提出的中断请求的接受。

1）中断响应条件

MCS-51 单片机响应中断要满足以下 3 个条件：

❶ 有中断源发出中断请求；

❷ 中断总允许位为“1”，即 CPU 允许所有中断源申请中断；

❸ 申请中断的中断源的中断允许位为“1”，即该中断源可以向 CPU 申请中断。

当以上 3 个条件都满足时，中断请求才可能被 CPU 响应。

2）中断受阻

中断请求满足响应条件并不一定会立即得到响应，当遇到下列 3 种情况之一时中断请求就不会立即被响应：

❶ CPU 正在处理一个同级或更高优先级的中断服务；

❷ 当前指令还没有执行完毕；

❸ 当正在执行的指令是子程序返回指令 RET、中断返回指令 RETI、访问中断优先级寄存器 IP 或中断允许寄存器 IE 的指令时，**执行完这些指令后，还必须再执行一条指令后，才会响应中断请求。**

3）中断响应过程

当中断源发出中断请求后，满足中断响应条件，且不存在受阻情况时，CPU 将立即响应该中断请求，如有多个中断源同时提出中断请求时，将按中断源的优先级别做出响应，先响应高优先级中断源，后响应低优先级中断。中断响应时首先将优先级状态触发器置“1”，以阻断同级或低级的中断请求。然后将断点地址压入堆栈保护，再由硬件自动执行一条长调用指令将对应的中断入口地址送入程序计数器 PC 中，使程序转到该中断入口地址，并执行中断服务程序。

MCS-51 单片机 5 个中断源的中断入口地址是固定的，见表 5-5。

表 5-5　MCS-51 单片机 5 个中断源的中断入口地址

中　断　源	中断入口地址
外中断 0	0003H
定时器 0	000BH
外中断 1	0013H
定时器 1	001BH
串口中断	0023H

4．中断服务

当中断响应后，程序转到中断入口地址处，执行中断服务程序（由用户根据中断事件的要求编写的处理程序），执行到中断返回指令 RETI 时，中断服务结束。

中断服务一般包括保护现场、处理中断源的请求以及恢复现场三部分内容。一般主程序和中断服务程序都可能会用到累加器 A、程序状态字 PSW 和一些其他寄存器。CPU 在进入中断服务程序后，用到上述寄存器时就会破坏它原来存在寄存器中的内容，一旦中断返回，将会造成主程序的混乱，所以需要保护现场。待中断服务结束返回主程序之前再恢复现场。

5. 中断返回

中断返回由专门的中断返回指令"RETI"实现，该指令执行时，将保存在堆栈中的断点地址取出，送入程序计数器 PC 中，程序转到断点处继续执行原来的程序。同时还将优先级状态触发器清零，将部分中断请求标志（除串行接口中断请求标志 TI 和 RI 外）清零。**特别要注意不能用子程序返回指令"RET"代替中断返回指令"RETI"。**

外部中断响应的最短时间为 3 个机器周期。其中，中断请求标志位查询需要 1 个机器周期；由硬件自动执行子程序调用指令 LCALL 以转到相应的中断服务程序入口，则需要 2 个机器周期。

外部中断响应的最长时间为 8 个机器周期。这种情况发生在 CPU 进行中断标志查询时，刚好是开始执行 RETI 或是访问 IE 或 IP 的指令，则需把当前指令先执行完，最长需要 2 个机器周期。接着再执行一条指令，按指令周期最长的指令（乘法指令 MUL 和除法指令 DIV）来算，需要 4 个机器周期。加上硬件子程序调用指令 LCALL 的执行，需要 2 个机器周期。所以，外部中断响应最长时间为 8 个机器周期。

因此，外部中断请求的响应时间在 3～8 个机器周期之间。通常用户不必考虑中断响应的时间，只有在精确定时的应用场合才需要考虑中断响应的时间，以保证精确的定时控制。

5.2.4 中断请求的撤除

中断响应后，对 TCON 寄存器和 SCON 寄存器的中断请求标志位应及时撤除。否则意味着中断请求仍然存在，将造成中断的重复响应，因此在中断返回前，应撤除该中断请求标志。

1）定时/计数器中断请求标志的撤除

中断响应后，由硬件自动把定时/计数器 0 中断请求标志位 TF0 或定时/计数器 1 中断请求标志位 TF1 清零，此操作不需要用户编程。

2）串行接口中断请求标志的撤除

中断响应后，系统没有用硬件清除 TI 或 RI，所以必须在中断服务程序中用软件（指令）将串行发送中断请求标志位 TI 或串行接收中断请求标志位 RI 清零。例如，可以用下列指令来清除串口中断请求标志位：

```
CLR    TI   ;清 TI 标志位
CLR    RI   ;清 RI 标志位
```

3）外部中断请求的撤除

❶ 下降沿触发方式外中断请求的撤除。

对于采用下降沿触发方式的外部中断 0 中断请求标志位 IE0 和外部中断 1 中断请求标志位 IE1 的清零是由单片机硬件自动完成的，用户无需编程。

❷ 低电平触发方式外中断请求的撤除。

虽然外部中断请求标志位的清零是硬件自动完成的，但是如果在中断响应结束后低电平持续存在的话，CPU 又会把中断请求标志位（IE0/IE1）置"1"。因此，为防止 CPU 返回主程序后再次响应同一个中断，**对低电平触发方式的外部中断请求信号，需要外加电路，在中断响应后将 $\overline{\text{INT0}}$、$\overline{\text{INT1}}$ 引脚的低电平中断请求信号撤除**，即将 $\overline{\text{INT0}}$、$\overline{\text{INT1}}$ 引脚电平从低电平强制为高电平，外加电路如图 5-4 所示。

在图 5-4 中，将 D 触发器的 D 端接地，Q 端接到单片机的 $\overline{\text{INT0}}$ 端，外中断请求信号通过一个反相器接到 D 触发器的 CP 端。在中断服务程序中增加如下两条指令，使得 P1.0 端输出一个负脉冲将 D 触发器强制置“1”。

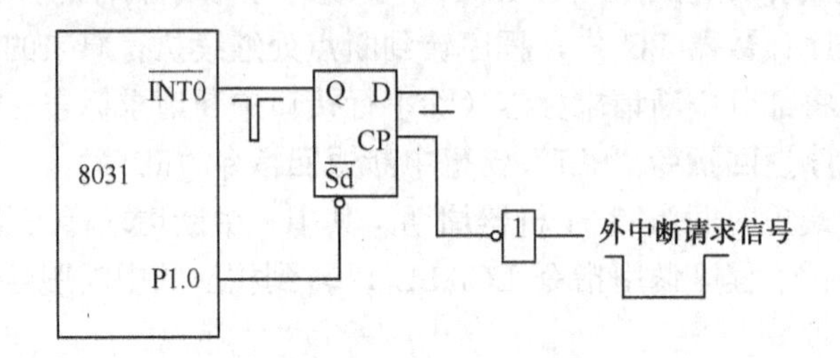

图 5-4　低电平触发方式的外中断请求撤除电路

```
ANL    P1,#0FEH           ;P1.0 输出“0”
ORL    P1,#01H            ;P1.0 输出“1”
```

执行第一条指令使 P1.0 输出为“0”，其持续时间为 2 个机器周期，足以使 D 触发器置位，Q 端输出“1”，从而撤除中断请求信号。执行第二条指令使 P1.0 重新变为“1”，否则 D 触发器的 $\overline{\text{Sd}}$ 端始终有效，$\overline{\text{INT0}}$ 端始终为“1”，下一次无法申请中断。

可见，低电平方式的外部中断请求信号的完全撤除，是通过软硬件相结合的方法来实现的。

5.2.5　外部中断应用举例

中断程序一般包含中断初始化程序和中断服务程序两部分。

1．中断初始化程序

中断初始化程序实质上就是对 TCON、SCON、IE 和 IP 寄存器的管理和控制。只要这些寄存器的相应位按照要求进行了状态设置，CPU 就会按照用户的意图对中断源进行管理和控制。

中断初始化程序一般不独立编写，而是包含在主程序中，根据需要进行编写。中断初始化程序需完成以下操作：

❶ 对外中断源，要设置中断请求是采用低电平触发方式还是下降沿触发方式。

❷ 设置中断允许控制寄存器 IE。

❸ 设置中断优先级寄存器 IP，对于只有 1 个中断源的应用程序可省略该步骤。

【例 5-3】　设外部中断 0 为下降沿触发方式，高优先级，试编写中断初始化程序。

该中断初始化程序可用两种方法编写。

解法一：用位操作指令。

```
SETB      IT0       ;下降沿触发中断请求
SETB      EX0       ;外中断 0 开中断
SETB      EA        ;开中断允许总控制位
SETB      PX0       ;外中断 0 高优先级
```

解法二：用字节操作指令也可对 IE 和 IP 进行设置。

```
SETB      IT0                 ;下降沿触发中断请求
```

```
        MOV     IE,#81H         ;同时置位 EA 和 EX0
        ORL     IP,#01H         ;置位 PX0
```

这两种方法都可以完成规定的要求。一般来说用解法一会直观些，因为在编制中断初始化程序时，只需知道控制位的名称即可，而不必记住它们在寄存器中的确切位置。

2．中断服务程序

中断服务程序是一种为中断源的特定要求服务的独立程序段，以中断返回指令 RETI 结束，中断服务完后返回到原来被中断的地方（断点），继续执行原来的程序。

中断服务程序有保护断点和保护现场的问题。

在中断响应过程中，断点的保护主要由硬件电路自动完成。它将断点自动压入堆栈，再将中断服务程序的入口地址送入程序计数器 PC，使程序自动转向中断服务程序。

保护现场在中断服务程序中进行，用户在编写中断服务程序时需要考虑保护现场的问题。在 MCS-51 单片机中，现场一般包括累加器 A、工作寄存器 R0～R7 以及程序状态字 PSW 等，通常将它们保护在堆栈内，因此保护现场和恢复现场一般采用 PUSH 和 POP 指令来实现。PUSH 和 POP 指令应成对出现，以保证寄存器的内容不会改变。要注意堆栈操作的“先进后出，后进先出”的原则。

3．中断程序的结构

当应用程序有中断时，常用的主程序结构如下：

```
                ORG     0000H
                LJMP    MAIN
                ORG     中断入口地址
                LJMP    INT
                 ⋮
                ORG     ××××H
        MAIN:   主程序
                 ⋮
        INT:    中断服务程序
                 ⋮
                END
```

由于各中断源入口地址之间只相隔 8 字节。如果将中断服务程序直接放在此处，一般来说容量是不够的。通常是在中断入口地址单元处，放置一条无条件转移指令，如“LJMP Address”，使程序跳转到用户安排的中断服务程序起始地址去。

典型的中断服务程序结构如下：

```
INT:    CLR     EA              ;CPU 关中断
        PUSH    PSW             ;现场保护
        PUSH    ACC             ;
        SETB    EA              ;CPU 开中断
         ⋮                      ;中断处理程序段
        CLR     EA              ;CPU 关中断
        POP     ACC             ;现场恢复
        POP     PSW
        SETB    EA              ;CPU 开中断
```

```
        RETI                        ;中断返回，恢复断点
```

几点说明：

❶ 本例的现场保护假设仅涉及 PSW 和 A 的内容，如还有其他需保护的内容，只要在相应的位置再加几条 PUSH 和 POP 指令即可。

❷ “中断处理程序段”，应根据中断任务的具体要求来编写这部分中断处理程序。

❸ 如果本中断服务程序在执行期间不允许被其他的中断所中断。可将“中断处理程序段”前后的“SETB　EA”和“CLR　EA”两条指令去掉。

❹ 中断服务程序的最后一条指令必须是返回指令 RETI。

【例 5-4】 将单脉冲接到外中断 0（$\overline{INT0}$）引脚，利用 P1.0 作为输出，经反相器接发光二极管，如图 5-5 所示。编写程序，每按动一次按钮，产生一个外中断信号，使发光二极管的状态发生变化，由亮变暗，或反之。

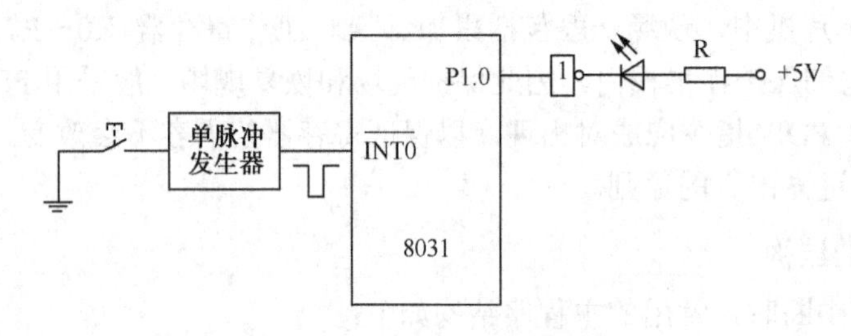

图 5-5　以中断方式使发光二极管状态变化

解： 依题意，需对外中断 0 开放中断，则中断允许寄存器 IE 应按如下设置：

	EA			ES	ET1	EX1	ET0	EX0	
IE=	1	-	-	0	0	0	0	1	=81H

根据题目要求，编写程序如下：

```
        ORG     0000H
        LJMP    MAIN            ;转主程序
        ORG     0003H           ;外中断 0 中断入口
        LJMP    EX0INT          ;转中断服务程序入口
        ORG     0030H           ;主程序
MAIN:   SETB    IT0             ;置下降沿触发方式
        MOV     IE,   #81H      ;外中断 0 开中断
        CLR     P1.0            ;灯的初始状态为暗
WAIT:   NOP                     ;等待中断
        SJMP    WAIT

        ORG     0100H           ;中断服务程序
EX0INT: CPL     P1.0            ;中断处理
        RETI                    ;中断返回
        END
```

本例中，由于只有 1 个中断源，故无需对中断优先级寄存器 IP 进行设置。由于本例的中断处理很简单，没有用到累加器 A、工作寄存器 R0～R7 以及程序状态字 PSW 等，所以

在中断服务程序中无需进行现场保护。本例虽然简单，但涵盖了中断程序的基本要素，如中断初始化程序、中断响应、中断入口、中断处理、中断返回等，正所谓“麻雀虽小，五脏俱全”。请读者仔细分析本例中什么情况下会发中断请求？当 CPU 响应中断时转到什么地址去执行？执行 RETI 中断返回指令时回到什么地方去？务必弄清楚其中的来龙去脉，体会中断程序的处理过程。

*5.2.6 多外部中断源系统设计

在实际应用系统中，两个外部中断源有时不够用，需要对外部中断源进行扩充。本节介绍采用中断与查询相结合的方法进行多外部中断源的处理方法。

例如，某系统有 5 个外部中断源，其优先顺序从高到低依次为：外设 0～外设 4。把其中最高级别的中断源外设 0 直接接到 MCS-51 的外部中断请求输入端 $\overline{\text{INT0}}$，其余 4 个外部中断源外设 1～外设 4 用“线或”的方法连到 MCS-51 的另一个外中断请求输入端 $\overline{\text{INT1}}$，同时还将它们分别连到 P1.0～P1.3 脚。电路如图 5-6 所示。

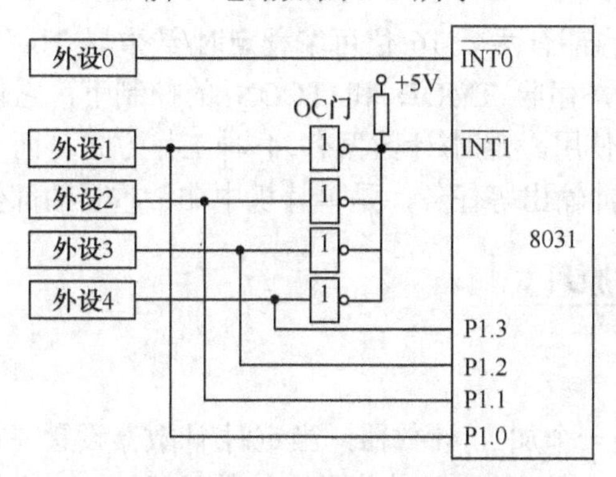

图 5-6 多外部中断源的处理

将外中断 0（$\overline{\text{INT0}}$）设为高优先级，将外中断 1（$\overline{\text{INT1}}$）设为低优先级，这样外中断 0 能够中断外中断 1 的中断过程，从而可保证中断源外设 0 具有最高的优先级。由于将外部中断源外设 1～外设 4 都接到了 $\overline{\text{INT1}}$ 引脚上，这 4 个中断源中任何 1 个发中断请求时，都会引发外中断 1 的中断请求，可在中断服务程序中根据它们的优先顺序进行查询，外中断 1 的中断服务程序段如下：

```
        ORG     0013H       ;外中断 1 的中断入口
        LJMP    INT11       ;
          ⋮
INT11:  PUSH    PSW         ;保护现场
        PUSH    ACC
        JB      P1.0, IR1 ;P1.0=1，外设 1 有请求
        JB      P1.1, IR2 ;P1.1=1，外设 2 有请求
        JB      P1.2, IR3 ;P1.2=1，外设 3 有请求
        JB      P1.3, IR4 ;P1.4=1，外设 4 有请求
INTIR:  POP     ACC         ;恢复现场
        POP     PSW
        RETI                ;中断返回
```

```
IR1:        （外设 1 的中断处理程序）
                    ⋮
            AJMP     INTIR      ;
IR2:        （外设 2 的中断处理程序）
                    ⋮
            AJMP     INTIR      ;
IR3:        （外设 3 的中断处理程序）
                    ⋮
            AJMP     INTIR      ;
IR4:        （外设 4 的中断处理程序）
                    ⋮
            AJMP     INTIR      ;
```

5.3 MCS-51 单片机的定时/计数器

MCS-51 系列单片机内部有两个 16 位可编程定时/计数器 T0 和 T1，常简称为定时器 0 和定时器 1。在特殊功能寄存器 TMOD 和 TCON 的控制下，它们既可以设定成定时器使用，也可以设定成计数器使用。定时/计数器有 4 种工作方式，而且具有中断请求的功能，可以完成定时、计数、脉冲输出等任务，是单片机中非常重要的部件。

5.3.1 定时与计数原理

1．计数原理

定时/计数器的核心是一个加 1 计数器，当定时/计数器设置在计数方式时，可对外部输入脉冲进行计数，每来一个外部输入脉冲信号，计数器就加 1。在计数工作方式时，单片机在每个机器周期对外部引脚 T0（P3.4）或 T1（P3.5）的电平进行一次采样，当在某一机器周期采样到高电平，在下一机器周期采样到低电平时，则在第三个机器周期计数器加 1；所以在计数工作方式时，是对外部输入的负脉冲进行计数（每个下降沿计数一次），计数器每次加 1 需用 2 个机器周期，因此计数脉冲信号的最高工作频率为机器周期脉冲频率的 1/2，即系统晶振频率的 1/24。

2．定时原理

当定时/计数器设置在定时方式时，实际上是对内部标准脉冲（由晶体振荡器产生的振荡信号经 12 分频得到的脉冲信号）进行计数，由于此时的计数脉冲的频率与机器周期频率相等，所以可以看成是对机器周期信号进行计数，即 1 个机器周期输入 1 个计数脉冲，定时器加 1。由于机器周期的时间是固定的，所以定时时间就等于计数值乘以机器周期时间。定时器与计数器原理如图 5-7 所示。

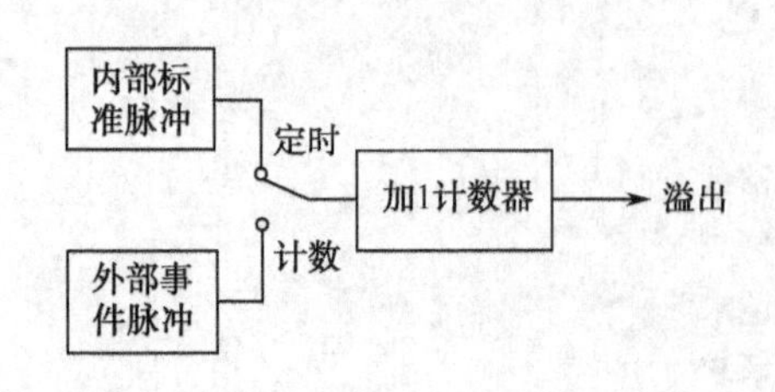

图 5-7　定时器与计数器原理

当启动了定时/计数器后，定时/计数器就从初始值开始计数，每个脉冲加 1，当计数到计数器全为“1”时，再输入一个脉冲就使计数值回零，这称为“溢出”，此时从计数器的最高位溢出一个脉冲使 TCON 寄存器中的溢出标志位 TF0 或 TF1 置“1”，向 CPU 发中断请求。

5.3.2　定时/计数器的控制

MCS-51 中的定时/计数器可由定时器工作方式寄存器 TMOD 和定时器控制寄存器 TCON 进行控制。

1．定时器工作方式寄存器（TMOD）

定时器工作方式寄存器 TMOD 是特殊功能寄存器区中的一个寄存器，单元地址为 89H，不可按位寻址，只能用字节指令设置定时器的工作方式。TMOD 的功能是对 T0 和 T1 的功能、工作方式以及启动方式进行控制，其各位的定义见表 5-6，高 4 位对 T1 进行控制，低 4 位对 T0 进行控制，高 4 位与低 4 位的作用相同。

表 5-6　TMOD 寄存器各位的定义

D_7	D_6	D_5	D_4	D_3	D_2	D_1	D_0
GATE	$C/\overline{T}$	M1	M0	GATE	$C/\overline{T}$	M1	M0

TMOD 寄存器各位的含义：

❶ GATE——门控位。

当 GATE=0 时，定时/计数器的启动仅受 TR（TCON 中的 TR0 或 TR1）控制，当 TR 为 1 时，定时器开始工作，此时称为软启动方式。

当 GATE=1 时，不但 TR 为 1，而且外部引脚 $\overline{INT}$ [$\overline{INT0}$ （P3.2）或 $\overline{INT1}$ （P3.3）]为高电平时，定时/计数器才工作，当两个信号中任意有一个不符合，则定时器不工作，此时称为硬启动方式。

❷ $C/\overline{T}$——功能选择位。

当 $C/\overline{T}$=0 时，设置为定时器用；当 $C/\overline{T}$=1 时，设置为计数器用。

❸ M1M0——工作方式选择位。

M1 和 M0 组合可以定义 4 种工作方式，见表 5-7。

表 5-7　定时/计数器工作方式选择

M1　M0	工 作 方 式	功 能 描 述
00	方式 0	13 位计数器
01	方式 1	16 位计数器
10	方式 2	自动重装初值 8 位计数器
11	方式 3	T0：分成两个独立的 8 位计数器 T1：停止计数

2．定时器控制寄存器（TCON）

定时器控制寄存器 TCON 在特殊功能寄存器区中，其地址为 88H，可位寻址，其功能是对定时/计数器的启动、停止、计数溢出中断请求及外部中断请求和外部中断触发方式进行控制。TCON 寄存器中各位的内容及位地址见表 5-1，其中低 4 位是对外部中断进行控制（参见 5.2.1 节），高 4 位是对定时/计数器进行控制。TCON 寄存器高 4 位中各位的定义如下：

❶ TR0、TR1——分别为 T0、T1 的运行控制位。

能否启动定时/计数器工作与 TMOD 寄存器中的 GATE 位有关，分两种情况：

当 GATE=0 时，若 TR0 或 TR1=1，开启 T0 或 T1 计数工作；
若 TR0 或 TR1=0，停止 T0 或 T1 计数。

当 GATE=1 时，若 TR0 或 TR1=1 且 $\overline{INT0}$ 或 $\overline{INT1}$ =1 时开启 T0 或 T1 计数；
若 TR0 或 TR1=1 但 $\overline{INT0}$ 或 $\overline{INT1}$ =0 时不能开启 T0 或 T1 计数。
若 TR0 或 TR1 = 0，则停止 T0 或 T1 计数。

❷ TF0、TF1——分别为 T0、T1 的溢出标志位。

以 T1 为例，当 T1 计数满溢出时，由硬件自动将 TF1 置“1”。当采用中断方式进行计数溢出处理时（T1 中断已开放），由 CPU 硬件查询到 TF1 为“1”时，产生定时器 1 中断，进行定时器 1 的中断服务处理，在中断响应后由 CPU 硬件自动将 TF1 清零。当采用查询方式进行计数溢出处理时（T1 的中断是关闭的），用户可在程序中查询 T1 的溢出标志位。当查询到 TF1 为“1”时，跳转去定时器 1 的溢出处理，此时在程序中需要用指令将溢出标志 TF1 清零。定时器 T0 的溢出标志位 TF0 的功能及操作与 TF1 相同。

单片机复位时，TMOD 寄存器和 TCON 寄存器的所有位都被清零。

综上所述，MCS-51 系列单片机定时/计数器的基本结构如图 5-8 所示，由两个 16 位定时/计数器 T0 和 T1，及两个定时/计数器控制用寄存器 TCON 和 TMOD 组成。其中 T0 由两个 8 位寄存器 TH0 和 TL0 组成，T1 也由两个 8 位寄存器 TH1 和 TL1 组成。T0 和 T1 用于存放定时或计数的初值，并对定时工作时的内部标准脉冲或计数工作时的外部输入脉冲进行加 1 计数。

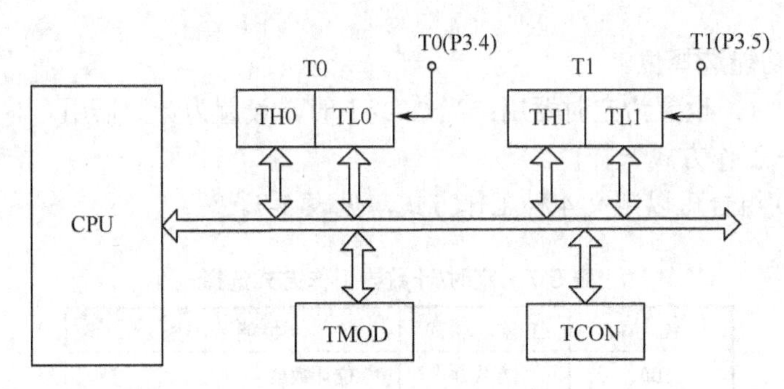

图 5-8　MCS-51 系列单片机定时/计数器基本结构框图

定时/计数器控制寄存器 TCON 主要用于定时/计数器的启动、停止及计数溢出控制，定时/计数器方式寄存器 TMOD 用于定时或计数功能选择、工作方式选择及启动方式选择控制。

5.3.3　定时/计数器的工作方式

MCS-51 系列单片机定时/计数器共有 4 种工作方式。当工作在方式 0、方式 1 和方式 2 时，定时器 0 和定时器 1 的工作原理完全一样，工作在方式 3 时有所不同。下面以 T0 为例加以说明。

1．方式 0——13 位定时/计数器

当 TMOD 寄存器中的 M1M0=00 时，定时/计数器被选为工作方式 0，这是一种 13 位定时/计数器方式，由 TH0 的 8 位和 TL0 的低 5 位构成，TL0 的高 3 位未用，如图 5-9 所示。

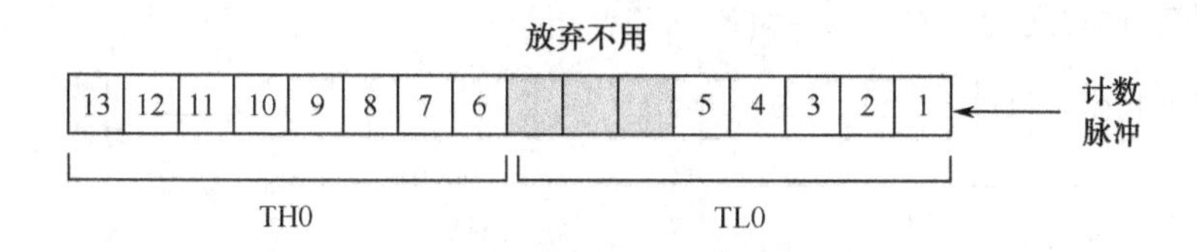

图 5-9 方式 0 下 TH0 和 TL0 的分配

定时/计数器 0 工作在方式 0 时的结构如图 5-10 所示。

当 $C/\overline{T}$=0 时，电子转换开关接通晶振脉冲的 12 分频输出，13 位计数器对此脉冲信号（机器周期）进行计数。计数器从某一计数初值开始每个机器周期加 1，当加到 n 个 1 时计数器溢出（到达计数器的最大值），计数器从初值计数到最大值（最大值与初值之差 n 称为计数器的计数值）所用机器周期数为 n，则所用时间为 n 个机器周期。因此改变不同的计数值 n（改变计数初值，因最大值是固定的），可以实现不同的定时时间。方式 0 的定时时间为：

t =计数值 n×机器周期 T_M=（最大值-初值）×机器周期 T_M=（2^{13}-初期）×T_M

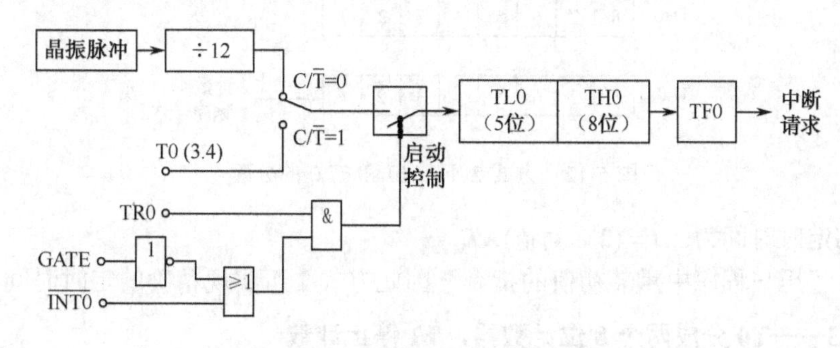

图 5-10 T0 工作在方式 0 时的结构

当 $C/\overline{T}$=1 时，电子转换开关接通计数引脚 T0（P3.4），计数脉冲由外部输入，当计数脉冲发生负跳变时，计数器加 1，从而实现对外部脉冲信号的计数功能。无论是定时还是计数功能，当计数溢出时，硬件自动把 13 位计数器清零，同时自动将溢出标志位 TF0 置“1”，向 CPU 发出定时器溢出中断请求。若这时定时器 0 的中断是开放的，并且没有其他中断请求或其他中断请求的优先级较低，CPU 会自动响应中断，进入相应的中断服务程序；也可以在定时器 0 中断被禁止的情况下，通过查询 TF0 是否置位来判断定时/计数器的操作完成与否。

当门控位 GATE=0 时，或门输出高电平，此时与门的输出只受运行控制位 TR0 控制。此时如果 TR0=0，则与门输出为低电平，启动控制开关断开，定时/计数器停止计数。如果 TR0=1，则与门输出为高电平，启动控制开关闭合，定时/计数器 0 工作，从而实现定时/计数器的软启动方式。

当 GATE=1 时，只有 TR0 和 $\overline{INT0}$ 同时为高电平，定时/计数器 0 才工作，否则任意一个信号为低电平，定时/计数器 0 就不工作，从而实现定时/计数器的硬启动方式。

2．方式 1——16 位定时/计数器

当 TMOD 寄存器中的 M1M0=01 时，定时/计数器被选为工作方式 1。这是一种 16 位的定时/计数器方式，由 TH0 的 8 位和 TL0 的 8 位构成，如图 5-11 所示。其结构和工作原理与方式 0 相同，只是计数器的位数不同。

方式 1 的定时时间为：$t=(2^{16}-初值)\times T_M$

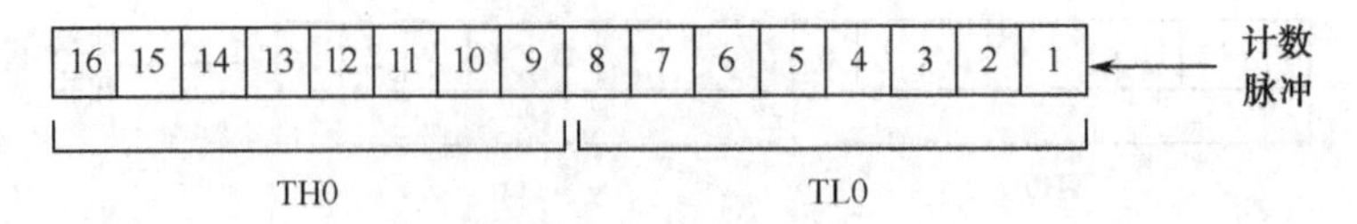

图 5-11　方式 1 下 TH0 和 TL0 的分配

3．方式 2——8 位可自动重装初值的定时/计数器

当 TMOD 寄存器中的 M1M0=10 时，定时/计数器被选为工作方式 2。这是一种可自动重装初值的 8 位定时/计数器，此时 TL0 用做 8 位计数器，TH0 用做保存计数初值，如图 5-12 所示。在定时器初始化编程时，TL0 和 TH0 由指令赋予相同的初值。一旦 TL0 计数溢出，则将 TF0 置“1”，同时将保存在 TH0 中的计数初值自动重装入 TL0，继续计数，TH0 中的内容保持不变，即 TL0 是一个自动恢复初值的 8 位计数器。

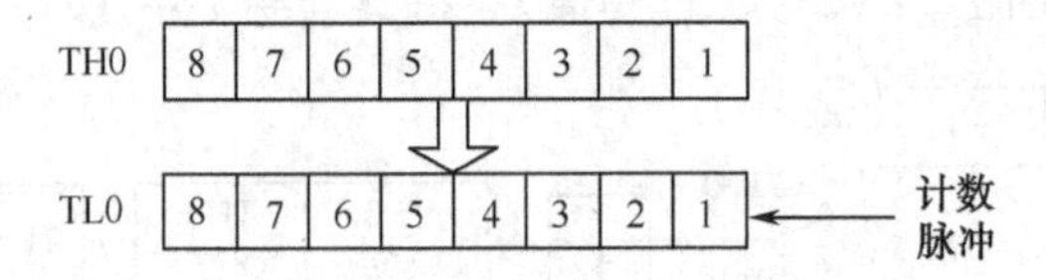

图 5-12　方式 2 下 TH0 和 TL0 的分配

方式 2 的定时时间为：$t=(2^{8}-初值)\times T_M$

由于省去了用户程序中重装初值的指令，因此方式 2 可实现精确的定时时间。

4．方式 3——T0 分成两个 8 位计数器，T1 停止计数

当 TMOD 寄存器中的 M1M0=11 时，定时/计数器被选为工作方式 3。在方式 3 下，T0 可用做定时或计数，而 T1 停止计数，但可用做波特率发生器。此时 T0 分成两个独立的定时/计数器 TL0 和 TH0。TL0 使用 $C/\overline{T}$、GATE、TR0、$\overline{INT0}$、TF0 定时或计数；TH0 使用 TR1、TF1，因此只能用于定时。

1）方式 3 下的 T0

定时器 T0 工作于方式 3 时的 TH0/TL0 和 TH1/TL1 的分配如图 5-13 所示。在方式 3 下，定时/计数器 0 被拆成两个独立的 8 位计数器 TL0 和 TH0。其中 TL0 既可以作计数功能使用，又可以作定时功能使用，占用了原 T0 的控制位、引脚和中断源，即 $C/\overline{T}$、GATE、TR0、TF0、T0（P3.4）和 $\overline{INT0}$ 引脚均用于 TL0 的控制。对于 TH0 只能作定时功能使用，同时借用了定时/计数器 1 的运行控制位 TR1 和溢出标志位 TF1，并占用了 T1 的中断源。此时 TH0 启动和停止仅受 TR1 控制，而计数溢出时则会置位 TF1。

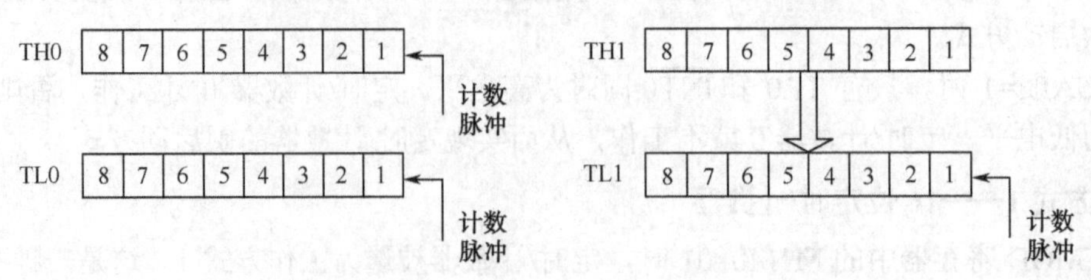

图 5-13　方式 3 下 TH 和 TL 的分配

2）方式 3 下的 T1

当定时/计数器 0 工作在方式 3 时，定时/计数器 1 可工作在方式 0、方式 1 和方式 2，此时由于 TR1、TF1 和 T1 中断源均被定时/计数器 0 占用，仅有控制位切换 T1 定时或计数工作方式，计数溢出时，只能将输出送入串行接口。在这种情况下定时/计数器 1 一般仅用做串行接口的波特率发生器。只要设置好工作方式，便可自动开始运行。如果要停止工作，只需要把定时/计数器 1 设置成工作方式 3 就可以了。

5.3.4 定时/计数器应用举例

在定时/计数器的 4 种工作方式中，方式 0 与方式 1 基本相同，由于方式 0 是为兼容 MCS-48 系列单片机而设置的，其计数初值计算比较麻烦，所以在实际应用中，方式 0 一般比较少用，而多使用方式 1。

1．定时/计数器的初始化编程

定时/计数器的功能是通过软件编程来实现的，所以在使用定时/计数器时在主程序中要先对其进行初始化，使其按设定的功能工作。定时/计数器的初始化包括下面几个步骤：

❶ 确定工作方式，即对定时器方式寄存器 TMOD 赋值。

❷ 根据需要，开放定时/计数器中断，即对 IE、IP 寄存器赋值。

❸ 置定时/计数器初值，即对 TH0、TL0 或 TH1、TL1 寄存器赋值。

对定时方式，设定时器初值为 X，则定时时间为：

$$t = \text{计数值}\ n \times \text{机器周期}\ T_M$$
$$= (\text{定时/计数器最大值}\ M - \text{定时/计数器初值}\ X) \times \text{机器周期}\ T_M$$
$$= (M - X)\ T_M$$

因此，定时初值：$X = M - \dfrac{t}{T_M}$

对计数方式，设计数器初值为 X，则计数值：

$$n = \text{定时/计数器最大值}\ M - \text{定时/计数器初值}\ X$$

因此，计数初值：$X=M-n$

❹ 启动定时/计数器，将 TCON 寄存器的 TR0 或 TR1 置“1”，或由加到引脚 $\overline{\text{INT}}$ 上的外部信号电平启动。

【例 5-5】 已知 MCS-51 单片机晶振频率为 12MHz，试分别计算在方式 1 和方式 0 下定时器 T1 定时 2ms 所需的定时器初值。

解：因为晶振频率为 12MHz，所以机器周期为：

$$T_M = 12 \times \frac{1}{f_{osc}} = 12 \times \frac{1}{12 \times 10^6} = 1\mu s$$

如果采用定时功能工作方式 1，则初值为：

$$X = 2^{16} - \frac{2ms}{1\mu s} = 63536 = \text{F830H}$$

所以，TH1=F8H，TL1=30H。

如果采用定时功能工作方式 0，则初值为：

$$X = 2^{13} - \frac{2ms}{1\mu s} = 6192 = \text{1830H} = \text{1100000110000B}$$

所以，TH1=11000001B=C1H，TL1=10000B=10H（TL1 的高 3 位用“0”填充）。

2．应用实例

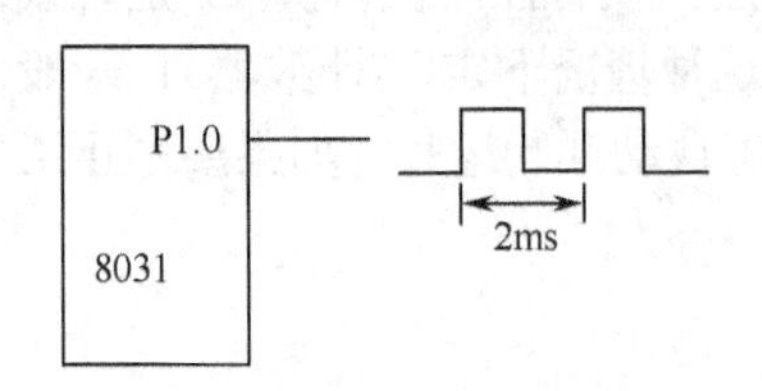

图 5-14　从 P1.0 脚输出周期 2ms 的方波

【例 5-6】 已知单片机晶振频率为 6MHz，要求用定时/计数器 T0 工作方式 1，在 P1.0 脚输出周期为 2ms 的连续方波，如图 5-14 所示，试采用中断方式编写程序。

解：首先理清本题的解题思路，要从 P1.0 脚输出 2ms 的对称方波，只需每 1ms 对 P1.0 取反一次即可。让定时器 T0 每隔 1ms 溢出一次，即 T0 每隔 1ms 产生一次中断请求，CPU 响应中断后，在中断服务程序中对 P1.0 取反。

1）定时器方式寄存器 TMOD 的设置

要求用 T0 定时、工作方式 1、软启动，TMOD 寄存器应为如下设置：

T1				T0			
GATE	$C/\overline{T}$	M1	M0	GATE	$C/\overline{T}$	M1	M0
×	×	×	×	0	0	0	1

TMOD 寄存器中高 4 位是对 T1 进行控制的，本题没有用到 T1，填“0”或者“1”都可以，用“×”表示，一般常用“0”来填充。TMOD 寄存器中低 4 位是对 T0 进行控制的，所以 TMOD=01H。

2）计算定时器的初值

已知晶振频率为 6MHz，所以机器周期为 2μs。

采用定时功能工作方式 1，则 T0 的初值为：

$$X = 2^{16} - \frac{1\text{ms}}{2\mu\text{s}} = 65036 = \text{FE0CH}$$

所以 T0 的初值为 TH0=FEH，TL0=0CH。

3）当 T0 定时 1ms 时间到，向 CPU 申请中断，所以 T0 应开中断，即 ET0=1，同时中断总允许 EA=1。

4）编写程序

在主程序中要进行定时器初始化和中断初始化，主要是对寄存器 IP、IE、TCON、TMOD 的相应位进行正确的设置，将计数初值送入定时器 T0 中。在中断服务程序中，除了完成要求的产生方波这一任务之外，还要注意将初值重新装入定时器 T0 中，为下一次定时中断做准备。

```
        ORG  0000H
        LJMP MAIN                 ;转主程序
        ORG  000BH                ;T0 中断入口地址
        LJMP T0INT                ;跳转到 T0 中断服务程序
        ORG  0030H                ;主程序
MAIN:   MOV  TMOD,   #01H         ;设置定时器方式寄存器 TMOD
        MOV  TH0,    #0FEH        ;送初值
        MOV  TL0,    #0CH
        SETB EA                   ;开中断总允许
```

```
            SETB ET0                    ;开 T0 中断允许
            SETB TR0                    ;启动 T0 开始定时
HERE:       SJMP HERE                   ;等待 T0 中断
            ORG 0100H                   ;T0 中断服务程序
T0INT:      MOV  TH0,     #0FEH         ;重装初值
            MOV  TL0,     #0CH
            CPL P1.0          ;P1.0 取反
            RETI  ;中断返回
            END
```

【例 5-7】 控制要求同例 5-6，试采用查询方式编写程序。

解：本题也是要求用定时/计数器 T0 工作方式 1，在 P1.0 脚输出周期为 2ms 的连续方波，因此本题中定时器方式寄存器 TMOD 和定时器初值的设置与例 5-6 相同，但禁止 T0 中断，工作中不断查询定时器 T0 的溢出标志位 TF0，当查询到 TF0 为“1”时，将 P1.0 取反，同时将 TF0 清零，并对定时器 0 重装初值，编写程序如下：

```
         ORG    1000H
         MOV    TMOD,#01H          ;设置定时器方式寄存器 TMOD
         MOV    TH0,   #0FEH       ;送初值
         MOV    TL0,   #0CH
         SETB   TR0                ;启动 T0 开始定时
LOOP:    JBC    TF0,NEXT           ;查询 TF0 是否为 1？为 1 则转 NEXT，同时将 TF0 清零
         SJMP   LOOP               ;TF0 为 0，则等待 T0 计数溢出
NEXT:    MOV    TH0,   #0FEH       ;重装初值
         MOV    TL0,   #0CH
         CPL    P1.0               ;P1.0 取反
         SJMP   LOOP               ;处理完毕转 LOOP
         END
```

本例采用查询 T0 溢出标志的方法也可以实现从 P1.0 脚输出周期 2ms 的对称方波，虽然程序比中断方式简单，但由于 CPU 一直在查询溢出标志 TF0，占用了 CPU 的大量时间，所以只能适用于 CPU 比较空闲的情况。如果 CPU 比较忙，则应使用中断方式。

【例 5-8】 MCS-51 单片机硬件连接如图 5-15 所示，要求用定时器 T1 的工作方式 2 对外部脉冲进行计数。每计满 10 个脉冲，就使 P1.0 引脚外接的发光二极管的状态发生变化，由亮变暗，或反之。

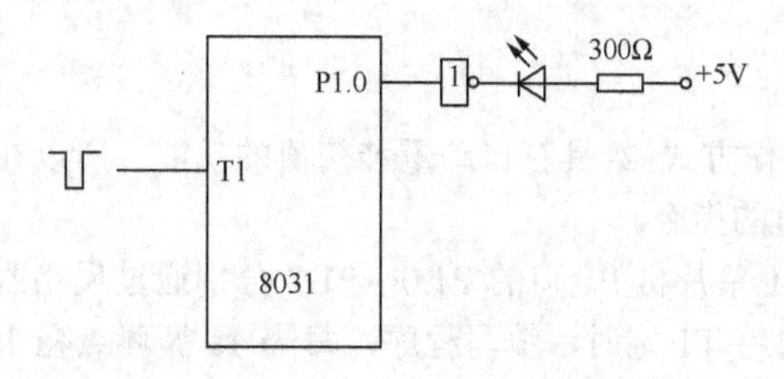

图 5-15 MCS-51 单片机硬件连接图

解：本例是定时器 T1 在工作方式 2 下计数模式的应用。

1）定时/计数器方式寄存器 TMOD 的设置

外部脉冲信号从 T1（P3.5）脚输入，每发生一次负跳变计数器加 1，每输入 10 个脉冲，计数器产生溢出中断，在中断服务程序中将 P1.0 取反一次，使外接发光二极管的状态发生变化。

要求用 T1 计数、工作方式 2、软启动，所以 TMOD 寄存器应为如下设置：

T1				T0			
GATE	$C/\overline{T}$	M1	M0	GATE	$C/\overline{T}$	M1	M0
0	1	1	0	×	×	×	×

TMOD 寄存器中低 4 位是对 T0 进行控制的，本题没有用到 T0，填 0 或者 1 都可以，用“×”表示，但不能将 T0 设置到方式 3，一般常用“0”来填充。TMOD 寄存器中高 4 位是对 T1 进行控制的，所以 TMOD=60H。

2）计算 T1 的初值

$$初值\ X=M-n=2^8-10=246=F6H$$

因此，TL1 的初值为 F6H，重装初值寄存器 TH1=F6H。

3）当 T1 计数到时向 CPU 申请中断，T1 应开中断，中断允许寄存器 IE 设置如下：

	EA			ES	ET1	EX1	ET0	EX0	
IE=	1	-	-	0	1	0	0	0	=88H

4）编写程序

```
        ORG     0000H
        LJMP    MAIN
        ORG     001BH           ;T1 中断入口
        LJMP    BRT1
        ORG     0100H           ;主程序
MAIN:   MOV     TMOD, #60H      ;设 T1 为方式 2 计数
        MOV     TL1, #0F6H      ;T0 置初值
        MOV     TH1, #0F6H
        MOV     IE,  #88H
        SETB    TR1             ;启动 T1 开始计数
HERE:   SJMP    HERE
        ORG     0200H           ;T1 中断服务程序
BRT1:       CPL     P1.0            ;P1.0 位取反
        RETI
        END
```

由于定时/计数器工作方式 2 具有自动重装初值的功能，所以在本例的中断服务程序中无需编写对 T1 重装初值的指令。

【例 5-9】 MCS-51 单片机 P1 口的 P1.0～P1.7 分别通过反相器接 8 个发光二极管，电路如图 5-16 所示。要求用 T1 定时，编写程序，每隔 1s 循环点亮 1 只发光二极管，一直循环下去，已知系统的晶振频率为 6MHz。

解：要求每隔 1s 循环点亮 1 只发光二极管，则定时器 T1 需要定时 1s，这个值显然已经超过了定时器的最大定时时间。为此，可采用定时器定时与软件计数相结合的方法来解决问题。本题用定时器 T1，每隔 0.1s 中断 1 次，向 CPU 申请中断，用 R0 计中断的次数。当

R0 计到 10 次中断时，则 1s 时间到，循环点亮下 1 只发光二极管。

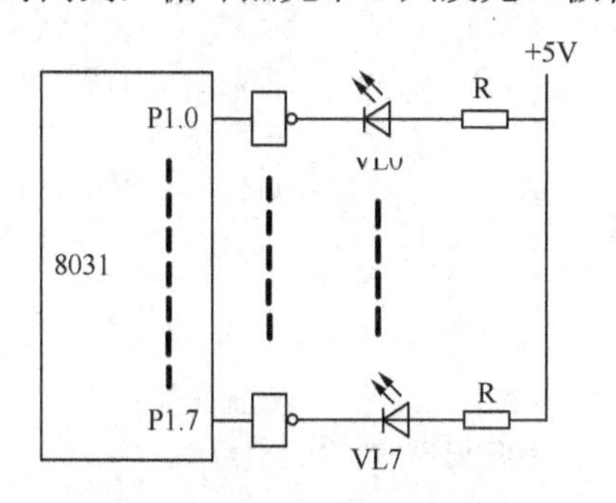

图 5-16 循环点亮发光二极管

1）定时/计数器方式寄存器 TMOD 的设置

要求用 T1 定时、工作在方式 1、软启动，所以 TMOD 寄存器应如下设置：

T1				T0			
GATE	C/$\overline{T}$	M1	M0	GATE	C/$\overline{T}$	M1	M0
0	0	0	1	×	×	×	×

TMOD 寄存器中低 4 位是对 T0 进行控制的，本处没有用到 T0，填“0”或者“1”都可以，用“×”表示，但不能将 T0 设置到方式 3，一般常用“0”来填充。TMOD 寄存器中高 4 位是对 T1 进行控制的，所以 TMOD=10H。

2）计算定时器的初值

已知晶振频率为 6MHz，则机器周期为 $12/f_{osc}$=2μs

采用定时功能工作方式 1，定时时间为 100ms，则 T1 的初值为：

$$X = 2^{16} - \frac{100\text{ms}}{2\mu\text{s}} = 15536 = \text{3CB0H}$$

所以 T1 的初值为 TH1=3CH，TL1=B0H。

3）当 T1 定时到向 CPU 申请中断，T1 应开中断，中断允许寄存器 IE 设置如下：

	EA			ES	ET1	EX1	ET0	EX0	
IE=	1	-	-	0	1	0	0	0	=88H

4）编写程序

```
        ORG 0000H
        LJMP START
        ORG 001BH                 ;T1 中断入口
        LJMP IT11
        ORG 0300H                 ;主程序
START:  MOV  A,      #01H         ;点亮第 1 个 LED 灯
        MOV  P1,     A
        MOV  R0,     #0AH         ;设置中断次数 10 次
        MOV  TMOD,   #10H         ;置定时器 1 工作方式 1
        MOV  TH1,    #3CH         ;送初值
        MOV  TL1,    #0B0H
        MOV IE,      #88H         ;开中断
```

```
            SETB TR1                        ;启动定时器
LOOP:       CJNE R0,      #00H,             NEXT    ;R0≠0 则转 NEXT
            MOV R0,       #0AH              ;否则 1s 延时到，重置 R0
            RL A                            ;A 左移
            MOV  P1,      A                 ;点亮下 1 个 LED 灯
NEXT:       SJMP LOOP
            ORG 0300H
IT11:       DEC R0
            MOV TH1,      #3CH              ;重置初值
            MOV  TL1,     #0B0H
            RETI
            END
```

*5.3.5　用定时/计数器扩展外部中断

在外中断不够用，而定时/计数器还有剩余的情况下，可用定时/计数器扩展外中断。

能用定时/计数器扩展外中断的依据是：在计数工作模式下，T0（或 T1）引脚上发生负跳变时，T0（或 T1）计数器会加 1，利用这个特性，可以把 T0（或 T1）引脚作为扩展的外部中断请求输入引脚，而定时/计数器的溢出中断标志 TF0（或 TF1）就借用为外部中断请求标志。

下面以定时/计数器 0 为例，将其设置成计数模式，工作在方式 2，且设置计数的初值为 FFH。只要计数输入端 T0 来 1 个脉冲，计数器 0 就计满溢出，其溢出标志 TF0 会自动置“1”，向 CPU 发出中断请求，程序如下：

```
            ORG     0000H
            LJMP    MAIN            ;跳到主程序
            ORG     000BH           ;T0 中断入口
            LJMP    EXINT           ;跳转到扩展外中断服务程序
            ORG     0030H           ;主程序
MAIN:       MOV     TMOD，#06H      ;设置计数器 0 工作方式 2
            MOV     TL0，#0FFH      ;给计数器设置初值
            MOV     TH0，#0FFH      ;
            SETB    ET0             ;允许 T0 中断
            SETB    EA              ;允许总中断
            SETB    TR0             ;启动计数
              ⋮
            ORG     2000H           ;扩展外中断服务程序
EXINT：     PUSH    PSW             ;保护现场
              ⋮                     ;对扩展外中断的处理
            POP     PSW             ;恢复现场
            RETI                    ;中断返回
            END
```

将扩展的外部中断输入信号接到计数输入端 P3.4（T0 引脚），当连接在 P3.4 的电平发生负跳变时，TL0 加 1，产生溢出， TF0 标志自动置“1”，向 CPU 发出中断请求，同时 TH0 的内容 FFH 送 TL0，即 TL0 恢复初值 FFH，为下次中断请求做好准备。当 CPU 响应

中断后，在 T0 的中断入口 000BH 处放置跳转指令，跳到对扩展的外中断进行处理的中断服务程序去，从而可以借“计数中断”之名，行“外部中断服务”之实。

本章小结

中断是计算机的一个重要功能，引入中断后计算机的效率得到了很大的提高，在解决实时控制问题时，变得非常灵活和方便，应用非常广泛。有关**中断的主要概念**有：中断、中断源、中断嵌套、中断处理过程、保护现场、恢复现场等。

MCS-51 单片机有 2 个外部中断源、2 个定时/计数器中断源和 1 个串口中断源，这 5 个中断源的入口地址是固定的。与中断有关的特殊功能寄存器对中断的控制起着至关重要的作用，包括定时器控制寄存器 TCON、串行接口控制寄存器 SCON、中断允许寄存器 IE 以及中断优先级寄存器 IP。中断程序包括中断初始化程序和中断服务程序两部分。

MCS-51 单片机内部有两个 16 位定时/计数器 T0 和 T1，其核心是加 1 计数器，每输入一个脉冲，计数值加 1，当计数值达到全为“1”时，再输入一个脉冲就使计数值回零，同时从最高位溢出一个脉冲产生溢出中断标志。T0 和 T1 的启动和停止由 TMOD 寄存器中的 GATE 位、TCON 寄存器中的运行控制位 TR 和引脚 P3.4（或 P3.5）外部的信号电平共同控制。

当定时/计数器工作于计数器状态时，计数脉冲来自系统外部的脉冲源，这时定时/计数器对外部事件计数。当定时/计数器工作于定时器状态时，计数脉冲来自系统的时钟振荡器的 12 分频，由于此时的计数脉冲周期是固定的，所以脉冲数乘以脉冲周期时间就是定时时间。

MCS-51 单片机内部的定时/计数器有 4 种工作方式。方式 0 是一个 13 位的定时/计数器，方式 1 是一个 16 位的定时/计数器，方式 2 是可自动重装初值的 8 位定时/计数器。定时器 T0 在方式 3 下分成两个独立的 8 位计数器 TL0 和 TH0，其中 TL0 可用做定时或计数，而 TH0 固定作为定时器用，在方式 3 下，定时器 T1 将停止计数，一般仅用做串行接口的波特率发生器。

思考题和习题

5.1 什么叫中断源？8031 单片机有几个外部中断源？几个内部中断源？

5.2 8031 单片机 5 个中断源的中断程序入口地址分别是多少？8031 响应中断的最短时间是多少？

5.3 说明什么情况下可在中断入口地址开始直接编写中断服务程序而不需要跳转？

5.4 试写出设定 $\overline{\text{INT0}}$ 和定时器 0 的中断请求为高优先级和允许它们中断的程序。如果 $\overline{\text{INT0}}$ 和定时器 0 同时有中断请求时，试问 MCS-51 先响应哪个中断请求？为什么？

5.5 MCS-51 单片机外部中断申请有几种方式？为什么外部中断一般不用低电平触发方式？

5.6 某单片机系统用于检测压力、温度，另外还需要用定时器 0 作定时控制。如果压力超限和温度超限的报警信号分别由 $\overline{\text{INT0}}$、$\overline{\text{INT1}}$ 输入，中断优先权从高到低的排列顺序依次为压力超限→温度超限→定时控制，试确定特殊功能寄存器 IE 和 IP 的内容。

5.7　设外部中断 1 为低电平触发方式，高优先级，试编写中断初始化程序。

5.8　已知 8031 单片机晶振频率是 12MHz，定时器 T1 最长定时时间是多少？如果 8031 单片机晶振频率是 6MHz，定时器 T1 最长定时时间又是多少？

5.9　已知单片机晶振频率为 6MHz，要求使用 T1 定时 50ms，工作在方式 1，允许中断，试计算初值并编写初始化程序。

5.10　定时器 T0 用于计数控制，工作在方式 2，要求每计数 35 次产生一个中断，试计算初值并编写初始化程序。

5.11　已知 8031 单片机晶振频率是 12MHz，要求用定时器 T1 定时。每定时 1s 时间，就使 P1.7 引脚外接的发光二极管的状态发生变化，由亮变暗，或反之。试计算初值，并编写程序。

5.12　设 MCS-51 单片机时钟为 12MHz，请利用内部定时器 T1 编写从 P1.1 引脚输出 3ms 矩形波的程序，要求占空比为 2∶1（高电平 2ms，低电平 1ms）。

5.13　已知晶振频率为 6MHz，设计程序使 P1.4 和 P1.5 外接灯自动轮流点亮，间隔时间为 0.5s。

5.14　用定时/计数器 T1 对外部脉冲计数，工作在方式 2，并将 T1 的计数值从 P1 口输出，经反相器点亮发光二极管，以二进制数的形式显示出来。画出电路图并编写程序。

5.15　MCS-51 单片机有哪几种扩展外部中断源的方法？各有什么特点？

第6章 存储器扩展与并行I/O接口扩展

【知识点】

☆ MCS-51单片机存储器的扩展（存储器概述、程序存储器及其扩展、数据存储器及其扩展）

☆ I/O接口技术概述（I/O接口的作用、I/O接口的编址、I/O数据的传送方式、I/O接口的类型）

☆ MCS-51单片机并行I/O接口的应用与扩展（MCS-51单片机I/O接口的直接应用、采用8255A扩展并行I/O接口、采用8155扩展并行I/O接口）

一般来说，采用8051/8751/89C51的最小系统能发挥单片机体积小、成本低的优点。但在很多情况下，构成一个工业测控系统时，考虑到传感器接口、驱动控制接口以及人机对话接口等的需要，单片机最小系统常常不能满足要求，因此，必须在片外扩展相应的外围芯片，这就是系统扩展。它包括外部存储器的扩展（外部存储器又分为外部程序存储器和外部数据存储器）、I/O接口扩展、定时/计数器扩展、中断系统扩展以及其他特殊功能扩展等。本章先介绍MCS-51单片机外部存储器的扩展，I/O接口的直接应用，以及并行I/O接口的扩展。有关人机接口、A/D和D/A接口以及串行I/O接口的内容将在后续章节中介绍。

6.1 MCS-51单片机存储器的扩展

8031内部没有程序存储器，必须外部扩展程序存储器。而8051/8751内部仅有4KB的ROM，当程序比较大时也需要扩展程序存储器。另外，MCS-51系列单片机内部仅有128字节的用户RAM，当应用程序需要随机读写较多的数据时，也需要扩展数据存储器。

6.1.1 存储器概述

存储器是存放程序和数据的部件。有了存储器，计算机才能进行程序的运行和数据的处理。

1. 存储器的分类

微型计算机中的存储器分为“内存”和“外存”两类。内存常与CPU装在同一块主板上，主要由半导体存储器组成，CPU可以通过总线直接存取数据。而构成内存的半导体存储器造价高、速度快、但容量小，主要用来存放当前正在运行的程序和正在待处理的数据。外存主要由磁盘存储器、光盘存储器等构成，CPU通过I/O接口进行数据的存取。而构成外存的磁盘、光盘造价低、容量大，信息可长期保存，但速度慢，主要用来存放暂不运行的程序和暂不处理的数据。

2．半导体存储器的分类

半导体存储器又分为只读存储器 ROM （Read Only Memory）和随机存取存储器 RAM（Random Access Memory）两大类。

1）只读存储器 ROM

ROM 只允许读操作，即在正常工作时只能读取其中的信息，而不能用通常的方法将信息写入存储器。ROM 通常用于存放应用程序，故又称为程序存储器，ROM 中的信息在断电后可长期保存。ROM 又可分为掩膜 ROM、PROM、EPROM 和 E^2PROM 四种。

❶ 掩膜 ROM：掩膜 ROM 中的信息在制造时由掩膜工艺固化进去，信息一但固化便不能再修改。因此，掩膜 ROM 仅适合于存储成熟的固定程序及数据，在大批量生产时成本很低。

❷ PROM：PROM（Programmable ROM，可编程只读存储器）是一种由厂家生产出的“空白”存储器，用户利用特殊方法自行写入程序，即对存储器编程，但只能写一次，且写入的信息不能修改，适合于批量使用。

❸ EPROM：EPROM（Erasable Programmable ROM，可擦除只读存储器）可由用户多次编程，如编程之后想修改，可用紫外灯制作的擦抹器照射 20 分钟左右即可将存储器内的信息擦除，用户可再编程，便于研制和开发使用。

❹ E^2PROM：E^2PROM（Electrically Erasable Programmable ROM，电擦除可编程只读存储器）能通过加电信号直接擦除其中的信息，而不需要将芯片拔下来用紫外灯照射，而且能以字节为单位擦除和改写，使用起来特别方便。但目前的主要缺点是存取速度慢，常常难以满足实时控制的需要。

目前新出现的 Flash 存储器（简称闪存）是基于 E^2PROM 原理而改进的一种新型电擦除只读存储器，数据存取时间比 E^2PROM 更短，其性能更好。

2）随机存取存储器 RAM

RAM 可进行读写操作，工作中既可读出数据也可写入数据，一般的 RAM 在断电后其中的信息将会丢失，RAM 通常用于存放实时数据，故又称为数据存储器。RAM 又可分为静态 RAM 和动态 RAM 两种。

❶ 静态 RAM：静态 RAM 即 SRAM（Static RAM），其存储电路以双稳态触发器为基础，用触发器的两个稳定状态来表示所存二进制信息“0”和“1”，只要不掉电信息就不会丢失，无需刷新电路，因此控制简单。缺点是集成度低，存储容量小，一般多用在单片机系统中。

❷ 动态 RAM：动态 RAM 即 DRAM（Dynamic RAM），其存储单元以电容为基础，用电容上所存储的电量来表示二进制信息，电路简单，集成度高。但电容中的电荷因泄漏会逐渐减少，因此需要定时刷新，以补充存储电容上的电荷，因此在电路的控制上会麻烦些。DRAM 通常适用于大存储容量的计算机。

3．半导体存储器的指标

从接口电路来看，半导体存储器最重要的指标是存储器芯片的容量和存取速度。

1）存储容量

存储容量是指存储器所能存储的二进制信息的总量。由于在微型机中，数据都以字节（Byte）为单位并行传送（1 字节=8 位二进制），所以对存储器的读写也常以字节为单位进行。然而存储器芯片因工艺等原因，其数据线有 4 位、8 位等不同，因此在标定存储器容量时，通常同时标出存储单元数和数据线位数，即：

存储器容量=单元数×数据线位数

例如，存储容量为 512×8 的存储芯片表示其中有 512 个存储单元，每个单元可以存放 8 位二进制信息。当存储单元数较多时，单元数常以 K 或 M 为单位，1K=1024，1M=1024K。而字节常用字母“B”来表示。例如，存储容量为 1KB 的存储器表示它有 1024 个单元，每个单元可存放 8 位二进制信息。同样，存储容量为 2KB 的存储器表示其中有 2048 个单元，每个单元可存放 8 位二进制信息。

MCS-51 系列单片机存储器的寻址范围是 0～64KB，所以最多只能用到容量为 64KB 的存储芯片。

2）存取速度

存储器芯片的存取速度是用存取时间来衡量的。它是指从 CPU 给出有效的存储器地址到存储器给出有效数据所花费的时间。该时间的上限值称为存储器的最大存取时间。因此，存储器的最大存取时间与计算机的工作速度有关，最大存取时间越小，计算机的工作速度就越快。通常，半导体存储器的最大存取时间从几十到几百毫微秒。

6.1.2　程序存储器及其扩展

1．常用 EPROM 芯片

典型的程序存储器芯片常用 Intel 27 系列 EPROM，该系列存储芯片如表 6-1 所列，其中“27”后面的数字表示其位存储容量。

表 6-1　Intel 27 系列 EPROM 存储器

型　号	容　量	地址线数	读出时间	电　源	引脚数
2716	2KB	11	300～450ns	+5V	24
2732	4KB	12	200～450ns	+5V	24
2764	8KB	13	200～450ns	+5V	28
27128	16KB	14	250～450ns	+5V	28
27256	32KB	15	200～450ns	+5V	28
27512	64KB	16	250～450ns	+5V	28

该系列 EPROM 的内部结构、引脚功能、擦除特性、工作方式都相同，不同的是存储容量以及地址线数。下面以 2764 为例，介绍该系列 EPROM 的引脚功能和工作方式。

1）引脚功能

❶ A0～A12：地址线引脚。引脚数目取决于存储容量，2764 的存储容量为 8KB，其地址线条数与存储容量的关系为 2^{13}=8192=8K，故需 13 根地址线，经译码后选择芯片内部的存储单元。2764 的地址线应与 MCS-51 单片机的 P0 口和 P2 口相连接，用于传送单片机送来的地址信号。

❷ D7～D0：数据线引脚，用于传送数据。在正常工作时用于传送从 2764 中读出的程序代码；在编程方式时用于传送需要写入的程序代码。

❸ $\overline{CE}$：片选输入端，该引脚用于控制本芯片是否工作。只有当该引脚为低电平时，才允许本芯片工作。

❹ $\overline{OE}$：输出允许控制，当给该引脚加高电平，则数据线 D7～D0 处于高阻状态；当

给该引脚加低电平，则数据线 D7～D0 处于开通状态。

❺ $\overline{PGM}$：编程控制端，给该引脚加高电平时，2764 处于正常工作状态；当给该引脚输入一个 50ms 宽的负脉冲，则 2764 配合 VPP 引脚上的 21V 高电压可以处于编程状态。

❻ V_{PP}：编程电源，编程时，编程电压（+12V 或+21V）的输入端。

❼ V_{CC}：工作电源，芯片的工作电压+5V。

❽ GND：电源地线。

2）工作方式

2764 的几种工作方式参见表 6-2 所列。

表 6-2　2764 工作方式选择表

工 作 方 式	引　脚					
	$\overline{CE}$	$\overline{OE}$	$\overline{PGM}$	V_{PP}	V_{CC}	D7～D0
读出	低	低	高	V_{CC}	V_{CC}	输出
维持	高	×	×	V_{CC}	V_{CC}	高阻
编程	低	高	编程负脉冲	V_{PP}	V_{CC}	输入
编程校验	低	低	高	V_{PP}	V_{CC}	输出
禁止编程	高	×	×	V_{PP}	V_{CC}	高阻

❶ 读出方式：片选控制线 $\overline{CE}$ 为低，同时输出允许控制线 $\overline{OE}$ 为低，V_{PP} 为+5V，指定地址单元的内容从 D7～D0 上读出。

❷ 未选中方式：片选控制线 $\overline{CE}$ 为高电平，输出呈高阻状态，功耗下降。

❸ 编程方式：V_{PP} 端加上规定电压，$\overline{CE}$ 和 $\overline{OE}$ 端加合适电平（不同的芯片要求不同），就能将数据线上的数据写入到指定的地址单元。

❹ 编程校验方式：在编程过程中，为证验编程结果是否正确，通常在编程过程中还要进行校验操作。

❺ 编程禁止方式：输出呈高阻状态，不写入程序。

2．单片机程序存储器的扩展

MCS-51 单片机最大可寻址 64KB 的程序存储器，8031 内部没有程序存储器，必须外部扩展存储器。由于 2716、2732 EPROM 容量小，性价比不高，常用 2764、27128、27256 等芯片扩展。

下面以扩展一片 27128 为例，说明如何扩展程序存储器。27128 与 8031 单片机接口电路如图 6-1 所示。

存储器扩展的关键问题是地址总线、数据总线和控制总线这三类总线的连接。MCS-51 单片机由于受引脚数目的限制，数据线和低 8 位地址线复用，为了将它们分离出来，需要外加地址锁存器 74LS373。74LS373 是带有三态门的 8D 锁存器，其引脚功能如下。

❶ D7～D0：8 位数据输入线；

❷ Q7～Q0：8 位数据输出线；

❸ G：数据输入锁存选通信号；

❹ $\overline{OE}$：数据输出允许信号。

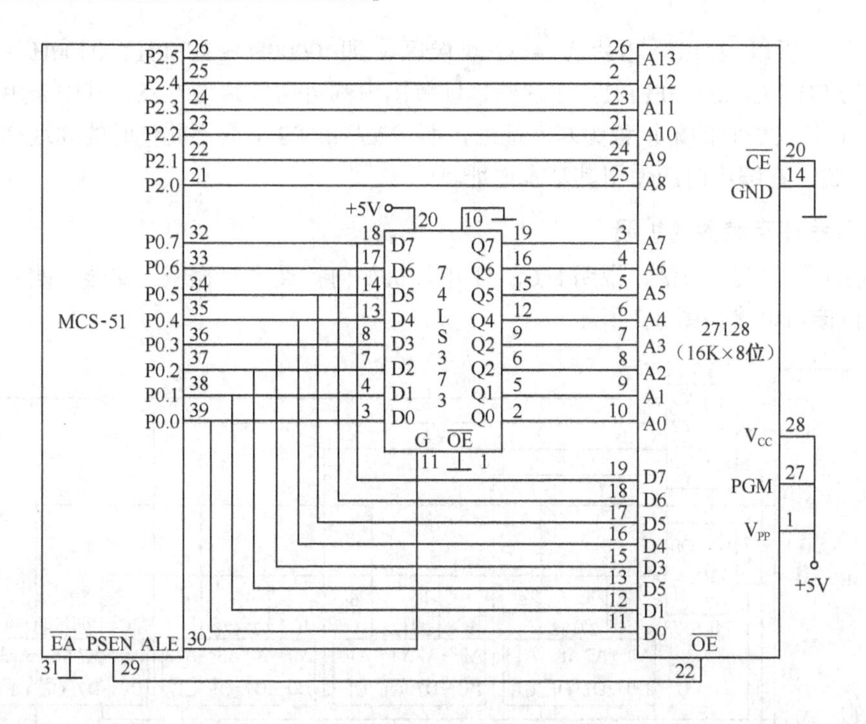

图 6-1 27128 与 8031 单片机接口电路

利用 74LS373 将单片机 P0 口送出的低 8 位地址锁存，然后由地址锁存器输出低 8 位地址 A7～A0，从而将 P0 口作为数据总线使用。再以 P2 口作为高 8 位地址，加上 74LS373 提供的低 8 位地址，形成完整的 16 位地址总线，使单片机的寻址范围达到 64KB。

但实际上 27128 的存储容量为 16KB，需要 14 根地址线（A13～A0）进行芯片内存储单元的选择，为此将 27128 芯片的 A7～A0 引脚与 74LS373 锁存器的 8 个输出端对应连接，剩下的高 6 位地址 A13～A8 与单片机 P2 口的 P2.5～P2.0 相连接，这样就完成了 14 位地址线的连接。由于只有唯一的一片程序存储器，因此可将 27128 的片选端 $\overline{CE}$ 直接接地。同时也将单片机的 $\overline{EA}$ 端接地，全部使用片外的程序存储器。

数据线的连接很简单，只要把 27128 存储芯片的数据输出引脚 D7～D0 与单片机的 P0 口线对应连接就可以了。

控制线使用单片机的外部程序存储器读选通信号 $\overline{PSEN}$，将该信号接到 27128 的输出允许端 $\overline{OE}$，以便将指定存储单元的代码读出。另外，将单片机的 ALE 端与 74LS373 锁存器的 G 端相连接，以控制该锁存器将单片机 P0 口发出的低 8 位地址信号锁存，并从 Q7～Q0 引脚输出。

当连线确定以后，就可以得出该存储器的地址范围，如果把 P2 口中没有用到的地址线 P2.7 和 P2.6 设为 0 状态，则图 6-1 所示的 27128 芯片的最低地址是：

$$A_{15}A_{14}A_{13}A_{12}\cdots A_9A_8\quad A_7A_6\cdots A_1A_0=0000\ 0000\ 0000\ 0000B$$

其最高地址是：

$$A_{15}A_{14}A_{13}A_{12}\cdots A_9A_8\quad A_7A_6\cdots A_1A_0=0011\ 1111\ 1111\ 1111B$$

由此可得图 6-1 所示 27128 芯片的地址范围为 0000H～3FFFH。

由于 P2.7 和 P2.6 这两个地址线未用，与 27128 芯片的寻址无关，P2.7、P2.6 可以有 4

种状态组合，所以 27128 芯片有 4 个映像区，即 0000H～3FFFH、0400H～7FFFH、8000H～BFFFH、C000～FFFFH，在这些地址范围内都可访问片 27128。其中未用的地址线 P2.7 和 P2.6 取 00 时的地址称为基本地址，而 P2.7 和 P2.6 取不同值时的地址称为重叠地址。一般来说，在编程时应使用其基本地址。

3．多片程序存储器的扩展

以扩展四片 27128 为例，说明 MCS-51 单片机如何扩展多片程序存储器。四片 27128 与 8031 单片机接口电路如图 6-2 所示。

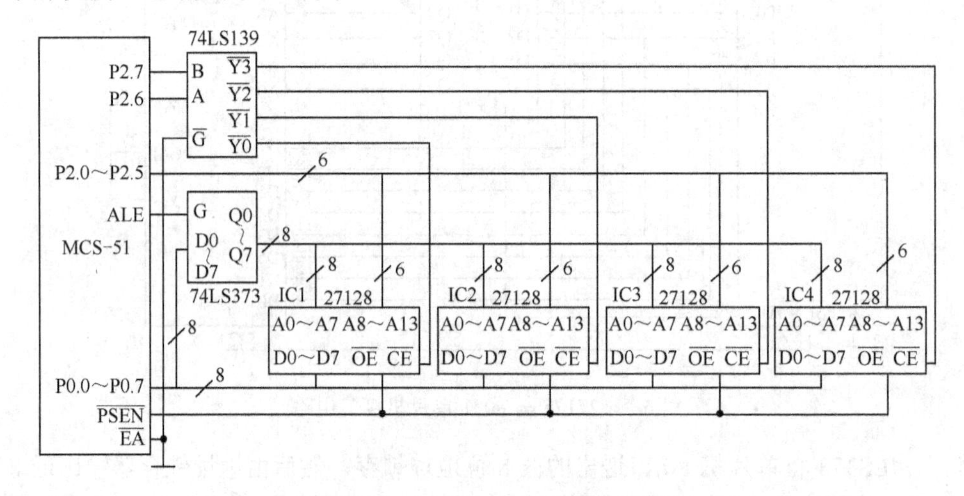

图 6-2　四片 27128 与 8031 单片机接口电路

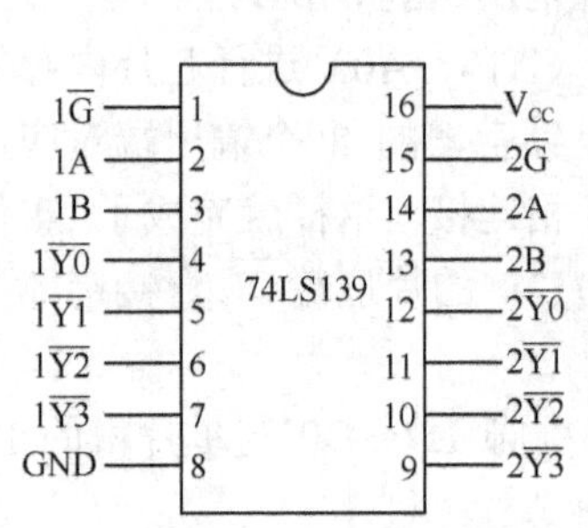

图 6-3　74LS139 引脚图

多片存储器扩展的关键问题仍然是地址总线、数据总线和控制总线这三类总线的连接。图 6-2 中由于每片 27128 的地址范围均为 16KB，其地址线均为 A13～A0，为了区分 CPU 是访问哪一片 27128，可以利用译码器进行片选，这种片选方法称为译码法。图 6-2 中利用 74LS139 进行译码。

74LS139 中有两个 2-4 译码器，其引脚如图 6-3 所示。图中 $\overline{G}$ 为使能端，低电平有效，A、B 为译码输入端，$\overline{Y0}$、$\overline{Y1}$、$\overline{Y2}$、$\overline{Y3}$ 为译码输出信号，低电平有效。74LS139 对两个输入信号 A、B 译码后得到 4 个输出状态，其真值表见表 6-3。

表 6-3　74LS139 真值表

输入端			输出端			
使能端	选择		$\overline{Y0}$	$\overline{Y1}$	$\overline{Y3}$	$\overline{Y3}$
$\overline{G}$	B	A				
1	×	×	1	1	1	1
0	0	0	0	1	1	1
0	0	1	1	0	1	1
0	1	0	1	1	0	1
0	1	1	1	1	1	0

图 6-2 中 74LS139 只用到一组 2-4 译码器，B、A 两个引脚分别接单片机的 P2.7 和

P2.6，74LS139 的输出端$\overline{Y0}$、$\overline{Y1}$、$\overline{Y2}$、$\overline{Y3}$分别接到四个 27128 的片选端$\overline{CE}$。而 27128 的低 8 位地址 A7～A0 接到 74LS373 地址锁存器的输出端，高 6 位地址 A13～A8 接到单片机的 P2.5～P2.0，因此，图 6-2 程序存储器扩展系统中各片 27128 的地址范围见表 6-4。

表 6-4 图 6-2 程序存储器扩展系统中各片 27128 的地址范围

27128 编号	$A_{15}A_{14}A_{13}A_{12}$ $A_{11}A_{10}A_9A_8$ A_7 A_6A_5 A_4A_3 A_2A_1 A_0	十六进制地址范围
IC1	0 0 0 0 0 0 0 0 0 0 0 0 0 0 0 0	0000H
27128	… … … … … … … … … … … … … … … …	…
（Y0=0）	0 0 1 1 1 1 1 1 1 1 1 1 1 1 1 1	3FFFH
IC2	0 1 0 0 0 0 0 0 0 0 0 0 0 0 0 0	4000H
27128	… … … … … … … … … … … … … … … …	…
（Y1=0）	0 1 1 1 1 1 1 1 1 1 1 1 1 1 1 1	7FFFH
IC3	1 0 0 0 0 0 0 0 0 0 0 0 0 0 0 0	8000H
27128	… … … … … … … … … … … … … … … …	…
（Y2=0）	1 0 1 1 1 1 1 1 1 1 1 1 1 1 1 1	BFFFH
IC4	1 1 0 0 0 0 0 0 0 0 0 0 0 0 0 0	C000H
27128	… … … … … … … … … … … … … … … …	…
（Y3=0）	1 1 1 1 1 1 1 1 1 1 1 1 1 1 1 1	FFFFH

数据线的连接很简单，只要把各片 27128 存储芯片的数据输出 D0～D7 引脚都与单片机的 P0 口线对应连接即可。

控制线将外部程序存储器读选通信号$\overline{PSEN}$同时接到每片 27128 的输出允许端$\overline{OE}$，以便将指定地址的存储单元的代码读出。另外，将单片机的 ALE 端与 74LS373 锁存器的 G 端相连接，以控制该锁存器将单片机 P0 口发出的低 8 位地址信号锁存，并从 Q7～Q0 引脚输出。

在图 6-2 中，**单片机 P0 口和 P2 口的所有引脚都用于寻址，没有空余的引脚，这就叫全译码**，其特点是无重叠地址，每个 27128 都工作在基本地址，芯片内每个存储单元仅有唯一的地址。

6.1.3 数据存储器及其扩展

1. 常用静态 RAM 芯片

单片机所需要的数据存储器容量不大，为了简化控制，一般都采用静态 RAM。典型的静态存储器芯片常用 Intel 62 系列静态 RAM，该系列存储芯片见表 6-5。

表 6-5 Intel 62 系列静态 RAM 芯片

型 号	容 量	地址线数	最大存取时间	电 源	引 脚 数
6116	2KB	11	200ns	+5V	24
6264	8KB	13	200ns	+5V	28
62128	16KB	14	200ns	+5V	28
62256	32KB	15	200ns	+5V	28

该系列静态 RAM 的内部结构、引脚功能、擦除特性、工作方式都相同，只是存储容量及地址线数不同。下面以 6264 为例，介绍该系列静态 RAM 的引脚功能和工作方式。

1）引脚功能

❶ A0～A12：地址输入线，用于传送 CPU 送来的地址信号。

❷ D0～D7：双向三态数据线，用于传送 6264 的读写数据。

❸ $\overline{CS}$和 CS1：片选信号输入。对于 6264 芯片，当 CS1 为高电平且$\overline{CS}$为低电平时才选中该片。

❹ $\overline{OE}$：允许输出线，当该脚为低电平时，芯片内指定单元的数据可以送到数据总线 D0～D7。

❺ $\overline{WE}$：写允许信号输入线，该脚为低电平时，6264 处于写入状态；当该脚为高电平时，则 6264 处于读出状态。

❻ V_{cc}：+5V 工作电源。

❼ GND：地线。

2）工作方式

6264 有读出、写入、未选通三种工作方式，这些工作方式的操作选择见表 6-6。

表 6-6　6264 工作方式选择表

工作方式	$\overline{CS}$	CS1	$\overline{WE}$	$\overline{OE}$	功　能
读出	0	1	1	0	从 6264 读出数据到 D7～D0
写入	0	1	0	1	将 D7～D0 数据写入 6264
未选通	1	1	×	×	输出高阻

2．数据存储器的扩展

数据存储器扩展与程序存储器扩展的连接方法基本相同。不同的只是控制信号不一样。在程序存储器扩展中，单片机使用$\overline{PSEN}$作为读选通信号，而在数据存储器扩展中，单片机则使用$\overline{RD}$和$\overline{WR}$分别作为读和写的选通信号。

下面以扩展三片 6264 为例说明如何扩展数据存储器。6264 与 8031 单片机接口电路如图 6-4 所示。

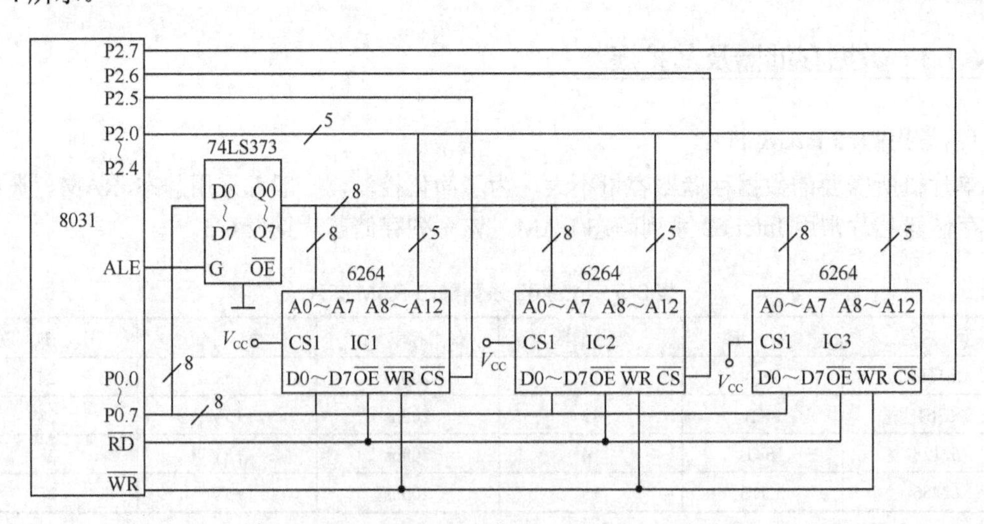

图 6-4　6264 与 8031 单片机接口电路

数据存储器扩展的关键问题仍然是地址总线、数据总线和控制总线这三类总线的连接。图 6-4 中由于每片 6264 的地址范围均为 8KB，其地址线均为 A12～A0。将各个 6264 芯片的低 8 位地址线 A7～A0 引脚与 74LS373 锁存器的 8 个输出端对应连接，再将 6264 的高 5 位地址线 A12～A8 与单片机 P2 口的 P2.4～P2.0 相连接，这样就完成了 13 位地址线的连接。

为了区分 CPU 访问的是哪一片 6264，需要对这三片的 6264 进行片选。由于 P2 口还剩余三根地址线，因此可以考虑采用线选法进行片选。如图 6-4 所示，将单片机的 P2.5～P2.7 引脚分别连接到三片 6264 的片选端 $\overline{CS}$，以实现对这三片 6264 的片选，这就是所谓的**线选法**。因此，图 6-4 数据存储器扩展系统中各片 6264 的地址范围见表 6-7。

表 6-7　图 6-4 数据存储器扩展系统中各片 6264 的地址范围

6264 编号	$A_{15}A_{14}A_{13}A_{12}$ $A_{11}A_{10}A_9A_8$ A_7 A_6 A_5 A_4A_3 A_2A_1 A_0	十六进制地址范围
IC1	1 1 0 0 0 0 0 0　0 0 0 0 0 0 0 0	C000H
6264	… … … … … … … … … … … … … … … …	…
(P2.5=0)	1 1 0 1 1 1 1 1　1 1 1 1 1 1 1 1	DFFFH
IC2	1 0 1 0 0 0 0 0　0 0 0 0 0 0 0 0	A000H
6264	… … … … … … … … … … … … … … … …	…
(P2.6=0)	1 0 1 1 1 1 1 1　1 1 1 1 1 1 1 1	BFFFH
IC3	0 1 1 0 0 0 0 0　0 0 0 0 0 0 0 0	6000H
6264	… … … … … … … … … … … … … … … …	…
(P2.7=0)	0 1 1 1 1 1 1 1　1 1 1 1 1 1 1 1	7FFFH

采用线选法进行片选省去了译码器，简化了电路，但每个芯片要占用一根单片机地址线，当芯片多时可能不能满足要求。

数据线的连接也很简单，只要把各片 6264 存储芯片的数据输出引脚 D7～D0 都与单片机的 P0 口线对应连接即可。

控制线将单片机外部数据存储器读选通信号 $\overline{RD}$ 同时接到每片 6264 的输出允许端 $\overline{OE}$，以便将指定地址的存储单元的数据输出。再将单片机写选通信号 $\overline{WR}$ 同时接到每片 6264 的写允许端 $\overline{WR}$，以便将数据写入指定地址的存储单元。另外，将单片机的 ALE 端与 74LS373 锁存器的 G 端相连接，以控制该锁存器将单片机 P0 口发出的低 8 位地址信号锁存，并从 Q7～Q0 引脚输出。

3. 同时扩展程序存储器和数据存储器

8031 单片机内部没有程序存储器，必须外接。而内部 RAM 很少，有时也需要外接数据存储器。图 6-5 给出了利用 74LS138 译码器同时扩展两片 2764 和两片 6264 的电路。

由于 2764 和 6264 均为 8KB 存储器，故片内地址线需要 13 根，其中低 8 位地址 A7～A0 接到 74LS373 的对应输出端，而高 5 位地址 A12～A8 连到单片机 P2.4～P2.0 脚。该存储器扩展系统采用 74LS138 译码器进行片选。

74LS138 是 3-8 译码器，其引脚如图 6-6 所示。图中 G1、$\overline{G2A}$、$\overline{G2B}$ 为使能端，这三个使能端必须同时有效该译码器才能工作。C、B、A 为译码输入端，$\overline{Y0}$ ～ $\overline{Y7}$ 为译码输出端，低电平有效。74LS138 对三个输入信号 C、B、A 译码后得到 8 个输出状态，其真值见表 6-8。

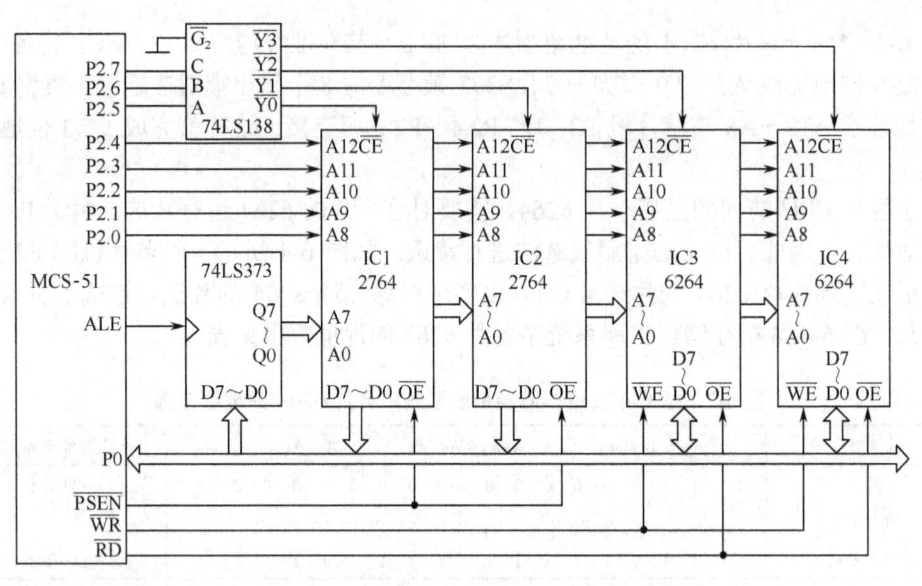

图 6-5　同时扩展 EPROM 和 SRAM 的电路

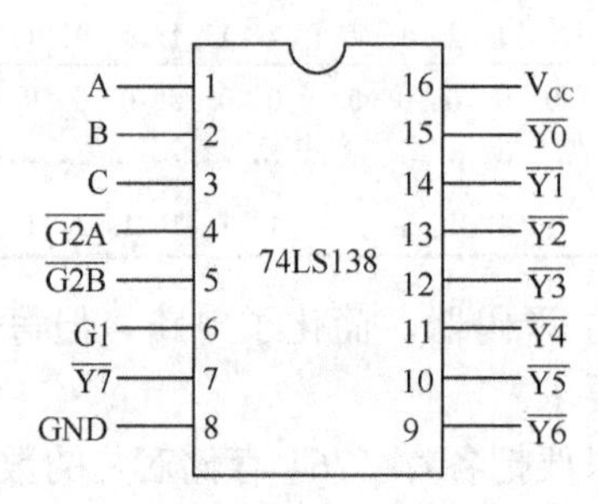

图 6-6　74LS138 引脚图

表 6-8　74LS138 真值表

使　能			选　择			译码输出
G1	$\overline{G2A}$	$\overline{G2B}$	C	B	A	$\overline{Y0}$～$\overline{Y7}$ 的状态
1	0	0	0	0	0	$\overline{Y0}$ =0，其余为 1
1	0	0	0	0	1	$\overline{Y1}$ =0，其余为 1
1	0	0	0	1	0	$\overline{Y2}$ =0，其余为 1
1	0	0	0	1	1	$\overline{Y3}$ =0，其余为 1
1	0	0	1	0	0	$\overline{Y4}$ =0，其余为 1
1	0	0	1	0	1	$\overline{Y5}$ =0，其余为 1
1	0	0	1	1	0	$\overline{Y6}$ =0，其余为 1
1	0	0	1	1	1	$\overline{Y7}$ =0，其余为 1

图 6-5 中，将单片机 P2.7、P2.6、P2.5 接到 74LS138 译码器的输入端 C、B、A 上，将译码器的输出端 $\overline{Y0}$、$\overline{Y1}$、$\overline{Y2}$、$\overline{Y3}$ 分别接到各存储芯片的片选端。参照表 6-8 可知，图 6-5 存储器扩展系统中各存储芯片的地址范围见表 6-9。

表 6-9　图 6-5 存储器扩展系统中各存储芯片的地址范围

存储芯片	$A_{15}A_{14}A_{13}A_{12}$ $A_{11}A_{10}A_9A_8$ A_7 A_6 A_5 A_4A_3 A_2A_1 A_0	十六进制地址范围
IC1	0 0 0 0 0 0 0 0 0 0 0 0 0 0 0 0	0000H
2764	… … … … … … … … … … … … … … … …	…
（$\overline{Y0}$=0）	0 0 0 1 1 1 1 1 1 1 1 1 1 1 1 1	1FFFH
IC2	0 0 1 0 0 0 0 0 0 0 0 0 0 0 0 0	2000H
2764	… … … … … … … … … … … … … … … …	…
（$\overline{Y1}$=0）	0 0 1 1 1 1 1 1 1 1 1 1 1 1 1 1	3FFFH
IC3	0 1 0 0 0 0 0 0 0 0 0 0 0 0 0 0	4000H
6264	… … … … … … … … … … … … … … … …	…
（$\overline{Y2}$=0）	0 1 0 1 1 1 1 1 1 1 1 1 1 1 1 1	5FFFH
IC4	0 1 1 0 0 0 0 0 0 0 0 0 0 0 0 0	6000H
6264	… … … … … … … … … … … … … … … …	…
（$\overline{Y3}$=0）	0 1 1 1 1 1 1 1 1 1 1 1 1 1 1 1	7FFFH

数据线的连接很简单，只要把各片 2764 和 6264 存储芯片的数据输出引脚 D7～D0 都与单片机的 P0 口线对应连接就可以了。

控制线将单片机外部程序存储器读选通信号 $\overline{PSEN}$ 同时接到两片 2764 的输出允许端 $\overline{OE}$，以便将 EPROM 指定地址的存储单元的代码读出。将单片机外部数据存储器读选通信号 $\overline{RD}$ 同时接到两片 6264 的输出允许端 $\overline{OE}$，以便将 SRAM 中指定地址的存储单元的数据输出。再将单片机写选通信号 $\overline{WR}$ 同时接到两片 6264 的写允许端 $\overline{WR}$，以便将数据写入 SRAM 中指定地址的存储单元。另外，将单片机的 ALE 端与 74LS373 锁存器的 G 端相连接，以控制该锁存器将单片机 P0 口发出的低 8 位地址信号锁存，并从 Q7～Q0 引脚输出。

利用 74LS138 译码器可消除地址重叠区，因为 P2 口的 8 根地址线全部使用。在图 6-5 中，74LS138 只使用四个输出 $\overline{Y0}$～$\overline{Y3}$ 对四个存储芯片进行片选，还可以再利用 $\overline{Y4}$～$\overline{Y7}$ 扩展更多的存储器，也可用于扩展 I/O 接口。

6.2 I/O 接口技术概述

单片机应用系统要连接各种各样的外部设备（简称外设）。输入设备中的原始数据或现场信息要通过输入接口输入到单片机中，单片机对输入的数据进行处理后，还要通过输出接口输出给输出设备。可见输入/输出（简称 I/O）接口是单片机与外部设备交换信息的桥梁。

6.2.1 I/O 接口的作用

I/O 接口电路主要有以下作用。

1．实现速度匹配

不同外设的工作速度差别很大，但大多数的外设速度很慢，无法和μs 量级的单片机速度相比。

MCS-51 单片机和外设间的数据传送方式分为无条件方式、查询方式和中断方式三种。无论采用哪种数据传送方式来设计 I/O 接口电路，单片机只能在确认外设已为数据传送做好准备的前提下才能进行 I/O 操作。

要确认外设是否准备好，就需要 I/O 接口电路与外设之间传送状态信息，以实现单片机

与外设之间的速度匹配。

2．输出数据锁存

由于单片机的工作速度快，数据在数据总线上保留的时间十分短暂，无法满足慢速外设的数据接收。所以，在扩展的I/O接口电路中应具有数据锁存器，以保证输出数据能为接收设备所接收。可见数据输出锁存应成为I/O接口电路的一项重要功能。

3．输入数据缓冲

输入设备向单片机输入数据时，要经过数据总线，但数据总线上面可能“挂”有多个数据源，为了传送数据时不发生冲突，只允许当前时刻正在进行数据传送的数据源使用数据总线，其余的数据源应处于隔离状态，为此要求接口电路能为数据输入提供三态缓冲功能。

4．数据转换

一般来说，CPU 与输入或输出接口多半是进行并行数据传送，但也有很多情况需要传送的是模拟信号、串行信号，所以，需要接口电路进行模数转换（A/D），数模转换（D/A），串行→并行转换，并行→串行转换等。

6.2.2 I/O接口的编址

在介绍I/O接口编址之前，首先要弄清楚I/O接口（Interface）和I/O端口（Port）的概念。

I/O端口简称I/O口，常指I/O接口电路中具有具体接口地址的寄存器或缓冲器。I/O接口是指单片机与外设间的I/O接口芯片。一个I/O接口芯片可以有多个I/O端口，传送数据的称为数据口，传送命令的称为命令口，传送状态的称为状态口。并不是所有的外设都需要三种端口齐全的I/O接口。

I/O端口编址是给所有I/O接口中的寄存器编址，以便CPU通过端口地址和外设交换信息。I/O 端口编址有两种方式，一种是外设端口单独编址方式，另一种是外设端口与存储器统一编址方式。

1．外设端口单独编址方式

I/O 寄存器地址空间和存储器地址空间分开编址。两个地址空间相互独立，界限分明。但需要设置一套专门的读写I/O的指令和控制信号。

2．外设端口与存储器统一编址方式

I/O 寄存器与数据存储器单元同等对待，统一进行编址。优点是不需要专门的 I/O 指令，直接使用对数据存储器的读写指令进行I/O操作，简单、方便且功能强。

MCS-51 单片机使用的是外设端口与存储器统一编址的方式，可把外部 64K 字节的数据存储器RAM空间的一部分作为I/O接口的地址空间，每一接口芯片中的一个功能寄存器（端口）的地址就相当于一个RAM单元，CPU可以像访问外部存储器RAM那样访问I/O接口芯片。

6.2.3 I/O数据的传送方式

为实现和不同的外设接口时的速度匹配，I/O接口必须根据不同外设选择恰当的I/O数据传送方式。I/O数据传送的四种传送方式是：无条件传送、查询传送、中断传送和DMA传送。

1．无条件传送方式

无条件传送又称为同步传送。当外设速度和单片机的速度相比拟时，常采用无条件直接传送方式，最典型的无条件传送就是单片机和外部数据存储器之间的数据传送。

2．查询传送方式

查询传送又称为有条件传送，也称异步传送。单片机通过查询外设“准备好”后，再进行数据传送。查询传送的优点是通用性好，硬件连线和查询程序也简单，但效率不高。为提高单片机工作效率，通常采用中断传送方式。

3．中断传送方式

中断传送方式是利用 MCS-51 单片机的中断功能和 I/O 接口的中断功能来实现 I/O 数据的传送。单片机只有在外设准备好后并发出数据传送请求时才中断主程序，而进入与外设数据传送的中断服务程序，进行数据的传送。中断服务完成后又返回主程序继续执行。因此，采用中断方式可以大大提高单片机的工作效率。

4．DMA 传送方式

在上述三种数据传送方式中，不论是从外设传送到内存的数据还是从内存传送到外设的数据，都要转道 CPU 才能实现。在大批量 I/O 数据需要传送时，由于经常要中断响应、保护断点、恢复断点等操作，使得数据传送的速率仍不够高。因此，在大批量 I/O 数据传送的场合，宜采用 DMA 传送方式。

DMA（直接存储器存取）是一种由硬件执行数据传送的工作方式。在大批量数据需要传送时，CPU 将总线的控制权临时交给 DMA 控制器，在 DMA 控制器的控制下，外设与内存之间直接进行数据的传送，而不需要通过 CPU 转道，从而大大提高的数据传送的速率。当 I/O 数据传送完毕，DMA 控制器又将总线的控制权交给 CPU。

由于在 MCS-51 单片机中没有 DMA 功能，因此其 I/O 数据传送只能采用前三种方式。

6.2.4 I/O 接口的类型

I/O 接口的种类很多，但归根结底只有并行 I/O 接口和串行 I/O 接口两种基本类型。

并行 I/O 接口用于并行传送 I/O 数据，如打印机、键盘、A/D 和 D/A 芯片等大多要通过并行 I/O 接口与 CPU 联机工作。并行数据传送的特点是各数据位同时传送，传送速度快、效率高。但有多少个数据位就需要多少根数据线，因此传送成本高。在集成电路芯片的内部、同一插件板上各部件之间、同一机箱内各插件板之间等的数据传送都是并行的。并行数据传送的距离通常小于 30m。

串行 I/O 接口用于串行传送 I/O 数据。串行数据传送的特点是数据按位进行传送，每个节拍传送 1 位。这样只需 2 根数据线即可进行数据的传送，成本低但速度慢。计算机与远程终端之间、终端与终端之间的数据传送多采用串行传送。串行数据传送的距离可以从几米到近千米。有关串行 I/O 接口的内容将在本书第 9 章专门介绍。

6.3 MCS-51 单片机并行 I/O 接口的应用与扩展

MCS-51 单片机内部有 4 个并行 I/O 端口，对于简单的 I/O 设备可以直接连接。但如果有扩展外部存储器时，其 P0 口和 P2 口就要作为 16 位地址总线和 8 位数据总线用，而且 P3 口也常用于第二功能。因此，用户可直接用于 I/O 的只有 P1 口和 P3 口的某些位线，不能满足有多个外设的需要。因此在许多应用场合，MCS-51 单片机还需要扩展 I/O 接口。

6.3.1 MCS-51 单片机 I/O 接口的直接应用

MCS-51 单片机内部有 4 个并行 I/O 端口。P0 口在扩展片外存储器时作低 8 位地址/数据分时复用总线，在不进行扩展时作一般准双向 I/O 接口使用。如果输入电路由集电极开路或漏极开路电路驱动，应外加上拉电阻。P1 口为通用准双向 I/O 接口。P2 口在扩展片外存储器时作高 8 位地址总线，在无扩展时可用作通用准双向 I/O 接口。P3 口除了作为通用准双向 I/O 接口使用外，还具有第二功能。

1. MCS-51 单片机 I/O 端口的操作方式

MCS-51 单片机 4 个 I/O 端口共有三种操作方式：输出数据方式、读端口锁存器方式和读引脚方式。

1）输出数据方式

CPU 通过以端口为目的操作数的指令就可以把数据写到 P0～P3 的端口锁存器，然后通过输出驱动电路送到端口的引脚线。因此，凡是以端口为目的操作数的指令都能达到从端口引脚上输出数据的目的。下列指令均可从端口输出数据：

```
MOV    P0,  R2
ORL    P1,  A
ANL    P2,  #data
XRL    P3,  A
```

2）读端口锁存器方式

读端口锁存器方式实际上并不从外部引脚读入数据，而只是把端口锁存器中的内容读到内部总线，按指令要求进行运算和变换后，再写回到锁存器。属于这类操作的指令通常是 ANL、ORL、XRL 等“读—修改—写”指令。下面这条指令就属于这类指令。

```
ORL P0,  #0FH
```

该指令的操作过程是先读取端口锁存器的数据，与立即数 0FH 进行逻辑或运算，然后把结果写回到端口锁存器，并作用到引脚上。

3）读引脚方式

当端口作为输入使用时，**若要读取端口引脚上的信号，要先向其锁存器写入“1”**，使得该输出驱动电路的场效应管截止（参见 2.5.1 节端口电路结构），然后再执行输入指令，才能真正把外部引脚的状态读入。因此，用户在读引脚时必须连续使用两条指令，如要读取 P1 口低 4 位引脚上信号的指令如下：

```
MOV    P1,#0FH        ;使 P1 口低 4 位锁存器置“1”
MOV    A,P1           ;读 P1 口低 4 位引脚信号送 A
```

2. I/O 接口用作输出

当 I/O 接口用作输出时，每个 I/O 引脚输出高电平时的拉电流一般应控制在 1mA 之内。P1、P2 和 P3 口每个 I/O 引脚输出低电平时的灌电流一般应控制在 3mA 之内，而 P0 口允许到 5mA。当 I/O 脚的电流超过时，在单片机与输出设备之间应该增加驱动电路。

【例 6-1】 如图 6-7 所示，P1 口的 P1.0～P1.7 分别通过反相器接 8 个发光二极管。要求编写程序，每隔 1s 循环点亮 1 只发光二极管，一直循环下去，已知系统的晶振频率为

6MHz。

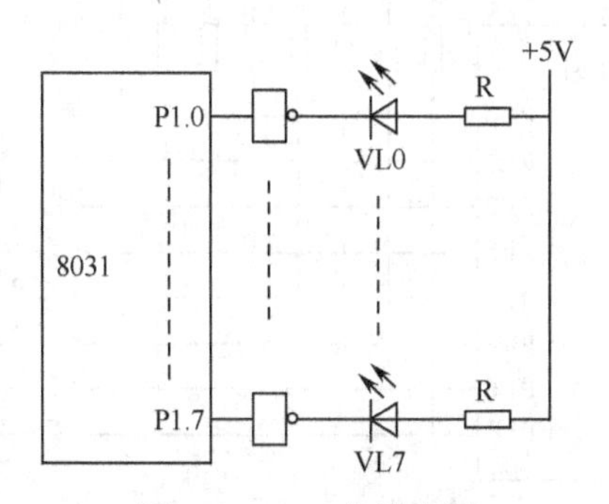

图 6-7　P1 口作输出用

解：本例采用软件延时实现每隔 1s 循环点亮 1 只发光管。

❶ 设计 0.1s 延时子程序。

因为 f_{osc}=6MHz，所以机器周期=12/f_{osc}=2μs

0.1s 的延时子程序宜采用双重循环结构，如下所示：

```
        ORG         0100H
DEL1:MOV            R2,     #200    ;1m
DEL2:MOV            R3,     #X      ;1m
        NOP                         ;1m
DEL3:DJNZ           R3,     DEL3    ;2m
        DJNZ        R2,     DEL2    ;2m
        RET
```

则延时时间=[(X×2m+4)×200]×2μs=100 000μs

解得：X=123

❷ 主程序连续 10 次调用 0.1s 延时子程序，则总延时时间就达到了 1s。

主程序如下：

```
            ORG     1000H
START:      MOV     A,#01H
LOOP:       MOV     P1,A
            MOV     R1,  #10
DELAY:      LCALL   DEL1        ;10 次调用延时子程序
            DJNZ    R1,DELAY
            RL      A
            LJMP    LOOP
            END
```

3．I/O 接口用作输入

当 I/O 接口用作输入时，每个 I/O 引脚的拉电流、灌电流一般应控制在 1mA 之内。如果 I/O 引脚的电流大于 1mA 时，在单片机与输入设备之间应该用限流电阻予以隔离。另外**需要特别注意的是，当 I/O 接口作为输入使用时，必须先向 I/O 接口锁存器的相应位写“1”，然后再读**，才能正确读入引脚上的输入信号。

【例 6-2】　如图 6-8 所示，P1 口外接 8 个开关，要求将开关的状态输入到片内 RAM 30H 单元。

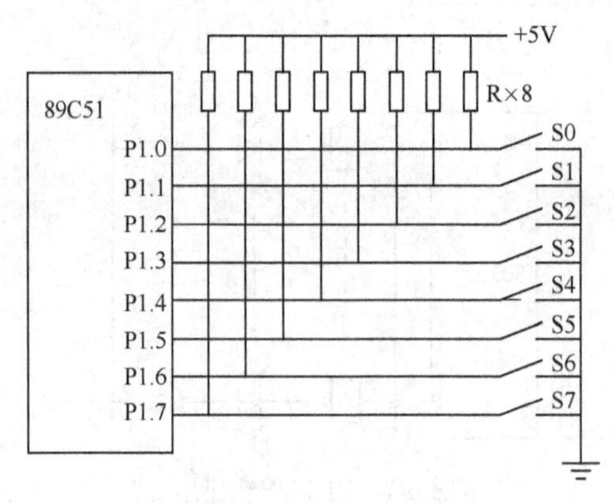

图 6-8　P1 口作输入用

解：为了能正确读入 P1 口引脚的输入信号，必须要先向 P1 口送“1”，然后再读。

```
        ORG     0100H
RDP1:   MOV     P1,#0FFH        ;先向 P1 口送 1
        MOV     A,   P1         ;读入开关状态
        MOV     30H,A           ;送指定单元
        NOP
        SJMP    RDP1            ;反复再读
        END
```

6.3.2　采用 8255A 扩展并行 I/O 端口

8255A 是 Intel 公司生产的可编程并行 I/O 接口芯片，具有 3 个 8 位并行 I/O 端口，3 种工作方式，可通过编程改变其功能，因而使用灵活方便，通用性强，可作为单片机与多种外围设备连接时的接口电路。

1．8255A 内部结构和引脚

8255A 的内部结构如图 6-9 所示，其中包括 3 个并行数据输入/输出端口、两种工作方式的控制电路、1 个读/写控制逻辑电路和 8 位数据总线缓冲器。

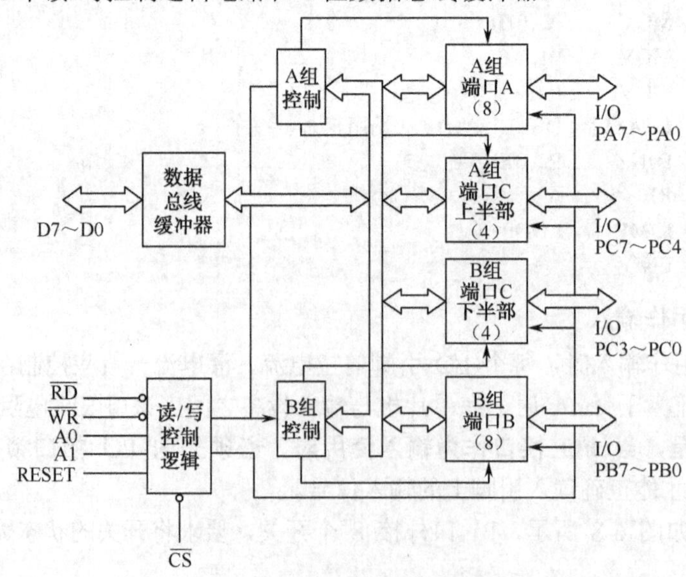

图 6-9　8255A 的内部结构

1）8255A 内部各部件的功能

❶ 端口 A、B、C。

8255A 有 3 个 8 位并行口：PA 口、PB 口和 PC 口。都可以选择作为输入/输出工作模式，但在功能和结构上有些差异。

PA 口：一个 8 位数据输出锁存器和缓冲器；一个 8 位数据输入锁存器。

PB 口：一个 8 位数据输出锁存器和缓冲器；一个 8 位数据输入缓冲器。

PC 口：一个 8 位的输出锁存器；一个 8 位数据输入缓冲器。

通常 PA 口、PB 口作为输入输出口，PC 口可作为输入输出口，也可在软件的控制下，分为两个 4 位端口，作为端口 A、B 选通方式操作时的状态控制信号。

❷ A 组和 B 组控制电路。

A 组控制 PA 口和 PC 口的上半部（PC7～PC4）；B 组控制 PB 口和 PC 口的下半部（PC3～PC0），并可根据“命令字”对端口的每一位实现按位置“1”或清零。

❸ 数据总线缓冲器。

数据总线缓冲器是一个三态双向 8 位缓冲器，作为 8255A 与系统总线之间的接口，用来传送数据、指令、控制命令及外部状态信息。

❹ 读/写控制逻辑电路。

该电路接收 CPU 发来的控制信号、RESET、地址信号 A1、A0 等，然后根据控制信号的要求，将端口数据读出，送往 CPU 或者将 CPU 送来的数据写入端口。

2）引脚功能

8255A 共有 40 只引脚，采用双列直插式封装，引脚排列如图 6-10 所示。

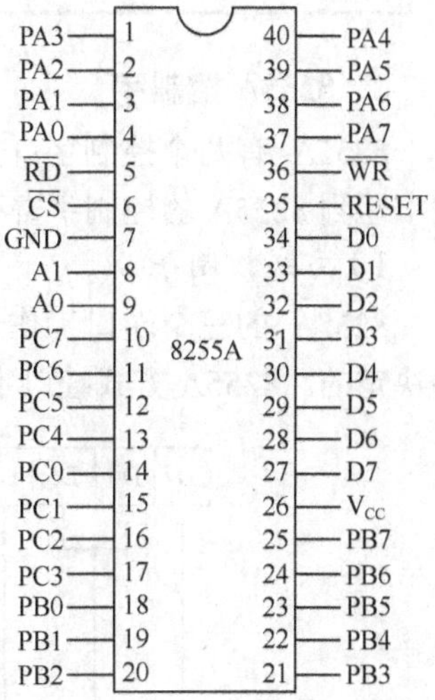

图 6-10 8255A 引脚

各引脚功能如下：

❶ D7～D0：三态双向数据线，与单片机数据总线连接，用来传送数据及控制字。

❷ PA7～PA0：A 口输入/输出线。

❸ PB7～PB0：B 口输入/输出线。

❹ PC7～PC0：C 口输入/输出线。

❺ $\overline{CS}$：片选信号线，低电平有效，表示本芯片被选中。

❻ $\overline{RD}$：读出信号线，低电平有效，控制 8255A 中数据的读出。

❼ $\overline{WR}$：写入信号线，低电平有效，控制向 8255A 写入数据。

❽ A1、A0：地址线，用来选择 8255A 内部的 4 个端口，地址线 A1、A0 与端口的对应关系见表 6-10。

表 6-10 8255A 地址线 A1、A0 与端口的对应关系

地址线 A1、A0 选择		对应的端口
A1	A0	
0	0	A 口
0	1	B 口
1	0	C 口
1	1	控制口（即控制字寄存器）

❾ RESET：复位线，高电平有效。

❿ Vcc：+5V 电源。

8255A 各端口的工作状态与控制信号的关系见表 6-11。

表 6-11　8255A 各端口与控制信号的关系

$\overline{CS}$	A1	A0	$\overline{RD}$	$\overline{WR}$	工 作 状 态
0	0	0	0	1	读端口 A：A 口数据→数据总线
0	0	1	0	1	读端口 B：B 口数据→数据总线
0	1	0	0	1	读端口 C：C 口数据→数据总线
0	0	0	1	0	写端口 A：总线数据→A 口
0	0	1	1	0	写端口 B：总线数据→B 口
0	1	0	1	0	写端口 C：总线数据→C 口
0	1	1	1	0	写控制字：总线数据→控制字寄存器
1	×	×	×	×	数据总线为高阻状态
0	1	1	0	1	非法状态
0	×	×	1	1	数据总线为高阻状态

2．8255A 控制字

8255A 有两个控制字：方式控制字和 C 口置位复位字。用户通过指令可以把这两个控制字写到 8255A 的控制字寄存器，以设定 8255A 的工作方式和 C 口各位的状态。

1）方式控制字

8255A 的三个端口工作于什么方式，以及是作输入还是输出，是由 8255A 的方式控制字决定的。8255A 方式控制字的格式如图 6-11 所示。

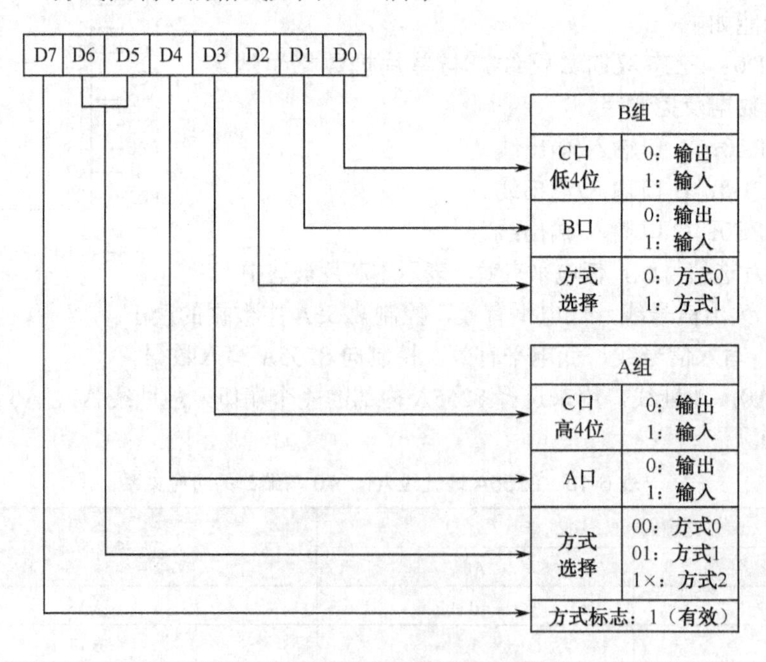

图 6-11　8255A 方式控制字的格式

在图 6-11 中，D7 为控制字标志位，若 D7=1，则该控制字为方式控制字；若 D7=0，则该控制字为 C 口置位复位字。三个端口中 C 口被分为两个部分，上半部分随 A 口称为 A 组，下半部分随 B 口称为 B 组。其中 A 口可工作于方式 0、方式 1 和方式 2，而 B 口只能工作在方式 0 和方式 1。

【例 6-3】 要求 8255A 各端口工作于方式 0，A 口作输出，B 口作输入，C 口高 4 位作输出，C 口低 4 位作输入，试写出 8255A 的方式控制字。

解：根据图 6-11 可归纳出 8255A 方式控制字各位的含义如下所示，依题意逐位填入“1”或“0”，从而得到符合题目要求的方式控制字为 10000011B=83H。

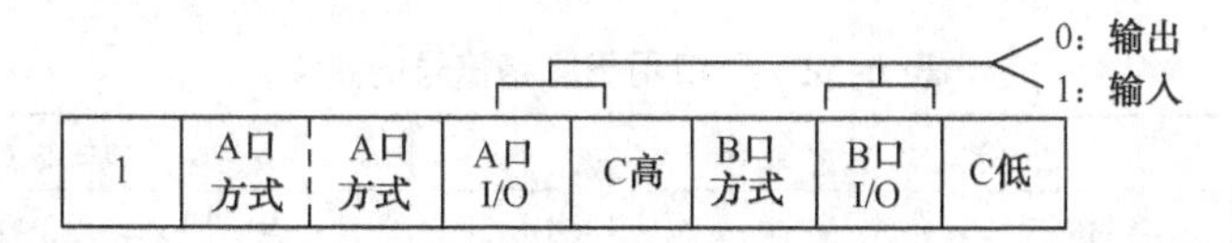

2）C 口置位复位字

C 口 8 位中的任一位，可用一个写入控制口的置位/复位字来对 C 口按位来置“1”或是清零。这个功能主要用于位控。C 口置位/复位字格式如图 6-12 所示。

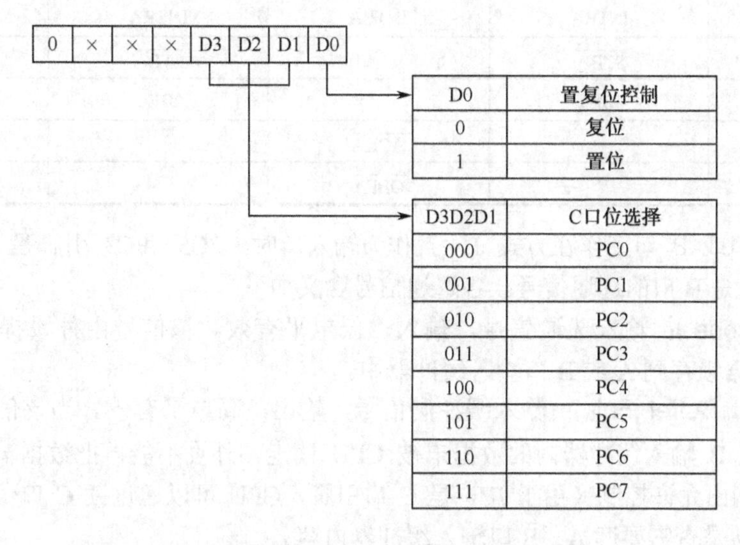

图 6-12 C 口置位/复位字格式

3．8255A 的工作方式

8255A 有三种工作方式：方式 0、方式 1 和方式 2，由方式控制字设定并通过指令写入到 8255A 的控制字寄存器，即可设定 8255A 的工作方式。

1）方式 0

在方式 0 下，MCS-51 单片机可对 8255A 进行 I/O 数据的无条件传送，例如，从端口读入一组开关状态，向端口输出数字量，控制一组 LED 灯的亮灭。实现这些操作，并不需要联络信号，外设的 I/O 数据可在 8255A 的各端口得到锁存和缓冲。因此，8255A 的方式 0 称为基本输入/输出方式。

方式 0 下，3 个端口都可以由程序设置为输入或输出，无需应答联络信号。基本功能为：

❶ 具有两个 8 位端口（A、B）和两个 4 位端口（C 的高 4 位和低 4 位）。

❷ 任一个端口都可以设定为输入或输出。

❸ 数据输出锁存，输入不锁存。

2）方式 1

方式 1 是选通输入/输出工作方式。A 口和 B 口都可独立地设置成这种工作方式。在方式 1 下，8255A 的 A 口和 B 口用于 I/O 数据的传送，C 口用于 A 口和 B 口的联络线，以实现查询或中断方式传送 I/O 数据。8255A 的 A 口、B 口工作在方式 1 或方式 2 下时 C 口用于联络信号的定义见表 6-12。

表 6-12　C 口用于联络信号的定义

C 口 引 脚	方式 1（A 口或 B 口）		方式 2（A 口）	
	输　入	输　出	输　入	输　出
PC0	INTRB	INTRB		
PC1	IBFB	$\overline{\text{OBFB}}$		
PC2	$\overline{\text{STBB}}$	$\overline{\text{ACKB}}$		
PC3	INTRA	INTRA	INTRA	INTRA
PC4	$\overline{\text{STBA}}$		$\overline{\text{STBA}}$	
PC5	IBFA		IBFA	
PC6		$\overline{\text{ACKA}}$		$\overline{\text{ACKA}}$
PC7		$\overline{\text{OBFA}}$		$\overline{\text{OBFA}}$

❶ 当 A 口或 B 口工作在方式 1，且作为输入口时，PC5～PC3 引脚是 A 口的选通信号；PC2～PC0 是 B 口的选通信号。各选通信号含义如下：

$\overline{\text{STB}}$（Strobe）：输入选通信号，输入，低电平有效。该信号由外设提供，外设通过 $\overline{\text{STB}}$ 信号将数据锁存到 A 或 B 口输入缓冲器中。

IBF（Input Buffer Full）：输入缓冲满信号，输出，高电平有效。当该信号有效时，表示输入到 A 或 B 输入缓冲器内的数据未被 CPU 读走，外设不能再把数据输入缓冲器内。IBF 接外设的输出允许控制（由于 IBF 是 C 口引脚，CPU 可以通过读 C 口信息，查询该信号的状态，确认是否需要读 A、B 口输入缓冲器内容）。

INTR（Interrupt Request）：中断请求信号，输出，高电平有效。当 $\overline{\text{STB}}$、IBF 有效时，该信号有效，向 CPU 发出中断请求，一般经反相后接到 MCS-51 单片机的中断输入端。

下面以 A 口为例，说明选通输入方式 1 的数据传输过程，硬件连接如图 6-13 所示。

当外设需要将数据输入 8255A 的 PA 口时，先检查 IBFA（PC5 引脚）的状态。如果 IBFA 处于低电平状态，外设就把数据送到 PA 口，同时发 $\overline{\text{STB}}$ 信号到 8255 的 PC4 引脚，以便将数据锁存到 PA 口输入缓冲器中。8255 接收到信号后，一方面使 IBFA 有效（PC5 引脚为高电平），通知外设不能再发送数据到 PA 口；另一方面使 INTRA（PC3 引脚）有效，向单片机发中断请求。单片机响应中断后，在中断服务程序中执行读数据指令，向 8255 发出 $\overline{\text{RD}}$ 信号，读 PA 口数据。8255 接收到信号后，使 INTRA 和 IBFA 信号变低，为接收下一个外设数据做准备。

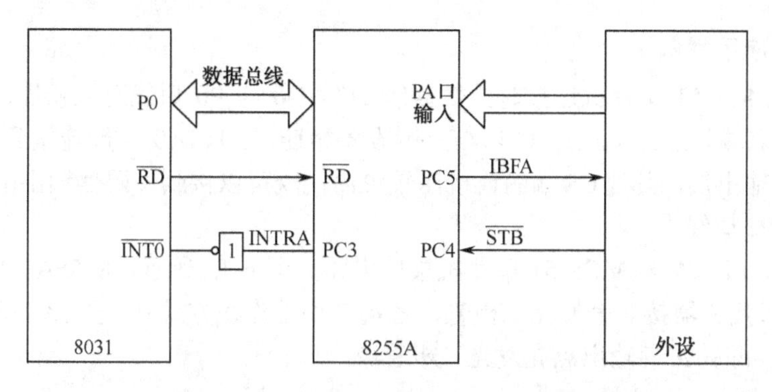

图 6-13 PA 口工作在选通输入方式的连接示意图

❷ 当 A 口或 B 口工作在方式 1，且作为输出口时，PC7、PC6、PC3 引脚是 A 口的选通信号；PC2～PC0 是 B 口的选通信号，含义如下：

$\overline{ACK}$：外设响应，输入，低电平有效，该信号由外设提供。当外设已读取了 8255 输出口上的数据时，向 8255 回送应答信号。

$\overline{OBF}$（Output Buffer Full）：输出缓冲器满指示信号，输出，低电平有效。当 CPU 把数据写入 8255 的输出口后，该信号有效，表示外设可以读取输出口上的数据。一般接外设的输入请求端。

INTR（Interrupt Request）：中断请求信号，输出，高电平有效。表示 8255A 已准备好接收 CPU 输出的数据。一般经反相后接到 MCS-51 单片机的中断输入端，如图 6-14 所示。

数据输出过程：当外设接收并处理完一组数据后，发回 $\overline{ACK}$ 信号。该信号一方面使 $\overline{OBF}$ 变高，表明输出缓冲器已空；另一方面使 INTR 有效，向单片机发中断请求。单片机在中断服务程序中将下一个输出数据写入 8255A 的输出缓冲器，此时 $\overline{OBF}$ 变低，表明输出数据已到，并以此信号启动外设工作，读取该输出数据。

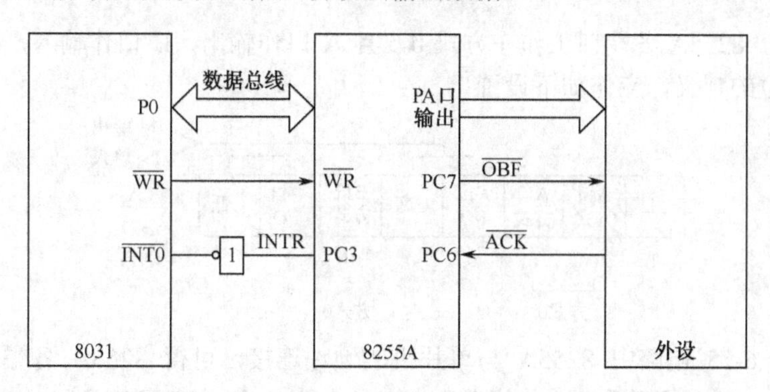

图 6-14 PA 口工作在选通输出方式的连接示意图

3）方式 2

只有 A 口具有方式 2 工作方式，在这种方式下，要使用 C 口的 PC7～PC3 作控制线，参见表 6-12。方式 2 用于查询或中断方式的双向数据传送。

可见，当 A 口或 B 口工作在方式 1 或方式 2 状态下时，C 口的部分引脚作为联络信号使用，不能再作为一般的 I/O 引脚使用，但未用的 C 口引脚仍可以作为一般 I/O 引脚使用。

4．8255A 应用举例

8255A 与 MCS-51 单片机连接时，数据线 D7～D0 与 P0 口线对应相连，$\overline{WR}$、$\overline{RD}$ 与 8031 单片机同名端相连，A、B、C 口与外围设备相连，A1、A0 一般连接到 74LS373 锁存器的 Q1、Q0 输出端，片选$\overline{CS}$端的连接比较灵活，既可以接到译码器输出端，也可以采用线选法连接到 P2 口线上。

【例 6-4】 8255A 与 MCS-51 单片机接口电路如图 6-15 所示，8255A 的 B 口外接 8 个开关，A 口通过反相器接 8 个发光二极管，各端口均工作在方式 0，要求编写程序从 B 口读入开关的状态，再从 A 口输出点亮发光二极管。

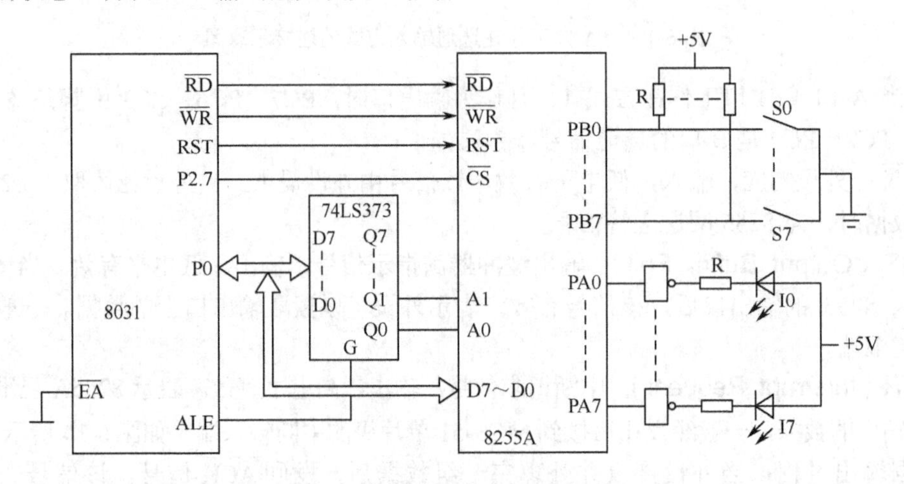

图 6-15 用 8255A 扩展 I/O 口

解：在动手编写程序之前，要先对 8255A 的控制字、端口地址等分析清楚，以方便后面的程序编写。

❶ 依题意，8255A 各端口工作在方式 0，且 A 口作输出，B 口作输入，根据 8255A 方式控制字各个位的定义，应作如下设置：

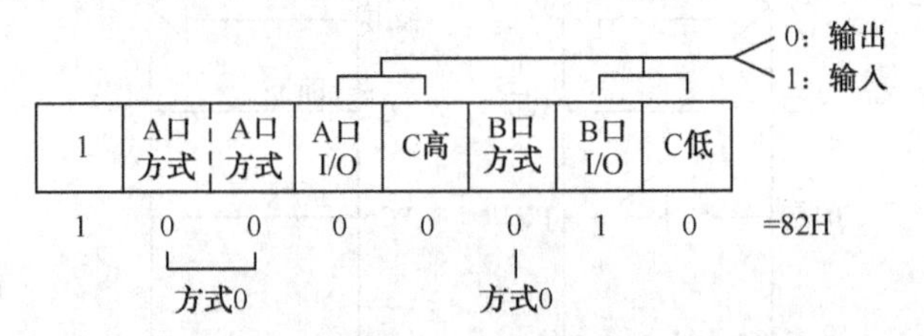

❷ 根据图 6-15 电路中 8255A 与单片机的硬件连接，可得 8255A 各端口地址见表 6-13。其中 A15（P2.7）必须取 0，才能选中 8255A，而 A14～A8 可任意取，此处均取“1”。

表 6-13 图 6-15 电路中 8255A 各端口地址

8255A 端口	$A_{15}A_{14}A_{13}A_{12}$ $A_{11}A_{10}A_9A_8$ A_7 A_6 A_5 A_4A_3 A_2A_1 A_0	十六进制地址
A 口	0 1 1 1 1 1 1 1 0 0 0 0 0 0 0 0	7F00H
B 口	0 1 1 1 1 1 1 1 0 0 0 0 0 0 0 1	7F01H
C 口	0 1 1 1 1 1 1 1 0 0 0 0 0 0 1 0	7F02H
控制口	0 1 1 1 1 1 1 1 0 0 0 0 0 0 1 1	7F03H

❸ 编写程序时，先将控制字写入 8255A 的控制口，使得 8255A 各端口都工作在方式 0，且 A 口作输出，B 口作输入。然后就可以从 B 口读入数据，再从 A 口输出，源程序如下：

```
            ORG     1000H
MAIN:       MOV     DPTR,   #7F03H      ; DPTR←控制口地址
            MOV     A,      #82H        ;方式控制字
            MOVX    @DPTR,  A           ;8255A←控制字
INPB:       MOV     DPTR,   #7F01H      ;指向 8255 的 B 口
            MOVX    A,      @DPTR       ; A ← 8255 的 B 口
            MOV     DPTR,   #7F00H      ;指向 8255 的 A 口
            MOVX    @DPTR,  A           ;8255 的 A 口 ← A
D100MS:     MOV     R2,     #200        ;延时
DEL2:       MOV     R3,     #123
            NOP
DEL3:       DJNZ    R3,     DEL3
            DJNZ    R2,     DEL2
            SJMP    INPB
            END
```

6.3.3　采用 8155 扩展并行 I/O 端口

8155 也是 Intel 公司生产的可编程并行 I/O 接口芯片，具有 3 个并行 I/O 口（其中两个为 8 位口，一个为 6 位口），还提供了 256 字节的 SRAM 及一个 14 位定时/计数器。8155 内置有地址锁存器，其地址线可直接与 MCS-51 单片机的 P0 口相连，无需外接地址锁存器，特别适合扩展具有片内程序存储器的 MCS-51 单片机（如 87C51、89C51、89C51X2 等）的 I/O 端口。当系统所需外部数据存储器容量不大时，由 1 片 CPU 和 1 片 8155 即可构成 I/O 端口较多的单片机应用系统。

1．8155 内部结构和引脚

8155 的内部结构如图 6-16 所示，包括两个 8 位 I/O 端口、一个 6 位 I/O 端口、256 字节的静态 RAM、一个 14 位可编程定时/计数器及控制逻辑电路等。

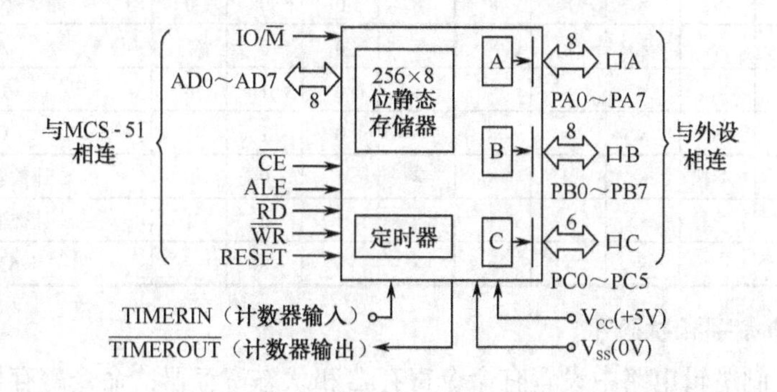

图 6-16　8155 的内部结构

8155 共有 40 只引脚，采用双列直插式封装，其引脚排列如图 6-17 所示。

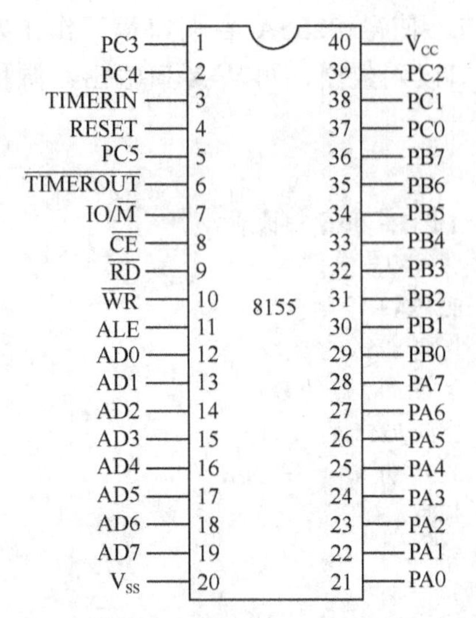

图 6-17 8155 引脚

各引脚功能如下：

❶ AD7～AD0：地址/数据总线，可直接与 MCS-51 单片机的 P0 口相连。

❷ ALE：地址锁存信号。在 ALE 信号下降沿将 AD7～AD0 地址信号锁存到 8155 内部的地址锁存器中。8155 的 ALE 引脚可与 MCS-51 单片机的 ALE 端直接连接。

❸ PA7～PA0：A 口 I/O 引脚，输出时具有锁存功能，但输入不锁存。

❹ PB7～PB0：B 口 I/O 引脚，输出时具有锁存功能，但输入不锁存。

❺ PC5～PC0，C 口 I/O 引脚，输出时具有锁存功能，但输入不锁存。

❻ TIMERIN：定时/计数器输入端。

❼ $\overline{\text{TIMEROUT}}$：定时/计数器输出引脚，输出信号形式（方波或脉冲信号）由定时/计数器工作方式决定。

❽ RESET：复位引脚，高电平有效。只要该引脚保持 5μs 高电平即可使 8155 进入复位状态，各端口均置为输入方式。

❾ $\overline{\text{CE}}$：片选输入信号，低电平有效。

❿ $\overline{\text{RD}}$：从 I/O 口或内部 RAM 读选通信号，低电平有效。

⓫ $\overline{\text{WR}}$：向 I/O 口、命令寄存器或内部 RAM 写选通信号，低电平有效。

⓬ IO/$\overline{\text{M}}$：I/O 口与存储器选择。当 IO/$\overline{\text{M}}$=0，即低电平时，CPU 对 8155 内部 256 字节的静态 RAM 进行读/写操作，256 字节存储器的地址范围为 00H～FFH，当 IO/$\overline{\text{M}}$=1，即高电平时，CPU 对 8155 的 I/O 口及内部寄存器（包括命令/状态寄存器及定时/计数器的高 6 位或低 8 位）进行读/写操作。8155 的 I/O 口和计数器的地址编码由 A2～A0 决定，见表 6-14。

表 6-14 8155 各端口地址分配

$\overline{\text{CE}}$	IO/$\overline{\text{M}}$	A7	A6	A5	A4	A3	A2	A1	A0	所选的端口
0	1	×	×	×	×	×	0	0	0	命令/状态寄存器
0	1	×	×	×	×	×	0	0	1	A 口
0	1	×	×	×	×	×	0	1	0	B 口
0	1	×	×	×	×	×	0	1	1	C 口
0	1	×	×	×	×	×	1	0	0	计数器低 8 位
0	1	×	×	×	×	×	1	0	1	计数器高 6 位
0	0	×	×	×	×	×	×	×	×	RAM 单元

2．8155 的命令字和状态字

8155 内的控制逻辑电路中设置有命令寄存器和状态寄存器：命令寄存器用来存放 CPU 送来的命令字，状态寄存器存放 8155 的状态字。

1）8155 命令字

命令字存放在 8155 的命令寄存器中，只能写入，不能读出，用于选择 8155 的 I/O 口的工作方式及对中断和定时/计数器的控制。8155 命令字格式如图 6-18 所示。

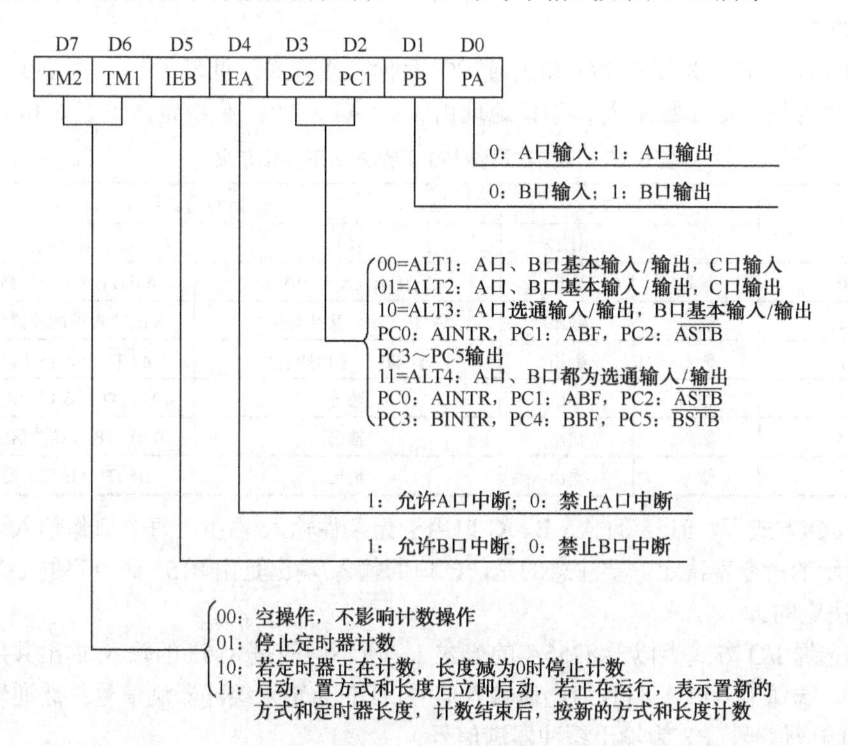

图 6-18　8155 命令字格式

2）8155 状态字

状态字存放在 8155 的状态寄存器中，只能读出，不能写入，用于存放 A 口和 B 口的工作状态。8155 状态字格式如图 6-19 所示。

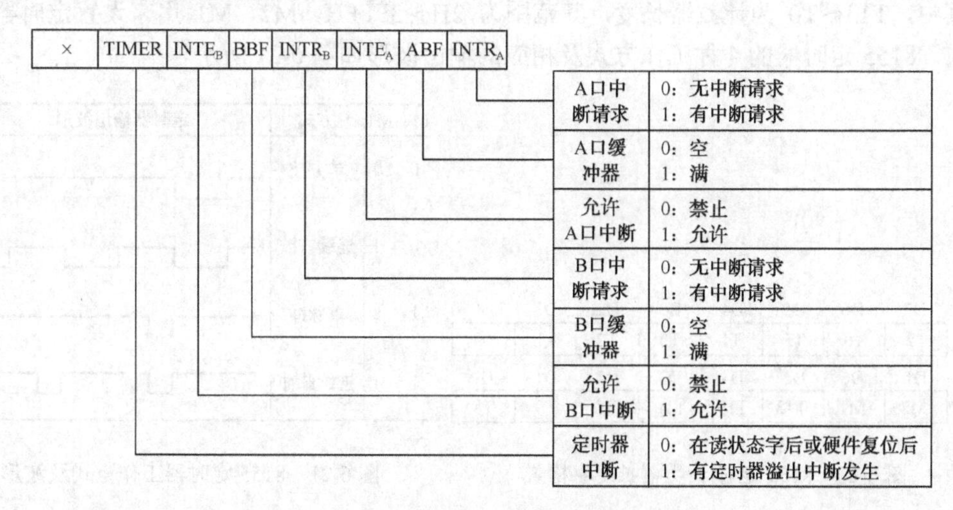

图 6-19　8155 状态字格式

3．8155 的工作方式

1）存储器方式

8155 的存储器方式用于对片内 256 字节 RAM 单元进行读/写，若 IO/$\overline{M}$=0 和 $\overline{CE}$=0，则

CPU 可通过 AD7～AD0 上的地址选择 RAM 存储器中任一单元进行读/写操作。

2）I/O 方式

8155 的 I/O 方式分为基本 I/O 和选通 I/O 两种工作方式，见表 6-15。在 I/O 方式下，8155 可选择片内任一寄存器读/写，端口地址由 A2、A1、A0 三位决定，见表 6-14。

表 6-15　C 口在两种 I/O 工作方式下各位定义

C 口	基本 I/O 方式		选通 I/O 方式	
	ALT1	ALT2	ALT3	ALT4
PC0	输入	输出	A INTR（A 口中断）	A INTR（A 口中断）
PC1	输入	输出	A BF（A 口缓冲器满）	A BF（A 口缓冲器满）
PC2	输入	输出	$\overline{\text{ASTB}}$（A 口选通）	$\overline{\text{ASTB}}$（A 口选通）
PC3	输入	输出	输出	B INTR（B 口中断）
PC4	输入	输出	输出	B BF（B 口缓冲器满）
PC5	输入	输出	输出	$\overline{\text{BSTB}}$（B 口选通）

在基本 I/O 方式下，8155 的 A、B、C 口用于无条件输入/输出，每个口作输入还是输出由图 6-18 所示的命令字决定。要注意的是，C 口的输入/输出是由 8155 命令字的 D3D2 这两位的状态来决定的。

8155 的选通 I/O 方式类似于 8255A 的方式 1，所不同的是 8155 的输入/输出共用一组控制/状态信号。选通输入时，$\overline{\text{STB}}$ 为选通输入信号，BF 为输入缓冲器满信号；选通输出时，$\overline{\text{STB}}$ 为外设响应信号，BF 为输出缓冲器满信号。

3）8155 的内部定时器

8155 内部有一个 14 位的定时/计数器，可用来定时或对外部事件计数。脉冲信号由 TIMER IN 引脚输入，定时器的输出引脚为 $\overline{\text{TIMEROUT}}$。计数长度和计数方式由写入计数寄存器的控制字来确定，定时/计数器长度字寄存器的格式如图 6-20 所示。

其中，T13～T0 为计数器长度，其范围为 2H～3FFFH，M2、M1 用来设置定时器的输出方式。8155 定时器的 4 种工作方式及相应的输出波形如图 6-21 所示。

	D7	D6	D5	D4	D3	D2	D1	D0
T_L(04H)	T7	T6	T5	T4	T3	T2	T1	T0
T_H(05H)	M2	M1	T13	T12	T11	T10	T9	T8

图 6-20　8155 定时/计数器长度字格式

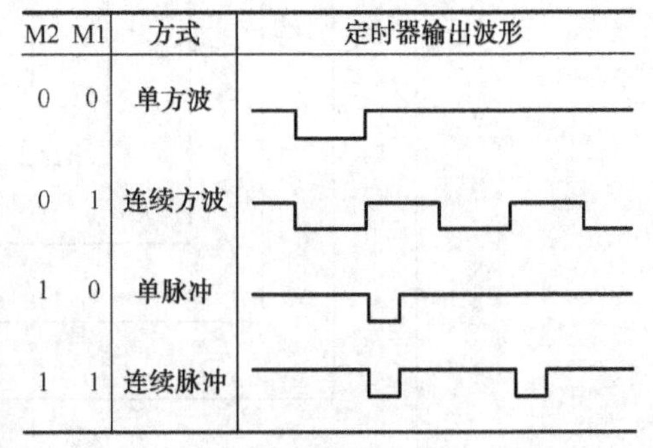

图 6-21　8155 定时器工作方式及波形

4．8155 应用举例

8155 内部有地址锁存器，可将 8155 芯片的地址/数据引脚 AD7～AD0 直接连到 MCS-51 单片机的 P0 口，当 ALE 有效时，P0 口发出的地址信号被 8155 锁存。$\overline{\text{WR}}$、$\overline{\text{RD}}$、ALE 与 8031 单片机同名端相连，A、B、C 口与外围设备相连，通常将 IO/$\overline{\text{M}}$ 脚连到 P2 口

线上，片选 $\overline{CE}$ 端的连接比较灵活，既可以接到译码器输出端，也可以采用线选法连接到 P2 口线上。

【例 6-5】 8155 与 MCS-51 单片机接口电路如图 6-22 所示，试编写程序将 8155 内部 40H 存储单元中的数从 8155 的 B 口输出。

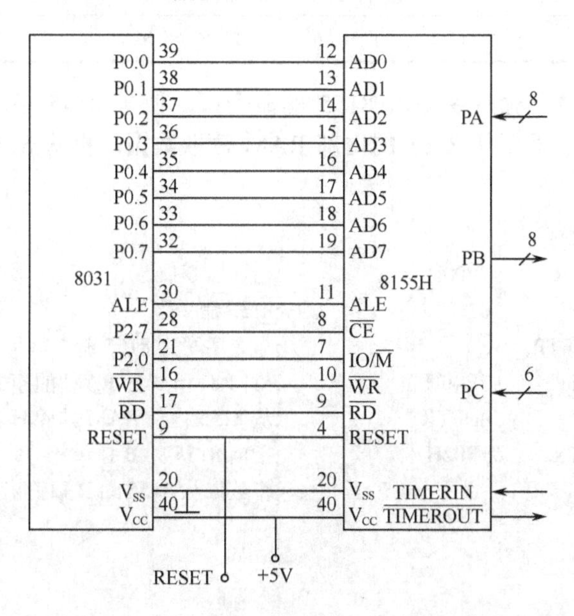

图 6-22 8155 与 MCS-51 单片机接口电路

解：在动手编写程序之前，要先对 8155 的命令字、端口地址等分析清楚，以方便后面的程序编写。

❶ 依题意，8155A 的 B 口工作在基本 I/O 方式，且作输出用，其他口没有要求，也按基本 I/O 方式设置，定时器没有用到，根据 8155 命令字各个位的定义，应作如下设置：

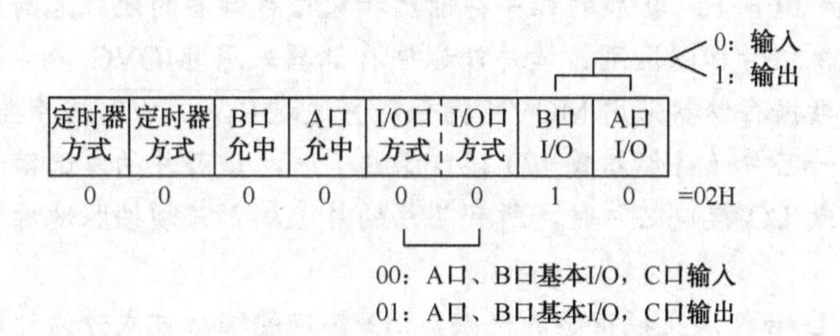

❷ 根据图 6-22 电路中 8155 与单片机的硬件接连，可得 8155 各端口地址见表 6-16。其中 A15（P2.7）必须取“0”，才能选中 8255A。而 A8（P2.0）连接到 8155 的 $IO/\overline{M}$ 脚，取“1”时对 8155 的 I/O 口操作；取“0”时对 8155 的 RAM 操作。而 A14～A9 可任意取，此处均取“1”。

表 6-16 图 6-22 电路中 8155 的 I/O 口及 RAM 地址

8155 的 I/O 口及 RAM	$A_{15}A_{14}A_{13}A_{12}$ $A_{11}A_{10}A_9A_8$ A_7 A_6 A_5 A_4A_3 A_2A_1 A_0	十六进制地址
命令口	0 1 1 1 1 1 1 1 0 0 0 0 0 0 0 0	7F00H
A 口	0 1 1 1 1 1 1 1 0 0 0 0 0 0 0 1	7F01H

续表

8155 的 I/O 口及 RAM	$A_{15}A_{14}A_{13}A_{12}$ $A_{11}A_{10}A_9A_8$ A_7 A_6 A_5 A_4A_3 A_2A_1 A_0	十六进制地址
B 口	0 1 1 1 1 1 1 1 0 0 0 0 0 0 1 0	7F02H
C 口	0 1 1 1 1 1 1 1 0 0 0 0 0 0 1 1	7F03H
内部 RAM	0 1 1 1 1 1 1 0 × × × × × × × ×	7E00H～7EFFH

❸ 编写程序时，先将命令字写入 8155 的命令口，使得 8155 各端口都工作在基本 I/O 方式，且 B 口作输出。然后从 8155 的内部 RAM 读取数据，再从 8155 的 B 口输出，源程序如下：

```
        ORG     2000H
        MOV     DPTR,   #7F00H          ;指向命令口
        MOV     A,      #02H            ;8155 命令字
        MOVX    @DPTR,  A               ;命令字写到 8155 命令口
        MOV     DPTR,   #7E40H          ;指向 8155 内部 RAM 的 40H 单元
        MOVX    A,      @DPTR           ;从 8155 内部 RAM 的 40H 单元读取数据
        MOV     DPTR,   #7F02H          ;指向 8155 的 B 口
        MOVX    @DPTR,    A             ;将数据从 8155 的 B 口输出
        SJMP    $
        END
```

本章小结

构成一个单片机应用系统时，经常需要在片外扩展程序存储器、数据存储器和 I/O 接口等。

扩展片外程序存储器常用 EPROM，扩展片外数据存储器常用静态 RAM。由于 MCS-51 单片机地址总线为 16 位，在片外可扩展的程序存储器和数据存储器最大容量都为 64KB，地址范围为 0000H～FFFFH。扩展的程序存储器和数据存储器的地址范围虽然相同，但可通过不同的指令和控制信号加以区别。读片外程序存储器采用 MOVC 指令和 $\overline{\text{PSEN}}$ 取指信号控制；读、写片外数据存储器采用 MOVX 指令，并通过 $\overline{\text{RD}}$ 、$\overline{\text{WR}}$ 信号控制。

当片外扩展单一芯片（存储器或 I/O 接口芯片）时，该芯片的片选信号可以直接接地；当扩展多片存储器或 I/O 接口芯片时，所有芯片的片选端都必须按照地址线进行选择，可用线选法或译码法。

I/O 接口是 CPU 与外设交换信息的桥梁，I/O 端口的编址方式分为外设端口单独编址和外设端口与存储器统一编址两种。I/O 数据的传送方式分为无条件传送、查询传送、中断传送和 DMA 传送 4 种。

扩展并行 I/O 接口常用 8255A 和 8155 可编程 I/O 接口芯片。8255A 有 3 个 8 位并行 I/O 端口，有 3 种工作方式，由方式控制字设定，端口 C 还可以按位进行置位、复位操作。8255A 与 MCS-51 单片机的连接方法是：数据线 D7～D0 直接与单片机 P0 口相连，读、写信号线 $\overline{\text{RD}}$ 、$\overline{\text{WR}}$ 分别与单片机的同名端相连。片选 $\overline{\text{CS}}$ 端通常与地址译码器的输出线相连，8255A 的 I/O 端口地址选择线 A1、A0 通常与地址锁存器 74LS373 的输出端 Q1、Q0 相连。

8155 有两个 8 位并行 I/O 端口和一个 6 位并行 I/O 端口，片内还有 256 字节的静态 RAM 和一个 14 位定时/计数器。8155 的 3 个并行口及定时/计数器的工作方式由命令字设

定。8155 用 $IO/\overline{M}$ 引脚作为 RAM 和 I/O 端口的选择信号，当 $IO/\overline{M}=0$ 时，对 8155 片内的 RAM 读写操作；而当 $IO/\overline{M}=1$ 时，对 8155 并行 I/O 端口和计数初值进行操作。8155 中的计数器与晶振无关，只对引脚 TIMERIN 上的外部脉冲进行计数，当计数溢出时向引脚 $\overline{\text{TIMEROUT}}$ 输出方波或脉冲信号。

思考题和习题

6.1 I/O 接口有几种数据传送方式？MCS-51 单片机主要用哪些方式？

6.2 外设端口有几种编址方式？MCS-51 单片机的 I/O 接口采用哪一种编址方式？

6.3 MCS-51 单片机若要读取 I/O 端口引脚上的数据应如何操作？为什么？

6.4 有存储容量为 512B×4、1K×4、2K×8、4K×4、16K×8、32K×4、64KB、128K×8、512KB、4MB 的存储器，问这些存储器分别需要多少根地址线和数据线？

6.5 试用线选法画出 8031 对 2 片 2764 的连线图，并详细列出基本地址范围和重叠地址范围。

6.6 74LS138 的功能是什么？如果将图 6-5 中的 IC1、IC2、IC3、IC4 片选端分别改接到 74LS138 的 $\overline{Y4}$、$\overline{Y5}$、$\overline{Y6}$、$\overline{Y7}$ 输出端，请列出 IC1～IC4 的地址范围并加以说明。

6.7 要求用 P1.6 和 P1.7 脚上的两个开关 S6、S7 分别对应控制 P1.0 和 P1.1 脚上的两个发光二极管的亮暗，画出 I/O 接口电路并编写程序。

6.8 MCS-51 单片机 P1 口的 P1.0～P1.7 分别通过反相器接 8 个发光二极管，当 P3.0 和 P3.1 都为低电平时，间隔点亮其中的 4 只发光二极管；当 P3.0 和 P3.1 都为高电平时，点亮全部 8 只发光二极管。画出 I/O 接口电路并编写程序。

6.9 MCS-51 单片机 P1 口的 P1.0～P1.7 分别通过反相器接 8 个发光二极管。要求编写程序，每当外中断 1 有中断请求信号输入时，循环点亮下一个发光二极管，试编写程序。

6.10 决定 8255A 端口地址的引脚有哪几条？作用是什么？

6.11 8255A 方式控制字的各位如何定义？如果要求 8255A 各端口工作于方式 0， A 口作输入，B 口作输出，C 口高 4 位作输入，C 口低 4 位作输出，试写出 8255A 的方式控制字。

6.12 用 8255A 扩展 MCS-51 单片机的 I/O 接口，若 8255A 的 A 口作输入，每一位外接一个开关；C 口作输出，每一位通过反相器接一个发光二极管。要求当 A 口开关闭合（低电平）时 C 口对应位发光二极管点亮，画出接口电路，列出 8255A 各 I/O 口地址并编写程序。

6.13 决定 8155 端口地址的引脚有哪些？$IO/\overline{M}$ 引脚的作用是什么？

6.14 用 8155 芯片扩展 I/O 口，若 A 口设定为基本输入方式，B 口和 C 口均设定为基本输出方式，片选端接单片机的 P2.6 引脚，$IO/\overline{M}$ 接单片机的 P2.5 引脚，请画出 8051 单片机与 8155 芯片的接口电路，详细列出 8155 各端口地址并编写对 8155 的初始化程序。

6.15 已知 8155 的 RAM 中以 DATA1 为起始地址的数据区有 50 个数，要求每隔 100ms 向单片机内部 RAM 以 DATA2 为起始地址的数据区传送 10 个数，通过 5 次传送完成。要求采用定时器 T0 定时，单片机时钟频率为 12MHz，请画出 8155 与单片机的接口电路简图，并编写程序。

第 7 章 显示器与键盘接口技术

【知识点】

☆ LED 数码管显示接口（LED 数码管显示原理、数码管显示器的静态显示和动态扫描显示）

☆ 非编码键盘接口（独立式按键接口、行列式非编码键盘接口）

☆ 键盘与显示系统

7.1 LED 数码管显示接口

LED（发光二极管）数码管是单片机系统的重要外设，用于显示控制过程和运算结果。LED 数码管因其成本低、亮度高、驱动简单、与单片机接口方便灵活而在单片机控制系统中得到广泛应用。

7.1.1 LED 数码管显示原理

LED 数码管是单片机应用系统中常用的输出器件，是由若干个发光二极管组成的。当发光二极管导通时，相应的一个点或一个线段发光。控制不同组合的发光二极管导通，就能显示出各种不同的字形。单片机应用系统中最常用的是八段 LED 数码管，其外形如图 7-1（a）所示。这种数码管可分为共阴极和共阳极两种，它们的结构分别如图 7-1（b）、（c）所示。共阴极 LED 数码管的 8 个发光二极管的阴极连接在一起，一般公共端阴极接地，其他引脚接驱动电路输出端，当某二极管的阳极为高电平时，则该发光二极管点亮；共阳极 LED 数码管的 8 个发光二极管的阳极连接在一起，一般公共阳极接高电平，其他引脚接驱动电路输出端。当某二极管的阴极为低电平时，则该发光二极管点亮。

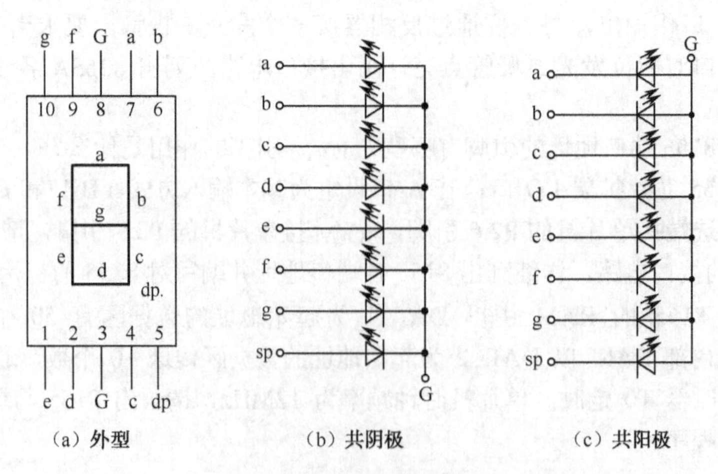

（a）外型　（b）共阴极　（c）共阳极

图 7-1　LED 数码管结构图

八段 LED 数码管上有 8 个发光二极管，即构成“8”字形的 7 个发光二极管和构成小数点的 1 个发光二极管。为了在八段 LED 数码管上显示不同的字形，各段所加的电平也不同，因而编码也不一样，见表 7-1。

表 7-1 八段 LED 数码管段码表

显示字符	共阴极接法八段状态								共阴极接法段码（十六进制）	共阳极接法段码（十六进制）
	sp	g	f	e	d	c	b	a		
0	0	0	1	1	1	1	1	1	3FH	C0H
1	0	0	0	0	0	1	1	0	06H	F9H
2	0	1	0	1	1	0	1	1	5BH	A4H
3	0	1	0	0	1	1	1	1	4FH	B0H
4	0	1	1	0	0	1	1	0	66H	99H
5	0	1	1	0	1	1	0	1	6DH	92H
6	0	1	1	1	1	1	0	1	7DH	82H
7	0	0	0	0	0	1	1	1	07H	F8H
8	0	1	1	1	1	1	1	1	7FH	80H
9	0	1	1	0	1	1	1	1	6FH	90H
A	0	1	1	1	0	1	1	1	77H	88H
b	0	1	1	1	1	1	0	0	7CH	83H
c	0	0	1	1	1	0	0	1	39H	C6H
d	0	1	0	1	1	1	1	0	5EH	A1H
E	0	1	1	1	1	0	0	1	79H	86H
F	0	1	1	1	0	0	0	1	71H	8EH
灭（空格）	0	0	0	0	0	0	0	0	00H	FFH
P	0	1	1	1	0	0	1	1	73H	8CH
H	0	1	1	1	0	1	1	0	76H	89H
.	1	0	0	0	0	0	0	0	80H	7FH
—	0	1	0	0	0	0	0	0	40H	BFH

7.1.2 数码管的显示方式

在单片机应用系统中，通常由多个 LED 数码管构成一个 N 位的 LED 显示器。N 位 LED 显示器有 *N* 根位选线和（8×*N*）根段选线，位选线用于选中一个 LED 数码管，段选线控制显示的字形。

LED 数码管的显示方式分为静态显示和动态显示两种方式。

1. 静态显示方式

静态显示是指 LED 数码管显示某一字符时，相应的发光二极管恒定导通或恒定截止。这种显示方式要求各位数码管的公共端恒定接地（共阴极）或接正电源（共阳极）。每个数码管的 8 个段选线分别与一个 8 位并行 I/O 口的 8 位口线相接，I/O 口只要有段码输出，相应字符就被显示出来，并保持不变。直到 I/O 口输出新的段码。

图 7-2 所示为单片机 AT89C51 控制的 2 位静态 LED 显示器接口电路，图中显示器用共

阳极数码管。图 7-3 所示是该电路的程序流程框图。该电路完成 0～99 的计数功能，并通过两个 LED 显示，其中 LED2 显示十位计数值，LED1 显示个位计数值。静态显示唯有当计数值发生改变时，才进行数据的显示更新。

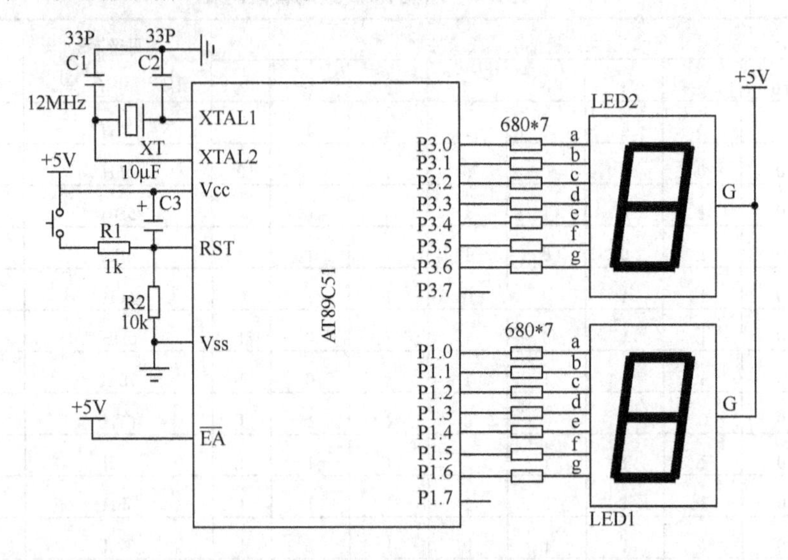

图 7-2　2 位静态 LED 显示器接口电路

【例 7-1】 根据如图 7-2 所示的数码管静态显示实例和图 7-3 所示的流程图，请列写出实现 0～99 循环计数静态显示的程序（f_{osc} =12MHz）。

解：相应程序如下：

```
CNT_H       EQU 61H                        ;计数待显示十位数据
CNT_L       EQU 60H                        ;计数待显示个位数据
            ORG     0000H
            LJMP    MAIN
            ORG     0066H
MAIN:       MOV     SP, #70H
            MOV     CNT_H, #00H            ;清除 RAM 中 61H、60H 单元内容
            MOV     CNT_L, #00H
            LCALL   DISPLAY                ;调用显示子程序
LOOP:       LCALL   DELAY1S
            INC     CNT_L
            MOV     A, CNT_L
            XRL     A, #10
            JNZ     DSP
            MOV     CNT_L, #00H
            INC     CNT_H
            MOV     A, CNT_H
            XRL     A, #10
            JNZ     DSP
            MOV     CNT_H, #00H
DSP:        LCALL   DISPLAY                ;调用显示子程序
            LJMP    LOOP
```

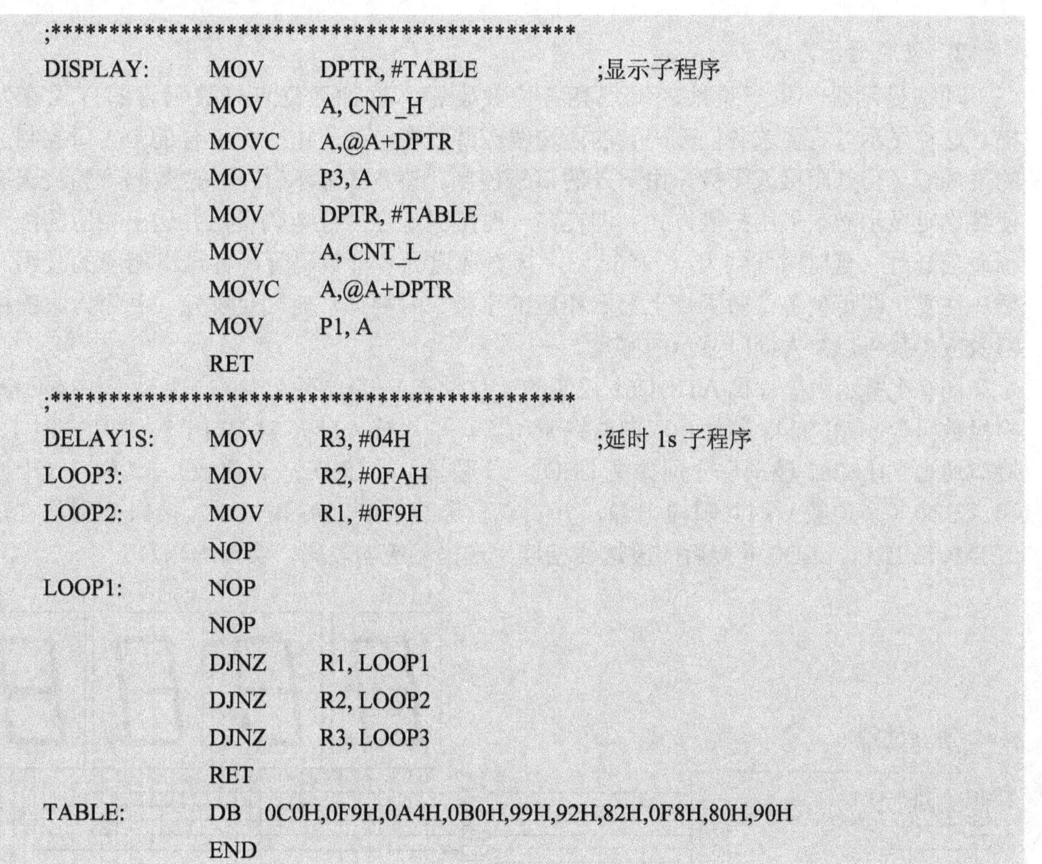

```
;*********************************************
DISPLAY:     MOV     DPTR, #TABLE          ;显示子程序
             MOV     A, CNT_H
             MOVC    A,@A+DPTR
             MOV     P3, A
             MOV     DPTR, #TABLE
             MOV     A, CNT_L
             MOVC    A,@A+DPTR
             MOV     P1, A
             RET
;*********************************************
DELAY1S:     MOV     R3, #04H              ;延时 1s 子程序
LOOP3:       MOV     R2, #0FAH
LOOP2:       MOV     R1, #0F9H
             NOP
LOOP1:       NOP
             NOP
             DJNZ    R1, LOOP1
             DJNZ    R2, LOOP2
             DJNZ    R3, LOOP3
             RET
TABLE:       DB  0C0H,0F9H,0A4H,0B0H,99H,92H,82H,0F8H,80H,90H
             END
```

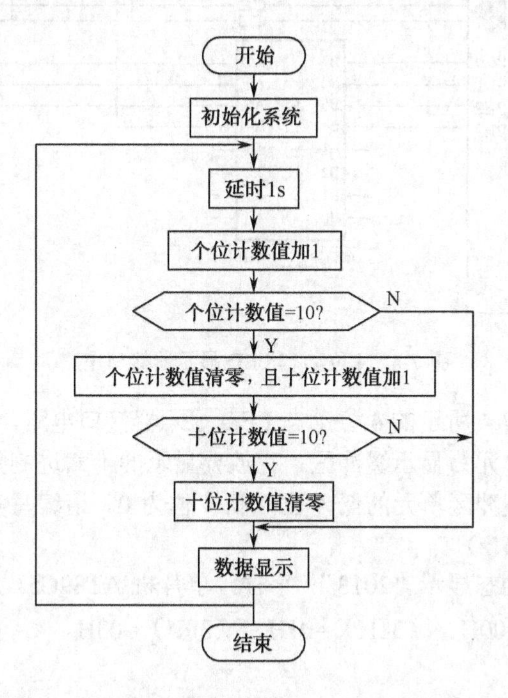

图 7-3　2 位静态 LED 显示器接口电路程序流程图

2．动态显示方式

动态显示是一位一位地轮流点亮各位数码管，这种逐位点亮数码管的方式称为位扫描。这种显示方式要求各位数码管的段选线应并联在一起，由一个 8 位的 I/O 口控制；各位的位选线（公共阴极或阳极）由另外的口线控制。该方式显示时，各位数码管轮流选通，要使其稳定显示必须采用扫描方式，即在某一时刻只选通一位数码管，并送出相应的段码，进行适当延时（延时时间约为 1～5ms），接着选通另一位数码管，并送出相应的段码，如此循环往复，即可使各位数码管上显示相应的字符。只要循环时间足够短，利用人眼的视觉暂留效应，就可以给人同时显示的感觉。

图 7-4 所示为单片机 AT89C51 控制的 4 位动态 LED 显示器接口电路。图中显示器用共阳极数码管，74LS245 芯片是双向总线驱动器，单片机 AT89C51 的 P1.3、P1.2、P1.1、P1.0 接口通过 74LS245 驱动后分别提供 LED3（千位数）、LED2（百位数）、LED1（十位数）和 LED0（个位数）的共阳极电源，并实现位选线控制。P3.0～P3.7 接口分别与 LED3、LED2、LED1、LED0 并接后的段选线相连，送出相应的段码，实现编码。

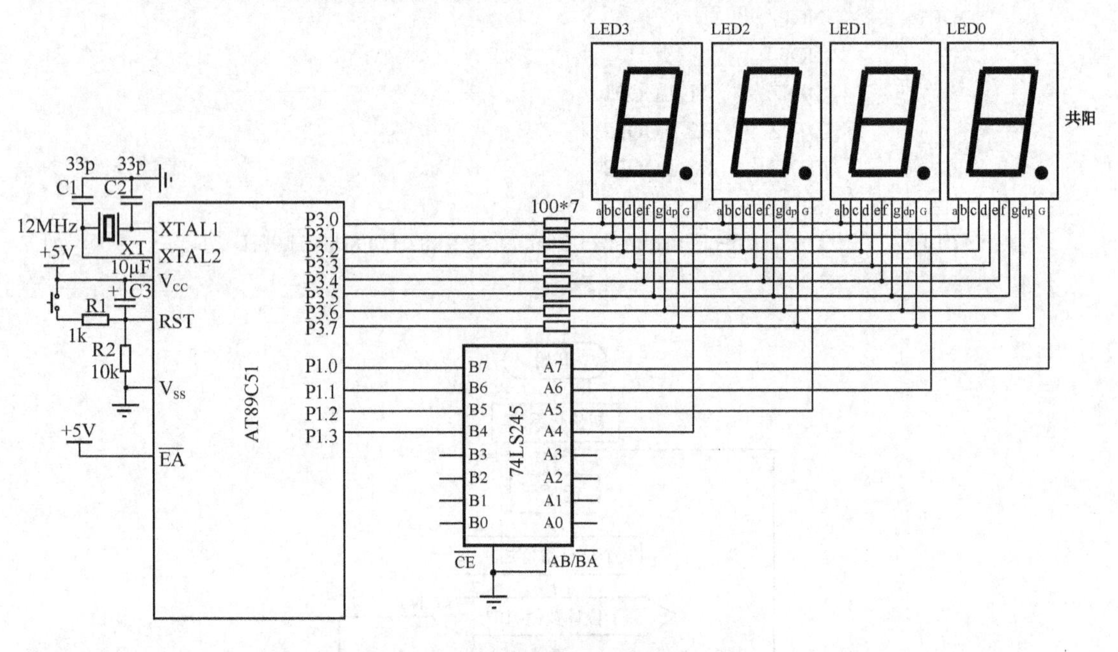

图 7-4　4 位动态 LED 显示器接口电路

【例 7-2】 根据图 7-4 所示的 4 位动态 LED 显示器接口电路，假设单片机 AT89C51 片内 RAM 的 30H～33H 单元为显示缓冲区，存放要显示的十六进制数。每位十六进制数以二进制的形式存放于相应缓冲区单元的低 4 位，高 4 位为 0。请编写实现显示“2013”字样的动态显示程序（f_{osc}=12MHz）。

解：根据题意，要动态显示“2013” 字样，单片机 AT89C51 片内 RAM 的显示缓冲区（33H）=02H、（32H）=00H、（31H）=01H、（30H）=03H。

相应程序如下：

```
        ORG     0000H
        LJMP    MAIN
        ORG     0066H
```

```
MAIN:     MOV     33H, #02H        ;向显示缓冲区 33H~30H 写入待显示数据
          MOV     32H, #00H
          MOV     31H, #01H
          MOV     30H, #03H
LOOP:     ACALL   DPLAY
          ACALL   DELAY1ms         ;延时 1ms。延时子程序 DELAY1ms 略
          AJMP    LOOP
; ******动态显示子程序******
DPLAY:    MOV     R0,#30H          ;R0 指针指向显示缓冲区首址
          MOV     DPTR,#SEGTAB
          MOV     R2,#01H          ;置位选码初值
          MOV     A,R2
DISP:     MOV     P1,A             ;输出位选码
          MOV     A,@R0            ;取出要显示的数，准备查段选码
          MOVC    A,@A+DPTR        ;查字型码
          MOV     P3,A             ;段选码送 P3 口
          ACALL   DELAY1ms         ;延时 1ms。延时子程序 DELAY1ms 略
          INC     R0               ;修改显示缓冲区单元地址
          MOV     A,R2
          JB      ACC.3,GORET      ;4 位显示完否？
          RL      A                ;未显示完，位选码左移 1 位
          MOV     R2,A
          AJMP    DISP
GORET:    RET
SEGTAB:   DB 0 C0H,0F9H,0A4H,0B0H,99H,92H,82H,0F8H,80H,90H,88H,83H,0C6H,0A1H,
          86H,8EH
          ;段选码表“0，1，2，…,D,E,F”
          END
```

7.2　非编码键盘接口

键盘是若干按键的集合，是单片机的常用输入设备，操作人员可以通过键盘输入数据或命令来实现人机通信。单片机的键盘通常使用机械触点式按键开关，其主要功能是把机械上的通断转换成为电气上的逻辑关系。机械式按键在按下或释放时，由于触点弹性作用的影响，通常伴随有一定时间的触点机械抖动，然后其触点才稳定下来。其抖动过程如图 7-5 所示，抖动时间的长短与开关的机械特性有关，一般为 5～10ms。在触点抖动期间检测按键的通与断状态，可能导致判断出错，即按键一次按下或释放被错误地认为是多次操作。为了克服按键触点机械抖动所致的检测误判，必须采取软件或硬件去抖动措施。一种简便的软件去抖动方法是在检测到有按键按下时，执行一个 10ms 左右（具体时间应视所使用的按键进行调整）的延时程序后，再确认该键电平是否仍保持闭合状态电平，若仍保持闭合状态电平，则确认该键处于闭合状态。由于按键松开也有抖动，因此如有必要也可采用类似的方法检测按键是否松开。

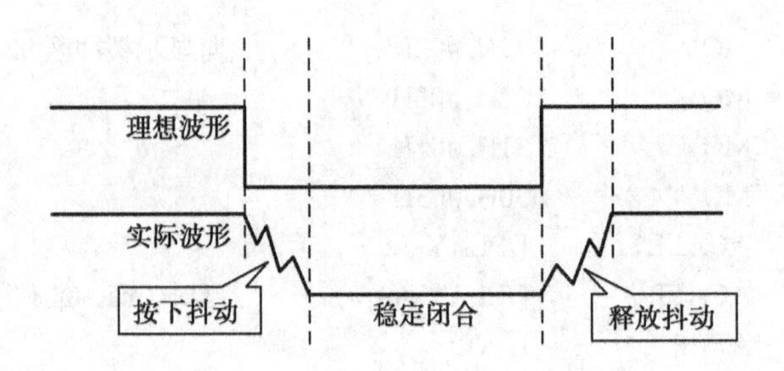

图 7-5　按键触点的机械抖动

键盘可以分为独立连接式和行列（矩阵）式两类，每一类又可根据对键盘的译码方法分为编码键盘和非编码键盘两种类型。编码键盘是通过一个编码电路来识别闭合键的键码，具有去抖动功能，但硬件较复杂，个人计算机所用的标准键盘就属于这种；非编码键盘是通过软件来识别键码，需占用 CPU 一定的时间，但硬件简单，可以方便地增减键的数量，因此在单片机应用系统中得到广泛的应用。本节仅介绍非编码键盘的原理和接口电路。

7.2.1　独立式按键接口

按照与 CPU 的连接方式，非编码键盘可分为独立式键盘和矩阵式键盘。独立式键盘是每个按键单独占用一根数据输入线，如图 7-6 所示。当某一按键按下时，相应的 I/O 线变为低电平。独立式键盘的特点是电路结构简单，但每个按键必须占用一根 I/O 线，当按键数较多时，占用的 I/O 口线就多，故其通常应用于按键数量较少的场合。

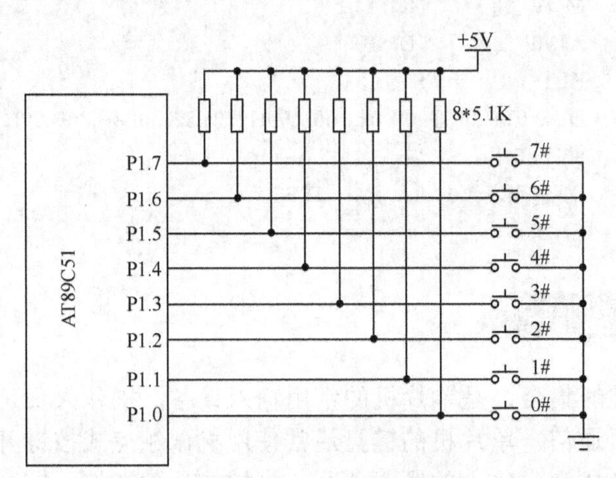

图 7-6　AT89C51 对独立式键盘的接口

【例 7-3】　根据如图 7-6 所示的 AT89C51 单片机与独立式键盘的接口电路，请用查询的方式写出其键盘扫描程序。

解：相应程序如下：

```
            ORG     0100H
KEYSCAN:    MOV     P1, #0FFH           ;置 P1 口为输入态
            MOV     A, P1               ;读入键值
            CJNE    A,#0FFH,NEXT0
            LJMP    GORET
```

```
NEXT0:   LCALL   DELAY10ms        ;延时 10ms，去抖动
         MOV     B, P1            ;再读键值
         CJNE    A, B, GORET      ;两次键值不一致，直接返回
NEXT1:   MOV     A,P1             ;等待按键弹起
         CJNE    A,#0FFH,NEXT1
         JNB     ACC.0, KEY0      ;0 号键按下，转 0 号键功能程序
         JNB     ACC.1, KEY1      ;1 号键按下，转 1 号键功能程序
         JNB     ACC.2, KEY2      ;2 号键按下，转 2 号键功能程序
         JNB     ACC.3, KEY3      ;3 号键按下，转 3 号键功能程序
         JNB     ACC.4, KEY4      ;4 号键按下，转 4 号键功能程序
         JNB     ACC.5, KEY5      ;5 号键按下，转 5 号键功能程序
         JNB     ACC.6, KEY6      ;6 号键按下，转 6 号键功能程序
         JNB     ACC.7, KEY7      ;7 号键按下，转 7 号键功能程序
GORET:   RET                      ;从键盘服务子程序返回
KEY0:    LCALL   FUNC0            ;执行 0 号键功能服务程序
         RET                      ;从键盘服务子程序返回
KEY1:    LCALL   FUNC1            ;执行 1 号键功能服务程序
         RET                      ;从键盘服务子程序返回
KEY2:    LCALL   FUNC2            ;执行 2 号键功能服务程序
         RET                      ;从键盘服务子程序返回
KEY3:    LCALL   FUNC3            ;执行 3 号键功能服务程序
         RET                      ;从键盘服务子程序返回
KEY4:    LCALL   FUNC4            ;执行 4 号键功能服务程序
         RET                      ;从键盘服务子程序返回
KEY5:    LCALL   FUNC5            ;执行 5 号键功能服务程序
         RET                      ;从键盘服务子程序返回
KEY6:    LCALL   FUNC6            ;执行 6 号键功能服务程序
         RET                      ;从键盘服务子程序返回
KEY7:    LCALL   FUNC7            ;执行 7 号键功能服务程序
         RET                      ;从键盘服务子程序返回
```

从程序中可以看出，当有 2 个以上的键被同时按下时，只有键号最小的按键所对应的功能被执行。

7.2.2　行列式非编码键盘接口

行列式键盘又称矩阵式键盘，它是将 I/O 线的一部分作为行线，另一部分作为列线，按键设置在行线和列线的交叉处。图 7-7 所示为一 4×4 矩阵键盘，图中行线（x_0～x_3）、列线（y_0～y_3）分别连接到按键开关的两端。图示处于 m 行、n 列的按键，其键值为 $4\times m+n$。具体确定被按按键键值的过程如下。

1）判别是否有键按下

单片机控制系统首先把 I/O 口 P1.0～P1.3 设置成输出口，把 P1.4～P1.7 设置成输入口，接着把全“0”送到 P1.0～P1.3，这样就可以在所有行线 x_0～x_3 上得到低电平，然后读取 y_0～y_3 上的列值就可以判断是否有键按下。若无键按下，则所读列值必全为“1”；若有键按下，则所读列值必因所按键的行、列线接通而不全为“1”。由此即可判别是否有键按下。

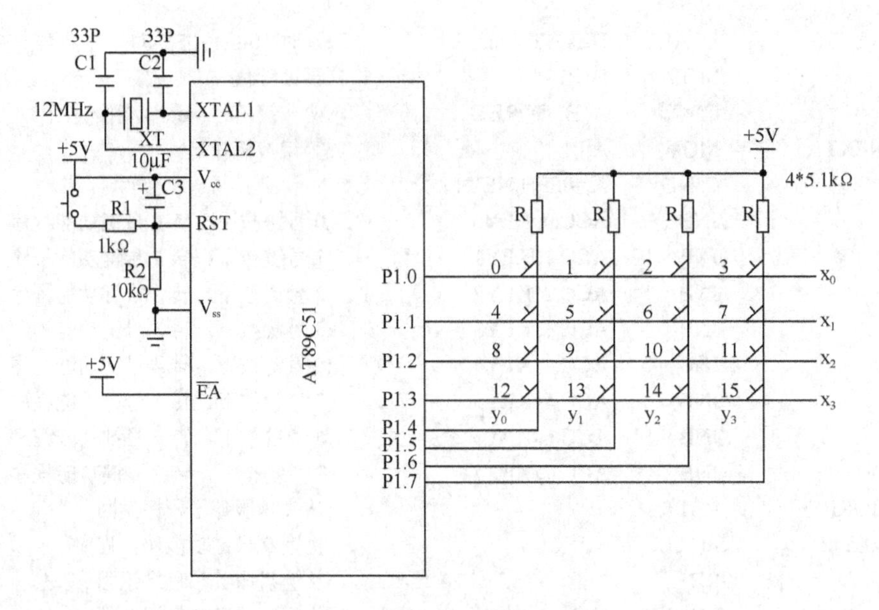

图 7-7　4×4 矩阵键盘电路图

2）识别按键位置（行扫描法）

当键盘上某一个按键闭合时，则该按键所对应的列线与行线短接。例如，键盘中 6 号键按下时，行线 x_1 与列线 y_2 短接，y_2 的电平由 x_1 送出的电平所决定。如果将行线 x_0～x_3（P1.0～P1.3）作为微处理器 CPU 的输出线，将列线 y_0～y_3（P1.4～P1.7）作为微处理器 CPU 的输入线，则行扫描键盘识别的过程为：在键盘扫描程序的控制下，先使行线的 x_0 为低电平，x_1、x_2、x_3 为高电平，接着读取列线 y_0～y_3 的电平，假如 y_0～y_3 都呈高电平，则说明 x_0 这一行没有按键闭合。然后，使行线 x_1 为低电平，x_0、x_2、x_3 为高电平，再读取列线 y_0～y_3 的电平，假设此时 6 号键按下，则读取的列线 y_0～y_3 中的 y_0、y_1、y_3 为高电平，而 y_2 为低电平。这样，微处理器就得到一组与 6 号键按下时相对应的唯一的“输出—输入码”1101（x_3～x_0）～1011（y_3～y_0）。由于这组码与按键所在的行列位置相对应，因此，常被称为键位置码。

3）键值的计算

设键盘为 $K_H \times K_L$ 矩阵键盘，其中，K_H 为行数，K_L 为列数。如果由扫描法得到按下按键的行号和列号分别为 m 和 n，则所按下按键的键值为：$m \times K_L + n$。

键盘扫描子程序的程序流程图如图 7-8 所示。

【例 7-4】　根据图 7-7 所示的 4×4 矩阵键盘电路图（程序流程图如图 7-8 所示），请写出其键盘扫描程序。

解：相应程序如下：

```
KEYSCAN:    ACALL   KSCAN           ;查有没有键按下
            JZ      GORET           ;A=0 表示没有键按下，返回
            LCALL   DELAY10ms       ;有键按下，延时 10ms，防抖动
                                    ;（延时 10ms 的子程序 DELAY10ms 略）
            ACALL   KSCAN           ;再查有没有键按下
            JZ      GORET           ;A=0 表示没有键按下，返回
            ACALL   KEYSUM          ;有键按下，扫描确定键值
```

```
            RL      A
            RL      A                   ;键值×4
; 主要考虑 FTAB 以下指令 LCALL（3 字节）和 RET（1 字节）的总字节数为 4
            MOV     DPTR, #FTAB
            JMP     @A+DPTR             ;散转，执行所按键相应功能子程序
GORET:      RET
FTAB:       LCALL   FUNC0               ;调用 0 号键功能子程序
            RET
            LCALL   FUNC1               ;调用 1 键功能子程序
            RET
            ⋮
            LCALL   FUNC15              ;调用 15 键功能子程序
            RET
            LCALL   ERRSUB              ;键值为 16，异常处理
            RET
; KSCAN 为判断有无键按下子程序，A≠0 表示有键按下
  KSCAN:    MOV     P1, #0F0H           ;行线置低电平，列线置输入态
            MOV     A, P1               ;读列线数据
            CPL     A                   ;A 取反
            ANL     A, #0F0H            ;屏蔽行线
            RET                         ;返回，A≠0 表示有键按下
; KEYSUM 为求键值子程序，键值在 A 中
  KEYSUM:   MOV     R6, #00H            ;R6 存放每行最左键的键值，初始清零
            MOV     R7, #0FEH           ;准备扫描第 0 行
  LOOP:     MOV     P1,R7               ;逐行输出 0 扫描
            MOV     A, P1               ;读列线数据
            SWAP    A                   ;A 的高低半字节交换
            JB      ACC.0, L1           ;第 0 列无键按下，转查第 1 列
            MOV     A, #0               ;第 0 列有键按下，0→A
            SJMP    KSOLVE              ;转求键值
  L1:       JB      ACC.1, L2           ;第 1 列无键按下，转查第 2 列
            MOV     A, #1               ;第 1 列有键按下，1→A
            SJMP    KSOLVE              ;转求键值
  L2:       JB      ACC.2, L3           ;第 2 列无键按下，转查第 3 列
            MOV     A, #2               ;第 2 列有键按下，2→A
            SJMP    KSOLVE              ;转求键值
  L3:       JB      ACC.3, NEXT         ;4 列均无键按下，本行扫描结束
            MOV     A, #3               ;第 3 列有键按下，3→A
            SJMP    KSOLVE              ;转求键值
  NEXT:     MOV     A, R7               ;准备扫描下一行
            JNB     ACC.3,ERR           ;扫描完未读到键值，异常处理
            RL      A                   ;R7 循环左移一位
            MOV     R7,A                ;得到下一行行扫描字
            MOV     A,R6                ;得到下一行首键键值
            ADD     A,#4
            MOV     R6,4
```

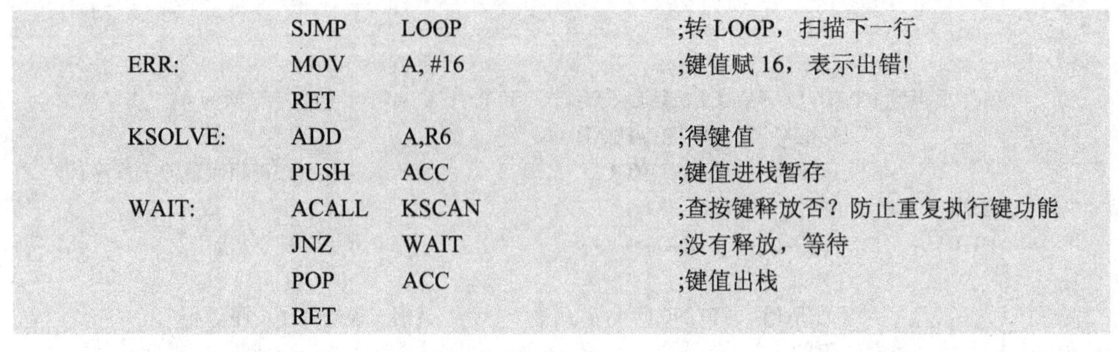

```
            SJMP    LOOP        ;转 LOOP，扫描下一行
ERR:        MOV     A, #16      ;键值赋 16，表示出错!
            RET
KSOLVE:     ADD     A,R6        ;得键值
            PUSH    ACC         ;键值进栈暂存
WAIT:       ACALL   KSCAN       ;查按键释放否？防止重复执行键功能
            JNZ     WAIT        ;没有释放，等待
            POP     ACC         ;键值出栈
            RET
```

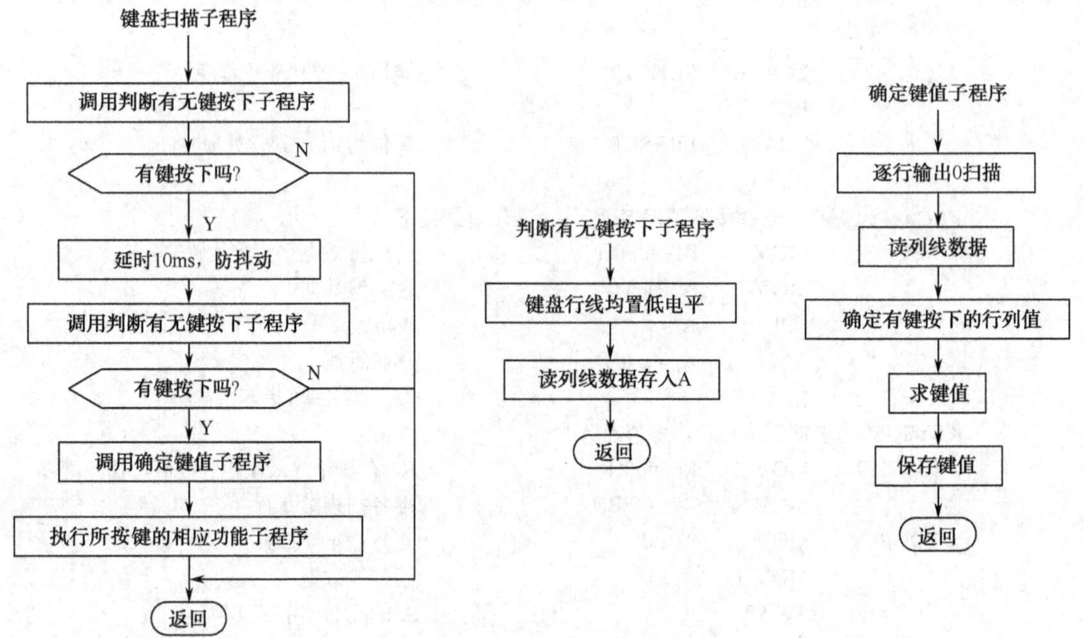

图 7-8　键盘扫描子程序流程图

7.3　键盘与显示系统

在单片机应用系统中，显示器和键盘往往需同时使用，为节省 I/O 口线，可将显示电路和键盘一起构成实用的键盘/显示器电路。如图 7-9 所示为实用的键盘/显示器接口电路。

图 7-9 所示的 4×4 矩阵键盘电路已在 7.2.2 节中介绍过，键盘扫描程序与例 7-4 介绍的 KEYSCAN 子程序相同。

图 7-9 所示的 4 位 LED 动态显示电路与图 7-4 介绍的电路相同，图中的芯片 IC_3～IC_0 为常用的 74LS245 双向总线驱动器。单片机 AT89C51 片内 RAM 的 30H～33H 单元为显示缓冲区，存放要显示的十六进制数。每位十六进制数以二进制的形式存放于相应缓冲区单元的低 4 位，高 4 位为 0。其动态显示子程序见【例 7-2】的 DPLAY 子程序。

由于键盘和显示器共用一个接口电路，所以键盘和显示器的控制要统筹考虑，程序中既要完成键盘的扫描，又要完成 LED 显示器的动态显示。程序的框图如图 7-10 所示。

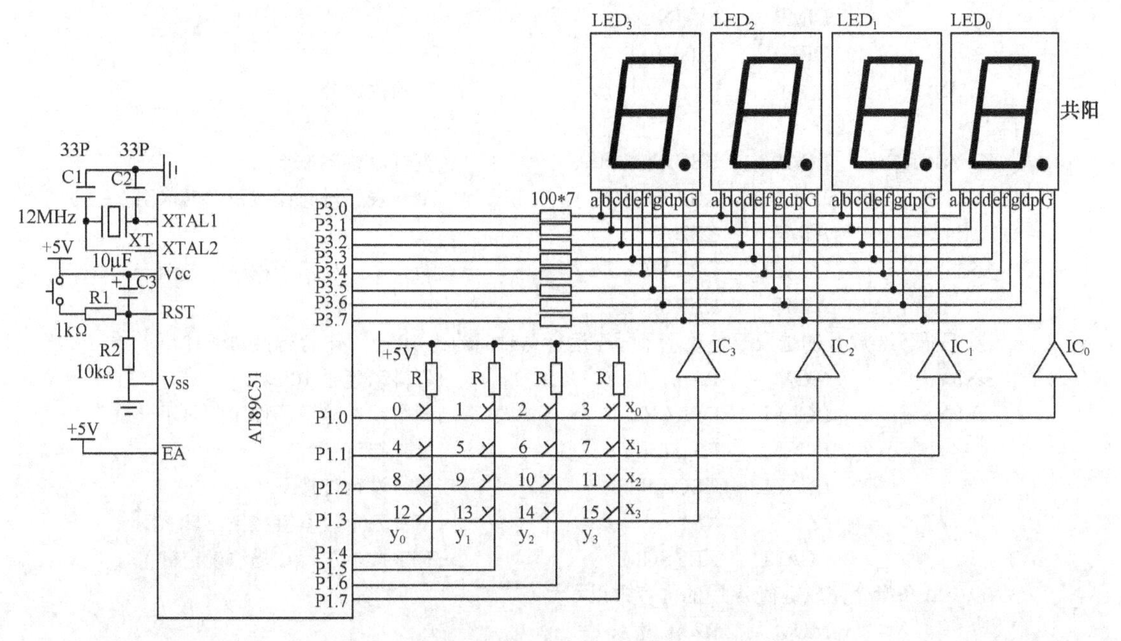

图 7-9 键盘/显示器接口电路

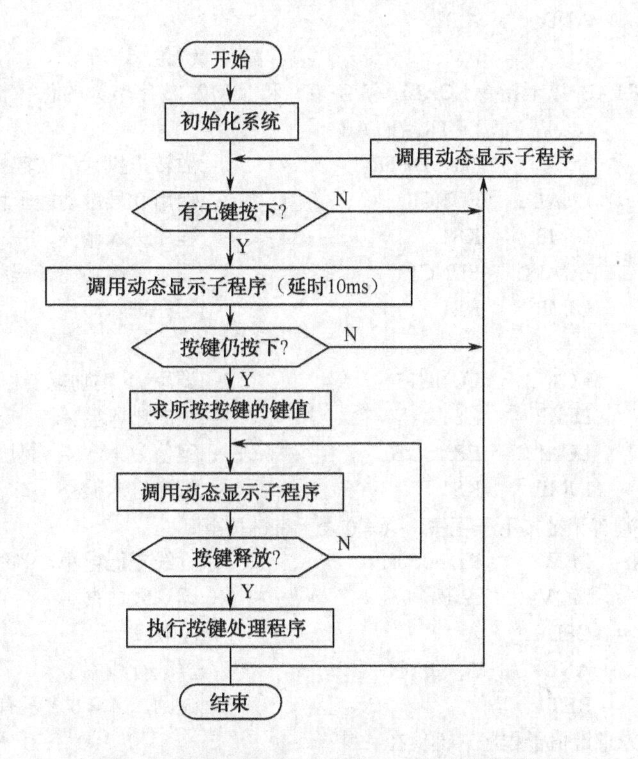

图 7-10 键盘/显示器共用接口电路程序流程图

流程图中巧妙地利用执行动态显示子程序所用的时间代替延时子程序，改善了显示效果。

【例 7-5】 请写出图 7-10 所示的键盘、显示器程序流程图对应的程序。

解：相应程序如下：

```
        ORG     0000H
```

```
              LJMP    MAIN
              ORG     0100H
MAIN:                                    ;初始化部分
              ⋮
KEYSCAN:      LCALL   KSCAN              ;查有没有键按下
              JZ      KS1                ;A=0 表示没有键按下，转 KS1
              AJMP    KS2
KS1:          LCALL   DPLAY              ;调用动态显示子程序，显示一遍
              AJMP    KEYSCAN
;以下循环次数 L 的选取要使显示子程序运行总时间约为 10ms，作为防抖动延时
KS2:          MOV     R3, #L             ;防抖动延时 10ms
DELY:         LCALL   DPLAY              ;调用动态显示子程序，显示一遍
              DJNZ    R3, DELY           ;延时结束
              LCALL   KSCAN              ;查有没有键按下
              JZ      KS1                ;A=0 表示没有键按下，转 KS1
              LCALL   KEYSUM             ;有键按下，行扫描法确定键值
;以下 4 条指令完成键值 A 中的内容乘以 6 倍
              MOV     R2, A
              RL      A
              ADD     A,R2
              RL      A                  ;键值×6
; 主要考虑 FTAB 以下指令 LCALL（3 字节）和 LJMP（3 字节）的总字节数为 6
              MOV     DPTR, #FTAB
              JMP     @A+DPTR            ;散转，执行所按键相应功能子程序
    FTAB:     LCALL   FUNC0              ;调用 0 号键功能子程序
              LJMP    KS1                ;程序进入循环
              LCALL   FUNC1              ;调用 1 键功能子程序
              LJMP    KS1                ;程序进入循环
              ⋮
              LCALL   FUNC15             ;调用 15 键功能子程序
              LJMP    KS1                ;程序进入循环
              LCALL   ERRSUB             ;键值为 16，异常处理
              LJMP    KS1                ;程序进入循环
; KSCAN 为判有无键按下子程序， A≠0 表示有键按下
    KSCAN：   MOV     P1, #0F0H          ;行线置低电平，列线置输入态
              MOV     A, P1              ;读列线数据
              CPL     A                  ;A 取反
              ANL     A, #0F0H           ;屏蔽行线
              RET                        ;返回， A≠0 表示有键按下
; KEYSUM 为求键值子程序，键值在 A 中
    KEYSUM:   MOV     R6, #00H           ;R6 存放每行最左键的键值，初始清零
              MOV     R7, #0FEH          ;准备扫描第 0 行
    LOOP:     MOV     P1,R7              ;逐行输出 0 扫描
              MOV     A, P1              ;读列线数据
              SWAP    A                  ;A 的高低半字节交换
              JB      ACC.0, L1          ;第 0 列无键按下，转查第 1 列
```

```
         MOV     A, #0            ;第 0 列有键按下，0→A
         SJMP    KSOLVE           ;转求键值
L1:      JB      ACC.1, L2        ;第 1 列无键按下，转查第 2 列
         MOV     A, #1            ;第 1 列有键按下，1→A
         SJMP    KSOLVE           ;转求键值
L2:      JB      ACC.2, L3        ;第 2 列无键按下，转查第 3 列
         MOV     A, #2            ;第 2 列有键按下，2→A
         SJMP    KSOLVE           ;转求键值
L3:      JB      ACC.3, NEXT      ;4 列均无键按下，本行扫描结束
         MOV     A, #3            ;第 3 列有键按下，3→A
         SJMP    KSOLVE           ;转求键值
NEXT:    MOV     A, R7            ;准备扫描下一行
         JNB     ACC.3,ERR        ;扫描完未读到键值，异常处理
         RL      A                ;R7 循环左移一位
         MOV     R7,A             ;得到下一行行扫描字
         ADD     R6, #4           ;得到下一行首键键值
         SJMP    LOOP             ;转 LOOP，扫描下一行
ERR:     MOV     A, #16           ;键值赋 16，表示出错!
         RET
KSOLVE:  ADD     A,R6             ;得键值
         PUSH    ACC              ;键值进栈暂存
WAIT:    ACALL   KSCAN            ;查按键释放否？防止重复执行键功能
         JNZ     WAIT             ;没有释放，等待
         POP     ACC              ;键值出栈
         RET
         END
```

本章小结

本章介绍了 MCS-51 系列单片机常用键盘和数码显示电路的工作原理和应用。

MCS-51 系列单片机常用键盘接口电路有两种，即**独立式键盘**和**行列式键盘**。独立式键盘电路的每一个按键开关占一根 I/O 口线。当按键数较多时，为了减少所占用的 I/O 口线，通常多采用行列式键盘接口电路。在行列式键盘接口电路中，按键设置在行线、列线交点上，行线、列线分别连接到按键开关的两端。扫描键盘时，先使所有的列线输出低电平，然后读取行线的状态，判断是否为全 1。若键盘上没有按键闭合时，行线、列线之间是断开的，所有行线均为高电平；若有键按下时，对应的行线、列线短接，通过逐行扫描确定被按键所在的行列号。按照键盘所在的行列号通过一定的“算法”确定“键值”。

LED 数码显示有动态显示和静态显示之分。动态显示需要 CPU 时刻对显示器件进行数据刷新，占用的 CPU 时间多，但使用的硬件少。动态扫描显示的接口电路是把所有显示器的 8 个笔画段 a～dp 同名端并联在一起，由一个 8 位 I/O 口控制，形成段选线合用；而每一个显示器的公共端 com（位选线）各自独立地受 I/O 线控制，实现各位的分时选通，使各个数码管轮流点亮。尽管实际上各位显示器并非同时点亮，但由于人的视觉暂留效应和二极管的余辉效应，只要扫描速度够快，每位数码管的点亮时间控制在 1～2ms，给人的感觉就是各位数码管同时在显示数据，并没有闪烁感。

思考题和习题

7.1 试说明LED显示器的工作原理，什么是共阴极？什么是共阳极？

7.2 键盘有哪几种类型？为什么要进行“去抖”处理？

7.3 键盘的“去抖”处理方法有哪几种？

7.4 说明静态显示和动态显示的特点？

7.5 非编码键盘可分为哪几种键盘？各有什么特点？

7.6 试说明非编码键盘的工作原理，如何去除键抖动？如何判断键是否释放？

7.7 独立式键盘和矩阵式键盘各有什么特点？各自在什么场合下使用？

7.8 根据LED的结构原理，请任举一段码分析共阴极接法时的段码组成。

7.9 根据LED的结构原理，请任举一段码分析共阳极接法时的段码组成。

7.10 请用AT89C51单片机的P1口设计一个4位独立式键盘电路，并编写相应的键盘程序。

7.11 请用AT89C51单片机的P1口设计一个3×3的键盘电路，并编写相应的键盘程序。

7.12 请用AT89C51单片机的P1口设计一个4×4的键盘电路，并编写相应的键盘程序。

7.13 试设计有32个键盘的接口电路，并编写键盘的处理程序。

7.14 用8051单片机的P1口做8个按键的独立式键盘接口，试画出其中断扫描方式的接口电路，编写相应的键盘处理程序。

7.15 请画出一个单片机与键盘、显示器的接口电路，并编出相应的程序。

7.16 已知20H单元中有一带符号数，若它是正数，则在图7-4所示接口电路中自左至右循环显示0；若它是负数，则自左至右循环显示1，试编写程序。

第8章　模拟量通道接口

【知识点】

☆ 模拟量通道接口概述（模拟量接口的地位和作用、模拟量转换器的性能指标）

☆ D/A 转换器（D/A 转换原理、D/A 转换器 DAC0832、D/A 转换应用举例）

☆ A/D 转换器（逐次逼近式 A/D 转换原理、A/D 转换器 ADC0809、A/D 转换应用举例）

8.1　模拟量通道接口概述

8.1.1　模拟量接口的地位和作用

计算机的应用，特别是在自动化领域中，常常采用微型计算机进行实时控制和数据处理。当用微型计算机构成一个数据采集系统或过程控制系统时，所要采集的外部信号或被控对象的参数往往是一些在时间和数值上都是连续变化的模拟量，如电压、电流、温度、速度、压力和流量等。

但是，计算机只能接收和处理不连续的数字量（也称离散量）。因此，必须把外部这些模拟量转换为数字量，以便计算机接收处理。计算机的处理结果仍然是数字量，而大多数被控对象的执行机构均不能直接接受数字量信号，所以，还必须将计算机加工处理后输出的数字信号再转换为模拟信号（必要时还要进行功率放大），才能控制和驱动执行机构，达到控制的目的。

将模拟量转换为数字量的过程称为模/数（A/D）转换，完成这一转换的器件称为模/数转换器（简称 ADC）；将数字量转换为模拟量的过程称为数/模转换，完成这一转换的器件称为数/模转换器（简称 DAC）。图 8-1 是微型计算机自动测控系统的基本组成框图。

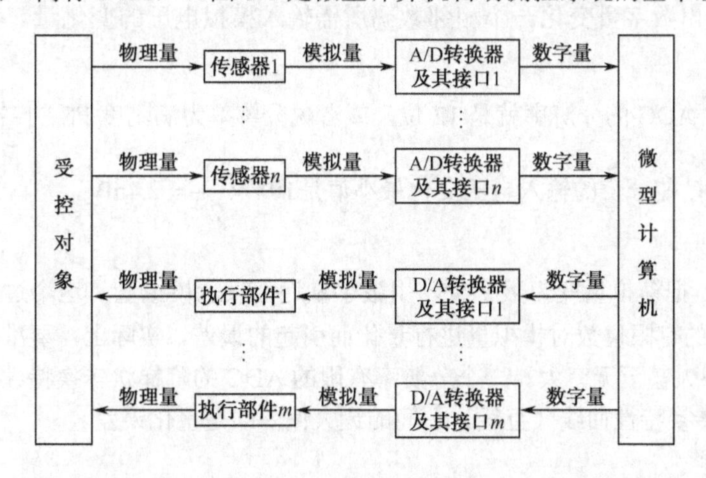

图 8-1　微型计算机自动测控系统的基本组成框图

8.1.2 模拟量转换器的性能指标

模拟量转换器包括 DAC（数/模转换器）和 ADC（模/数转换器）两种。DAC 的性能指标是选用 DAC 芯片型号的依据，是衡量芯片质量的重要参数；同样，ADC 的性能指标也是选用 ADC 芯片型号的依据，也是衡量芯片质量的重要参数。下面分别介绍 DAC 和 ADC 的性能指标。

1．D/A 转换器的性能指标

D/A 转换器的主要性能指标如下。

1）*分辨率*

定义：D/A 转换器能分辨的最小输出电压增量，常为满量程的 2^{-n} 倍。

例如：10V 满量程的 8 位 DAC 芯片，分辨率 $=10\times2^{-8}=39\text{mV}$；

10V 满量程的 16 位 DAC 芯片，分辨率 $=10\times2^{-16}=153\mu\text{V}$。

2）*转换精度*

定义：D/A 转换器实际输出值和理论值的接近程度。

例如：若满量程输出理论值为 10V，实际值为 9.99～10.01V，

则转换精度 $=\pm\dfrac{0.01\text{V}}{10\text{V}}=\pm10\text{mV}$

3）*偏移量误差*

定义：输入数字量为“0”时，输出模拟量对“0”的偏移值，常可通过 DAC 的外接 V_{REF} 和电位计加以调整。

4）*线性度*

定义：D/A 转换器实际转换特性和理想直线间的最大偏差。

通常，线性度 $\leqslant\dfrac{1}{2}$LSB（LSB 为分辨率）。

2．A/D 转换器的性能指标

A/D 转换器的主要性能指标如下。

1）*分辨率*

定义：使输出数字量变化一个相邻数码所需输入模拟电压的变化量。常用二进制的位数表示。

例如：12 位 ADC 的分辨率就是 12 位，或者说分辨率为满刻度 FS 的 $\dfrac{1}{2^{12}}$。一个 10V 满刻度的 12 位 ADC 能分辨的输入电压变化最小值是 $10\text{V}\times\dfrac{1}{2^{12}}=2.4\text{mV}$。

2）*量化误差*

定义：ADC 把模拟量变为数字量，用数字量近似表示模拟量，这个过程称为量化。量化误差是 ADC 的有限位数对模拟量进行量化而引起的误差。实际上，要准确表示模拟量，ADC 的位数需很大甚至无穷大。一个分辨率有限的 ADC 的阶梯状转换特性曲线与具有无限分辨率的 ADC 转换特性曲线（直线）之间的最大偏差即是量化误差。

3）*偏移误差*

定义：当输入信号为 0 时，输出信号不为 0 的值称为偏移误差（或称零值误差）。假

定 ADC 没有非线性误差，则其转换特性曲线各阶梯中点的连线必定是直线，这条直线与横轴相交点所对应的输入电压值就是偏移误差。

4）满刻度误差

定义：满刻度输出数码所对应的实际输入电压与理想输入电压之差称为满刻度误差（又称增益误差）。

5）线性度

定义：转换器实际的转换特性与理想直线的最大偏差称为线性度。

6）绝对精度

定义：在一个转换器中，任何数码所对应的实际模拟量输入与理论模拟输入之差的最大值称为绝对精度。

7）转换速率

定义：ADC 的转换速率是能够重复进行数据转换的速度，即每秒转换的次数。而完成一次 A/D 转换所需的时间（包括稳定时间），则是转换速率的倒数。

8.2 D/A 转换器

8.2.1 D/A 转换原理

D/A 转换的基本原理实际上是把输入数字量中的每位都按其权值分别转换成模拟量，并通过运算放大器求和相加，即“按权展开，然后相加”。因此，D/A 转换器内部必须有一个解码网络，以实现按权值分别进行 D/A 转换。

解码网络通常有两种：二进制加权电阻网络和 T 型电阻网络。在二进制加权电阻网络中，每位二进制位的 D/A 转换是通过相应位加权电阻实现的，这必然导致加权电阻阻值差别极大，尤其在 D/A 转换器位数较多时更大。例如，若某 D/A 转换器有 12 位，则最高位加权电阻为 10kΩ 时的最低位加权电阻应当是$10\text{k}\Omega\times 2^{11}\approx 20\text{M}\Omega$。这么大的电阻值在超大规模集成技术（VLSI 技术）中很难制造出来，即使制造出来，其精度也很难保证。因此，现代 D/A 转换器的解码网络大多采用 T 型电阻网络。

为了说明 T 型电阻网络原理，现以 4 位 D/A 转换器为例加以介绍。图 8-2 所示为它的原理框图。虚框内表示 T 型电阻网络（桥上电阻均为 R，桥臂电阻均为 2R）；OA 为运算放大器（可外接），A 点为“虚地”（电位接近 0V）；V_{REF} 为参考电压，由稳压电源提供；S_3、S_2、S_1、S_0 为电子开关，受 4 位 DAC 寄存器中 b_3、b_2、b_1、b_0 的控制。为了分析问题，设 b_3、b_2、b_1、b_0 全为“1”，故 S_3、S_2、S_1、S_0 全部和“1”端相连，如图 8-2 所示。

根据基尔霍夫电流定律，如下关系成立：

$$I_3=\frac{V_{\text{REF}}}{2R}=2^3\cdot\frac{V_{\text{REF}}}{2^4\cdot R}$$

$$I_2=\frac{I_3}{2}=2^2\cdot\frac{V_{\text{REF}}}{2^4\cdot R}$$

$$I_1=\frac{I_2}{2}=2^1\cdot\frac{V_{\text{REF}}}{2^4\cdot R}$$

$$I_0 = \frac{I_1}{2} = 2^0 \cdot \frac{V_{REF}}{2^4 \cdot R}$$

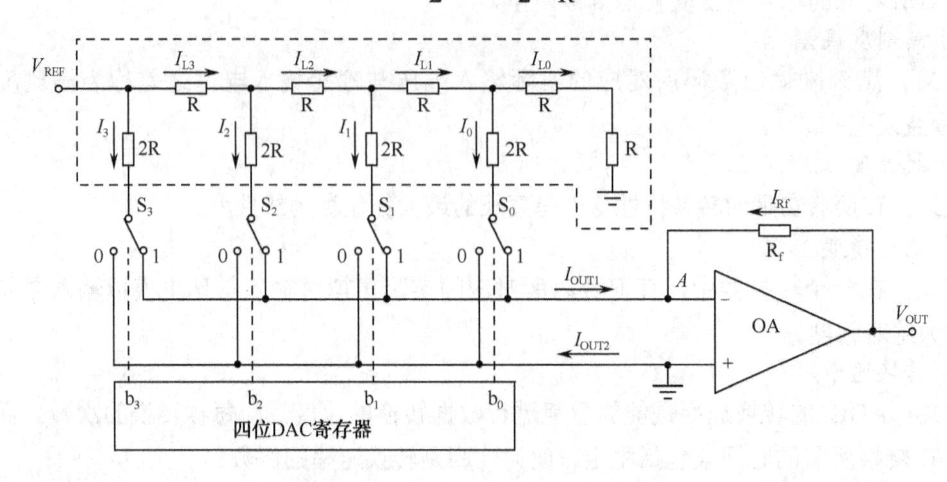

图 8-2　T 型电阻网络型 D/A 转换器

事实上，S_3、S_2、S_1、S_0的状态是受b_3、b_2、b_1、b_0控制的，并不一定是全“1”。若它们中有些位为“0”，S_3、S_2、S_1、S_0中相应开关会因与“0”端相接而无电流流入 A 点。为此，可以得到：

$$I_{OUT1} = b_3 \cdot I_3 + b_2 \cdot I_2 + b_1 \cdot I_1 + b_0 \cdot I_0 = (b_3 \cdot 2^3 + b_2 \cdot 2^2 + b_1 \cdot 2^1 + b_0 \cdot 2^0) \cdot \frac{V_{REF}}{2^4 \cdot R} \tag{8-1}$$

选取 $R_f = R$，并考虑 A 点为“虚地”，故：

$$I_{Rf} = -I_{OUT1}$$

因此，可以得到：

$$V_{OUT} = I_{Rf} \cdot R_f = -(b_3 \cdot 2^3 + b_2 \cdot 2^2 + b_1 \cdot 2^1 + b_0 \cdot 2^0) \cdot \frac{V_{REF}}{2^4 \cdot R} \cdot R_f = -B \cdot \frac{V_{REF}}{16} \tag{8-2}$$

对于 n 位 T 型电阻网络，式（8-2）可变为：

$$V_{OUT} = -(b_{n-1} \cdot 2^{n-1} + b_{n-2} \cdot 2^{n-2} + \cdots + b_1 \cdot 2^1 + b_0 \cdot 2^0) \cdot \frac{V_{REF}}{2^n \cdot R} \cdot R_f = -B \cdot \frac{V_{REF}}{2^n} \tag{8-3}$$

上式讨论表明：D/A 转换过程主要由解码网络实现，而且是并行工作的。换句话说，D/A 转换器并行输入数字量，每位代码也是同时被转换成模拟量。这种转换方式速度快，一般为微秒级。

8.2.2　D/A 转换器 DAC0832

能与单片机接口的 DAC 芯片有很多种，但它们的基本原理与功能大同小异。DAC0832 是目前较为常用的 DAC 芯片中的一种，它是由美国国家半导体公司（National Semiconductor Corporation）生产的。下面对 DAC0832 的内部结构、引脚功能及与 CPU 的连接进行介绍。

1．DAC0832 的结构与引脚功能

DAC0832 的内部结构如图 8-3 所示。

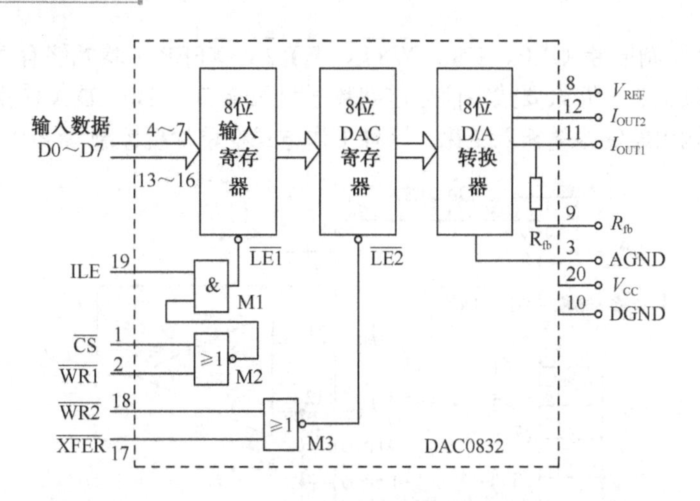

图 8-3　DAC0832 内部结构图

DAC0832 是一个 8 位的 D/A 转换芯片，其内部由三部分电路组成。“8 位输入寄存器”用于存放 CPU 送来的数字量，使输入数字量得到缓冲和锁存，由$\overline{LE1}$加以控制（$\overline{LE1}$高电平时输出=输入，低电平锁存）。“8 位 DAC 寄存器”用于存放待转换数字量，由$\overline{LE2}$控制（$\overline{LE2}$高电平时输出=输入，低电平锁存）。“8 位 D/A 转换电路”由 8 位 T 型电阻网络和电子开关组成，电子开关受“8 位 DAC 寄存器”输出控制，T 型电阻网络能输出与数字量成正比的模拟电流。因此，DAC0832 通常需要外接运算放大器才能得到模拟输出电压。

DAC0832 的外部引脚图如图 8-4 所示。引脚定义如下：

❶ D7～D0：输入数据线；

❷ ILE：输入锁存允许；

❸ $\overline{CS}$：片选信号；

❹ $\overline{WR1}$：写输入寄存器。

上述 3 个信号用于把数据写入输入寄存器。

❺ $\overline{WR2}$：写 DAC 寄存器；

❻ $\overline{XFER}$：允许输入寄存器的数据传送到 DAC 寄存器。

上述 2 个信号用于启动转换。

❼ V_{REF}：参考电压，-10～+10V，要求其电压值必须相当稳定，一般为+5V 或+10V；

信号	引脚	引脚	信号
$\overline{CS}$	1	20	V_{cc}
$\overline{WR1}$	2	19	ILE
AGND	3	18	$\overline{WR2}$
D3	4	17	$\overline{XFER}$
D2	5	16	D4
D1	6	15	D5
D0	7	14	D6
V_{REF}	8	13	D7
R_{fb}	9	12	I_{OUT2}
DGND	10	11	I_{OUT1}

DAC0832

图 8-4　DAC0832 外部引脚图

❽ I_{OUT1}，I_{OUT2}：D/A 转换差动电流输出，接运放的输入；

❾ V_{cc}：芯片的电源电压，可为+5V 或+15V；

❿ R_{fb}：内部反馈电阻引脚，接运放输出；

⓫ AGND，DGND：模拟地和数字地。

2．DAC0832 的工作方式

DAC0832 的工作方式有直通方式、单缓冲方式和双缓冲方式三种。

1）直通方式

DAC0832 直通工作方式的电路图如图 8-5 所示。它是将两个寄存器（输入寄存器和 DAC

寄存器）的 5 个控制信号（ILE、$\overline{CS}$、$\overline{WR1}$、$\overline{WR2}$、$\overline{XFER}$）均始终有效，两个寄存器都开通处于数据接收状态，即只要数字信号送到数据输入端 D7～D0，D/A 转换器就立即进行转换。因此，模拟输出始终跟随输入变化。这种工作方式在单片机控制系统中很少采用。

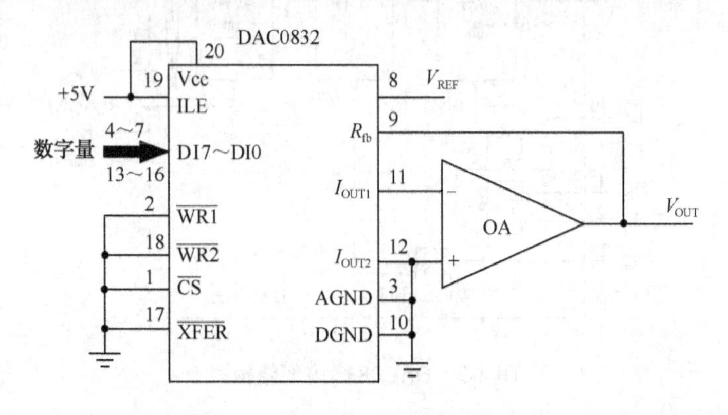

图 8-5　DAC0832 直通方式的电路

2）单缓冲方式

使输入寄存器或 DAC 寄存器二者之一处于直通，CPU 只需一次写入即开始转换。图 8-6 所示为 DAC0832 单缓冲方式的接口电路。图 8-6 中把 $\overline{XFER}$、$\overline{WR2}$ 均接地，让 DAC0832 芯片内部的 $\overline{LE2}$ 有效，始终开通 DAC 寄存器。图 8-6 中 DAC0832 的 8 位输入寄存器的控制端子 ILE 始终接高电平使其有效，$\overline{WR1}$ 接单片机的 $\overline{WR}$，$\overline{CS}$ 接单片机的 P2.7 口。这样 DAC0832 的地址为 7FFFH，则执行下列三条指令就可以将一个数字量转换为模拟量。

```
MOV     DPTR,   #7FFFH          ;端口地址送 DPTR
MOV     A,      #DATA           ;8 位数字量送累加器 A
MOVX    @DPTR,  A               ;向 DAC0832 写入数字量，同时启动转换
```

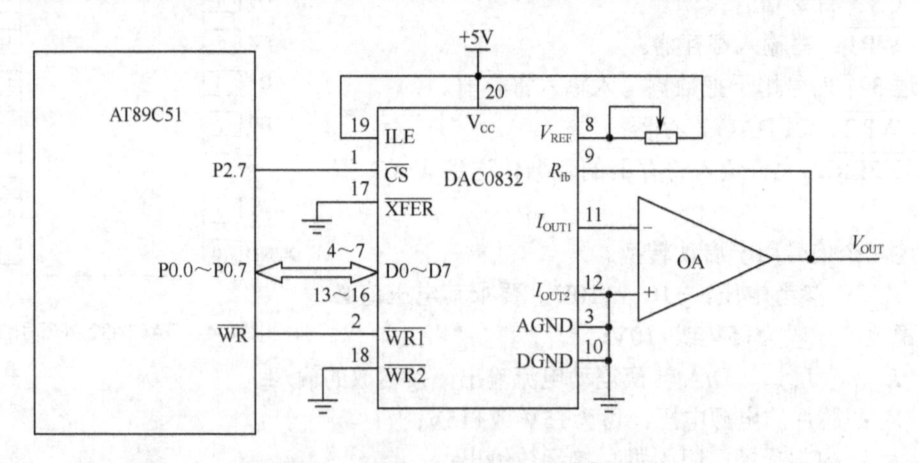

图 8-6　DAC0832 单缓冲方式的接口电路

D/A 转换芯片 DAC0832 的另一种单缓冲方式的接口电路如图 8-7 所示。请读者自行确定芯片地址，并进行分析。

3）双缓冲方式

双缓冲方式的转换要有两个步骤：

① 令$\overline{CS}=0$，$\overline{WR1}=0$，$ILE=1$，将数据写入输入寄存器；

② 令$\overline{WR2}=0$，$\overline{XFER}=0$，将输入寄存器的内容写入 DAC 寄存器。

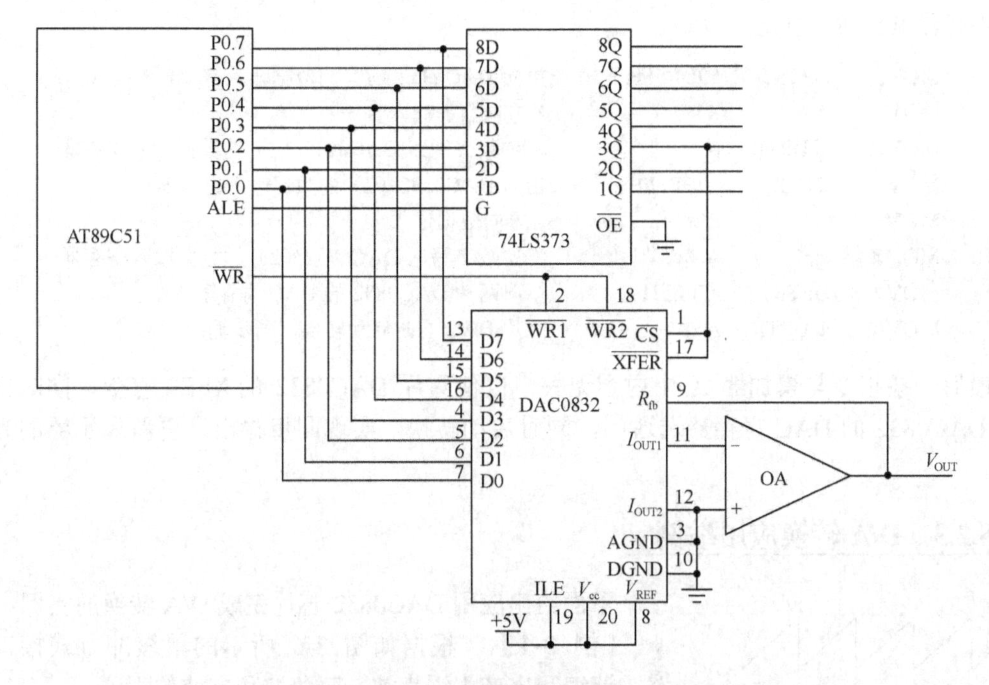

图 8-7　DAC0832 的另一单缓冲方式的接口应用电路

双缓冲方式的优点是数据接收与 D/A 转换可异步进行，可实现多个 DAC 同步转换输出（分时写入输入寄存器，同步转换）。图 8-8 是 DAC0832 双缓冲方式的接口电路。

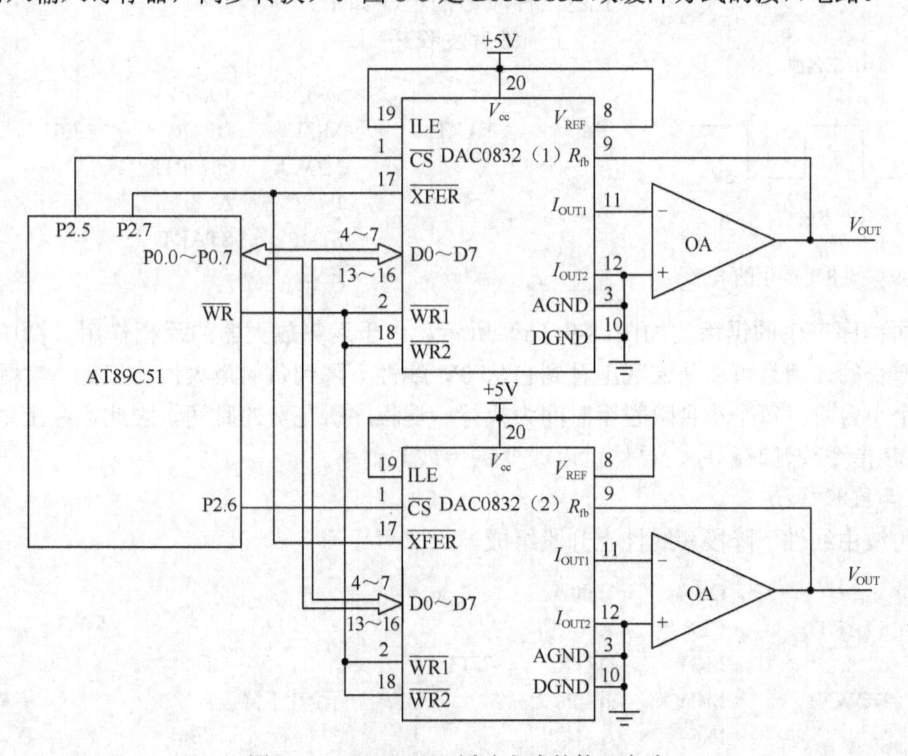

图 8-8　DAC0832 双缓冲方式的接口电路

如果图 8-8 中的两个模拟输出分别作为示波器的 *X*、*Y* 方向的位移，则单片机执行下面的程序后，可使示波器上的光点根据参数 *X*、*Y* 的值同步移动。假设参数 *X*、*Y* 已分别存于工作寄存器 R1、R2 中。

```
MOV     DPTR,     #0DFFFH      ;指向 DAC0832（1）的数据输入寄存器
MOV     A,        R1           ;X 方向数据送入 A
MOVX    @DPTR,    A            ;将参数 X 写入 DAC0832（1）的数据输入寄存器
MOV     DPTR,     #0BFFFH      ;指向 DAC0832（2）的数据输入寄存器
MOV     A,        R2           ;Y 方向数据送入 A
MOVX    @DPTR,    A            ;将参数 Y 写入 DAC0832（2）的数据输入寄存器
MOV     DPTR,     #7FFFH       ;指向两片 DAC0832 的 DAC 寄存器
MOVX    @DPTR,    A            ;两片 DAC 同时启动转换，同步输出
```

最后一条指令与累加器 A 中内容无关，仅使两片 DAC0832 的 $\overline{XFER}$ 有效，同时打开两片 DAC0832 的 DAC 寄存器选通门，同时启动转换，实现同步输出，更新显示器的光点位置。

8.2.3 D/A 转换应用举例

下面给出应用 DAC0832 芯片完成 D/A 转换的实例。

【例 8-1】 根据如图 8-6 所示的单缓冲方式接口电路，请编写出产生锯齿波、三角波和方波的程序。

解： 在图 8-6 中，运算放大器 OA 输出端 V_{OUT} 直接反馈到 R_{fb}，故这种接线产生的模拟输出电压是单极性的。产生上述三种波形的程序如下：

1）锯齿波程序

```
            ORG     1000H
START:      MOV     DPTR,    #7FFFH
            MOVX    @ DPTR,  A
            INC     A
            SJMP    START
            END
```

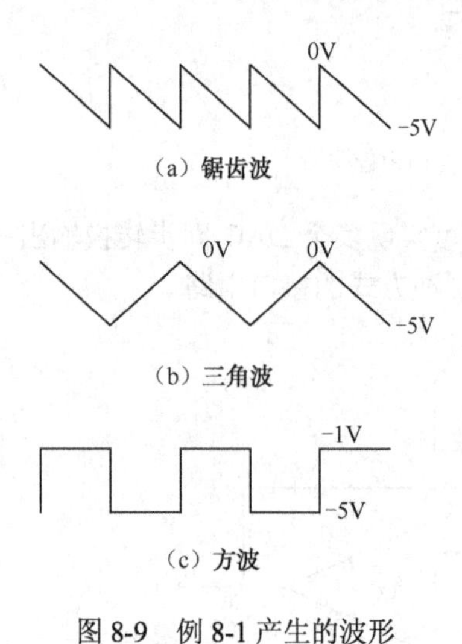

图 8-9 例 8-1 产生的波形

上面程序产生的锯齿波如图 8-9（a）所示。由于运算放大器的反相作用，图中锯齿波是负向增长的，而且可以从宏观上看到它从 0V 线性下降到负的最大值。但是，实际上它分成 256 个小台阶，每个小台阶暂留时间为执行一遍程序所花费的时间。因此，在上述程序中插入 NOP 指令或延时程序，显然可以改变锯齿波的斜率。

2）三角波程序

三角波由线性下降段和线性上升段组成。

```
            ORG     1000H
START:      CLR     A
            MOV     DPTR,    #7FFFH
DOWN:       MOVX    @DPTR,   A          ;线性下降段
            INC     A
            JNZ     DOWN                ;若未完，则 DOWN
```

```
            MOV     A,       #0FEH
UP:         MOVX    @DPTR,   A          ;线性上升段
            DEC     A
            JNZ     UP                  ;若未完，则 UP
            SJMP    DOWN                ;若已完，则循环
            END
```

执行上面程序产生的三角波如图 8-9（b）所示。三角波频率同样可以在循环体内插入 NOP 指令或延时程序来改变。

3）*方波程序*

```
            ORG     1000H
START:      MOV     DPTR,    #7FFFH
LOOP:       MOV     A,       #33H
            MOVX    @DPTR,   A          ;置上限电平
            ACALL   DELAY               ;形成方波顶宽
            MOV     A,       #0FFH
            MOVX    @DPTR,   A          ;置下限电平
            ACALL   DELAY               ;形成方波底宽
            SJMP    LOOP                ;循环
DELAY:                                  ;延时子程序（略）
            ⋮
            END
```

程序执行后产生图 8-9（c）所示的方波，方波频率也可以用上述同样方法改变。

8.3　A/D 转换器

A/D 转换器是一种能把输入模拟电压或电流变成与它成正比的数字量，即能把被控对象的各种模拟信息变成计算机可以识别的数字信息。

A/D 转换器的种类很多，但从原理上通常可分为四种：计数器式 A/D 转换器、双积分式 A/D 转换器、逐次逼近式 A/D 转换器和并行 A/D 转换器。计数器式 A/D 转换器结构简单，但转换速度较慢，较少采用。双积分式 A/D 转换器抗干扰能力较强，精度也较高，但速度较慢，常用于数字式测量仪表中。并行 A/D 转换器的转换速度最快，但结构复杂造价较高，一般只用于那些对转换速度要求很高的场合。本书仅对计算机中广泛采用的逐次逼近式 A/D 转换器进行介绍，它的结构不太复杂，转换速度也较高。

8.3.1　逐次逼近式 A/D 转换原理

逐次逼近式 A/D 转换器是一种采用对分搜索原理来实现的 A/D 转换器。逻辑框图如图 8-10 所示。图中，V_x 为 A/D 转换器待转换的模拟输入电压；V_s 是“N 位 D/A 转换网络”的输出电压，其值由“N 位寄存器”中的内容决定，受控制电路控制；比较器对 V_x 和 V_s 电压进行比较，并把比较结果送给“控制电路”。整个 A/D 转换是在逐次比较过程中逐步形成的。形成的数字量存放在 N 位寄存器中，先形成最高位，然后次高位，一位一位地最后形成最低位。它的工作过程分析如下：

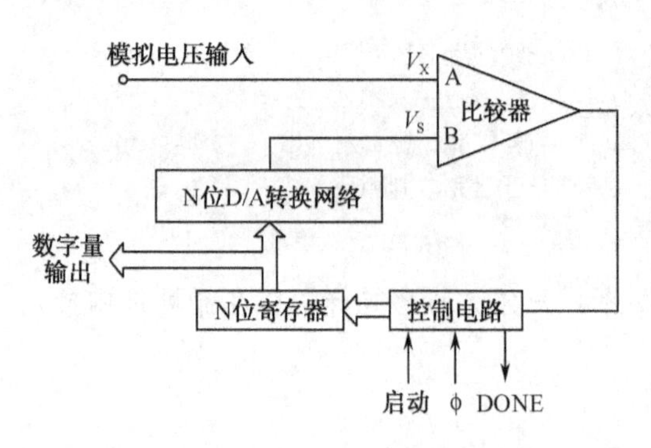

图 8-10　逐次逼近式 A/D 转换器示意框图

“控制电路”从“启动”输入端收到 CPU 送来的“启动”脉冲，然后开始工作。“控制电路”工作后，使“N 位寄存器”中的最高位置“1”，其余位清零，“N 位 D/A 转换网络”根据“N 位寄存器”中的内容产生 V_s 电压，其值为满量程的一半，并送入比较器进行比较。当 $V_x \geqslant V_s$ 时，则比较器输出逻辑“1”，通过“控制电路”使“N 位寄存器”中最高位的“1”保留，表示输入模拟电压 V_x 比满量程的一半还大；当 $V_x < V_s$ 时，则比较器通过控制电路使“N 位寄存器”的最高位复位，表示 V_x 比满量程的一半还小。这样，A/D 转换的最高位数字量就形成了。同理，控制电路依次对 $N-1$、$N-2 \cdots N-(N-1)$ 位重复上述过程，就可使“N 位寄存器”中得到和模拟电压 V_x 相对应的数字量。“控制电路”在 A/D 转换完成后还自动使 DONE 变为高电平。CPU 查询 DONE 引脚上的状态（或作为中断请求）就可从 A/D 转换器提取 A/D 转换后的数字量。

8.3.2　A/D 转换器 ADC0809

ADC0809 采用逐次逼近式 8 位 A/D 转换芯片，应用较为广泛。

1．ADC0809 的结构与引脚功能

ADC0809 芯片的内部结构如图 8-11 所示。片内含 8 路模拟开关，可允许 8 路模拟量输入。由于片内有三态输出锁存器，因此可直接与系统总线相连。

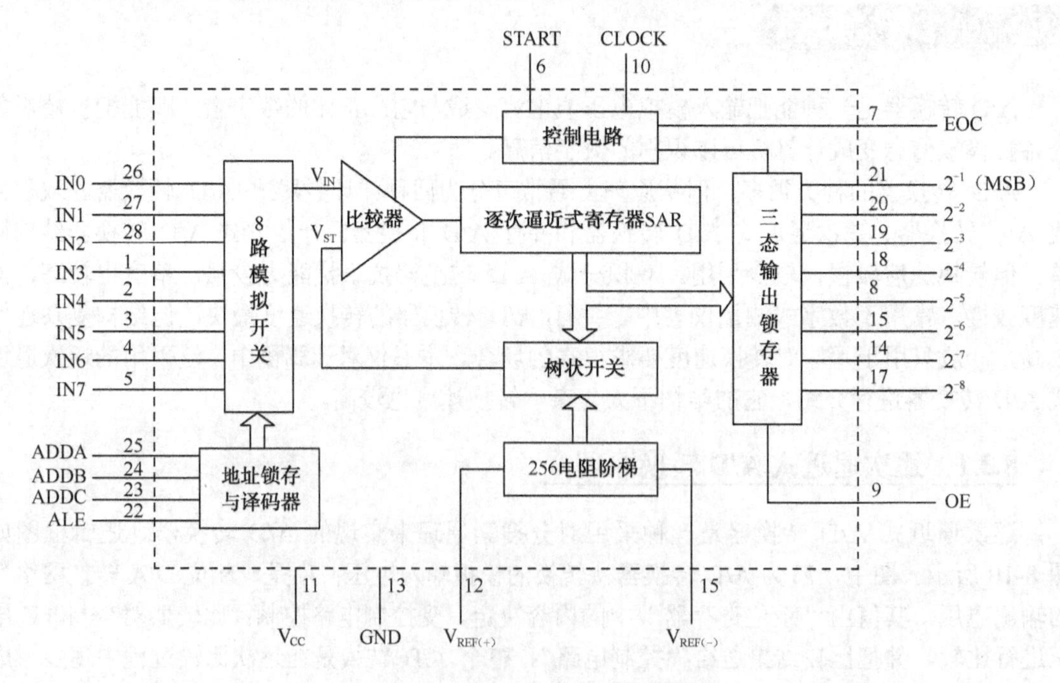

图 8-11　ADC0809 芯片的内部结构图

ADC0809 的引脚图如图 8-12 所示。该芯片的引脚定义如下：

❶ IN0～IN7：8 路模拟信号输入端。

❷ ADDA、ADDB、ADDC：模拟通道的地址选择线输入。ADDA 为低位，ADDC 为高位。可与单片机低 8 位地址中 A0～A2 连接。由 A2～A0 地址 000～111 选择 IN0～IN7 8 路 A/D 通道中的一路。ADDA、ADDB 和 ADDC 对 IN0～IN7 的选择见表 8-1。

表 8-1　被选模拟量路数和地址的关系

被选模拟电压路数	ADDC	ADDB	ADDA
IN0	0	0	0
IN1	0	0	1
IN2	0	1	0
IN3	0	1	1
IN4	1	0	0
IN5	1	0	1
IN6	1	1	0
IN7	1	1	1

❸ ALE：地址锁存允许信号输入。由低到高的正跳变有效，此时锁存地址选择线的状态，从而选通相应的模拟通道，以便进行 A/D 转换。

❹ CLK：外部时钟输入端。时钟频率高，A/D 转换速度快。最高时钟频率为 640kHz，此时 A/D 转换时间为 100μs。通常由 MCS-51 单片机的 ALE 端经分频后与 ADC0809 的 CLK 端相连接。当 MCS-51 单片机无读/写外 RAM 操作时，ALE 信号固定为 CPU 时钟频率的 1/6。若晶振为 6MHz，则 ALE 端输出频率为 1MHz，经二分频后即可接到 CLK 端。

❺ D0～D7：数字量输出端。

❻ OE：输出允许信号输入，高电平有效。当 OE 有效时，A/D 的输出锁存缓冲器开放，将其中的数据放到外面的数据线上。

❼ START：启动信号输入，高电平有效。为了启动转换，该端上应加一正脉冲信号。脉冲的上升沿将内部寄存器全部清零，在其下降沿开始转换。

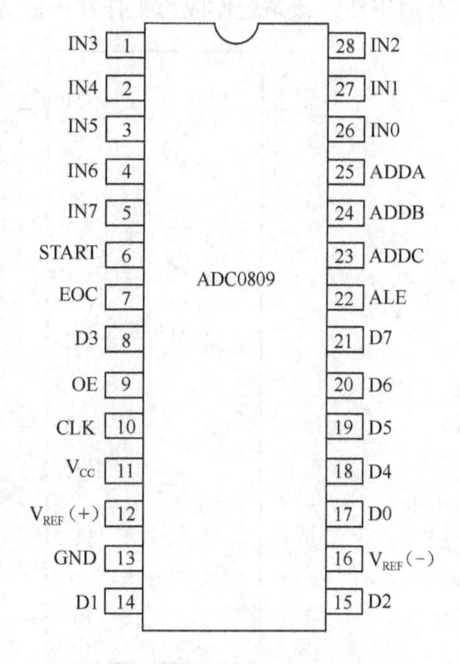

图 8-12　ADC0809 引脚图

❽ EOC：转换结束信号输出，高电平有效。在 START 信号的上升沿之后 0～8 个时钟周期内，EOC 变为低电平。当转换结束时，EOC 变为高电平，此时转换得到的数据可供读出。

V_{REF}（+）、V_{REF}（−）：正负基准电压输入端。正基准电压的典型值为+5V，可与电源电压（+5V）相连。但电源电压往往有一定波动，会影响 A/D 精度。因此，精度要求较高时，可用高稳定度基准电源输入。当模拟信号电压较低时，正基准电压也可取低于 5V 的数值。V_{REF}(−)通常接地。

V_{CC}：正电源电压（+5V）。

GND：接地端。

2．ADC0809 与 MCS-51 单片机的接口

图 8-13 为 ADC0809 与 AT89C51 的接口电路图。图中，P0 口直接与芯片 ADC0809 的数据线相连，P0 口的低 3 位同时连接到 ADDA、ADDB、ADDC。AT89C51 的 ALE 信号经二分频后连到 ADC0809 的 CLK 引脚。P2.7 作为读/写口的选通信号。从图中可以看出，ADC0809 的 8 个通道所占用的地址范围为 7FF8H～7FFFH。芯片 ADC0809 的 A/D 转换程序有 3 种编写方式：查询方式、中断方式和延时方式。

1）查询方式

ADC0809 的 EOC 端与单片机的任一位 I/O 口线相连。启动 A/D 转换信号后，**经过一小段延时后再不断查询**此 I/O 脚，直到 EOC 由低电平变为高电平，则转换结束，再读 A/D 的值。在图 8-13 中，把 $\overline{\text{INT0}}$ 脚当做普通 I/O 口线，不开通中断，程序中不断查询此引脚，系统便工作在查询方式下。

2）中断方式

中断方式是最常用、最及时、效率最高的方式，但必须占用一个外部中断资源。在图 8-13 中，ADC0809 的 EOC 端通过反相器接到单片机的外部中断 $\overline{\text{INT0}}$ 端。在程序设计中开启中断，该系统便成为工作在中断方式下的 A/D 转换器。

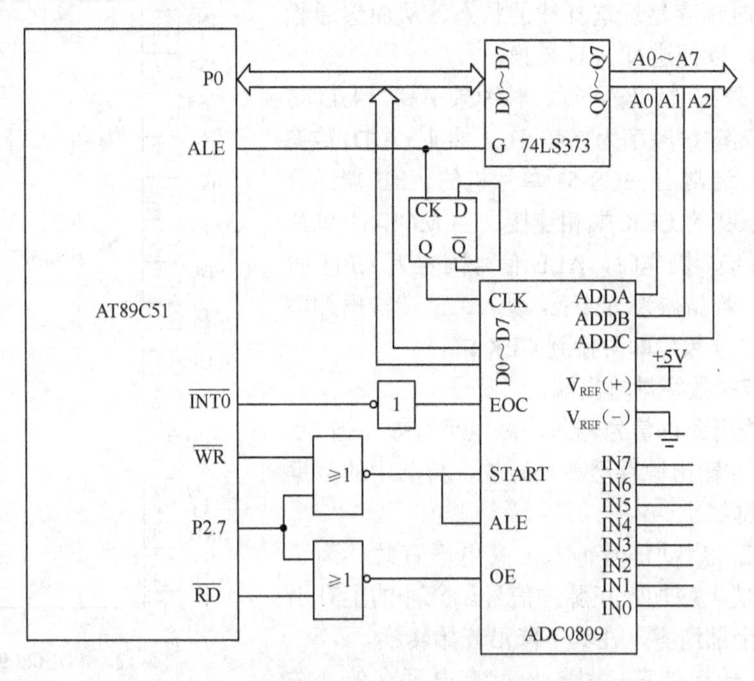

图 8-13 ADC0809 与 AT89C51 的接口电路图

3）延时方式

启动 A/D 转换后，不查询、不中断，延时一段时间后直接读取 A/D 转换值，此种方式可节省单片机硬件资源。但要注意延时时间不能小于 A/D 转换器的转换时间，否则 A/D 转换尚未结束，便得到不正确的转换结果。

8.3.3　A/D 转换应用举例

下列给出应用 ADC0809 芯片完成 A/D 转换的实例。

【例 8-2】　在图 8-13 所示的 ADC0809 与 AT89C51 的接口电路中，请分别用查询方式和中断方式实现 8 路模拟量依次转换为数字量，并分别存入内存 30H～37H。

解： ❶ 应用查询方式：

```
        ORG     0000H
        LJMP    START
        ⋮
START:  MOV     R0,     #30H     ;置缓冲区地址
        MOV     DPTR,   #7FF8H   ;指向 IN0 的通道地址
        MOV     R1,     #08H     ;置通道数
        CLR     EX0              ;禁止 INT0 中断
LOOP:   MOVX    @DPTR,  A        ;启动 A/D 转换
        MOV     R2,     #20H     ;延时查询
DELAY:  DJNZ    R2,     DELAY
        SETB    P3.2             ;置 P3.2 为输入
LP:     MOV     B,      P3       ;判转换结束否？
        JB      B.2,    LP
        MOVX    A,      @DPTR    ;读取转换结果
        MOV     @R0,    A        ;存入缓冲区
        INC     DPTR             ;指向下一通道
        INC     R0               ;修改缓冲区指针
        DJNZ    R1,     LOOP
        SJMP    $                ;停机
        END
```

❷ 应用中断方式：

```
        ORG     0000H
        LJMP    START
        ORG     0003H            ;外部中断 0 入口地址
        LJMP    ADINT0
        ORG     0030H
START:  MOV     R0,     #30H     ;置缓冲区地址
        MOV     R1,     #08H     ;置通道数
        SETB    IT0              ;置 INT0 边缘触发
        SETB    EX0
        SETB    EA               ;开中断
        MOV     DPTR,   #7FF8H   ;指向 IN0 的通道地址
        MOVX    @DPTR,  A        ;启动 A/D 转换
        SJMP    $                ;等待中断
ADINT0: MOVX    A,      @DPTR    ;读取转换结果
        MOV     @R0,    A        ;存入缓冲区
        INC     DPTR             ;指向下一通道
        INC     R0               ;修改缓冲区指针
```

```
              MOVX    @DPTR,  A          ;再次启动 A/D 转换
              DJNZ    R1,     NEXT       ;8 路采集完否？未完继续
              CLR     EX0                ;8 路采集已完，关中断
NEXT:         RETI
              END
```

本章小结

本章介绍了 D/A 转换器和 A/D 转换器在单片机系统中的作用、工作原理及性能指标。

详细介绍了 DAC0832 D/A 转换器芯片的内部结构、DAC0832 芯片与 MCS-51 单片机的接口及该转换器的使用方法和应用实例。DAC0832 D/A 转换芯片的分辨率为 8 位，转换电流建立时间为 1μs；主要工作方式有直通、单缓冲和双缓冲；逻辑电平输入与 TTL 兼容。

详细介绍了 ADC0809 A/D 转换器芯片的内部结构、ADC0809 芯片与 MCS-51 单片机的接口及该转换器的使用方法和应用实例。ADC0809 是分辨率为 8 位、8 通道逐次逼近式 A/D 转换芯片，该芯片三态输出，输出电平与 TTL 电平兼容，转换速度取决于芯片的时钟频率（最高 640kHz）。该芯片在某一时刻只能对一个通道进行转换，8 路模拟信号转换选择由 ADDA、ADDB、ADDC 决定，ALE 高电平选通，下降沿锁存。

思考题和习题

8.1 D/A 转换器的作用是什么？在什么场合下使用？

8.2 A/D 转换器的作用是什么？在什么场合下使用？

8.3 什么是 D/A 转换器，它有哪些主要指标？简述其含义。

8.4 什么是 A/D 转换器，它有哪些主要指标？简述其含义。

8.5 DAC0832 芯片内部逻辑上由哪几部分组成？有哪几种工作方式？

8.6 DAC0832 和 MCS-51 接口时有哪三种工作方式？各有什么特点？适合在什么场合下使用？

8.7 决定 ADC0809 模拟电压输入路数的引脚有哪几条？

8.8 某 8 位 D/A 转换器，输出电压为 0～5V。当输入数字量为 30H 时，其对应的输出电压是多少？

8.9 DAC0832 与 AT89C51 单片机连接时有哪些控制信号？它们的作用是什么？

8.10 DAC0832 工作在直通方式，画出它的连接图。

8.11 DAC0832 工作在单缓冲方式，画出它与 AT89C51 单片机的连接图。

8.12 在什么情况下，应使用 D/A 转换器的双缓冲方式？试以 DAC0832 为例绘出双缓冲方式的接口电路？

8.13 ADC0809 是什么功能的芯片？试说明其转换原理。

8.14 对于 8 位、12 位、16 位 A/D 转换器，当满刻度输入电压为 5V 时，其分辨率各为多少？

8.15 请画出实现从 A/D 转换芯片 ADC0809 的 IN0 路采集模拟信号，并从 D/A 转换芯片 DAC0832 输出的 AT89C51 单片机的接口电路，并编写相应的程序。

第 9 章　MCS-51 单片机的串行接口

【知识点】

☆ 串行通信基础（串行通信规程、串行通信的制式）

☆ MCS-51 单片机串行接口（串行接口的结构、串行接口的工作方式及波特率）

☆ MCS-51 单片机串行接口的应用（方式 0 的应用、其他方式下的应用）

☆ 单片机的多机通信（多机通信原理、多机通信应用举例）

CPU 与外部的信息交换称为通信。基本的通信方式可分为并行通信与串行通信两种。

并行通信是指利用多根传输线将多位数据同时进行传送。1 字节的数据通过 8 条传输线同时发送。由于并行通信方式使用的线路多，一般用在通信距离短、数据量大的场合。

串行通信是指利用一条传输线将数据一位一位地按顺序分别传输。当传送 1 字节的数据时，8 位数据通过一根传输线分 8 个时间段发出，发出顺序一般是由低位到高位。串行通信的优势是用于通信的线路少，通信线路成本低，特别适合于远距离数据传送。过去一般认为，串行通信的通信速度低于并行通信，但随着技术的发展，目前，串行通信的通信速度已能与并行通信相比，甚至超过并行通信。串行通信因其通信线路成本低、互连容易，而得到广泛的应用。

9.1　串行通信基础

9.1.1　串行通信规程

随着数据通信技术和计算机网络技术的日益广泛应用，在不同地区以至国际间广泛应用了数据通信技术。为使通信能顺利进行，发送方和接收方必须要共同遵守一些基本通信规程。这些规程包括：收发双方的同步方式、传输控制步骤、差错检验方式、数据编码、数据传输速度、通信报文格式及控制字符的定义等。**通信规程在计算机网络中称为协议（Protocol）**。

目前，按照串行通信的同步方式，串行通信规程有两类，即异步（ASYNC）通信和同步（SYNC）通信。异步通信是一种利用字符的再同步技术的通信方式，同步通信是通过同步字符的识别来实现数据的发送和接收的。

1．异步通信（Asynchronous Communication）规程

在异步通信中，数据通常是以字符（或字节）为单位组成字符帧传送的。字符帧由发送端一帧一帧地发送，通过传输线被接收设备一帧一帧地接收。发送端和接收端可以有各自的时钟来控制数据的发送和接收，这两个时钟源彼此独立，互不同步。在异步通信中，两个字符之间的传输间隔是任意的，所以，每个字符的前后都要用一些数位来作为分隔位。

发送端和接收端依靠字符帧格式来协调数据的发送和接收，在通信线路空闲时，发送

线为高电平（逻辑“1”），每当接收端检测到传输线上发送过来的低电平（逻辑“0”）字符帧中的起始位时就知道发送端已开始发送，每当接收端接收到字符帧中停止位时就知道一帧字符信息已发送完毕。

在异步通信中，**字符帧格式和波特率是两个重要指标**，可由用户根据实际情况选定。

1）字符帧（Character Frame）

字符帧也叫数据帧，由起始位、数据位、奇偶校验位、停止位和空闲位五部分组成。如图 9-1 所示。现对各部分结构和功能分述如下：

❶ 起始位：位于字符帧开头，只占 1 位，始终为逻辑“0”低电平，用于向接收设备表示发送端开始发送 1 帧信息。

❷ 数据位：紧跟起始位之后，用户根据情况可取 5 位、6 位、7 位或 8 位，低位在前、高位在后（即先发送数据的最低位）。若所传数据为 ASCII 字符，则常取 7 位。

❸ 奇偶校验位：位于数据位后，仅占 1 位，用于表征串行通信中采用奇校验还是偶校验，由用户根据需要决定采取何种校验方式。

❹ 停止位：位于字符帧末尾，为逻辑“1”高电平，通常可取 1 位、1.5 位或 2 位，用于向接收端表示 1 帧字符信息已发送完毕，也为发送下一帧字符做准备。

❺ 空闲位：处于逻辑“1”状态，表示当前线路上没有数据传送。

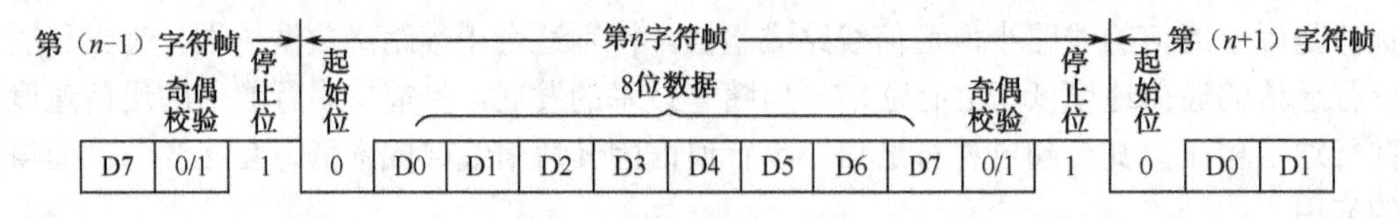

（a）无空闲位字符帧

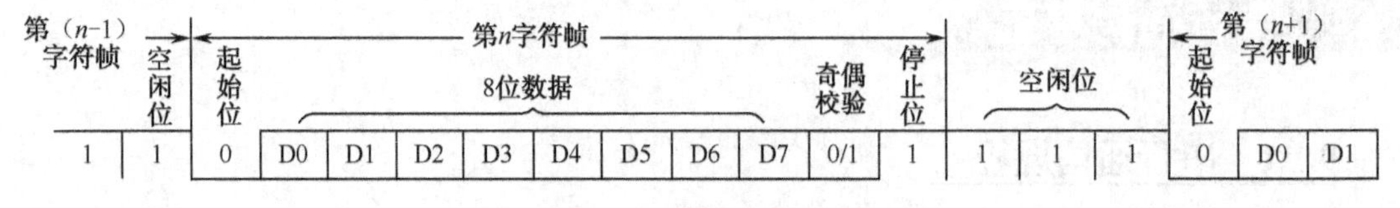

（b）有空闲位字符帧

图 9-1 异步通信的字符帧格式

在串行通信中，发送端一帧一帧发送信息，接收端一帧一帧接收信息。两相邻字符帧之间可以无空闲位，也可以有若干空闲位，这由用户根据需要决定。如图 9-1（b）所示为有 3 个空闲位时的字符帧格式。

2）波特率（band rate）

在用异步通信方式进行通信时，发送端需要用一个被称为发送时钟的时钟来决定每一位对应的时间长度，接收端则需要用一个被称为接收时钟的时钟来测定每一位的时间长度，这两个时钟的频率可以是位传输率的 16 倍、32 倍或者 64 倍。这个倍数称为波特率因子，而位传输率就称为波特率。波特率的定义为每秒传送二进制数码的位数（也称比特数），单位通常为 bps（位/秒）。波特率是串行通信的重要指标，用于表征数据传输的速度。波特率越高，数据传输速度越快，但和字符的实际传输速率不同。字符的实际传输速率是指每秒内所传字符帧的帧数，和字符帧格式有关。例如，波特率为 1200bps 的通信系统，若采用图 9-1（a）的字符帧（每一字符帧包含数据位 11 位），则字符的实际传输速率为 1200/11=109.09

帧/秒；若改用图 9-1（b）的字符帧（每一字符帧包含数据位 14 位），则字符的实际传输速率为 1200/14=85.71 帧/秒。

由于每一帧开始时将进行起始位的检测，因此收发双方的起始时间是对齐的。收发双方使用相同的波特率，虽然收发双方的时钟不可能完全一样，但由于每一帧的位数最多只有 12 位，因此时钟的微小误差不会影响接受数据的正确性。这就是异步串行通信能实现数据正确传送的基本原理。

异步通信是按字符（或字节）传输的，接收设备在收到起始信号之后只要在一个字符的传输时间内能和发送设备保持同步就能正确接收。下一个字符起始位到来后又重新校准同步。

【例 9-1】 设数据帧为 1 位起始位、1 位停止位、7 位数据位、1 位奇偶校验位，波特率为 1200bps。用 7 位数据位代表一个字符，求最高字符传送速度。

解： 1200（bps）/10（位）=120（字符/秒）

【例 9-2】 设数据帧为 1 位起始位、2 位停止位、8 位数据位、1 位奇偶校验位，要求每秒传送帧数大于 1000，则波特率应大于多少？

解： 12（bps）×1000 = 12000（bps），波特率应大于 12000bps。

【例 9-3】 设波特率为 1200bps 的通信系统中，求每位的传输时间 T_d 为多少？

解： 每位的传输时间定义为波特率的倒数。所以，T_d=1/1200s=0.833ms。

波特率还和信道的频带有关。波特率越高，信道频带越宽。因此，波特率也是衡量通道频宽的重要指标。但波特率不同于发送时钟和接收时钟，通常是时钟频率的 1/16 或 1/64。

目前，PC 中异步串行通信的波特率一般为 50～128000bps。常用的波特率有 50bps、75bps、100bps、110bps、150bps、300bps、600bps、1200bps、2400bps、4800bps、9600bps、19200bps。

异步通信的优点是不需要传送同步脉冲，字符帧长度也不受限制，故所需设备简单。缺点是字符帧中因包含有起始位和停止位而降低了有效数据的传输速率。

2．同步通信（Synchronous Communication）规程

同步通信是一种连续串行传送数据的通信方式，以帧为传输单位，一次通信只传送一帧信息。这里的信息帧和异步通信中的字符帧不同，通常含有若干个数据字符，根据控制规程分为面向字符及面向比特两种。

1）面向字符型的数据格式

面向字符型的同步通信数据格式可采用单同步、双同步和外同步三种数据格式，如图 9-2 所示。

单同步和双同步均由同步字符、数据字符和校验字符 CRC 三部分组成。单同步是指在传送数据之前先传送一个同步字符“SYNC”，双同步则先传送两个同步字符“SYNC”。其中，同步字符位于帧结构开头，用于确认数据字符的开始，接收端不断对传输线采样，并把采样到的字符和双方约定的同步字符比较，只有比较成功后才会把后面接收到的字符加以存储；数据字符在同步字符之后，个数不受限制，由所需传输的数据块长度决定；校验字符有 1～2 个，位于帧结构末尾，用于接收端对接收到的数据字符的正确性校验。外同步通信的数据格式中没有同步字符，而是用一条专用控制线来传送同步字符，使接收方及发送端实现同步。当每一帧信息结束时均用两个字节的循环控制码 CRC 为结束。

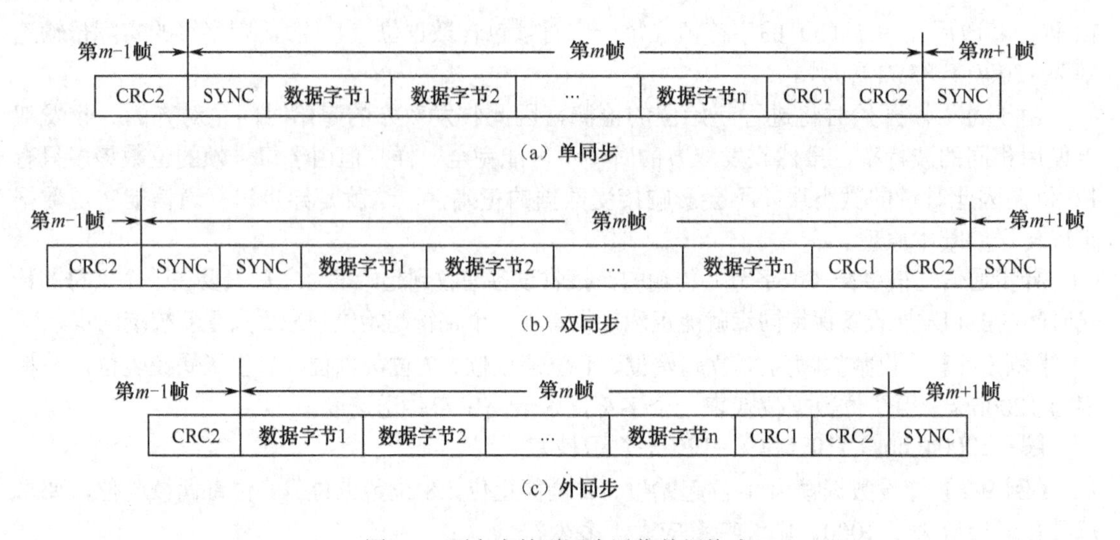

图 9-2　面向字符型同步通信数据格式

在同步通信中，同步字符可以采用统一标准格式，也可由用户约定。在单同步字符帧结构中，同步字符常采用 ASCII 码中规定的 SYN（16H）代码，在双同步字符帧结构中，同步字符一般采用国际通用标准代码 0EB90H。

2）面向比特型的数据格式

根据同步数据链路控制规程（SDLC），面向比特型的数据以帧为单位传输，每帧由 6 个部分组成：第一部分是开始标志 7EH；第二部分是 1 个字节的地址场；第三部分是 1 字节的控制场；第四部分是需要传送的数据，数据都是位（bit）的集合；第五部分是 2 字节的循环校验码 CRC；最后部分又是 7EH，作为结束标志。面向比特型的数据格式如图 9-3 所示。

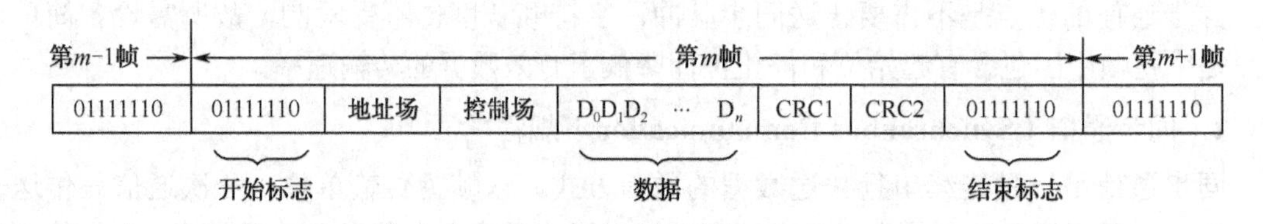

图 9-3　面向比特型同步通信数据格式

在 SDLC 规程中不允许在数据段和 CRC 段中出现 6 个“1”，否则会误认为是结束标志。因此要求在发送端进行检验，当连续出现 5 个“1”时，则立即插入 1 个“0”，到接收端要将这个插入的“0”去掉，恢复原来的数据，保证通信的正常进行。

同步通信的数据传输速率较高，通常可达 56Mbps 或更高，因此适用于传送信息量大，要求传送速率很高的系统中。同步通信的缺点是要求发送时钟和接收时钟保持严格同步，故发送时钟除应和发送波特率保持一致外，还要求把它同时传送到接收端去。因此，一般同步通信设备的要求要比异步通信设备的要求高得多。

9.1.2　串行通信的制式

1. 异步接收/发送器（UART）

为了把一个字符，如一个 8 位的二进制数，组成一帧异步信号进行发送，可以用软件将一帧数据逐位取出，在开头加起始位，末尾加校验位和停止位，然后进行发送。

接收端接收数据时，先读入起始位，然后以此为基准按照波特率所规定的时间间隔，采样输入线，逐位读入数据，读完一帧数据后，滤出起始位和停止位，进行奇偶校验。若奇偶校验正确，就得到一个字符。

以上发送、接收过程可以由软件完成，但更多的是使用硬件自动完成的。这种具有异步通信功能的串行接口硬件，称为异步接收/发送器，简称为 UART（Universal Asynchronous Receiver Transmitter）。

2．串行通信的制式

在串行通信中，数据是在两个站（如A和B）之间传送的。按照数据传送方向和UART的工作方式，串行通信可分为单工方式、半双工和全双工三种方式，如图9-4所示。

1）单工（Simplex）方式

在单工方式下，通信线的一端连接发送器，另一端连接接收器，如图9-4（a）所示。它们形成单向连接，只允许数据按照一个固定的方向传送，即一方只能发送，而另一方只能接收，这种方式现在较少使用。

2）半双工（Half Duplex）方式

在半双工方式下，系统中的每个通信设备都由一个发送器和一个接收器组成，通过开关接到通信线路上，如图9-4（b）所示，图中因为A站和B站之间只有一个通信回路，A、B两站之间只要一条信号线和一条接地线，所以数据要么由A站发送B站接收，要么由B站发送A站接收，即不能同时在两个方向上传送。

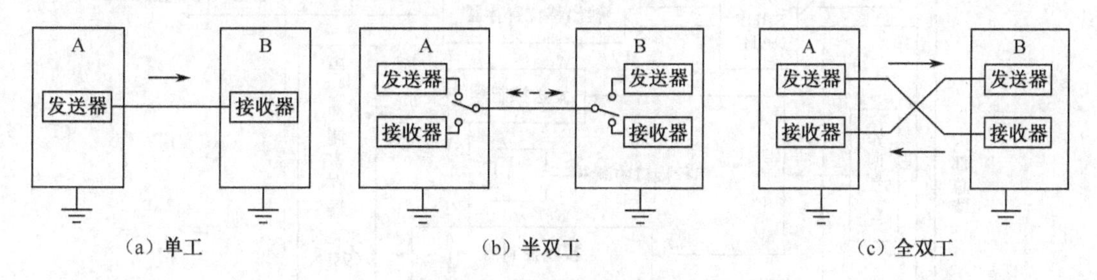

图9-4　串行通信的制式

半双工方式比单工方式灵活，但是它的效率依然不高，因为，发送和接收两种方式之间的切换需要时间，重复线路切换所引起的延迟累积，是半双工通信协议效率不高的主要原因。

3）全双工（Full Duplex）方式

在全双工方式下，A、B两站间有两个独立的通信回路，两站都可以同时发送和接收数据。因此，全双工方式下的A、B两站之间至少需要三条传输线：一条用于发送，一条用于接收，一条用于信号地，如图9-4（c）所示。

通常，许多串行通信接口电路均具有全双工通信能力，但是在实际使用中，大多数情况只工作于半双工方式，即两个工作站通常并不同时收发。

9.2　MCS-51单片机的串行接口

MCS-51单片机内部有一个功能强大的可编程全双工串行通信接口，具有UART的全部

功能。该串行接口有 4 种工作方式，以供不同场合使用。该接口电路不仅能同时进行数据的发送和接收，也可作为一个同步移位寄存器使用。能方便地构成双机、多机串行通信接口。接收、发送均可工作在查询方式或中断方式，使用十分灵活。MCS-51 的串行接口除了用于数据通信外，还可以非常方便地构成一个或多个并行输入/输出口，或作串/并转换，或用来驱动键盘和显示器。

9.2.1 MCS-51 串行接口的结构

MCS-51 单片机内部的串行接口，有两个物理上独立的接收、发送缓冲器 SBUF，分别用于发送、接收数据。发送缓冲器只能写入不能读出，接收缓冲器只能读出不能写入，读 SBUF 就是读接收器的缓冲器，写 SBUF 就是写发送缓冲器，两个缓冲器占用同一个字节地址 99H。

串行接口的结构由串行接口控制寄存器 SCON、发送和接收电路等三部分组成，如图 9-5 所示。

1. 发送和接收电路

串行接口的发送和接收电路如图 9-5 所示。由图可见，发送电路由 SBUF（发送）缓冲器、发送移位寄存器和发送控制器等电路组成，用于串行接口的发送；接收电路由 SBUF（接收）缓冲器、接收移位寄存器、0/1 检测器和接收控制器等组成，用于串行接口的接收。

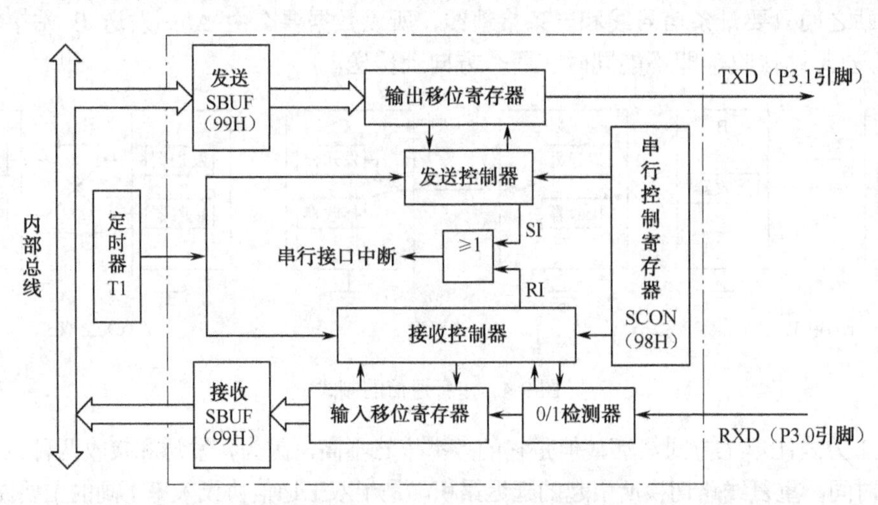

图 9-5　MCS-51 串行接口内部结构图

SBUF（发送）缓冲器和 SBUF（接收）缓冲器均为 8 位缓冲寄存器；SBUF（发送）缓冲器用于存放将要发送的字符数据；SBUF（接收）缓冲器用于存放串行接口接收到的字符。SBUF（发送）缓冲器和 SBUF（接收）缓冲器公用一个字节地址 99H，但它们是物理上独立的两个寄存器，读和写分开。CPU 可以通过执行不同指令对它们进行存取。执行 MOV SBUF，A 指令，把累加器 A 中准备发送的字符送入 SBUF（发送）缓冲器；执行 MOV A，SBUF 指令可以把 SBUF（接收）缓冲器中接收到的字符传送到累加器 A 中。

在异步通信中，发送和接收都是在发送时钟和接收时钟控制下进行的，发送时钟和接收时钟的频率必须和波特率保持一致。MCS-51 串行接口的发送和接收时钟既可由主机频率 f_{osc} 经过分频后提供，也可由内部定时器 T1 的溢出率经过 16 分频后提供。定时器 T1 的溢出率还受 SMOD 触发器状态的控制。SMOD 位于电源控制寄存器 PCON 的最高位。PCON 也是一个特殊功能寄存器，字节地址为 87H。

CPU 执行如下一条指令可以使串行接口自动开始发送过程：

```
MOV   SBUF，A
```

累加器 A 中欲发送字符进入 SBUF（发送）缓冲器后，发送控制器在发送时钟的作用下自动在发送字符前后添加起始位、停止位和其他控制位（如奇偶校验位），然后在移位脉冲控制下逐位从 TXD 线上串行发送字符帧。

MCS-51 串行接口的接收过程，以接收时钟的 16 倍（采样脉冲）的频率，对 RXD 线进行的采样监测。如图 9-6 所示。当 1 到 0 跳变后，若检测器再连续 8 次采样到 RXD 线为低电平，则接收控制器便确认 RXD 线上出现了起始位。此后，接收控制器就从下一个数据位开始改为使用第 7、8、9 三个脉冲对 RXD 线采样，并遵守“三中取二”原则来决定所检测的值是 0 还是 1。采用这种检测方法的目的在于抑制干扰和提高信号传输的可靠性，因为采样信号总是在每个接收位的中间位置，这样不仅可以避开信号两端的边沿失真，也可防止接收时钟频率和发送时钟频率不完全同步所引起的接收错误。接收电路连续接收到一帧字符后就自动去掉起始位，并使 RI=1，表明串行接口接收到一个字符数据。若串行接口中断是开放的，则可向 CPU 提出中断请求。CPU 响应中断可以通过 MOV A，SBUF 指令把接收到的字符送入累加器 A。至此，1 字符帧接收过程宣告结束。

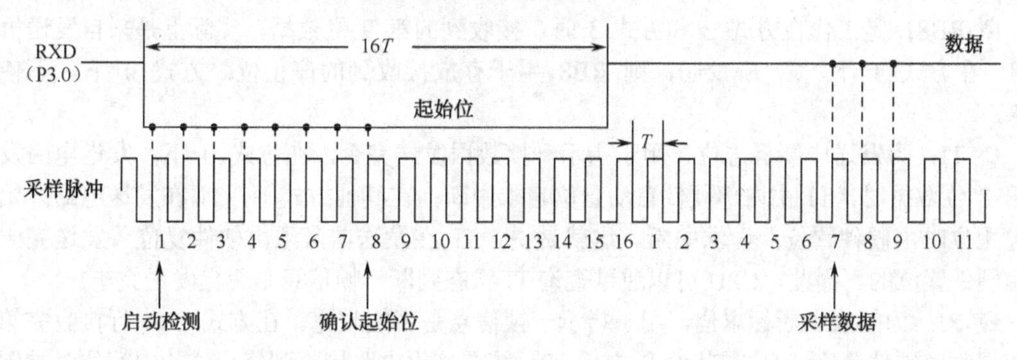

图 9-6 输入数据采样

2．串行接口控制寄存器 SCON 和 PCON

控制 MCS-51 单片机串行接口的控制寄存器共有两个：串行接口控制寄存器 SCON 和电源控制寄存器 PCON。SCON 和 PCON 的字节地址分别为 98H 和 87H，SCON 用于控制和监视串行接口的工作状态，可以位寻址，PCON 用于控制波特率是否加倍，不可位寻址。

1）串行接口控制寄存器 SCON

串行接口控制寄存器 SCON 各位的定义，如图 9-7 所示。

❶ SM0、SM1：为串行接口方式选择位，用于控制串行接口的工作方式。

❷ SM2：允许方式 2 和方式 3 进行多机通信控制位。在方式 0 时，SM2 不用，应设置为 0 状态。在方式 1 下，如 SM2=1，则只有收到有效停止位时才激活 RI，并自动发出串行接口中断请求（设中断是开放的），若没有收到有效停止位，则 RI 清零，则这种方式下，SM2 也应设置为 0。在方式 2 或方式 3 下，若 SM2=1，则接收到的第 9 位数据（RB8）为 0 时不激活 RI，若 SM2=0，串行接口以单机发送或接收方式工作，TI 和 RI 以正常方式被

激活，但不会引起中断请求；若 SM2=1 和 RB8=1 时，RI 不仅被激活而且可以向 CPU 请求中断。

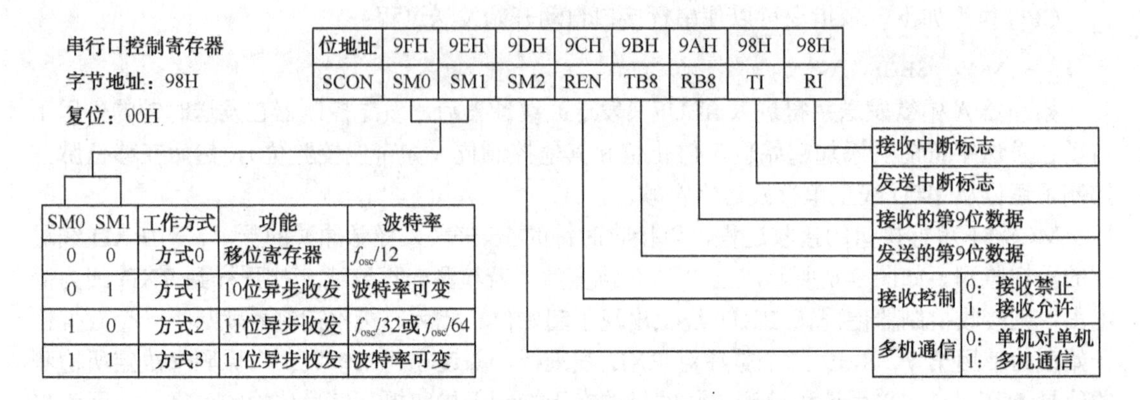

SM0	SM1	工作方式	功能	波特率
0	0	方式0	移位寄存器	$f_{osc}/12$
0	1	方式1	10位异步收发	波特率可变
1	0	方式2	11位异步收发	$f_{osc}/32$或$f_{osc}/64$
1	1	方式3	11位异步收发	波特率可变

图 9-7　SCON 中各位的定义

❸ REN：允许串行接收控制位。由软件清零（REN=0）时，禁止串行接口接收；由软件置位（REN=1）时，允许串行接口接收。

❹ TB8：是工作在方式 2 和方式 3 时要发送数据的第 9 位。TB8 根据需要由软件置位或复位。

❺ RB8：是工作在方式 2 和方式 3 时，接收到的第 9 位数据，实际上是来自发送机的 TB8。在方式 1 下，若 SM2=0，则 RB8 用于存放接收到的停止位。方式 0 下，不使用 RB8。

❻ TI：为发送中断标志位，用于指示一帧数据发送完否，在方式 0 下，发送电路发送完第 8 位数据时，TI 由内部硬件自动置位请求中断；在其他方式下，TI 在发送电路开始发送停止位时由硬件置位，请求中断。这就是说：TI 在发送前必须由软件复位，发送完一帧后由硬件置位的。因此，CPU 可以通过查询 TI 状态判断一帧信息是否已发送完毕。

❼ RI：为接收中断标志位，用于指示一帧信息是否接收完。在方式 0 串行接收完第 8 位数据时由硬件置位 RI；在其他方式下，RI 是在接收电路接收到停止位的中间位时被置位的。RI 也可供 CPU 查询，以决定是否需要从 SBUF（接收）中提取接收到的字符或数据。和 TI 一样，RI 也不能自动复位，只能由软件复位。

2）PCON 各位的定义

电源控制寄存器 PCON 各位的定义，如图 9-8 所示。

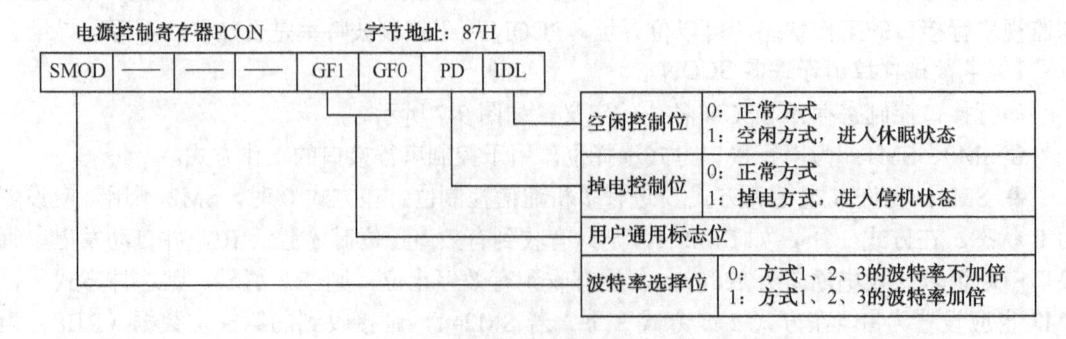

图 9-8　PCON 中各位的定义

PCON 中与串行接口有关的只有 D7（SMOD），其余各位用于 MCS-51 的电源控制，在此不再介绍。

SMOD：为串行接口波特系数控制位。在方式 1、方式 2 和方式 3 时，串行通信波特率和 2^{SMOD} 成正比。即当 SMOD=1 时，通信波特率可以提高 1 倍。

9.2.2 MCS-51串行接口的工作方式

MCS-51 的串行接口有方式 0、方式 1、方式 2 和方式 3 四种工作方式，这些工作模式可以用 SCON 中的 SM1 和 SM0 两位编码决定。串行通信只能使用方式 1、2、3。方式 0 主要用于扩展并行 I/O 接口。

1．方式 0（SM1=SM0=0）

在方式 0 下，串行接口为同步移位寄存器方式，其波特率 $f_{osc}/12$ 是固定的，其中 SBUF 是作为同步的移位寄存器。在串行接口发送时，SBUF（发送）相当于一个并入串出的移位寄存器，由 MCS-51 的内部总线并行接收 8 位数据，并从 RXD（P3.0）串行输出；在接收操作时，SBUF（接收）相当于一个串入并出的移位寄存器，从 RXD 线接收一帧串行数据，并把它并行地送入内部总线，也就是说，数据由 RXD（P3.0）出入，同步移位脉冲由 TXD（P3.1）输出。在方式 0 下，SM2、RB8 和 TB8 皆不起作用，它们通常均应设置为 0 状态。

串行接口方式 0 主要用于串行 I/O 接口使用，达到扩展 I/O 接口的目的。

2．方式 1（SM0=0，SM1=1）

当 SCON 中的 SM0、SM1 两位为“01”时，串行接口以方式 1 工作，此时串行接口为 8 位异步串行通信接口。一帧信息为 10 位：1 位起始位、8 位数据位（低位在前，高位在后）和 1 位停止位。TXD 为发送端，RXD 为接收端，波特率可变。

1）*方式 1 发送*

当串行接口以方式 1 发送时，CPU 执行一条写入 SBUF 的指令（MOV SBUF，A 指令）就启动一次串行接口发送过程，发送电路就自动在 8 位发送字符前后分别添加 1 位起始位和停止位，并在移位脉冲作用下将数据从 TXD（P3.1）依次发送出去，发送完 1 帧信息后，发送电路自动维持 TXD 为高电平，发送中断标志 TI 也由硬件在发送停止位时置位，应由软件将它复位。

2）*方式 1 接收*

置 REN=1，便启动了一次接收过程。置 REN=1 实际上是选择 P3.0 引脚为 RXD 功能。若 REN=0，则选择 P3.0 引脚为普通 I/O 功能。接收器对 RXD 采样，采样脉冲频率是接收时钟的 16 倍。当采样到 RXD 端从 1 到 0 的跳变时就启动接收器接收，当接收电路连续 8 次采样到 RXD 线为低电平时，检测器确认 RXD 线上有了起始位。在起始位，如果接收到的值不为 0，则起始位无效，复位接收电路，当再次接收到一个由 1 到 0 的跳变时，重新启动接收器。如果接收值为 0，起始位有效，接收器开始接收本帧的其余信息（1 帧信息为 10 位）。此后，接收电路就改为使用第 7、8、9 对 RXD 采样，并以“三中取二”原则来确定该位数据的值。

在方式 1 接收中，在接收到第 9 位数据（即停止位）时，接收电路必须同时满足以下两个条件：RI=0 和 SM2=0 或接收到的停止位为“1”，才能把接收到的 8 位字符存入 SBUF

（接收）中，把停止位送入 RB8 中，并使 RI=1 和发出串行接口中断请求（若中断开放），若上述两个条件任一不满足，则这次收到的数据就被丢弃，不装入 SBUF（接收）中。中断标志 RI 必须由用户使用软件清零。

3. 方式 2 和方式 3

方式 2 和方式 3，发送和接收的一帧数据由 11 位组成，即 1 位起始位、8 位数据位（低位在先）、1 为可编程位（第 9 位）和 1 位停止位。发送时可编程位（TB8）根据需要设置为 0 或 1（TB8 既可作为多机通信中的地址数据标志位，又可作为数据的奇偶校验位），接收时，第 9 位被送入 SCON 中的 RB8。方式 2 和方式 3 的差异仅在于通信波特率有所不同：方式 2 的波特率由 MCS-51 主频 f_{osc} 经 32 或 64 分频后提供；方式 3 的波特率由定时器 T1 的溢出率经 32 分频或 64 分频后提供，故它的波特率是可调的。

1）*方式 2、3 发送*

方式 2 和方式 3 的发送过程类似于方式 1，所不同的是方式 2 和方式 3 有 9 位有效数据位。发送时，数据由 TXD 端输出，附加的第 9 位数据为 SCON 中的 TB8，CPU 要把第 9 位数据预先装入 SCON 的 TB8 中，第 9 位数据可由用户安排，可以是奇偶校验位，也可以是其他控制位。第 9 数据位的装入可以用如下指令中的一条来完成：

```
SETB TB8        ;TB8=1
CLR  TB8        ;TB8=0
```

第 9 位数据的值装入 TB8 后，执行一条写 SBUF 的指令，把发送字符装入 SBUF（发送），便立即启动发送器发送。一帧数据发送完后，TI 被置 1，若串行接口的中断允许，则提出中断请求，也可通过查询 TI 来判断一帧数据是否发送完毕。在发送下一帧信息之前，TI 必须在中断服务程序（或查询程序）中由软件清零，硬件不会自动将其清零。

2）*方式 2、3 接收*

当 REN=1 时，允许串行接口接收数据。数据由 RXD 端输入，接收 11 位信息。当接收器采样到 RXD 端的负跳变，并判断起始位有效后，便开始接收一帧信息。方式 2 和方式 3 的接收过程也和方式 1 类似。所不同的是：方式 1 时 RB8 中存放的是停止位，方式 2 或方式 3 时 RB8 中存放的是第 9 数据位。因此，方式 2 和方式 3 时必须满足接收有效字符的条件变为：RI=0 和 SM2=0 或收到的第 9 数据位为 1，只有上述两个条件同时满足，接收到的数据有效，接收到的字符才能送入 SBUF（接收），第 9 数据位才能装入 RB8 中，并使 RI=1；否则，这次收到的数据无效，接收的信息将丢失，RI 也不置位，在经过一位时间后，0/1 检测器又检测到 RXD 引脚的负跳变，准备接收下一帧数据。

其实，上述第一个条件是要求 SBUF 空，即用户应预先读取 SBUF 中的信息，以便接收电路确认它已空。第二个条件是提供了利用 SM2 和第 9 数据位共同对接收加以控制：若第 9 位数据是奇偶校验位，则可令 SM2=0，以保证串行接口能可靠接收；若要求利用第 9 位数据参与接收控制，则可令 SM2=1，然后依靠第 9 位数据的状态来决定接收是否有效。

9.2.3 MCS-51 串行接口的通信波特率

MCS-51 单片机串行通信的波特率随串行接口工作方式选择不同而不同，它除了与系统的振荡频率 f_{osc}、电源控制寄存器 PCON 的 SMOD 位有关外，还与定时器 T1 的设置有关。

串行接口的通信波特率反映了串行传输数据的速率。通信波特率的选用，不仅与所选通信设备、传输距离和 MODEM 型号有关，还受传输线状况所制约。用户应根据实际需要加以正确选用。

1．方式 0 的波特率

在方式 0 下，串行接口的通信波特率是固定不变的，其值为 $f_{osc}/12$（f_{osc} 为主机频率），仅与系统振荡频率 f_{osc} 有关。

2．方式 2 的波特率

在方式 2 下，波特率只有两种：$f_{osc}/32$ 或 $f_{osc}/64$。用户可以根据 PCON 中 SMOD 位状态来确定串行接口在哪个波特率下工作。计算公式为：

$$\text{波特率}=\frac{2^{\text{SMOD}}}{64}\times f_{osc}$$

这就是说：若 SMOD=0，则所选波特率为 $f_{osc}/64$；若 SMOD=1，则波特率为 $f_{osc}/32$。

3．方式 1 或方式 3 的波特率

在这两种方式下，串行接口波特率是由定时器 T1 的溢出率和 SMOD 决定的，因此要确定波特率，关键是要计算定时器 T1 溢出率，T1 是可编程的，可选的波特率的范围很大，因此，这是很常用的工作方式。

在方式 1 或方式 3 下，定时器 T1 用做波特率发生器，定时器应工作于定时方式。这两种方式下，波特率为：

$$\text{波特率}=\frac{2^{\text{SMOD}}}{32}\times\text{定时器T1的溢出率}$$

定时器 T1 溢出率可定义为：

定时器 T1 溢出率 = 定时器 T1 溢出次数/秒，定时器 T1 溢出时间就是它的定时时间。在前面的相关章节里我们知道定时器每秒溢出的次数为：

$$\text{定时T1的溢出率}=\frac{f_{osc}}{12}\left(\frac{1}{2^n-\text{初值}}\right)$$

式中：n 为定时器 T1 计数器的位数，它与定时器 T1 的工作方式有关，即

若定时器 T1 设为方式 0，则 n=13；

若定时器 T1 设为方式 1，则 n=16；

若定时器 T1 设为方式 2，则 n=8。

所以，方式 1 或方式 3 的波特率计算公式为：

$$\text{波特率}=\frac{2^{\text{SMOD}}}{32}.\frac{f_{OSC}}{12}.\left(\frac{1}{2^n-\text{初值}}\right)$$

由式上式可知，方式 1 或方式 3 下波特率通过计算来确定定时器的初值，该初值在定时器 T1 初始化时使用。为避免烦杂的计算，我们把常用波特率和定时器 T1 初值间的关系列在表 9-1 中，供编程时查阅使用。

实际使用时，定时器 T1 通常采用方式 2，因为定时器 T1 工作于方式 2 时，当计数溢出时，TH1 自动重新装入 TL1。采用方式 2，不仅可使操作方便，也可避免因重装初值（时间常数初值）而带来的定时误差。

表 9-1　常用波特率和定时器 T1 的初值关系表

串行接口工作方式	波特率/bps	f_{osc}/MHz	SMOD	定时器 T1		
				G/T	方式	时间初值
方式 0	1 000 000	12	×	×	×	×
方式 2	187 500	12	0	×	×	×
	375 000	12	1			
方式 1、3	62 500	12	1	0	2	FFH
	19 200	11.059 2	1	0	2	FDH
	9 600	11.059 2	0	0	2	FDH
	4 800	11.059 2	0	0	2	FAH
	2 400	11.059 2	0	0	2	F4H
	1 200	11.059 2	0	0	2	E8H
	137.5	11.986	0	0	2	1DH
	110	6	0	0	2	27H
	110	12	0	0	1	FEEBH

9.3 MCS-51 串行接口的应用

学习 MCS-51 的串行接口，归根结底就是为了应用，要学会相关硬件的设计和通信软件的编制，本节通过一些 MCS-51 串行接口的应用实例来说明 MCS-51 串行接口的应用。

9.3.1 串行接口方式 0 的应用

方式 0 下的 MCS-51 的串行接口，是一个移位寄存器，可实现并行输入串行输出和串行输入并行输出的转换。常用于 I/O 接口的扩展。

【例 9-4】 根据图 9-9 所示的电路，编写 MCS-51 串行输入开关量并把它存入 20H 单元的程序。要求控制开关 K_c 断开（K_c=1）时，8051 处于等待状态；K_c 闭合（K_c=0）时，8051 开始输入，并将结果存入 20H 单元。

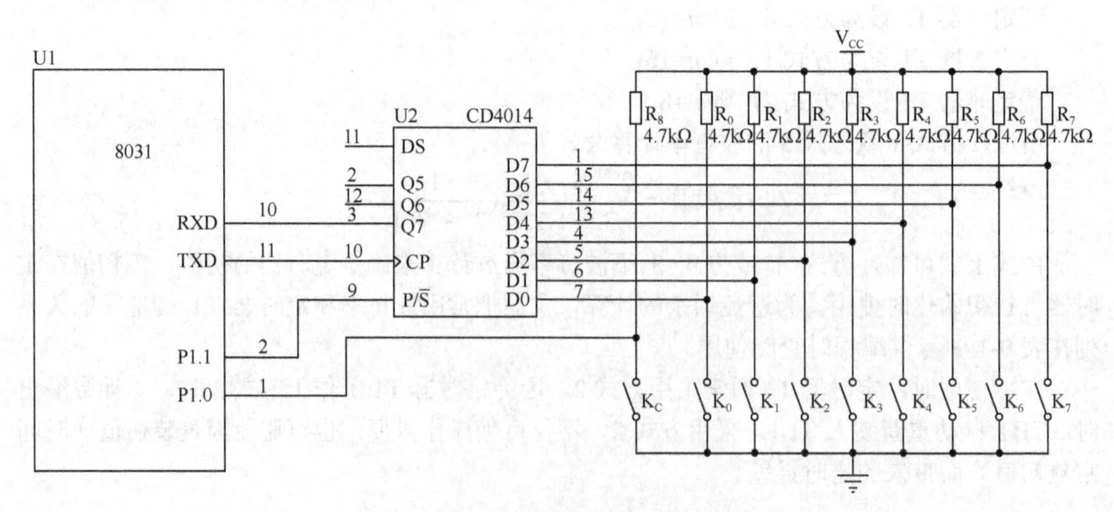

图 9-9　串行接口扩展为串入并出的输入口

解：CD4014 是 8 位并行或串行输入/串行输出寄存器，具有公共时钟 CP 及方式控制输入端 $P/\overline{S}$，一个串行数据输入端 DS，引脚排列和真值表如图 9-10 所示。

引脚	序号	序号	引脚
D7	1	16	V_{DD}
Q5	2	15	D6
Q7	3	14	D5
D3	4	13	D4
D2	5	12	D6
D1	6	11	DS
D0	7	10	CP
V_{SS}	8	9	$P/\overline{S}$

（a）引脚排列（俯视）图

输入					输出		功能
CP	DS	$P/\overline{S}$	D0	D7	Q0（内部）	Q7	
↑	X	H	L	L	L	L	并行送数
↑	X	H	H	L	H	L	
↑	X	H	L	H	L	H	
↑	X	H	H	H	H	H	
↑	L	L	X	X	L	Q6n	移位
↑	H	L	X	X	H	Q6n	
↓	X	X	X	X	Q0n	Q7n	保持

（b）真值表

图 9-10　CD4014 引脚和真值表

程序采用对 P1.0 查询，当查询到 K_c 闭合时，通过对 P1.1 的控制把开关 K_0～K_7 的状态置入 CD4014，启动一次串行输入，把 K_0～K_7 的状态输入 SBUF 中，再由 SBUF 送到 20H 中，完成一次输入操作。

相应的程序为：

```
        ORG     1000H
START:  MOV     A,  #00H
        MOV     SCON,  A            ;设置串行接口为工作方式 0
        CLR     RI
WAIT0:  JB      P1.0, WAIT0         ;若 Kc 断开，则循环等待
        SETB    P1.1                ;开关 K0～K7 的状态置入 CD4014
        CLR     P1.1                ;设置 CD4014 移位操作状态
        SETB    REN                 ;启动串行输入
WAIT1:  JNB     RI，WAIT1           ;等待接收
        CLR     RI                  ;接收完成，清 R1
        MOV     A,  SBUF            ;开关量送累加器
        MOV     20H，A              ;存入 20H 单元
        SJMP    WAIT0               ;准备下次开关量输入
        END
```

【例 9-5】　利用串行接口扩展一个 6 位 LED 静态显示器。

解：接口电路如图 9-11 所示。

单片机采用 Atmel 公司的 AT89C51，它与 Intel 公司的 8051 完全兼容，内部集成 4KB 的 FLASHROM，免去外部扩展程序存储器，程序下载和使用都比较方便。AT89C51 的串行接口工作于方式 0，利用 6 片串入并出移位寄存器 74HC164 作为 6 位静态显示器的显示输出口（限于篇幅，图中只画出 3 位），欲显示的 8 位段码（即字型码）通过软件译码产生，并由 RXD 串行发送出去，利用 74HC164 的移位和锁存功能，实现静态显示。这样，主程序就以不必时时扫描显示器，从而 CPU 能用于其他工作。

在图 9-11 中 74HC164 是带清除端的串行输入并行输出移位寄存器，74HC164 引脚功能如下：

❶ Q0～Q7：并行输出端。

❷ A，B：串行输入端。

❸ $\overline{CLR}$：清除端，低电平时，使 74HC164 输出清零。

❹ CLK：时钟脉冲输入端，在 CLK 脉冲的上升沿作用下实现移位。在 CLK=0，$\overline{CLR}$=1 时，74HC164 保持原来数据状态。

74HC164 引脚排列和真值表如图 9-12 所示。

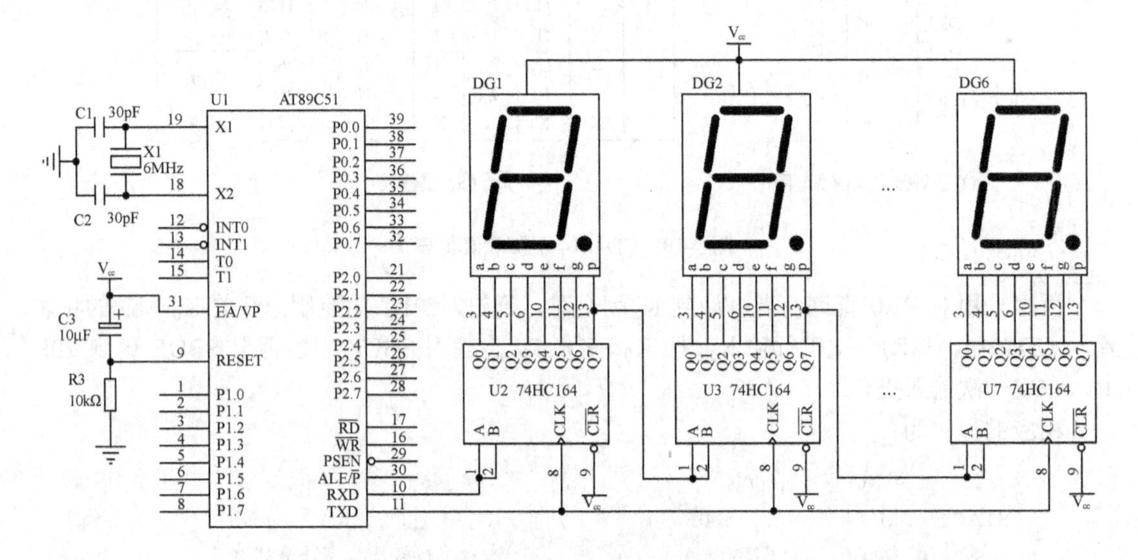

图 9-11　串行接口扩展的 6 位 LED 显示器接口电路

引脚	名称	引脚	名称
1	A	14	V_{DD}
2	B	13	Q7
3	Q0	12	Q6
4	Q1	11	Q5
5	Q2	10	Q4
6	Q3	9	$\overline{CLR}$
7	V_{SS}	8	CP

（a）引脚排列（俯视）图

输入				输出				功能
$\overline{CLR}$	CP	A	B	Q0	Q1	…	Q7	
L	X	X	X	L	L	…	L	清“0”
H	L	X	X	Q_{0n}	Q_{1n}	…	Q_{7n}	保持
H	↑	H	H	H	Q_{0n}	…	Q_{6n}	移位
H	↑	L	X	L	Q_{0n}	…	Q_{6n}	
H	↑	X	L	L	Q_{0n}	…	Q_{6n}	

（b）真值表

图 9-12　74HC164 引脚和真值表

74HC164 与 74LS164 完全兼容，而且输入电平和输出电平与 TTL 和 CMOS 兼容。

在图 9-11 中的 LED 数码管，采用共阳的 LED 数码管，其原因是 74HC164 的低电平输出电流大于高电平输出电流。

程序设计：假设欲显示的 6 位数字（0～9）顺序存放在内部 RAM 40H 开始的单元中，编写一个子程序 DISP 完成 6 位数字的显示。

汇编语言源程序如下：

```
        ORG     1000H
DispBuf EQU     40H
DISP:   MOV     SCON，#00H          ;设置串行接口为工作方式 0
```

```
        MOV     R2，#06H            ;设置循环次数
        MOV     R0，#DispBuf+5      ;设置指针指向最后一个数
        MOV     DPTR，#TAB          ;DPTR 指向字形表首址
LOOP0:  MOV     A，@R0              ;取显示数
        MOVC    A，@A+DPTR          ;查表得到字形码
        MOV     SBUF，A             ;送到串行接口
WAIT:   JNB     TI，WAIT            ;等待发送结束
        CLR     TI                  ;清除发送结束标志
        DEC     R0                  ;调整指针
        DJNZ    R2，LOOP0           ;是否显示完了，未完继续
        RET                         ;子程序返回
;字形表
TAB:    DB      0C0H，0F9H，0A4H     ; "0"～"2"
        DB      0B0H，99H，92H       ; "3"～"5"
        DB      82H，0F8H，80H，90H  ; "6"～"9"
        END
```

9.3.2 串行接口其他方式的应用

在方式 1、方式 2 和方式 3 下，MCS-51 的串行接口均用于异步通信，它们之间的主要差异体现在字符帧格式和波特率几个方面。在字符帧格式上，方式 1 为 10 位异步通信，有 8 位数据位，不能用于多机通信；方式 2 和方式 3 为 11 位异步通信，有 9 位数据位，可用于多机通信。在波特率方面，方式 2 波特率是固定的，由 MCS-51 单片机的时钟频率 f_{osc} 决定，可选择为 $f_{osc}/64$ 或 $f_{osc}/32$；方式 1 和方式 3 的波特率则是由 MCS-51 内部定时器 T1 的溢出率决定的。

下面以发送和接收为例分析它们的应用。

【例 9-6】 甲、乙两台 8031 单片机进行串行通信。设甲、乙两机的晶振频率均为 12MHz。❶确定串行接口在方式 2 下可用的波特率；❷在方式 2 下，采用查询控制方式，将甲机片内 RAM40H～5FH 单元的数据，串行发送到乙机片内 RAM60～7FH 单元中。

解：❶ 因为 MCS-51 的串行接口在方式 2 下，其波特率只有两种：$f_{osc}/32$（SMOD=1）或 $f_{osc}/64$（SMOD=0）。

所以，波特率 1=12MHz/32=375000bps（SMOD=1）；波特率 2=12MHz/64=187500bps（SMOD=0）；

❷ 由于方式 2 是 11 位的异步串行通信方式，数据位有 9 位，在串行通信中，收发双方的数据格式和波特率必须一致，此处我们选择 375000bps 的波特率。

本例有两个程序：一个是发送程序，在甲机上运行，完成甲机串行接口的初始化和数据的发送；另一个是接收程序，在乙机上运行，完成乙机串行接口的初始化和数据的接收。流程图如图 9-13 所示。

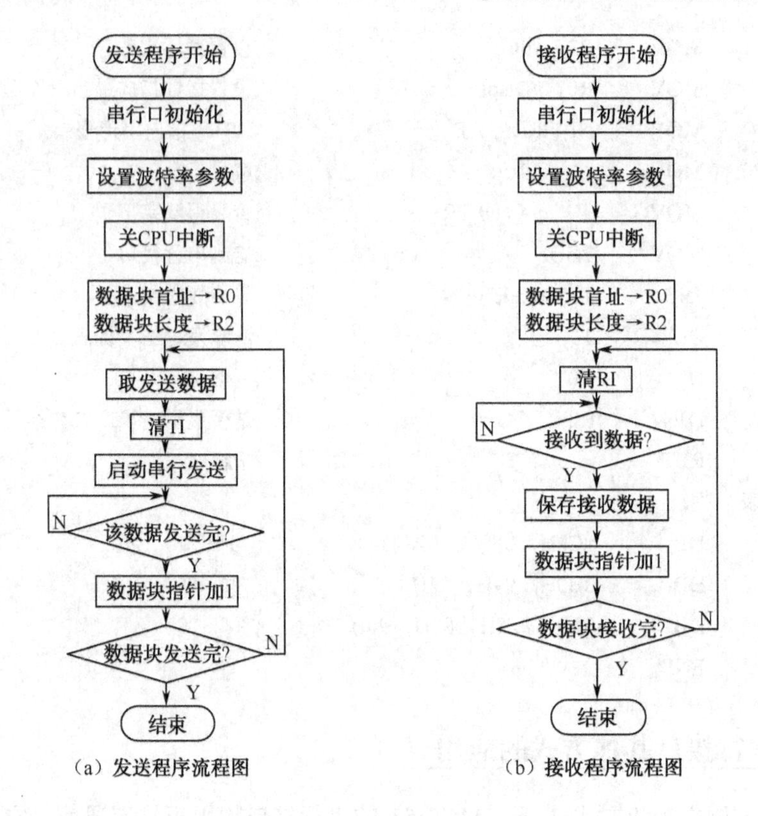

图 9-13 【例 9-6】程序流程图

发送和接收的参考程序如下：

甲机发送程序：

```
        ORG     1000H
TX:     MOV     SCON,   #80H        ;设定工作方式 2
        MOV     PCON,   #00H        ;SMOD=0，波特率为 fosc/32
        CLR     EA                  ;关 CPU 中断
        MOV     R0,     #40H        ;设发送数据的地址指针
        MOV     R2,     #20H        ;设发送数据的长度
LOOP:   MOV     A,      @R0         ;取发送数据送 A
        CLR     TI                  ;清 TI
        MOV     SBUF,   A           ;启动发送
WAIT:   JNB     TI,     WAIT        ;判发送中断标志
        INC     R0                  ;数据块指针加 1
        DJNZ    R2,     LOOP        ;数据块未发送完，转到 LOOP 继续发送
        SJMP    $                   ;停止发送
```

乙机接收程序：

```
        ORG     2000H
RX:     MOV     SCON,   #90H        ;设定工作方式 2
        MOV     PCON,   #00H        ;SMOD=0，波特率为 fosc/32
        CLR     EA                  ;关 CPU 中断
        MOV     R0,     #60H        ;设接收数据的地址指针
```

```
        MOV    R2,    #20H     ;设接收数据的长度
LOOP:   CLR    RI              ;清 RI
        JNB    RI,    $        ;等待接收数据
        CLR    RI
        MOV    A,     SBUF     ;读入一帧数据
        MOV    @R0,   A        ;保存接收数据
        INC    R0              ;数据块指针加 1
        DJNZ   R2,    LOOP     ;数据块未接收完，转到 LOOP 继续接收
        SJMP   $               ;停止接收
```

【例 9-7】 使用中断法编写串行接口发送程序。设单片机的时钟频率 f_{osc}=11.0592MHz，波特率为 2400bps，使用方式 3，发送数据块在内部 RAM 中，首址为 TBLOCK，长度存在 LEN 中。要求偶校验位在第 9 位发送，字符块长度率先发送。

解：为使波特率为 2400bps，由表 9-1 可得，SMOD=0，定时器 T1 的工作方式为方式 2 的定时器，TH1 和 TL1 的时间常数初值为 F4H。

本程序有主程序和中断服务程序两部分组成。主程序的起始地址为 1000H，用于定时器 T1、串行接口和中断程序的初始化以及发送数据块长度字节 LEN，流程图如图 9-14（a）所示。中断服务程序起始地址为 0023H，用于形成偶校验位并添加到发送数据的第 9 位，发送该数据，流程图如图 9-14（b）所示。

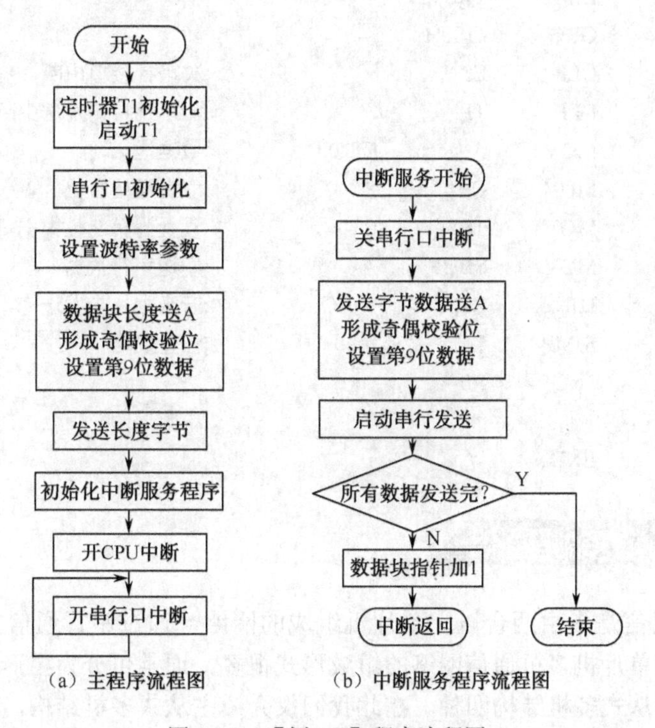

图 9-14　【例 9-7】程序流程图

❶ 主程序：

```
              ORG     1000H
TBLOCK        DATA    20H
   LEN        DATA    14H
```

```
START:  MOV    TMOD,   #20H      ;设置 T1 为定时器工作方式 2
        MOV    TH1,    #0F4H     ;波特率为 2400bps
        MOV    TL1,    #0F4H
        MOV    PCON,   #00H      ;SMOD=0
        SETB   TR1               ;启动 T1
        MOV    SCON,   #0C0H     ;串行接口为方式 3
        MOV    R0,     #TBLOCK   ;R0 指向字符块首址
        MOV    A,      LEN       ;数据块长度送 A
        MOV    C,      P         ;取奇偶校验位
        MOV    TB8,    C         ;设置为第 9 位数据
        MOV    SBUF,   A         ;发送长度数据
        MOV    R2,     A
        SETB   EA                ;开 CPU 中断
WAIT:   SETB   ES                ;开串行接口中断
        SJMP   WAIT              ;循环等待中断
```

❷ 中断服务程序：

```
        ORG    0023H
        LJMP   TXSVE
        ORG    1100H
TXSVE:  CLR    ES                ;关串行接口中断
        CLR    TI                ;清串行接口发送中断请求标志
        MOV    A,      @R0       ;数据送 A
        MOV    C,      P         ;取奇偶校验位
        MOV    TB8,    C         ;设置为第 9 位数据
        MOV    SBUF,   A         ;发送字符数据
        DJNZ   R2,     NEXT      ;若数据块未发送完，转 NEXT
        SJMP   $                 ;停止发送
NEXT:   1NC    R0
RETI                             ;中断返回
        END
```

*9.4 单片机的多机通信

单片机多机通信是指由两台以上单片机组成的网络，通过串行通信方式实现对某一过程的控制。目前，单片机多机通信网络的组成形式很多，通常可分为**星形结构**、**环形结构**、**串行总线结构**和**主从式多机结构**四种。在此我们仅介绍主从式多机结构。

主从式多机结构是一种分散形网络结构，具有接口简单和使用灵活等优点。主从式单片机多机通信电路如图 9-15 所示，它由一台主机和多台从机组成。单片机多机通信应用的关键是确定多机通信协议和根据多机通信协议进行软件编程。

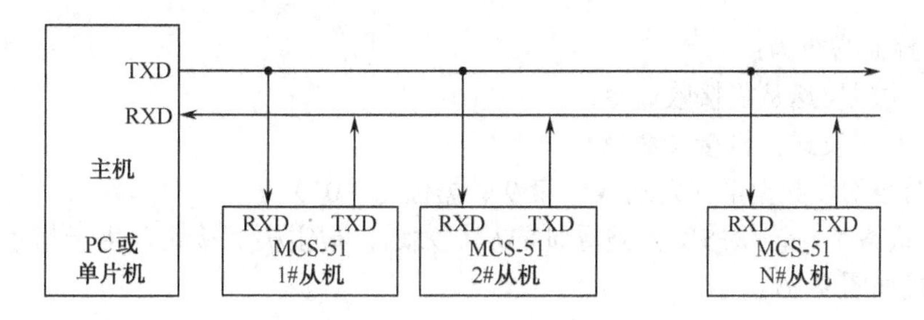

图 9-15 主从式多机通信

9.4.1 MCS–51 多机通信原理

主从式单片机多机通信系统中，只有一台主机，但可有多台从机，主机发送的信息可以传送到各个从机或指定的从机，从机发送信息只能被主机接收，各从机之间不能直接通信。主机通常可使用 PC，也可以使用单片机，从机一般多为单片机。

MSC-51 单片机主从式多机通信，选择串行接口工作在方式 2 或方式 3，发送和接收的每一帧信息都是 11 位，其中第 9 位是可编程位 TB8，用于区别发送的信息是地址帧还是数据帧。用串行数据第 9 位为“1”来标志地址，用串行数据第 9 位为“0”来标志数据。由于所有从机的 SM2=1，故每个从机总能在 RI=0 时收到主机发来的地址（因为串行数据的第 9 位为“1”），并进入各自的中断服务程序。在中断服务程序中，每台从机把接收到的从机地址和它的本机地址（系统设计时所分配）进行比较。所有比较不相等的从机均从各自的中断服务程序中退出（SM2 仍为“1”），只有比较成功的从机才是被主机寻址通信的从机。被寻址的从机在程序中使 SM2=0，以便接收随之而来的数据或命令（RB8=0）。上述过程进一步归结如下：

❶ 主机的 SM2=0，所有从机的 SM2=1，以便接收主机发来的地址。

❷ 主机给从机发送地址时，第 9 位应设为“1”，以指示从机接收这个地址。

❸ 所有从机在 SM2=1、RB8=1 和 RI=0 时，接收主机发来的从机地址，进入相应中断服务程序，并与本机地址相比较，以便确认是否为被寻址从机。

❹ 被寻址从机通过指令清除 SM2，以便正常接收数据，并向主机发回接收到的从机地址，供主机核对；未被寻址的从机保持 SM2=1，并退出各自中断服务程序。

❺ 完成主机和被寻址从机之间的数据通信，被寻址从机在通信完成后重新使 SM2=1，并退出中断服务程序，等待下次通信。

9.4.2 多机通信应用举例

在多机通信中，主机通常把从机地址作为 8 位数据（第 9 位为“0”）发送。因此，MCS-51 构成的多机通信系统最多允许 255 台从机（地址为 00H～FEH），0FFH 作为一条控制命令由主机发送给从机，使被寻址的从机的 SM2 置“1”。

【例 9-8】 请根据图 9-15 编写主机和从机的通信程序，要求通信波特率为 2400bps。

解： 本题程序由主机程序和从机程序组成。主机程序在主机中运行，从机程序在所有从机中运行，各从机中的本机地址 SLAVEADDR 是互不相同的。

在多机通信中，主从机之间除传送从机地址和数据（由发送数据第 9 位指出）外，还应当传送一些供主机或从机识别的命令和状态字。本题中，假设有如下格式的命令字和状态字。

❶ 两条控制命令为：

00H——主机发送从机接收命令；

01H——从机发送主机接收命令。

这两条命令均以数据形式发送（即第 9 数据位为“0”）。

❷ 从机状态字。该状态字由被寻址的从机发送，被主机所接收，用于指示从机的工作状态，其格式如图 9-16 所示。

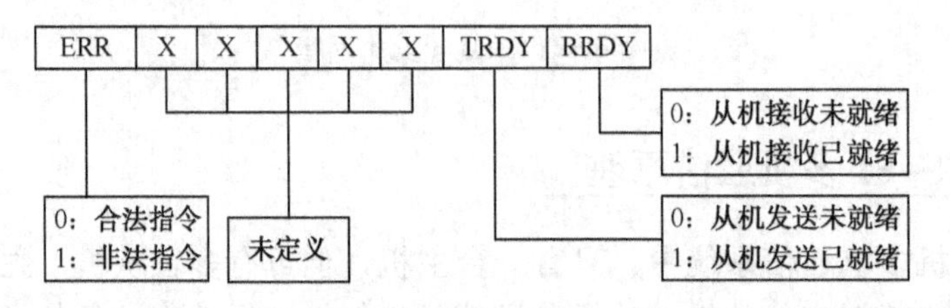

图 9-16　从机状态字格式

主机程序：由主机主程序和主机通信子程序组成。主机主程序用于定时器 T1 初始化、串行接口初始化和主机通信子程序所需入口参数。主机通信子程序用于主机和从机间一个数据块的传送，程序流程图如图 9-17 所示。

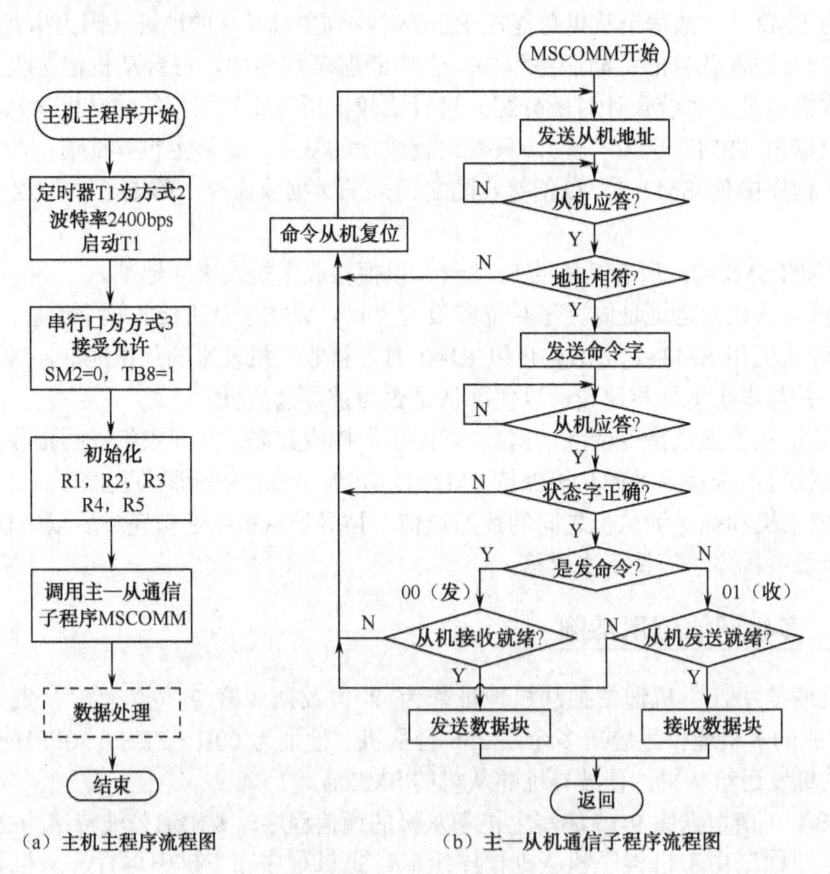

（a）主机主程序流程图　　（b）主—从机通信子程序流程图

图 9-17　主机程序流程图

程序中所用寄存器分配如下：

R0——存放主机发送的数据块起始地址；
R1——存放主机接收的数据块起始地址；
R2——存放被寻址的从机地址；
R3——存放主机发出的命令；
R4——存放发送的数据块长度；
R5——存放接收的数据块长度。

❶ 主机主程序：

```
        ORG     2000H
START:  MOV     TMOD,   #20H          ;定时器 T1 为方式 2
        MOV     TH1,    #0F4H         ;波特率为 2400bps
        MOV     TL1,    #0F4H
        SETB    TR1                   ;启动 T1
        MOV     SCON,   #0D8H         ;串行接口为方式 3，允许接收 SM2=0，TB8=1
        MOV     PCON，  #80H          ;SMOD=1
        MOV     R0,     #40H          ;发送数据块起始地址送 R0
        MOV     R1,     #20H          ;接收数据块起始地址送 R1
        MOV     R2,     #SLAVEADDR    ;被寻址从机地址送 R2
        MOV     R3,     #00H          ;若为 00H，则主机发从机收命令
                                      ;若为 01H，则从机发主机收命令
        MOV     R4,     #20D          ;发送数据块长度送 R4
        MOV     R5,     #20D          ;接收数据块长度送 R5
        ACALL   MSCOMM                ;调用主机通信子程序
;<在此处放置主机数据处理程序>
        SJMP    $                     ;停机
```

❷ 主——从机通信子程序：

```
          ORG     2100H
MSCOMM:   MOV     A,       R2             ;从机地址送 A
          MOV     SBUF,    A              ;发送从机地址
          JNB     RI,      $              ;等待接收从机应答地址
          CLR     RI                      ;从机应答后清 RI
          MOV     A,       SBUF           ;从机应答地址送 A
          XRL     A,       R2             ;核对两个地址
          JZ      MTXD2                   ;相符测转 MTXD2
MTXD1:    MOV     SBUF,    #0FFH          ;发送从机复位信号
          SETB    TB8                     ;地址帧标志送 TB8
          SJMP    MSCOMM                  ;重发从机地址
MTXD2:    CLR     TB8                     ;准备发送命令
          MOV     SBUF,    R3             ;送出数传方向命令
          JNB     RI,      $              ;等待从机应答
          CLR     RI                      ;从机应答后清 RI
          MOV     A,       SBUF           ;从机应答状态字送 A
          JNB     ACC.7,   MTXD3          ;核对无错测命令分类
          SJMP    MTXD1                   ;若核对有错侧重新联络
MTXD3:    CJNE    R3,      #00H,MRXD      ;若为从机发送命令，则转 MRXD
```

```
            JNB     ACC.0,    MTXD1     ;若从机接收未就绪，则重新联络
MTXD4:      MOV     SBUF,     @R0       ;若从机接收就绪测开始发送数据
            JNB     TI,       $         ;等待发送一帧结束
            CLR     TI                  ;发送一帧结束后清 TI
            INC     R0                  ;R0 指向下一发送数据
            DJNZ    R4,       MTXD4     ;若数据块未发完，则继续
            RET
MRXD:       JNB     ACC.1,    MTXD1     ;若为从机发送未就绪测重新联络
MRXD1:      JNB     RI,       $         ;若为从机发送就绪，则等待接收完一帧
            CLR     RI                  ;接收到一帧后清 RI
            MOV     A,        SBUF      ;收到的数据送 A
            MOV     @R1,      A         ;存入内存
            INC     R1                  ;接收数据区指针加 1
            DJNZ    R3,       MRXD1     ;若未接收完，则继续
            RET
            END
```

从机程序：从机程序由从机主程序和从机中断服务程序组成。从机主程序用于定时器T1 初始化、串行接口初始化和中断初始化。从机中断服务程序用于对主机的通信。

现分述如下：

从机主程序：

```
            ORG     1000H
STRDY       BIT     00H                 ;本机发送就绪位
SRRDY       BIT     01H                 ;本机接收就绪位
COMMEND     BIT     03H                 ;通信结束标志位
START：     MOV     TMOD,     #20H      ;定时器 T1 为方式 2
            MOV     TH1,      #0F4H     ;波特率为 2400bps
            MOV     TL1,      #0F4H
            SETB    TR1                 ;启动 T1
            MOV     SCON,     #0F8H     ;串行接口为方式 3，允许接收，SM2=l，TB8=1
            MOV     PCON,     #80H      ;SMOD=1
            MOV     R0,       #20H      ;R0 指向发送数据块起始地址
            MOV     R1,       #40H      ;R1 指向接收数据区起始地址
            MOV     R2,       #20D      ;发送数据块长度送 R2
            MOV     R3,       #20D      ;接收数据块长度送 R3
            SETB    EA                  ;开 CPU 中断
            SETB    ES                  ;允许串行接口中断
            CLR     RI                  ;清 RI
            CLR     COMMEND             ;设置为一次通信未结束
            JNB     COMMEND, $          ;等待一次通信结束
;<在此处放置从机数据处理程序>
            SJMP    $                   ;停机
```

应当注意：主机程序中的发送数据块长度及接收数据块长度要同从机程序中的保持一致（程序中假设皆为 20D）。即主机的发送数据块长度应等于被寻址从机的接收数据块长度，主机的接收数据块长度应等于从机的发送数据块长度。

从机中断服务程序：由于从机串行接口设定为方式 3 SM2=1 和 R1=0，且串行接口中断已经开放，因此从机的接收中断总能被响应（主机发送地址时）。在中断服务程序中，SLAVEADDR 是从机的本机地址，定义位 STRDY（位地址 00H）为本机发送就绪位地址，STRDY=1 表示本机发送准备就绪；定义位 SRRTDY（位地址 01H）为本机接收就绪状态位，SRRDY=1 表示本机已准备好接收，该两位用于控制从机的接收和发送，通信开始前必须设定。定义位 COMMEND（位地址 01H）为通信结束标志位，COMMEND=1 表示一次通信结束。从机中断服务程序流程如图 9-18（b）所示。

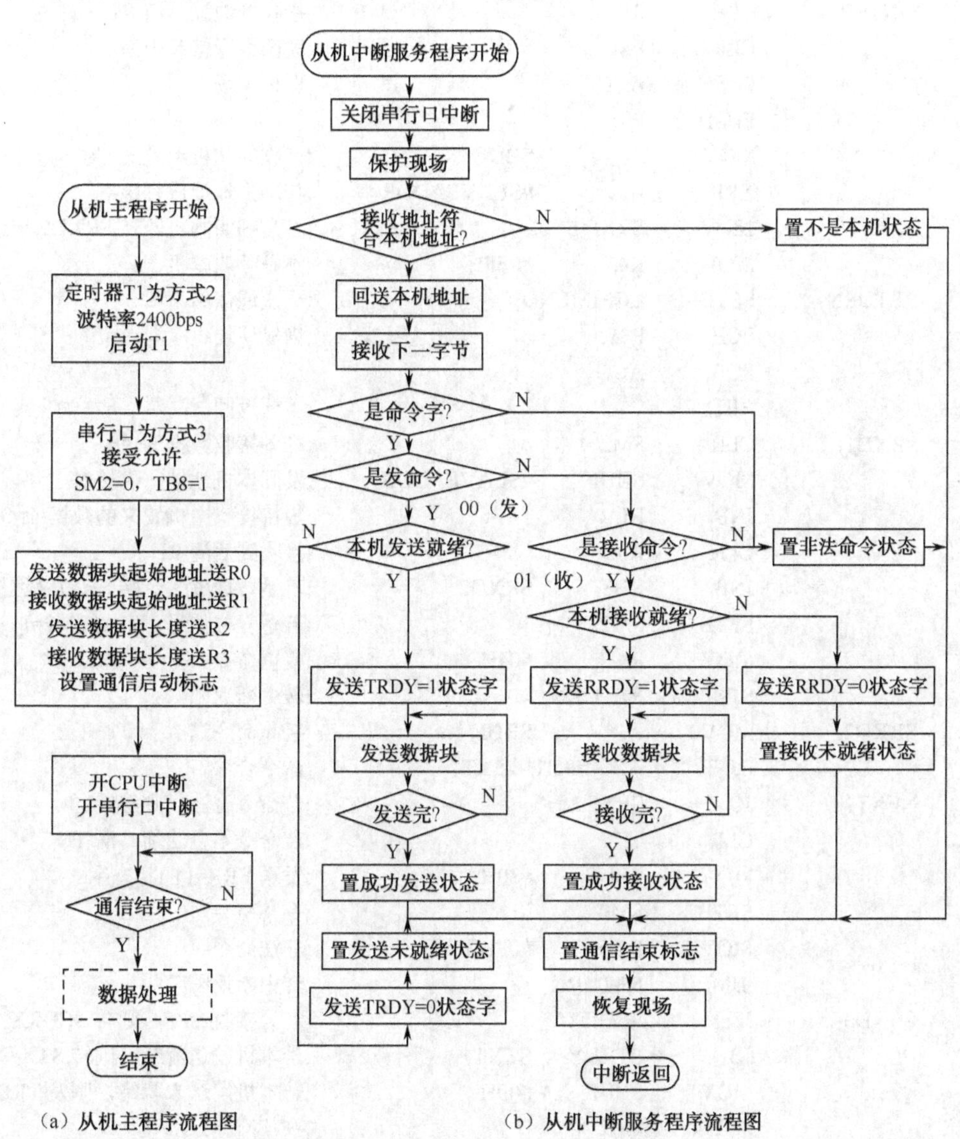

（a）从机主程序流程图　　（b）从机中断服务程序流程图

图 9-18　从机中断服务程序流程图

寄存器分配为：

R0——存放发送数据块起始地址；

R1——存放接收数据块起始地址；

R2——存放发送数据块长度；

R3——存放接收数据块长度；

R4——存放与主机通信后的状态。00H 成功发送，01H 成功接收，02H 本机发送未就绪，03H 本机接收未就绪，04H 复位命令，0FFH 不是与本机通信，0FEH 非法命令，供通信后数据处理使用。

```
            ORG     0023H
            SJMP    SINTSBV                     ;转入从机中断服务程序
            ORG     0100H
SINTSBV:    CLR     RI                          ;接收到地址后清 RI
            CLR     ES                          ;关闭串行接口中断
            PUSH    ACC                         ;保护现场
            PUSH    PSW
            MOV     A,      SBUF                ;接收的从机地址送 A
            XRL     A,      #SLAVEADDR          ;与本机地址进行核对
            JZ      SRXD1                       ;若是呼叫本机，转 SRXD1 继续
            MOV     R4,     #0FFH               ;不是呼叫本机
RETURN:     SETB    COMMEND                     ;一次通信结束
            POP     PSW                         ;恢复现场
            POP     ACC
            RETI                                ;中断返回
SRXD1:      CLR     SM2                         ;准备接收数据/命令
            MOV     SBUF,   #SLAVEADDR          ;发回本机地址，供核对
            JNB     RI,     $                   ;等待接收主机发来的数据/命令
            CLR     RI                          ;接收到后清 RI
            JNB     RB8,    SRXD2               ;若是数据/命令，转 SRXD2 继续
            SETB    SM2                         ;若是复位信号，则令 SM2=l
            MOV     R4,     #04H                ;复位命令
            SJMP    RETURN                      ;转中断返回
SRXD2:      MOV     A,      SBUF                ;接收命令送 A
            CJNE    A,   #02H, NEXT             ;命令合法？
NEXT:       JC      SRXD3                       ;若命令合法，则继续
            CLR     TI                          ;若命令不合法坝 0 清 TI
            MOV     SBUF,   #80H                ;发送 ERR=l 的状态字
            SETB    SM2                         ;令 SM2=l
            MOV     R4,     #0FEH               ;非法命令
            SJMP    RETURN                      ;转中断返回
SRXD3:      JZ      SCHRX                       ;若为接收命令，则转 SCHRX
            JB      STRDY,  STX4                ;若本机发送就绪，则转 STX4
            MOV     SBUF,   #00H                ;若本机发送未就绪，则发 TRDY=0
            SETB    SM2                         ;令 SM2=1
            MOV     R4,     #02H                ;本机发送未就绪
            SJMP    RETURN                      ;转中断返回
STX4:       MOV     SBUF,   # 02H               ;发送 TRDY=1 的状态字
            JNB     TI,     $                   ;等待发送完毕
            CLR     TI                          ;发送完后清 TI
LSEND:      MOV     SBUF,   @R0                 ;发送一个字符数据
```

```
        JNB     TI,     $           ;等待发送完毕
        CLR     TI                  ;发送完毕后清 TI
        INC     R0                  ;发送数据块起始地址加 1
        DJNZ    R2,     LSEND       ;字符未发送完，则继续
        SETB    SM2                 ;发送完后，令 SM2=1
        MOV     R4,     #00H        ;成功发送
        SJMP    RETURN              ;转中断返回
SCHRX:  JB      SRRDY,  SRX4        ;本机接收就绪，则 SRX4
        MOV     SBUF,   #00H        ;本机接收未就绪，则发 RRDY=0
        SETB    SM2                 ;令 SM2=1
        MOV     R4,     #04H        ;本机接收未就绪
        SJMP    RETURN              ;转中断返回
SRX4:   MOV     SBUF,   #01H        ;发出 RRDY=1 状态字
LRECEIVE: JNB   RI,     $           ;接收一个字符
        CLR     RI                  ;接收一个字符后清 RI
        MOV     @R1,    SBUF        ;存入内存
        INC     R1                  ;接收数据块指针加正
        DJNZ    R3,     LRECEIVE    ;若未接收完，则继续
        SETB    SM2                 ;令 SM2=1
        MOV     R4,     #01H        ;成功接收
        SJMP    RETURN              ;转中断返回
        END
```

本章小结

本章主要讲述串行通信的分类和特点，对异步通信和同步通信数据帧的构成、同步方法、波特率作了详细的介绍。重点阐述了MCS-51单片机的串行接口及其应用。

MCS-51单片机内部有一个全双工的串行通信接口，可有4种工作方式：方式0是8位移位寄存器；方式1是波特率可变的10位异步通信接口；方式2是波特率固定（$f_{osc}/32$或$f_{osc}/64$）的11位异步通信接口；方式3是波特率可变的11位异步通信接口；通过对串行接口缓冲器SBUF、串行接口控制寄存器SCON、电源控制寄存器PCON和中断允许寄存器IE编程，对其实施控制完成相应的串行通信功能。

最后，介绍MCS-51单片机的串行接口在I/O接口扩展、单机通信和多机通信方面的应用。

思考题和习题

9.1　异步通信和同步通信的主要区别是什么？MCS-51串行接口有没有同步通信功能？

9.2　串行通信按照数据传送方向可分为哪几种方式，各自有什么特点？

9.3　通信波特率的定义是什么？它和字符的传送率之间有何区别？

9.4　MCS-51串行接口控制寄存器SCON中的SM2的含义是什么？主要在什么方式下使用？

9.5　简述MCS-51串行接口在4种工作方式下的字符格式。

9.6　简述 MCS-5l 串行接口在 4 种工作方式下波特率的产生方法。

9.7　简述 MCS-5l 串行接口发送和接收数据的过程。

9.8　试比较和分析 MCS-5 串行接口在 4 种工作方式下发送和接收数据的基本条件。

9.9　请用中断法编出串行接口方式 1 下的发送程序。设 8031 单片机主频为 11.0592MHz，波特率为 9600bps，发送数据缓冲区在外部 RAM，起始地址为 TBLOCK，数据均为 7 位的 ASCII 字符，数据块长度为 30，采用偶校验，放在发送数据第 8 位，数据块长度首先发送。

9.10　请用中断法编写出串行接口在方式 1 下的接收程序。设单片机主频为 11.0592MHz，波特率为 19200bps，接收数据缓冲区在外部 RAM，起始地址为 BLOCK，接收数据区长度为 100，采用奇校验，假设数据块长度要发送。

9.11　请用查询法编出 8031 串行接口在方式 2 下的接收程序。设波特率为 $f_{osc}/32$，接收数据块在外部 RAM，起始地址为 RBLOCK，数据块长度为 50，采用奇校验，放在接收数据的第 9 位上，接收数据块长度首先被发送。

9.12　设 8031 单片机的发送缓冲区和接收缓冲区皆在内部 RAM，起始地址分别为 TBLOCK 和 RBLOCK，数据块长度皆为 20。试编写主机既能发送又能接收的全双工通信程序。

*第 10 章　单片机 C 语言程序设计

【知识点】

☆ 单片机 C 语言概述（C 语言的特点及程序结构、C 语言与 MCS-51 单片机）

☆ C51 的数据类型与运算（C51 的数据类型、关于指针型数据、C51 的运算符）

☆ C51 数据的存储类型和存储模式（数据的存储类型、存储模式）

☆ C51 程序基本结构与相关语句（C51 程序基本结构、C51 相关语句）

☆ C51 的函数

☆ 单片机资源的 C51 编程实例（C51 程序的反汇编程序、并行口及键盘/显示器接口的 C51 编程、C51 中断程序的编制、定时/计数器的 C51 编程、串行通信的 C51 编程、A/D 和 D/A 转换器的 C51 编程）

☆ 51 单片机系统开发常用工具软件 KEIL C51

10.1　单片机 C 语言概述

随着单片机硬件性能的不断提高和应用技术的不断发展，开发者越来越注重目标系统的开发成效，而开发成效在很大程度上取决于程序本身的编写效率。为了适应这种要求，出现了单片机高级语言——C 语言。

10.1.1　C 语言的特点及程序结构

早期，人们在开发单片机应用系统时，大多以汇编语言作为软件工具。汇编语言虽然最接近机器码，具有程序代码短、占用资源少、程序执行效率高的优点，但也有其固有的缺陷，那就是开发人员必须充分理解所用单片机的硬件结构。此外，还存在程序不易识读、难以移植、排错困难、编写程序花费时间相当多、调试不便等缺陷。近年来出现了若干种单片机的 C 语言编译器，如德国的 KEIL C51、加拿大 DAVEDUNFIELD 的 MICRO-C51、美国 Franklin 软件公司的 Franklin C51 等。目前最流行的单片机 C 语言编译器就是 KEIL C51。

C 语言是一种编译型程序设计语言，它兼顾了多种高级语言的特点，并具备汇编语言的功能。C 语言有功能丰富的库函数，运算速度快、编译效率高、容易移植、开发周期短、易于识读，也便于初学者掌握，而且可以直接实现对系统硬件的控制。

同时，C 语言又是一种结构化程序设计语言，它支持当前程序设计中广泛采用的由顶向下结构化程序设计技术。C 语言程序采用函数结构，程序由若干函数组成，具有完善的模块化程序结构。每个 C 语言程序由一个或多个函数组成，在这些函数中至少应包含一个主函数 main( )，也可以包含一个 main( )函数和若干个其他的功能函数。不管 main( )函数放于何处，程序总是从 main( )函数开始执行，执行到 main( )函数完毕则结束。在 main( )函数中调用其他函数，其他函数也可以相互调用，但 main( )函数只能调用其他的功能函数，而不能被其他的函数调用，从而为软件开发中采用模块化程序设计方法提供了有力的保障，易于开

发复杂的程序。因此，使用 C 语言进行程序设计可以明显地增加软件的可读性，便于改进和扩充，从而研制出规模更大、性能更完备的系统。综上所述，用 C 语言进行单片机程序设计是单片机开发与应用的必然趋势。

10.1.2 C 语言与 MCS-51 单片机

虽然 C 语言具有良好的移植性，但也不能说在一种系列的单片机上调试的程序不加任何修改就能在另一系列的单片机上运行。单片机 C 语言也有 51 单片机 C 语言、PIC 单片机 C 语言、AVR 单片机 C 语言，等等，主要差别在于各系列的单片机的内部资源有差异（如寄存器名称、位地址等）。例如，在编写 C51 程序时，必须用#include 语句把头文件 reg51.h 包含到自己的源程序中，而 PIC 单片机的头文件则是 pic.h；再如，对于不同系列的单片机，与其特性相关的操作也不一样，如涉及 I/O 的操作，51 单片机是先写入 1 再读 I/O 的值，但移植到 PIC 上就不行了。当然，其他不涉及单片机硬件资源的程序都可以通用。特别提醒的是，如果用到结构体和联合也不一样。

对于 MCS-51 单片机，用 C51 语言编写程序和用汇编语言编写程序主要不同之处如下所述。

用汇编语言编写 51 单片机程序必须考虑其存储器结构，尤其必须考虑其片内数据存储器与特殊功能寄存器的使用及按实际地址处理端口数据。而用 C51 语言编写的 51 单片机应用程序，不用像汇编语言那样要具体组织、分配存储器资源和处理端口数据。但在 C51 语言编程中，对数据类型与变量的定义，必须要与单片机的存储结构相关联，否则编译器不能正确地映射定位。

用 C51 语言编写单片机应用程序与标准的 C 语言程序也有相应的区别。

用 C51 语言编写单片机应用程序时，需根据单片机存储结构及内部资源定义相应的数据类型和变量，而标准 C 程序不需要考虑这些问题。

另外，C51 包含的数据类型、变量存储模式、输入/输出处理、函数等方面与标准的 C 语言有一定的区别。其他的语法规则、程序结构及程序设计方法等与标准的 C 语言程序设计相同。

用 C 语言编写的 51 单片机应用程序必须经单片机的 C51 语言编译器（简称 C51）转换生成单片机可执行的代码程序。支持 MCS-51 系列单片机的 C51 语言编译器有很多种，如 American Automation、Auocet、BSO/TASKING、DUNFIELD SHAREWARE、KEIL/Franklin 等。其中，德国 KEIL 公司已推出 V7.0 以上版本的 Cx51 编译器，为 MCS-51 系列单片机软件开发提供了全新的 C 语言环境，它的代码紧凑，使用方便，同时保留了汇编代码的高效、快速等特点。

10.2 C51 的数据类型与运算

10.2.1 C51 的数据类型

C51 的数据类型分为基本数据类型和扩展（组合）数据类型。基本数据类型除了标准 C 中的字符型（char）、整型（int）、长整型（long）、单精度浮点型（float）、双精度浮点型（double）外，还有专门针对于 MCS-51 单片机的特殊功能寄存器型（sfr 和 sfr16 两种）和位类型（bit 和 sbit 两种）。扩展数据类型由基本数据类型构成，包括数组、指针型（*）及结构（struct）和联合（union）等。基本数据类型见表 10-1，下面对其进行一一介绍。扩展数据类型的介绍见附录及相关参考资料。

表 10-1 KEIL C51 编译器支持的基本数据类型

基本数据类型	说 明 符	长 度	取 值 范 围
无符号字符型	unsigned char	1 字节	0～255
有符号字符型	signed char	1 字节	-128～+127
无符号整型	unsigned int	2 字节	0～65 535
有符号整型	signed int	2 字节	-32 768～+32 767
无符号长整型	unsigned long	4 字节	0～4 294 967 295
有符号长整型	signed long	4 字节	-2 147 483 648～+2 147 483 647
单精度浮点型	float	4 字节	±1.175494E-38～±3.402823E+38
位 型	bit	1 位	0 或 1
	sbit	1 位	0 或 1
特殊功能寄存器型	sfr	1 字节	0～255
特殊功能寄存器型	sfr16	2 字节	0～65535

在选择数据类型时，一定要了解其数值范围，如果范围不够，就会产生数据溢出，导致计算错误。整型数据可精确保存数据，但范围较小；实型数据范围很宽，保存数据时可能存在微小误差。MCS-51 系列单片机都是 8 位 CPU，用 8 位类型运算（如 char 和 unsigned char）比用 int 或 long 类型更有效，要尽可能使用最小的数据类型。例如，两个 char 类型数据的乘法可以直接完成，花费时间很少；而 int 或 long 类型变量相同的运算要求调用编译器库函数，需花费更多时间。

MCS-51 系列单片机不明确支持带符号数运算，对带符号的数据进行计算需花费很多时间。如有可能，尽量用 unsigned 类型，最好不使用实型数据，可以减少代码，加快速度。

1)（字符型）char

字符型数据有无符号和有符号之分，默认为有符号字符型。它们在内存中占用 1 字节（8 位），用于存放一个单字节的数据。

对于 signed char，它用于定义带符号字节数据，其字节的最高位为符号位，“0”表示正数，“1”表示负数，补码表示，所能表示的数值范围是-128～+127。

对于 unsigned char，它用于定义无符号字节数据或字符，可以存放 1 字节的无符号数，其取值范围为 0～255。unsigned char 可以用来存放无符号数，也可以存放西文字符，一个西文字符占 1 字节，在计算机内部用 ASCII 码存放。

2)（整型）int

分 singed int 和 unsigned int，默认为 signed int。它们在内存中占用 2 字节（16 位），用于存放一个 2 字节数据。对于 signed int，用于存放 2 字节带符号数，以补码表示，数据范围为-32 768～+32 767。对于 unsigned int，用于存放 2 字节无符号数，数的范围为 0～65535。**需要注意的是，MCS-51 系列单片机将 int 型变量的高位字节存放在低地址字节中，低位字节存放在高地址字节中。**

3)（长整型）long

分为 singed long 和 unsigned long 两种，默认为 signed long。它们在内存中占用 4 字节（32 位），用于存放一个 4 字节数据。对于 signed long，用于存放 4 字节带符号数，以补码表示，数据范围为-2 147 483 648～+2 147 483 647。对于 unsigned long，用于存放 4 字节无符号数，数据范围为 0～4 294 967 295。

4)（浮点型）float

float 型数据的长度为 4 字节，格式符合 IEEE—754 标准的单精度浮点型数据，包含指数和尾数两部分。最高位为符号位，“1”表示负数，“0”表示正数，其次的 8 位为阶码，最后的 23 位为尾数的有效数位，由于尾数的整数部分隐含为“1”，所以尾数的精度为 24 位。单片机中使用浮点型数据应注意以下三点：

❶ 由于单片机中没有专门的浮点运算硬件，因此在运算时会比较慢。

❷ 由于 51 单片机本身是 8 位的，因此在计算中不可能达到太高的精度。

❸ 与单精度浮点相比，双精度浮点型具有更高的计算精度，但计算时间会更长，速度更慢，C51 不支持双精浮点型数据。

5) 特殊功能寄存器型数据

这是 C51 扩充的数据类型，用于访问 MCS-51 单片机中的特殊功能寄存器数据，它分 sfr 和 sfr16 两种类型，其中：

sfr 为字节型特殊功能寄存器类型，占一个内存单元。利用它可以访问 MCS-51 内部的所有特殊功能寄存器；

sfr16 为双字节型特殊功能寄存器类型，占用两字节单元。利用它可以访问 MCS-51 内部的所有两字节的特殊功能寄存器，如 DPTR。KEIL C51 提供了一个包含了所有特殊功能寄存器和对其相应位进行定义的头文件 reg51.h，通过在程序开头用#include reg51.h 语句包含头文件，可以很容易地进行新的扩展。

【例 10-1】 特殊功能寄存器型数据定义。

```
sfr SCON=0X98;          //定义 SCON
sbit SM0=0X9F;          //定义 SCON 的各位
sbit SM1=0X9E;
sbit SM2=0X9D;
sbit REN=0x9C;
sbit TB8=0X9B;
sbit RB8=0X9A;
sbit TI=0X99;
sbit RI=0X98;
```

6) 位类型数据

这也是 C51 中扩充的数据类型，用于访问 MCS-51 单片机中的可寻址的位单元。在 C51 中，支持两种位类型：bit 型和 sbit 型。它们在内存中都只占 1 个二进制位，其值可以是“1”或“0”。

其中，用 bit 定义的位变量在 C51 编译器编译时，在不同的时候位地址是可以变化的。而用 sbit 定义的位变量必须与 MCS-51 单片机的一个可以寻址位单元或可位寻址的字节单元中的某一位联系在一起。在 C51 编译器编译时，其对应的位地址是不可变化的。

最后，**需要说明的是**，在 C51 语言程序中，当出现运算中数据类型不一致的情况时，C51 允许任何标准数据类型的隐式转换，隐式转换的优先级顺序如下：

bit→char→int→long→float

signed→unsigned

也就是说，当 char 型与 int 型进行运算时，先自动将 char 型扩展为 int 型，然后与 int 型进行运算，运算结果为 int 型。C51 除了支持隐式类型转换外，还可以通过强制类型转换符“( )”对数据类型进行人为的强制转换。

10.2.2　关于指针型数据

C5l 编译器除了能支持以上这些基本数据类型之外，还能支持一些复杂的组合型数据类型，如数组类型、指针类型、结构类型、联合类型等，此处仅介绍一下指针类型。

指针是一种特殊的数据类型，指向变量的地址，实质上指针就是存储单元的地址。指针本身就是一个变量，在这个变量中存放指向另一个数据的地址。这个指针变量要占用一定的内存单元，对不同的处理器其长度不一样，在 C51 中它的长度一般为 1～3 字节。

根据所指的变量类型不同，可以是字符型指针（char *）、整型指针（int *）、长整型指针（long *）、浮点型指针（float *）及结构指针（struct *）与联合指针（union *）。

在汇编语言程序中，要取存储单元 m 的内容可用直接寻址方式，也可用寄存器间接寻址方式，如果用 R1 寄存器指示 m 的地址，用@R1 取 m 单元的内容。相对应的在 C 语言中用变量名表示取变量的值（相当于直接寻址），也可用另一个变量（如 P）存放 m 的地址，P 就相当于 R1 寄存器。用*P 取得 m 单元的内容（相当于汇编的间接寻址方式），这里 P 即为指针型变量。

由于 C51 是结合 51 单片机硬件的，51 单片机的不同存储空间有不同的地址范围。而指针本身也是一个变量，有它存放的存储区和数据长度。因此，在指针类型的定义中要说明被指的变量的数据类型和存储类型、指针变量本身的数据类型（占几字节）和存储类型（即指针本身存放在什么存储区）。

C51 语言支持一般指针和存储器指针。

1．一般指针

一般指针的声明和使用均与标准 C 相同，不过同时还能说明指针的存储类型，例如：

```
long   * state;        //为一个指向 long 型整数的指针，而 state 本身则依存储模式存放。
char   * xdata ptr;    //ptr 为一个指向 char 数据的指针，而 ptr 本身放于外部 RAM 区。
```

以上的 long、char 等指针指向的数据可存放于任何存储器中。一般指针本身用 3 字节存放，分别为存储器类型、高位偏移量、低位偏移量。

2．存储器指针

基于存储器的指针说明时即指定了存储类型，例如：

```
char  data  * str;   //str 指向 data 区中 char 型数据。
int  xdata  * pow;   //pow 指向外部 RAM 的 int 型整数。
```

这种指针存放时，只需 1 字节或 2 字节就够了，因为只需存放偏移量。

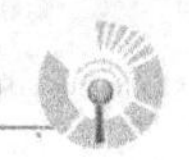

10.2.3　C51 的运算符

运算符就是完成某种特定运算的符号。C51 常见的运算符有算术运算符、赋值运算符、关系运算符、逻辑运算符、位运算符和联合（复合赋值）运算符。除此之外，还有一些用于完成特殊任务的运算符，如逗号运算符、条件运算符、指针与地址运算符。

1．常见的运算符

1）算术运算符（见表 10-2）

表 10-2　算术运算符

符　　号	意　　义
+	加或取正值运算符
–	减或取负值运算符
*	乘运算符
/	除运算符
++	变量自加 1
--	变量自减 1
%	取余运算符

加、减、乘运算比较简单，而对于除运算，如相除的两个数为浮点数，则运算的结果也为浮点数；如相除的两个数为整数，则运算的结果也为整数，即为整除。如 25.0/20.0 结果为 1.25，而 25/20 结果为 1。

对于取余运算，则要求参加运算的两个数必须为整数，运算结果为它们的余数。例如：x=5/3，结果 x 的值为 2。

在实际编程中，为了程序的简练，经常使用 i++ 与 ++i 这样的语句，要注意它们的区别。i++ 是先进行运算，再执行 i = i +1 的操作;而 ++i 则是先执行 i = i +1 的操作，再进行运算。下面举例说明：

```
int  x=0，  y=0;
y = x++;            //执行后 y 的值仍为 0
int  x=0，  y=0;
y = ++x;            //执行后 y 的值为 1
```

2）赋值运算符

在 C51 中，赋值运算符“=”的功能是将一个数据的值赋给一个变量，如 x=10。利用赋值运算符将一个变量与一个表达式连接起来的式子称为赋值表达式。在赋值表达式的后面加一个分号“;”就构成了赋值语句。一个赋值语句的格式如下：

```
变量=表达式;
```

执行时先计算出右边表达式的值，然后赋给左边的变量。例如：

```
x=8+9;     //将 8+9 的值赋给变量 x
x=y=5;     //将常数 5 同时赋给变量 x 和 y
```

在 C51 中，允许在一个语句中同时给多个变量赋值，赋值顺序自右向左。

3）关系运算符

C51 中有 6 种关系运算符，见表 10-3。

表 10-3 关系运算符

符 号	意 义
>	大于
<	小于
>=	大于等于
<=	小于等于
= =	等于
!=	不等于

关系运算用于比较两个数的大小，用关系运算符将两个表达式连接起来形成的式子称为关系表达式。关系表达式通常用来作为判别条件构造分支或循环程序。关系表达式的一般形式如下：

```
表达式 1  关系运算符  表达式 2
```

关系运算的结果为逻辑量，成立为真（1），不成立为假（0）。其结果可以作为一个逻辑量参与逻辑运算。例如：5>3，结果为真（1），而 10==100，结果为假（0）。

注意：关系运算符等于“==”是由两个“=”组成的。

4）逻辑运算符

C51 有 3 种逻辑运算符，即

||　　逻辑或
&&　　逻辑与
!　　逻辑非

关系运算符用于反映两个表达式之间的大小关系，逻辑运算符则用于求条件式的逻辑值，用逻辑运算符将关系表达式或逻辑量连接起来的式子就是逻辑表达式。

逻辑与，格式：

```
条件式 1 && 条件式 2
```

当条件式 1 与条件式 2 都为真时结果为真（非 0 值），否则为假（0 值）。

逻辑或，格式：

```
条件式 1 || 条件式 2
```

当条件式 1 与条件式 2 都为假时结果为假（0 值），否则为真（非 0 值）。

逻辑非，格式：

```
! 条件式
```

当条件式原来为真（非 0 值），逻辑非后结果为假（0 值）。当条件式原来为假（0 值），逻辑非后结果为真（非 0 值）。

例如：

若 a=8，b=3，c=0，则！a 为假，a && b 为真，b && c 为假。

5）位运算符

C51 语言能对运算对象按位进行操作，与汇编语言使用一样方便。位运算是按位对变量进行运算，但并不改变参与运算的变量的值。如果要求按位改变变量的值，则要利用相应的赋值运算。C51 中位运算符只能对整数进行操作，不能对浮点数进行操作。C51 中的位运算符见表 10-4。

表 10-4　位运算符

符　号	意　义
&	按位与
|	按位或
~	按位取反
^	按位异或
<<	左移
>>	右移

【例 10-2】　设 a=0x78=01111000B，b=0x0f=00001111B，则 a&b、a|b、a^b、~a、a<<2、b>>2 分别为多少？

a&b=00001000b=0x08;

a|b=01111111B=0x7f;

a^b=01110111B=0x77;

~a=10000111B=0x87;

a<<2=11100000B=0xe0;

b>>2=00000011B=0x03;

6）联合（复合赋值）运算符

C51 语言中支持在赋值运算符“=”的前面加上其他运算符，组成联合（复合赋值）。表 10-5 是 C51 中支持的联合赋值运算符。

表 10-5　联合赋值运算符

符　号	意　义	符　号	意　义
+=	加法赋值	–=	减法赋值
*=	乘法赋值	/=	除法赋值
%=	取模赋值	&=	逻辑与赋值
|=	逻辑或赋值	^=	逻辑异或赋值
~=	逻辑非赋值	>>=	右移位赋值
<<=	左移位赋值		

联合运算的一般格式如下：

变量　联合运算符　表达式

联合运算符的处理过程是：先把变量与后面的表达式进行某种运算，然后将运算的结果赋给前面的变量。其实这是 C51 语言中简化程序的一种方法，大多数二目运算都可以用联合运算符简化表示。例如：

a+=b　　相当于　　a=a+b

a*=b　　相当于　　a=a*b

a&=b　　相当于　　a=a&b

7）逗号运算符

在 C51 语言中，逗号“,”是一个特殊的运算符，可以用它将两个或两个以上的表达式连接起来，称为逗号表达式。逗号表达式的一般格式为：

表达式 1，表达式 2，…，表达式 n

程序执行时对逗号表达式的处理过程是：按从左至右的顺序依次计算出各个表达式的值，而整个逗号表达式的值是最右边的表达式（表达式 n）的值。例如：x=（a=3，6*3）结果 x 的值为 18。

8）条件运算符

条件运算符“？：”是 C51 语言中唯一的一个三目运算符，它要求有三个运算对象，用它可以将三个表达式连接在一起，构成一个条件表达式。条件表达式的一般格式为：

逻辑表达式？表达式 1：表达式 2

其功能是先计算逻辑表达式的值，当逻辑表达式的值为真（非 0 值）时，将计算的表达式 1 的值作为整个条件表达式的值；当逻辑表达式的值为假（0 值）时，将计算的表达式 2 的值作为整个条件表达式的值。例如，条件表达式 max=(a>b）? a:b 的执行结果是将 a 和 b 中较大的数赋值给变量 max。

9）指针与地址运算符

指针的概念已在 10.2.1 节介绍过了。指针为变量的访问提供了另一种方式，变量的指针就是该变量的地址，还可以定义一个专门指向某个变量的地址的指针变量。

为了表示指针变量和它所指向的变量地址之间的关系，C51 中提供了两个专门的运算符：

*　　指针运算符

&　　取地址运算符

指针运算符“*”放在指针变量前面，通过它实现访问以指针变量的内容为地址所指向的存储单元。例如，指针变量 p 中的地址为 2000H，则*p 所访问的是地址为 2000H 的存储单元，x=*p，实现把地址为 2000H 的存储单元的内容送给变量 x。

取地址运算符“&”放在变量的前面，通过它取得变量的地址，变量的地址通常送给指针变量。例如，设变量 x 的内容为 12H，地址为 2000H，则&x 的值为 2000H。如有一指针变量 p，则通常用 p=&x 实现将 x 变量的地址送给指针变量 p，指针变量 p 指向变量 x，以后可以通过*p 访问变量 x。

2．C51 的运算量

1）常量

常量是指在程序执行过程中其值不能改变的量。在 C51 中支持整型常量、浮点型常量、字符型常量和字符串型常量。

❶ 整型常量。

整型常量也就是整型常数，根据其值范围在计算机中分配不同的字节数来存放。在 C51 中它可以表示成以下几种形式。

十进制整数：如 234、−56、0 等。

十六进制整数：以 0x 开头表示，如 0x12 表示十六进制数 12H。

长整数：在 C51 中，当一个整数的值达到长整型的范围，则该数按长整型存放，在存储器中占 4 字节，另外，如一个整数后面加一个字母 L，这个数在存储器中也按长整型存放。如 123L 在存储器中占 4 字节。

❷ 浮点型常量。

浮点型常量也就是实型常数，有十进制数表示形式和指数表示形式。

十进制数表示形式又称定点表示形式，由数字和小数点组成。如 0.123、38.645 等都是十进制数表示形式的浮点型常量。指数表示形式为：

```
[±] 数字 [.数字] e [±] 数字
```

例如：123.456e−3、−3.123e2 等都是指数形式的浮点型常量。

❸ 字符型常量。

字符型常量是用单引号引起来的字符，如‘a、’‘1’、‘F’等。可以是可显示的 ASCII 字符，也可以是不可显示的控制字符。对不可显示的控制字符要在前面加上反斜杠“\”组成转义字符。利用它可以完成一些特殊功能和输出时的格式控制。常用的转义字符及其含义见表 10-6。

表 10-6　常用的转义字符及其含义

转 义 字 符	含　　义	ASCII 码（十六进制数）
\o	空字符（null）	00H
\n	换行符（LF）	0AH
\r	回车符（CR）	0DH
\t	水平制表符（HT）	09H
\b	退格符（BS）	08H
\f	换页符（FF）	0CH
\‘	单引号	27H
\”	双引号	22H
\\	反斜杠	5CH

❹ 字符串型常量。

字符串型常量由双引号括起来的字符组成。如“D”、“1234”、“ABCD”等。注意字符串常量与字符常量不一样，一个字符常量在计算机内只用 1 字节存放，而一个字符串常量在内存中存放时不仅双引号内的字符一个占 1 字节，而且系统会自动地在后面加一个转义字符“\o”作为字符串结束符。因此不要将字符常量和字符串常量混淆，如字符常量‘A’和字符串常量“A”是不一样的。

2）变量

变量是在程序运行过程中其值可以改变的量。一个变量由两部分组成：变量名和变量值。

在 C51 中，变量在使用前必须对其进行定义，指出变量的数据类型和存储模式。以便编译系统为它分配相应的存储单元。定义的格式如下：

```
[存储种类]　数据类型说明符　[存储器类型]　变量名1 [=初值]，变量名2 [初值] …;
```

变量名是 C51 区分不同变量，为不同变量取的名称。在 C51 中规定变量名可以由字母、数字和下画线三种字符组成，且第一个字母必须为字母或下画线。变量名有两种：普通变量名和指针变量名。它们的区别是指针变量名前面要带“*”号。

另外，在 C51 中，为了增加程序的可读性，允许用户为系统固有的数据类型说明符用 typedef 起别名，格式如下：

```
typedef　c51 固有的数据类型说明符　别名;
```

定义别名后，就可以用别名代替数据类型说明符对变量进行定义。别名可以用大写，也可以用小写，为了区别一般用大写字母表示。

【例 10-3】　typedef 的使用。

```
typedef  unsigned  int   WORD;
typedef  unsigned  char  BYTE;
BYTE  a1=0x12;
WORD  a2=0x1234;
```

变量的存储种类是指变量在程序执行过程中的作用范围。C51 变量的存储种类有 4 种，分别是自动（auto）、外部（extern）、静态（static）和寄存器（register）。

❶ 自动（auto）。

使用 auto 定义的变量称为自动变量，其作用范围在定义它的函数体或复合语句内部，当定义它的函数体或复合语句执行时，C51 才为该变量分配内存空间，结束时占用的内存空间释放。自动变量一般分配在内存的堆栈空间中。定义变量时，如果省略存储种类，则该变量默认为自动（auto）变量。

❷ 外部（extern）。

使用 extern 定义的变量称为外部变量。在一个函数体内，要使用一个已在该函数体外或别的程序中定义过的外部变量时，该变量在该函数体内要用 extern 说明。外部变量被定义后分配固定的内存空间，在程序整个执行时间内都有效，直到程序结束才释放。

❸ 静态（static）。

使用 static 定义的变量称为静态变量。静态变量又分为内部静态变量和外部静态变量。在函数体内部定义的静态变量为内部静态变量，它在对应的函数体内有效，一直存在，但在函数体外不可见。这样不仅使变量在定义它的函数体外被保护，还可以实现当离开函数时值不被改变。外部静态变量是在函数外部定义的静态变量。它在程序中一直存在，但在定义的范围之外是不可见的。如在多文件或多模块处理中，外部静态变量只在文件内部或模块内部有效。

❹ 寄存器（register）。

使用 register 定义的变量称为寄存器变量。寄存器变量定义的变量存放在 CPU 内部的寄

存器中，处理速度快，但数目少。C51 编译器编译时能自动识别程序中使用频率最高的变量，并自动将其作为寄存器变量，用户可以无需专门声明。

另外，在定义变量类型时，还必须定义它的存储类型，这部分内容见 10.3 节。

3）位变量

在 C51 中，允许用户通过位类型符定义位变量。位类型符有两个：bit 和 sbit。可以定义两种位变量。

bit 位类型符用于定义一般的可位处理位变量，格式如下：

```
bit  位变量名;
```

sbit 位类型符用于定义在可位寻址字节或特殊功能寄存器中的位，定义时须指明其位地址，可以是位直接地址，也可以是可位寻址变量带位号，还可以是特殊功能寄存器名带位号。格式如下：

```
格式一：sbit 位变量名=特殊功能寄存器名带位号;
```

其中，“sbit”是定义语句的关键字，后跟一个寻址位符号名（该位符号名必须是 MCS-51 单片机中规定的位名称），特殊功能寄存器中的位号，必须是 0～7 范围中的数。

例如：

```
sbit  OV=PSW^2 ;   //定义 OV 位为 PSW.2，地址为 D2H
sbit  CY=PSW^7 ;   //定义 CY 位为 PSW.7，地址为 D7H
```

```
格式二：sbit 位变量名= 寄存器的字节地址带位号;
```

例如：

```
sbit  OV=0XD0^2 ;  //定义 OV 位地址是 D0H 字节中的第 2 位
sbit  CY=0XD0^7 ;  //定义 CY 位地址是 D0H 字节中的第 7 位
```

```
格式三：sbit  位变量名=寻址位的绝对位地址;
```

例如：

```
sbit  OV=0XD2 ;          //定义 OV 位地址为 D2H
sbit  CY=0XD7 ;          //定义 CY 位地址为 D7H
```

特殊功能位代表了一个独立的定义类，不能与其他位定义和位域互换。

在 C51 中，为了用户处理方便，C51 编译器对 MCS-51 单片机的常用的特殊功能寄存器和特殊位进行了定义，放在一个“reg51.h”或“reg52.h”的头文件中，当用户要使用时，只需要在使用之前用一条预处理命令#include <reg51.h>把这个头文件包含到程序中，就可使用特殊功能寄存器名和特殊位名称。

例如：

```
#include   <reg51.h>        //将寄存器头文件包含在文件中
```

4）特殊功能寄存器变量

在第 2 章已经讲过，MCS-51 系列单片机片内有 21 个特殊功能寄存器，通过这些特殊功能寄存器可以控制 MCS-51 系列单片机的定时器、计数器、串口、并行 I/O 口及其他功能部件，每一个特殊功能寄存器在片内 RAM 中都对应 1 字节单元或 2 字节单元。

在 C51 中，允许用户对这些特殊功能寄存器进行访问。C51 提供了一种自主形式的定义方法，这种定义方法与标准 C 语言不兼容，只适用于对 MCS-51 系列单片机进行 C 语言编程。访问时需通过 sfr 或 sfr16 类型说明符进行定义，定义时需指明它们所对应的片内 RAM 单元的地址。C51 定义特殊功能寄存器变量的一般语法格式如下：

```
sfr/sfr16   sfr-name = int   constant;
```

或写为：

```
sfr（或 sfr16） 特殊功能寄存器名=地址（整型常数）；
```

“sfr”是定义语句的关键字，其后必须跟一个 MSC-51 单片机真实存在的特殊功能寄存器名。sfr16 用于对双字节特殊功能寄存器进行定义，特殊功能寄存器名一般用大写字母表示。地址一般用直接地址形式，以整型常数表示，这个常数值的范围必须在 SFR 地址范围内，位于 0x80～0xFF，不允许带有运算符的表达式。

【例 10-4】 特殊功能寄存器的定义举例。

```
sfr   SCON=0x98;          //串口控制寄存器地址 98H
sfr   TMOD=0x89;          //定时/计数器方式控制寄存器地址 89H
sfr   P1=0x90;            //P1 口的地址 90H
sfr16   DPTR=0x82;        //数据指针 DPTR 的地址 82H
```

10.3 数据的存储类型和存储模式

10.3.1 数据的存储类型

C51 是面向 8XX51 系列单片机及硬件控制系统的开发语言，它定义的任何变量必须以一定的存储类型的方式定位在 8XX51 的某一存储区中，否则便没有意义。因此在定义变量类型时，还必须定义它的存储类型，变量的存储类型是用于指明变量所处的单片机的存储器区域情况。C51 编译器能识别的存储类型见表 10-7。

表 10-7 C51 编译器能识别的存储类型

存储类型	长度（位）	值域范围	描述
data	8	00～FFH	直接寻址的片内 RAM 低 128 字节，访问速度快
bdata	字节访问：8 位访问：1	20～2FH 00～7FH	片内 RAM 的 20H～2FH 单元，允许字节和位混合访问
idata	8	00～FFH	间接寻址访问的片内 RAM，允许访问全部片内 RAM
pdata	8	00～FFH	用 Ri 间接访问片外 RAM 的低 256 字节
xdata	16	0000～FFFFH	用 DPTR 间接访问的 64KB 片外 RAM
code	16	0000～FFFFH	程序存储器 ROM 64KB 空间

访问内部数据存储器（idata）比访问外部数据存储器（xdata）相对要快一些。因此，可将经常使用的变量置于内部数据存储器中，而将较大及很少使用的数据变量置于外部数据存储器中。例如，定义变量 x 语句 data char x（等价于 char data x）。如果用户不对变量的存储类型定义，则编译器承认默认存储类型，默认的存储类型由编译控制命令的存储模式部

分决定。

带存储类型的变量的定义的一般格式为：

```
数据类型  存储类型  变量名
```

【例 10-5】 变量定义过程中存储种类和存储器类型举例。

```
char   data varl;              //在片内 RAM 低 128 字节定义用直接寻址方式访问的字符型变量 var1
int   idata   var2;            //在片内 RAM 256 字节定义用间接寻址方式访问的整型变量 var2
unsigned int pdata sion;       //在片外 RAM 低 256 字节定义无符号整型变量 sion
```

同样，带存储类型的变量的定义也适用于 bit 型变量，但注意存储器类型只能是 bdata、data、idata，且只能是片内 RAM 的可位寻址区，严格来说只能是 bdata。

例如：

```
char bdata flags;              //在可位寻址内部 RAM 区定义字符变量 flags
```

【例 10-6】 带存储类型的 bit 型变量的定义。

```
bit   data   a1;               //正确
bit   bdata   a2;              //正确
bit   pdata   a3;              //错误
bit   xdata   a4;              //错误
```

10.3.2 存储模式

C51 提供 3 种存储模式来存储变量：SMALL 模式、COMPACT 模式和 LARGE 模式。不同的存储模式对变量默认的存储器类型不一样。

1．SMALL 模式

SMALL 模式称为小编译模式。在 SMALL 模式下，编译时参数及局部变量放入可直接寻址片内 RAM 的用户区中（最大 128 字节）。另外，所有对象（包括堆栈）都必须嵌入片内 RAM，默认的存储器类型为 data。一般来说，如果系统所需要的内存数小于内部 RAM 数时，都应以小存储模式进行编译。这种模式的优势就是数据的存取速度很快，缺点是供用户使用的存储空间小。

2．COMPACT 模式

COMPACT 模式称为紧凑编译模式。在 COMPACT 模式下，编译时函数参数及局部变量被放在片外 RAM 的低 256 字节空间，通过@R0 或@R1 间接访问，存储器类型为 pdata。

3．LARGE 模式

LARGE 模式称为大编译模式。在 LARGE 模式下，编译时函数参数和局部变量被默认在片外 RAM 的 64KB 空间，使用数据指针 DPTR 来进行寻址，存储器类型为 xdata。用此数据指针进行访问效率较低，尤其对两个或多字节的变量，这种数据类型的访问机制直接影响代码的长度。

【例 10-7】 变量的存储模式。

```
#pragma   small                          //变量的存储模式为 SMALL
char   k1;
```

```
int   xdata   m1;
#pragma   compact                      //变量的存储模式为 COMPACT
char   k2;
int   xdata   m2;
int   func1(int   x1, int   y1)   large     //函数的存储模式为 LARGE
{return(x1+y1);}
int   func2(int   x2, int   y2)           //函数的存储模式隐含为 SMALL
{   return(x2-y2);}
```

在程序中变量存储模式的指定通过#pragma 预处理命令来实现。函数的存储模式可通过在函数定义时后面带存储模式说明。如果没有指定，则系统都隐含为 SMALL 模式。

程序编译时，k1 变量存储器类型为 data，k2 变量存储器类型为 pdata，而 m1 和 m2 由于定义时带了存储器类型 xdata，因而它们为 xdata 型；函数 func1 的形参 x1 和 y1 的存储器类型为 xdata 型，而函数 func2 由于没有指明存储模式，隐含为 SMALL 模式，形参 x2 和 y2 的存储器类型为 data。

如果在变量说明时略去存储器类型标志符，编译器会自动选择默认的存储器类型。默认的存储器类型由控制指令 SMALL、COMPACT 和 LARGE 限制。例如，如果声明 char var，则默认的存储器模式为 SMALL，var 放入 data 存储区；如果使用 COMPACT 模式，var 放入 idata 存储区；如果使用 LARGE 模式，var 放入外部数据存储区（xdata 存储区）。

10.4 C51 程序基本结构与相关语句

C51 的语法规定、程序结构及程序设计方法都与标准的 C 语言程序设计相同，因此，本节仅对相关知识作简要的介绍。同标准 C 语言一样，C51 的程序由一个个函数组成，这里的函数和其他语言的“子程序”或“过程”具有相同的意义。其中必须有一个主函数 main( )，程序的执行从 main( )函数开始，调用其他函数后返回主函数 main( )，最后在主函数中结束整个程序而不管函数的排列顺序如何，但 C51 程序与标准的 C 程序在以下几个方面不一样。

❶ C51 中定义的库函数和标准 C 语言定义的库函数不同。标准的 C 语言定义的库函数是按通用微型计算机来定义的，而 C51 中的库函数是按 MCS-51 单片机相应情况来定义的。

❷ C51 中的数据类型与标准 C 的数据类型也有一定的区别。在 C51 中还增加了几种针对 MCS-51 单片机特有的数据类型。

❸ C51 变量的存储模式与标准 C 中变量的存储模式不一样。C51 中变量的存储模式是与 MCS-51 单片机的存储器紧密相关的。

❹ C51 与标准 C 的输入/输出处理不一样。C51 中的输入/输出是通过 MCS-51 串行接口来完成的，输入/输出指令执行前必须对串行接口进行初始化。

❺ C51 与标准 C 在函数使用方面也有一定的区别，C51 中有专门的中断函数。

10.4.1 C51 程序基本结构

C 语言程序的一般组成结构如下所示：

```
全局变量说明                //可被各函数引用
main( )                     //主函数
{
局部变量说明                //只在本函数引用
执行语句（包括函数调用语句）
}
fun1（形式参数表）          //函数 1
形式参数说明
{
局部变量说明
执行语句（包括调用其他函数语句）
}
…
funn（形式参数表）          //函数 n
形式参数说明
{
局部变量说明
执行语句
}
```

可以看出，C51 同标准 C 一样，程序一行可以书写多条语句，但每个语句必须以"；"结尾，C51 程序书写格式自由，一行内可以写几个语句，一个语句也可以多行书写，注释用"//"表示。花括号"{}"必须成对，位置随意，可紧靠函数名后，也可另起一行。多个花括号可以同行书写，也可逐行书写。为了层次分明，增加可读性，同一层的花括号对齐，采用逐层缩进方式书写。另外，每个变量必须先说明后引用，变量名英文区分大小写。

C51 本身没有输入/输出语句。标准的输入和输出（通过串行接口）是由 scanf 和 printf 等库函数来完成的。对于用户定义的输出，比如直接以输出端口读取键盘输入和驱动 LED，则需要自行编制输出函数。

C 语言是一种通用性很强的结构化程序设计语言。因此，从程序流程的角度来看，单片机 C 程序的基本结构也分为 3 种：顺序结构、选择结构和循环结构。这 3 种基本结构可以组成各种复杂程序。

1．顺序结构

顺序结构程序是仅包含一个 main( )函数的简单程序，这是一种最简单的基本结构，程序只由低地址向高地址顺序执行指令代码，适当运用表达式语句就能设计出具有某特定功能的顺序结构 C51 程序。虽然该程序设计方法简单，但在具体运用中的算法仍然采用自顶向下逐步求精的方法进行设计。

2．选择结构

使计算机具有决策能力的是选择结构，这种结构也称为分支结构。选择结构可使程序根据不同的情况，选择执行不同的分支。在选择结构中，程序先对一个条件进行判断。当条件成立，即条件语句为"真"时，执行一个分支；当条件不成立时，即条件语句为"假"时，执行另一个分支。在 C51 中，实现选择结构的语句为 if-else、if-else-if 语句。另外，在 C51 中还支持多分支结构，多分支结构既可以通过 if 和 else if 语句嵌套实现，也可用

switch/case 语句实现。

3．循环结构

循环结构的特点是在给定条件成立时，反复执行某程序段，直到条件不成立时为止。循环结构有两种形式："当型"循环和"直到型"循环，这和其他高级语言相同，不再赘述。在 C51 中，可以构成循环结构的语句主要有：while、do　while、for、goto 等。

10.4.2　C51 相关语句

1．if 语句

if 语句一共有 3 种语句形式，分别简述如下。

❶ if 语句，格式如下：

```
if(表达式) {语句;}
```

处理机理是：如果表达式为真，则执行语句，否则不执行该语句。当花括号中的语句不只一条时，花括号不能省略。

```
if (a==b) a++;      //当 a 等于 b 时，a 就加 1
if  (x!=y)  printf("x=%d, y=%d\n", x, y);   //如果 x 不等于 y，则输出 x 的值和 y 的值
```

❷ if-else 语句，格式如下：

```
if (表达式) {语句 1;}
else {语句 2;}
```

处理机理是：当条件表达式成立时，就执行语句 1，否则就执行语句 2。例如：

```
if (a==b)
    a++;
  else
    a--;         //当 a=b 时，a+1，否则 a-1
```

❸ if-else 多重嵌套语句，格式如下：

```
if (条件表达式 1) 语句 1
 else if (条件表达式 2) 语句 2
       else if (条件表达式 3) 语句 3
             …
             else if（条件表达式 m) 语句 n
                    else 语句 m
```

这是由 if-else 语句组成的嵌套，用来实现多方向条件分支，使用应注意 if 和 else 的配对使用，要是少了一个就会出现语法错误，记住 else 总是与最邻近的 if 相配对。一般条件语句只会用做单一条件或少数量的分支，如果分支数量较多时最好选用下面将要介绍的 switch 语句。

2．switch 语句

if 语句通过嵌套可以实现多分支结构，但结构复杂。C 语言的 switch 语句又称开关语句，它可以从多种情况中选择满足条件的一种情况，是多分支选择结构语句。

switch 是 C51 中提供的专门处理多分支结构的多分支选择语句，它的格式如下：

```
switch (表达式)
{case   常量表达式 1:{语句 1;}break;
 case   常量表达式 2:{语句 2;}break;
 …
 case   常量表达式 n:{语句 n;}break;
 default:{语句 n+1;}
```

处理机理是：计算表达式的值，并逐个与其后的常量表达式的值相比较，当表达式的值与某个常量表达式的值相等，即执行其后的处理语句，然后不再进行判断，继续执行后面所有 case 后的处理语句。如表达式的值与所有 case 后的常量表达式都不相同时，则执行 default 后的处理语句。C 语言还提供了一种 break 语句，专用于跳出 switch 语句。

【例 10-8】 根据 flag 的值设置上（up）下（down）左（left）右（right）标志位。

```
void   main( )
 {
         unsigned int flag=0, up=0, down=0, left=0, right=0;
         switch(flag)
              {
                  case 1:up=1;break;        //置标志
                  case 2:down=1;break;
                  case 3:left=1;break;
                  case 4:right=1;break;
                  default:error=1;break;
              }
 }
```

本例中输入一个无符号整数，经 switch 判断后，将相应标志置 1，若整数不在 1～4 的范围内时就输出“error”。可见此类多分支程序用 switch 语句可以很容易实现。

3．for 语句

C 语言中，for 语句是一种使用最为方便灵活的循环控制语句结构，它提供了一个应用非常灵活的控制部分，既可以实现计数循环程序设计，又可以实现条件控制循环程序设计。

for 形式语法结构如下：

```
for(表达式 1; 表达式 2; 表达式 3)
     处理程序;
```

处理机理是：首先计算“表达式 1”的值；再计算“表达式 2”的值，若值为“真”则执行循环体一次，否则跳出循环；然后再计算“表达式 3”的值，转回第 2 步重复执行。

在整个 for 循环过程中，“表达式 1”只计算一次，作为 for 的入口语句条件，“表达式 2”和“表达式 3”则可能计算多次。循环体也可能多次执行，也可能一次都不执行。例如：

```
void   main( )
     {
         int   n,   sum=0;
         for(n=0; n<=50; n++)
```

```
            sum+=n;
    }
```

在使用 for 语句时有几点要特别注意：

❶ 循环体内的处理程序可以为空操作。

❷ for 语句的各表达式都可以省略，而分号不能省略。在省略各表达式时要特别小心分析，防止造成无限死循环。

4．while 语句

while 语句在 C51 中用于实现“当型”循环结构，它的格式如下：

```
while(表达式)
    {语句;}    //循环体
```

while 语句后面的表达式是能否循环的条件，后面的语句是循环体。当表达式为非 0（真）时，就重复执行循环体内的语句；当表达式为 0（假）时，则中止 while 循环，程序将执行循环结构之外的下一条语句。**它的特点是：**先判断条件，后执行循环体。如条件第一次就不成立，则循环体一次也不执行。

【例 10-9】 下面程序是通过 while 语句实现计算并输出 1～100 的累加和。

```
#include  <reg51.h>              //包含特殊功能寄存器库
#include  <stdio.h>              //包含 I/O 函数库
void main(void)                  //主函数
    {
        int  i, s=0;             //定义整型变量 i 和 s
        i=1;
        SCON=0x52;               //串口初始化
        TMOD=0x20;
        TH1=0xF3;
        TR1=1;
        while  (i<=100)          //在 s 中累加 1～100 之和
            {
                s=s+i;
                i++;
            }
         printf("1+2+3+…+100=%d\n", s);
        while(1);
    }
```

5．do while 语句

do while 语句在 C51 中用于实现“直到型”循环结构，它的格式如下：

```
do
      {语句;}            //循环体
while(表达式);
```

它的特点是：先执行循环体中的语句，后判断表达式。如表达式成立（真），则再执行循环体，然后又判断，直到有表达式不成立（假）时，退出循环，执行 do while 结构的下

一条语句。do　while 语句在执行时，循环体内的语句至少会被执行一次。

【例 10-10】　通过 do　while 语句实现计算并输出 1～100 的累加和。

```
#include   <reg51.h>             //包含特殊功能寄存器库
#include   <stdio.h>             //包含 I/O 函数库
void main(void)                  //主函数
    {
        int   i, s=0;            //定义整型变量 i 和 s
        i=1;
        SCON=0x52;               //串口初始化
        TMOD=0x20;
        TH1=0xF3;
        TR1=1;
        do                       //在 s 中累加 1～100 之和
          {
            s=s+i;
            i++;
          }
         while   (i<=100);
         printf("1+2+3+…+100=\n", s);
         while(1);
    }
```

6．break 和 continue 语句

break 和 continue 语句通常用于循环结构中，用来跳出循环结构，但是两者又有所不同，下面分别介绍。

1）break 语句

前面已介绍过，用 break 语句可以跳出 switch 结构，使程序继续执行 switch 结构后面的一个语句。使用 break 语句还可以从循环体中跳出循环，提前结束循环而接着执行循环结构下面的语句。它不能用在除了循环语句和 switch 语句之外的任何其他语句中。

【例 10-11】　用 C51 编程计算圆的面积，当计算到面积大于 100 时，由 break 语句跳出循环。

```
for (r=1; r<=10; r++)
{
   area=pi * r * r;
   if (area>100) break;
   printf("%f\n", area);
}
```

2）continue 语句

continue 语句用在循环结构中，用于结束本次循环，跳过循环体中 continue 下面尚未执行的语句，直接进行下一次是否执行循环的判定。

continue 语句和 break 语句的区别在于：continue 语句只是结束本次循环而不是终止整个循环；break 语句则是结束循环，不再进行条件判断。

【例 10-12】 输出 100～200 间不能被 3 整除的数。

```
for (i=100; i<=200; i++)
  {
     if  (i%3==0)  continue;
     printf("%d  "; i );
  }
```

在程序中，当 i 能被 3 整除时，执行 continue 语句，结束本次循环，跳过 printf( )函数，只有不能被 3 整除时才执行 printf( )函数。

7．return 语句

return 语句一般放在函数的最后位置，用于终止函数的执行，并控制程序返回调用该函数时所处的位置。返回时还可以通过 return 语句带回返回值。return 语句格式有两种：

```
return
return (表达式)
```

如果 return 语句后面带有表达式，则要计算表达式的值，并将表达式的值作为函数的返回值。若不带表达式，则函数返回时将返回一个不确定的值。通常用 return 语句把调用函数取得的值返回给主调用函数。

8．goto 语句

goto 是一个无条件的转向语句，只要执行到这个语句，程序指针就会跳转到 goto 后的标号所在的程序段。它的语句格式如下：

```
goto 语句标号;
```

其中的语句标号为一个带冒号的标识符。

【例 10-13】 goto 语句用法举例。

```
void main(void)
{
  unsigned char a;
  start: a++;
  if (a==10) goto end;
  goto start;
  end:;
}
```

例 10-13 的程序事实上是一个死循环，只是说明一下 goto 的用法。这段程序的意思是在程序开始处用标识符“start:”标识程序的开始，“end:”标识程序的结束，程序执行 a++，a 的值加 1，当 a 等于 10 时程序会跳到 end 标识处结束程序，否则跳回到 start 标识处继续 a++，直到 a 等于 10。

该例说明 goto 不但可以无条件地转向，而且可以和 if 语句构成一个循环结构。常见的 goto 语句用法用来跳出多重循环，不过它只可以从内层循环跳到外层循环，不能从外层循环跳到内层循环。实际编程时不宜用太多的 goto 语句，过多使用会使程序结构不清晰，失去了 C 语言模块化的优点。

10.5 C51 的函数

C51 程序和标准 C 程序一样，都是由函数构成的。函数是 C51 程序的基本单位，一个 C51 程序就是一堆函数的集合，在这个集合当中，有且只有一个名为 main 的函数（主函数）。C51 中函数分为两大类：一类是库函数，另一类是用户定义函数，这与标准 C 是一样的。库函数是 C51 在库文件中已定义的函数，其函数说明在相关的头文件中。对于这类函数，用户在编程时只要用 include 预处理指令将头文件包含在用户文件中，直接调用即可。用户函数是用户自己定义和调用的一类函数。

一个函数在程序中可以有三种形态：函数定义、函数调用和函数说明。函数定义和函数调用不分先后，但若调用在定义之前，那么在调用前必须先进行函数说明。函数说明是一个没有函数体的函数定义，而函数调用则要求有函数名和实参列表。

1．函数的定义

C51 函数定义的一般格式如下：

```
        函数类型    函数名(形式参数表)    [reentrant][interrupt m][using n]
        形式参数说明
    {
        局部变量定义
        函数体
    }
```

函数类型说明了函数返回值的类型。函数名是用户为自定义函数取的名字，以便调用函数时使用。形式参数表用于列出在主调用函数与被调用函数之间进行数据传递的形式参数。reentrant 修饰符用于把函数定义为可重入函数。所谓可重入函数就是允许被递归调用的函数。有关修饰符[interrupt m]和[using n]的介绍见 10.6.3 节。

2．函数的调用

函数调用的一般形式如下：

```
    函数名(实参列表);
```

对于有参数的函数调用，若实参列表包含多个实参，则各个实参之间用逗号隔开。按照函数调用在主调函数中出现的位置，函数调用方式有以下三种：

❶ 函数语句。把被调用函数作为主调用函数的一个语句。

❷ 函数表达式。函数被放在一个表达式中，以一个运算对象的方式出现。这时的被调用函数要求带有返回语句，以返回一个明确的数值参加表达式的运算。

❸ 函数参数。被调用函数作为另一个函数的参数。

3．自定义函数的声明

在 C51 中，函数原型一般形式如下：

```
    [extern]    函数类型    函数名(形式参数表);
```

函数的声明是把函数的名字、函数类型及形参的类型、个数和顺序通知编译系统，以便调用函数时系统进行对照检查，函数的声明后面要加分号。

如果声明的函数在文件内部，则声明时不用 extern；如果声明的函数不在文件内部，而在另一个文件中，声明时需带 extern，指明使用的函数在另一个文件中。

【例 10-14】 外部函数的使用。

```
程序 serial_initial.c
#include   <reg51.h>                //包含特殊功能寄存器库
#include   <stdio.h>                //包含 I/O 函数库
void serial_initial(void)           //主函数
  {
      SCON=0x52;                    //串口初始化
      TMOD=0x20;
      TH1=0xF3;
      TR1=1;
  }
程序 x.c
#include   <reg51.h>                //包含特殊功能寄存器库
#include   <stdio.h>                //包含 I/O 函数库
extern   serial_initial( );
void   main(void)
{
  int   a, b;
  serial_initial( );
  scanf("please input a, b:%d, %d", &a, &b);
  printf("\n");
  printf("max is:%d\n", a>=b?a:b);
  while(1);
}
```

上述程序 x.c 中，由于函数 serial_initial( )不在文件内部，而在另一个文件中，因此在声明时带了 extern。

10.6 单片机资源的 C51 编程实例

10.6.1 C51 程序的反汇编程序

【例 10-15】 用 C51 语言编程完成外部 RAM 的 000EH 单元和 000FH 单元的内容交换。

```
#include   <absacc.h>    //该头文件的主要功能是通过定义的宏来访问绝对地址
main( )
  {
    char c;
    for( ; ; )
      {
          c=XBYTE [0x000E] ;
          XBYTE [0x000E] =XBYTE [0x000F] ;
          XBYTE [0x000F] =c;
```

```
        }
    }
```

程序中为方便反复观察，使用了死循环语句 for(; ;)，只要用 Ctrl+C 组合键即可退出死循环。上面的程序通过编译，生成的机器代码和反汇编程序如下：

```
0000    020014   LJMP    0014H
0003    90000E   MOV     DPTR，#000EH
0006    E0       MOVX    A，@DPTR
0007    FF       MOV     R7，A
0008    A3       INC     DPTR
0009    E0       MOVX    A，@DPTR
000A    90000E   MOV     DPTR，#000EH
000D    F0       MOVX    @DPTR，A
000E    A3       INC     DPTR
000F    EF       MOV     A，R7
0010    F0       MOVX    @DPTR，A
0011    80F0     SJMP    0003H
0013    22       RET
0014    787F     MOV     R0，#7FH
0016    E4       CLR     A
0017    F6       MOV     @R0，A
0018    D8FD     DJNZ    R0，0017H
001A    758107   MOV     SP，#07H
001D    020003   LJMP    0003H
```

从本例可以看出：

❶ 一进入 C 语言程序，首先执行初始化，将内部 RAM 的 0～7FH 128 个单元清零，然后置 SP 为 07H（视变量多少不同，SP 置不同值，依程序而定），因此，如果要对内部 RAM 置初值，一定要在执行了一条 C 语言语句后进行。

❷ C 语言程序设定的变量，C51 自行安排寄存器或存储器作为参数传递区，通常为 R0～R7（一组或两组，视参数多少定），因此，如果对具体地址设置数据，应避开这些 R0～R7 的地址。

❸ 如果不特别指定变量的存储类型，通常被安排在内部 RAM 中。

10.6.2 并行口及键盘、显示器接口的 C51 编程

【例 10-16】 设 P1 口作为输出口，接 8 只发光二极管，试编写程序，使发光二极管循环点亮。

说明：P1 口是准双向口。它作为输出口时与一般的双向口使用方法相同。由准双向口结构可知，当 P1 口用为输入口时，必须先对它置“1”，否则，读入的数据是不正确的。

P1 口循环点灯的 C51 程序如下：

```
#include <reg51.h>
void delay( )            //定义延时函数
  {
     unsigned int i;
```

```
        for (i=0; i<20000; i++) {}
    }
void main( )
    {
        unsigned char index;
        unsigned char LED;
        while (1)
          {
            LED = 1;
            for (index=0; index < 8; index++)
              {
                P1 = LED;
                LED <<= 1;      //右移一位
                delay( );
              }
          }
    }
```

【例 10-17】　将 AT89C51 单片机的 P0.0～P0.7 分别和 1 位共阴极数码管 a～h 的笔划段相连接，数码管的公共端接地，用 C51 编程让数码管循环显示 0～9 十个数字，时间间隔为 0.2s。

对应的 C51 程序如下：

```
#include <AT89X51.H>
unsigned char code table[]={0x3f，0x06，0x5b，0x4f，0x66;
                          0x6d，0x7d，0x07，0x7f，0x6f};       //共阴极数码管字形码表
unsigned char dispcount;
void delay02s(void)                                        //定义延时函数
    {
        unsigned char i，j，k;
        for(i=20;i>0;i--)
        for(j=20;j>0;j--)
        for(k=248;k>0;k--);
    }
void main(void)
     {
       while(1)
         {
           for(dispcount=0;dispcount<10;dispcount++)
             {
               P0=table[dispcount];
               delay02s( );
             }
         }
     }
```

【例 10-18】　如图 10-1 所示，行列式键盘接口中以 P1.0～P1.3 作为输出线，以

P1.4～P1.7 作为输入线，编写相应的键盘扫描处理程序。

C51 程序清单如下：

```
#include<reg51.h>
#define uchar unsigned char
#define uint unsigned int
void dlms (void);
uchar kbscan(void);                                    // 函数说明
void main (void);
    {
        uchar key;
        while (1)
         {
           key=kbscan( );                              // 键盘扫描函数，返回键码送 key 保存
           dlms( );
         }
    }
void dlms (void)                                       // 延时
{
  uchar i;
 for (i=200;i>0;i- -){ }
}
uchar kbscan(void)                                     // 键盘扫描函数
   {
      uchar sccode，recode;
      P1=0xf0;                                         //P1.0～P1.3 发全 0，P1.4～P1.7 输入
      if ( (P1 & 0xf0)! =0xf0)                         //如 P1 口高四位不全为 1 有键按下
         {
           dlms( );                                    // 延时去抖动
           if ( (P1 & 0xf0) ! =0xf0)                   // 在读输入值
            {
              sccode =0xfe;                            // 最低位置 0
              while ( ( sccode & 0x10)! =0)            // 不到最后一行循环
                 {
                   P1 =sccode;                         // P1 口输出扫描码
                   If ( (P1 & 0xf0)! =0xf0)            // 如 P1.4～P1.7 不全为“1”，该行有键按下
                     {
                        recode = (P1 & 0xf0 );         // 保留 P1 口高四位，低四位变“0”，作为列值
                        return( (sccode) + (recode) ); // 行码+列值=键编码返回主程序
                     }
                   else
                   sccode =(sccode<<1) | 0x01;         // 如该行无键按下，查下一行，行扫描值左
                                                       // 移一位
                 }
            }
         }
       return(0);                                      // 无键按下，返回值为 0
   }
```

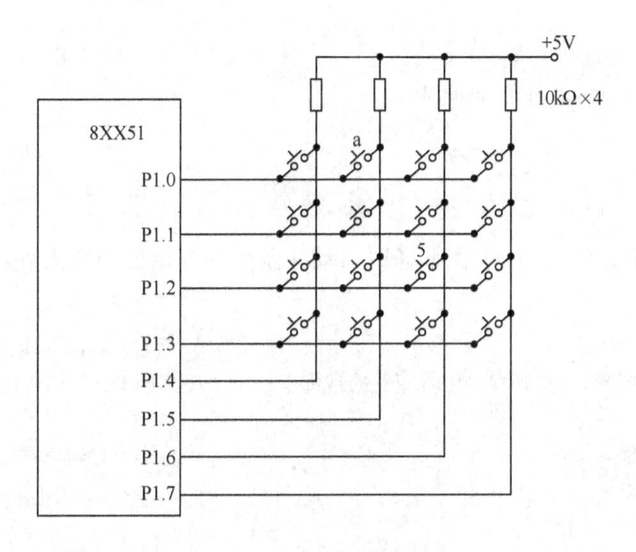

图 10-1 4×4 矩阵键盘

10.6.3 C51 中断程序的编制

C51 使用户能编写高效的中断服务程序，编译器在规定的中断源的矢量地址中放入无条件转移指令，使 CPU 响应中断后自动地从矢量地址跳转到中断服务程序的实际地址，而无需用户去安排。中断服务程序定义为函数，函数的完整定义如下：

```
返回值 函数名(［参数］)［模式］［再入］interrupt m［using n］
```

其中，必选项 interrupt m 表示将函数声明为中断服务函数，m 为中断源编号；interrapt m 是 C51 函数中非常重要的一个修饰符，这是因为中断函数必须通过它进行修饰。在 C51 程序设计中，当函数定义时用了 interrupt m 修饰符，系统编译时就把对应函数转化为中断函数，自动加上程序头段和尾段，并按 MCS-51 系统中断的处理方式自动把它安排在程序存储器中的相应位置。m 可以是 0～31 的整数，对应的中断情况如下：

0——外部中断 0;

1——定时/计数器 T0;

2——外部中断 1;

3——定时/计数器 T1;

4——串行接口中断;

5——定时/计数器 T2。

其他值预留。

C51 编译器对中断函数编译时会自动在程序开始和结束处加上相应的内容，具体如下：在程序开始处对 ACC、B、DPH、DPL 和 PSW 入栈，结束时出栈。可选修饰符 using n 用于指定本函数内部使用的工作寄存器组，其中 n 的取值为 0～3，表示寄存器组号。中断函数未加 using n 修饰符的，开始时还要将 R0～R1 入栈，结束时出栈。如中断函数加 using n 修饰符，则在开始将 PSW 入栈后还要修改 PSW 中的工作寄存器组选择位。

【例 10-19】 编写一个用于统计外中断 0 的中断次数的中断服务程序。

```
extern   int   x=0;
void   int0( )   interrupt 0   using 1
   {
       x++;
   }
```

本例中加入 using 1 后，C51 在编译时自动在函数的开始处和结束处加入以下指令：

```
{
   PUSH   PSW;                                   // 标志寄存器入栈
   MOV   PSW，#与寄存器组号相关的常量;           // 修改PSW中的工作寄存器组选择位
   …
   POP   PSW;                                    // 标志寄存器出栈
}
```

10.6.4　定时/计数器的 C51 编程

【例 10-20】　设单片机的晶体振荡频率 f_{osc}=6MHz，要求在 P1.7 脚上输出周期为 4ms 的方波，编写相应的控制程序。

分析：周期为 4ms 的方波要求定时间隔为 2ms，每次时间到 P1.7 取反。

$$机器周期=12/f_{osc}=2\mu s$$

$$需计数次数=2000/(12/f_{osc})=2000/2=1000$$

由于计数器采用方式 1，为得到 1000 个计数之后使定时器产生溢出，必须给定时器置初值：65536-1000=64536。

解法一：采用查询式控制方式，选用定时器 0，工作于方式 1，程序如下：

```
# include <reg51.h>
sbit P1_7=P1^7 ;
void main(void)
   {
       TMOD=0x01;                          // 设置定时器0为方式1，非门控
       TR0=1 ;                             // 启动定时/计数器T0
       for( ; ; )
          {
              TH0= (65536-1000)/256;       // 装载计数器初值
              TL0= (65536-1000)%256;
              do {   } while (!TF0) ;      // 查询等待TF0置位
              P1_7=!P1_7;                  // 定时时间到P1.7反相
              TF0=0;                       // 软件清 TF0
          }
   }
```

解法二：采用中断控制方式，仍选用定时器 0，工作于方式 1。程序如下：

```
# include   <reg51.h>
sbit   P1_7=P1^7 ;
void   time (void) interrupt 1 using 1           // 定时/计数器T0中断服务程序入口
```

```
    {
        P1_7=!P1_7 ;                          // P1.7 取反
        TH0=(65536-1000)/256;                 // 重新装载计数初值
        TL0= -(65536-1000)%256;
    }
void  main(void)
    {
        TMOD=0x01 ;                           // T0 工作在定时器非门控方式 1
        P1_7=0;
        TH0=(65536-1000)/256;                 //  预置计数初值
        TL0=(65536-1000)%256;
        EA=1 ;                                // CPU 中断开放
        ET0= 1 ;                              // 定时/计数器 T0 中断开放
        TR0=1 ;                               // 启动 T0 开始定时
        do {   } while(1) ;                   // 等待中断
    }
```

10.6.5 串行通信的 C51 编程

【例 10-21】 设单片机 f_{osc}=12MHz，串行接口工作在方式 1，定时/计数器 T1 作为波特率发生器工作于方式 2，用 C51 编程实现从串口输出 A、B、C、D、E、F 六个大写英文字母。

分析：T1 工作于方式 2 作为波特率发生器，取 SMOD=0，T1 的时间常数计算如下：

$$波特率=(2^{SMOD}/32)\times f_{osc}/[12\times(256-x)]$$

$$x=230=E6H$$

采用 C51 编程如下：

```
#include<reg51.h>
unsigned char  ASCII=0X41;                    //字母 A 的 ASCII 码值
main( )
  {
    unsigned  char  i=0;
    TMOD=0x20;                                //设 T1 工作于方式 2
    TL1=0xe6;                                 //设波特率为 1200MHz
    TH1=0xe6;                                 //设置重置值
    TR1=1;                                    //启动定时器 T1
    SCON=0x40;                                //设串行接口工作于方式 2，关接收
    for (i=0;i<=6;i++)
    {
      SBUF=ASCII;                             //启动发送字符
      while (!TI);                            //等待发送结束
      TI=0;
      ASCII++;                                //ASCII 码值加 1
    }
    while(1)
  }
```

【例 10-22】 设单片机 f_{osc}=11.0592MHz，串行接口工作在方式 3，定时/计数器 T1 作为波特率发生器工作于方式 2，单片机每接收到字节即刻发送出去，对应的串行接口发送/接收程序如下：

```
#include <reg51.h>
#define uchar unsigned char
void main( )
  {
     uchar a;
     TMOD=0x20;                    //设 T1 工作于方式 2
     TL1=0xfd;                     // 采用 11.0592MHz 的晶振，波特率为 9600bps
     TH1=0xfd;                     //设置重置值
     SCON=0xd8;                    //设串行接口工作于方式 3，允许串行接口接收
     PCON=0x00;                    //SMOD=0，波特率不加倍
     TR1=1;                        //启动定时器 T1
     while(1)
       {
            while(RI==0);          //等待接收，为 0 时一直循环判断，不为 0 时执行下句
            RI=0;                  //接收到字符，R1 重新置 0
            a=SBUF;
            SBUF=a;                //要发送的字符送串行接口缓冲器
            while(TI==0);          //串口等待发送
            TI=0;                  //发送完毕，R1 重新置 0
       }
  }
```

10.6.6 A/D 和 D/A 转换器的 C51 编程

【例 10-23】 ADC0809 与 8031 接口电路及工作过程已在第 8 章阐述，用 C51 编写的数据采集程序如下：

```
# include <absacc.h>
# include <reg51.h>
# define uchar unsigned char
# define IN0 XBYTE [0x7ff8]                  // 设置 AD0809 的通道 0 地址
sbit ad_busy =P3^3;                          // EOC 状态
void ad0809 (uchar idata *x)                 // 采样结果放指针中的 A/D 采集函数
   {
      uchar   i ;
      uchar xdata   *ad_adr ;
      ad_adr=& IN0;
      for (i=0 ;i<8 ;i++)                    // 依次处理 0～7 通道
        {
          *ad_adr=0;                         // 启动 A/D 转换
          i=i ;                              //延时等待 EOC 变低
          i=i ;
          while (ad_busy==0);                // 查询等待转换结束
          x[i]=*ad_adr;                      // 存转换结果
```

```
                ad_adr ++ ;                       // 下一通道
            }
        }
void main (void)
    {
        static uchar idata ad [10];
        ad0809 (ad) ;                         // 采样 AD0809 通道的值
    }
```

【例 10-24】 设 8031 单片机与 DAC0832 接口中，DAC0832 采用单缓冲方式连接，并假设片选线确定的端口地址为 7FFEH。使 DAC0832 输出端输出一个连续的倒锯齿波电压信号的 C51 程序如下：

```
# include   < absacc.h >
# include   < reg51.h >
# define DA0832 XBYTE [0x7ffe]
# define uchar unsigned char
# define uint unsigned int
void stair (void)
    {
        uchar i ;
        while (1)
          {
            for ( i=255; i>=0; i=i-- )          // 形成倒锯齿波输出值，最大值为 255
              {
                DA0832 = i ;                 // D/A 转换输出
              }
          }
    }
```

10.7 51 单片机系统开发常用工具软件 KEIL C51

KEIL C51 是美国 Keil Software 公司出品的 51 系列兼容单片机 C 语言软件开发系统，它集成了文件编辑处理、编译连接、项目管理、窗口、工具引用和软件仿真调试等多种功能，是非常强大的 C51 开发工具，启动界面如图 10-2 所示。

在 KEIL C51 的仿真功能中，提供了两种仿真模式：软件模拟仿真和目标板调试。下面将通过一个实际项目的创建、编译及调试来学习 KEIL 软件的使用。

1．启动 KEIL Vision2 并创建一个项目

Vision2 是一个标准的 Windows 应用程序，双击 KEIL Vision2 图标即可启动，也可以选择“开始”→“程序”→“KEIL Vision2”命令来启动运行。选择“Project”（项目）→“New Project”（新建项目）命令，如图 10-3 所示。将弹出“Greate New Project”（新建项目）对话框，在“文件名”中输入第一个 C 程序项目名称，这里用“display”。“保存”后的文件扩展名为 uv2，这是 KEIL μVision2 项目文件扩展名，以后可直接单击此文件以打开先前做的项目。

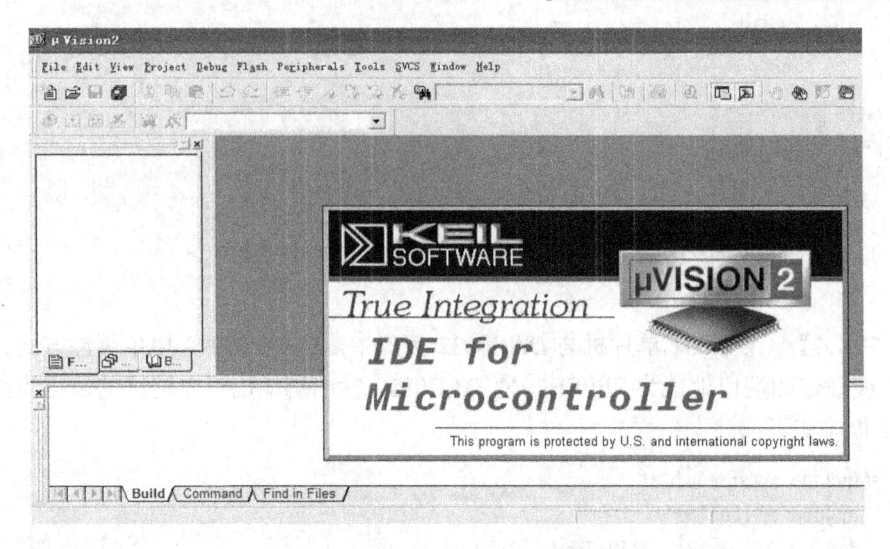

图 10-2　Keil µVision2 启动界面

2．选择单片机的型号

在为新建项目起名并保存后会弹出一个对话框，要求选择单片机的型号，如图 10-4 所示。在该对话框中显示了µVision2 的器件数据库，从中可以根据使用的单片机来选择，这里选择常用的 Ateml 公司的 AT89C51。

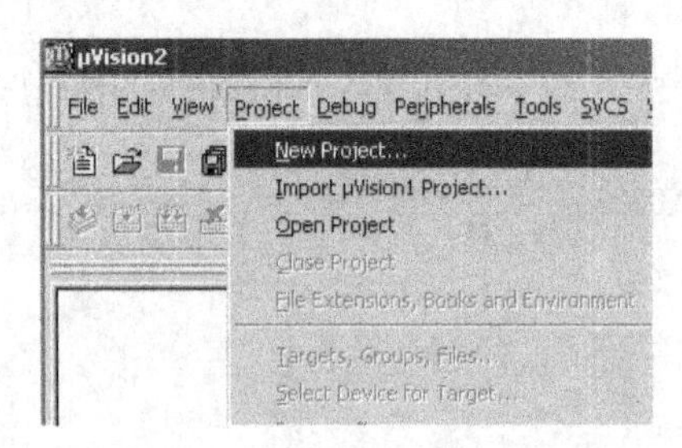

图 10-3　KEIL　µVision2 主界面及“Project”菜单

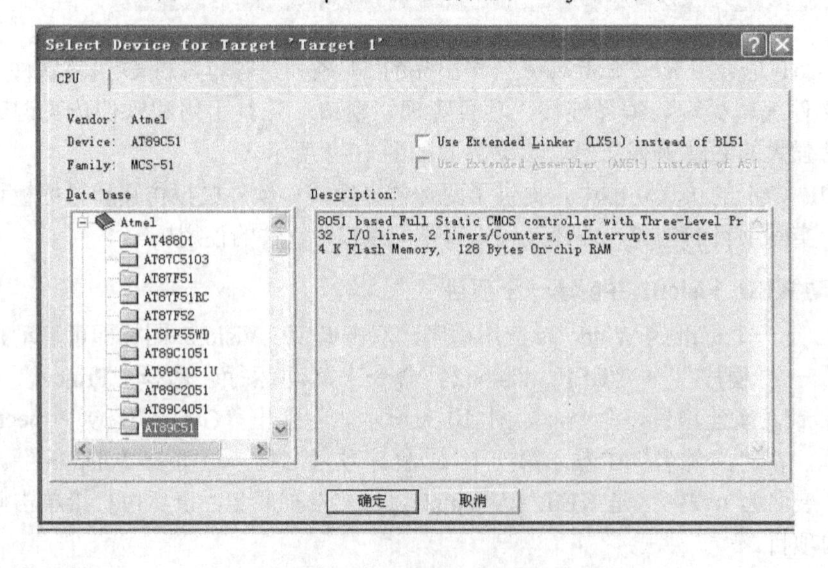

图 10-4　选择单片机型号

完成上面步骤后，就可以进行程序的编写了。

3．创建一个新的源程序文件，并把这个源文件添加到项目中

单击工具栏中的新建文件图标（或选择“File”（文件）→“New”（新建）命令），文件操作窗口即可出现新建文件。保存该空白文件，单击工具栏中的保存图标（或选择“File”（文件）→“Save”（保存）命令），弹出“Save as”（另存为）对话框，在“文件名”文本框中输入欲保存的文件名（如 display1.c），保存时注意加上正确的后缀名。

单击 Target 1 前面的“+”号，然后在 Source Group 1 上单击鼠标右键，弹出快捷菜单。

选择“Add Files to Group ‘Source Group’ 1”（添加文件到项目）命令，在弹出的对话框中选中 Delay.c 文件（注意选择文件类型），然后单击“Add”（添加）按钮，即可添加 Delay.c 到项目中。此时就可以输入源程序了，如图 10-5 所示为简单的串口输出字符串“a new student”程序。

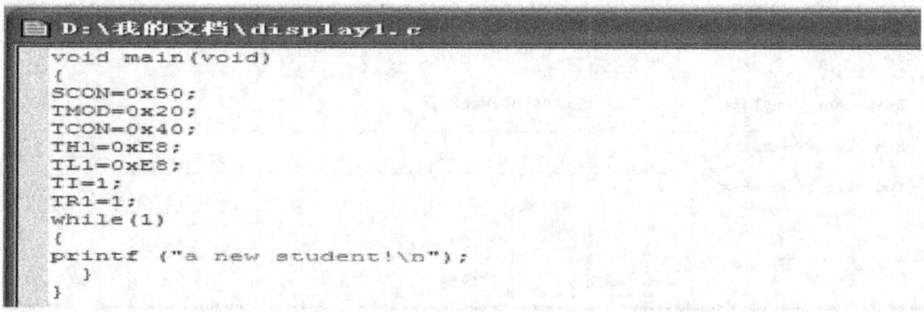

```
D:\我的文档\display1.c
void main(void)
{
SCON=0x50;
TMOD=0x20;
TCON=0x40;
TH1=0xE8;
TL1=0xE8;
TI=1;
TR1=1;
while(1)
{
printf ("a new student!\n");
  }
}
```

图 10-5 源程序编辑窗口

4．设置目标硬件的工具选项

程序编写完成后，还要对项目进行进一步的设置，以满足要求。单击 Target 1 前面的“options for target”图标，弹出“Target”选项卡，如图 10-6 所示。其中，“Xtal”后面的数值是晶振频率值，默认值是所选目标 CPU 的最高可用频率值，该值与最终产生的目标代码无关，仅用于软件模拟调试时显示程序执行时间。

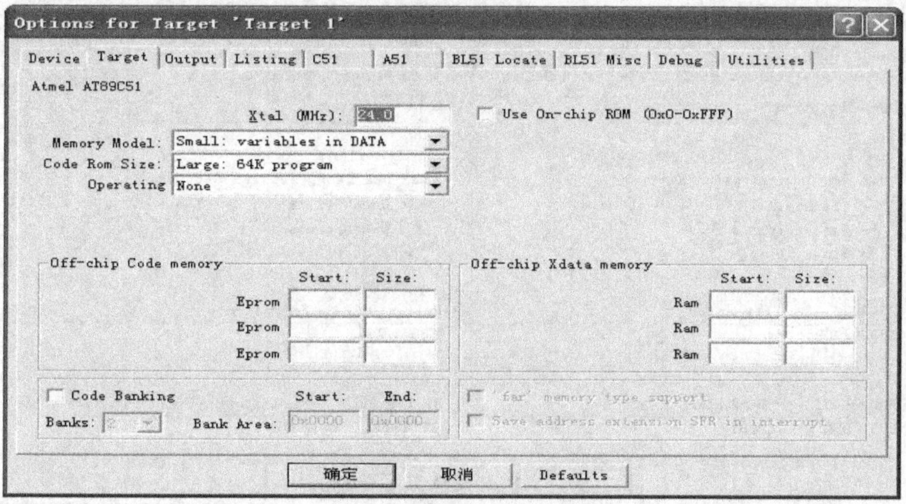

图 10-6 “Target”选项卡

1）“Output”选项卡

如图 10-7 所示，其中有多个选项，此处选择“Create HEX File”复选框，用于生成可执行代码文件，该文件可以用编程器写入单片机芯片，文件的扩展名为.HEX，默认情况下该项未被选中，如果要将可执行代码文件写入芯片做硬件实验，就必须选中该项。其余选项均取默认值，不做任何修改。

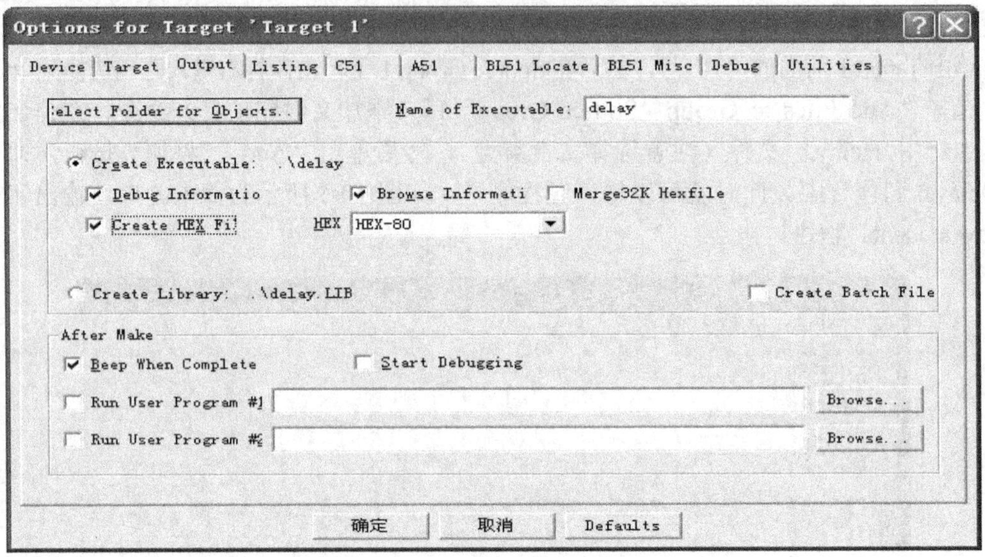

图 10-7　“Output”选项卡

2）“Debug”选项卡

如图 10-8 所示，该选项卡用于设置调试器，KEIL 提供了软件仿真和硬件仿真两种方式。如果没有相应的硬件调试器，应选择左边的“Use Simulator”单选项，其余设置一般不必更改。

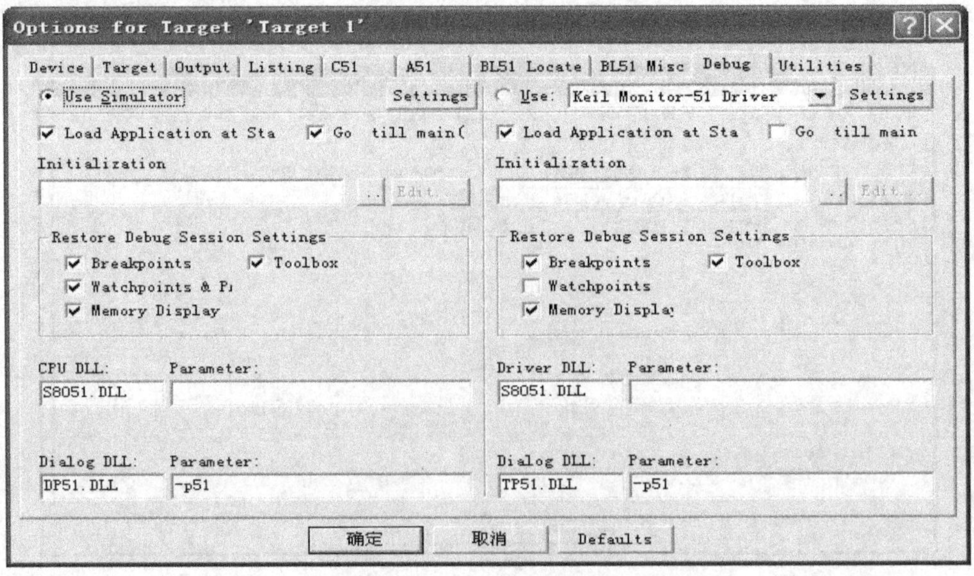

图 10-8　“Debug”选项卡

5. 编译项目并创建 HEX 文件

设置好项目参数后，即可进行编译、链接。选择“Project”（项目）→“Build target”（链接工程）命令，对当前工程进行链接。如果当前文件已修改，将先对该文件进行编译，然后再链接以产生目标代码；如果选择“Rebuild All target files”（重新编译所有文件后再链接）将会对当前工程中的所有文件重新进行编译然后再链接，确保最终生产的目标代码是最新的，而选择“Translate…”（编译）命令则仅对当前文件进行编译，不进行链接。

对源程序修改之后再次编译，最终要得到如图 10-9 所示的结果，提示 0 个错误［0 Error（s)］、0 个警告［0 Warning（s)］方可，否则要重新修改并再次编译，直到错误为 0。此时，该文件即可被编程器读入并写到 AT89C51 芯片中。同时还可看到，该程序的内部 RAM 的使用量（data=8.0），外部 RAM 的使用量（xdata=0），代码量（code=13）等一些信息。

```
Build target 'Target 1'
compiling display1.c...
linking...
Program Size: data=30.1 xdata=0 code=1102
creating hex file from "display"...
"display" - 0 Error(s), 0 Warning(s).
```
Build　Command　Find in Files

图 10-9　源程序编译结果显示

以上操作也可以通过工具栏中的图标直接进行，如图 10-10 所示。从左到右的图标分别是：编译、编译链接、全部重建、停止编译和对工程进行设置。

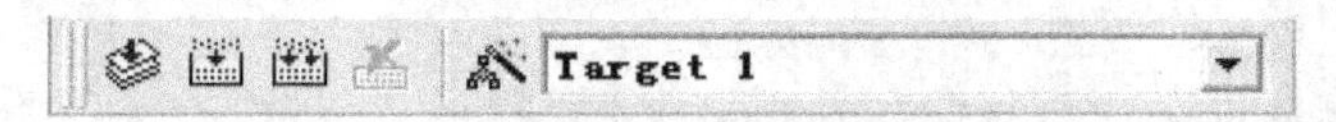

图 10-10　工具栏中的编译工具

6. 程序调试

进入调试状态后，“Debug”菜单中原来不能使用的命令现在可以使用了，窗口中还多出一个用于运行和调试的工具栏，如图 10-11 所示。

“Debug”菜单中的大部分命令可以在此找到对应的快捷按钮，从左到右的图标依次是复位、运行、暂停、单步、过程单步、执行完当前子程序、运行到当前行、下一状态、打开跟踪、观察跟踪、反汇编窗口、观察窗口、代码作用范围分析、1＃串行窗口、内存窗口、性能分析和工具按钮。如果单击“暂停”按钮，则会弹出反汇编窗口，如图 10-12 所示。

最后可以在单击“Debug”菜单中“go”（运行）之后，再在 View 菜单中单击 serial 1#（单片机的串行接口 1）来观察程序运行和输出的结果，如图 10-13 所示。

如果程序没有借助串行接口输出结果，可以借助单步、过程单步、运行到当前行、下一状态、打开跟踪、观察跟踪、反汇编窗口、观察窗口、寄存器窗口、标号窗口、存储器窗口来观察。限于篇幅，在此仅简要介绍一下存储器窗口、变量观察和堆栈窗口。

单击工具栏的“ ”图标，将显示存储器窗口。51 单片机的存储器分为多个不同的存储空间，如果要观察代码存储器，在地址栏“Address:”内输入“C:地址”，例如，C:0080H；如果要观察外部数据存储器，输入“X:地址”；如果要观察内部数据存储器，则可以输入“I:地址”。拖动存储器窗口右边的滚动条还可以观察输入地址附近的存储单元。

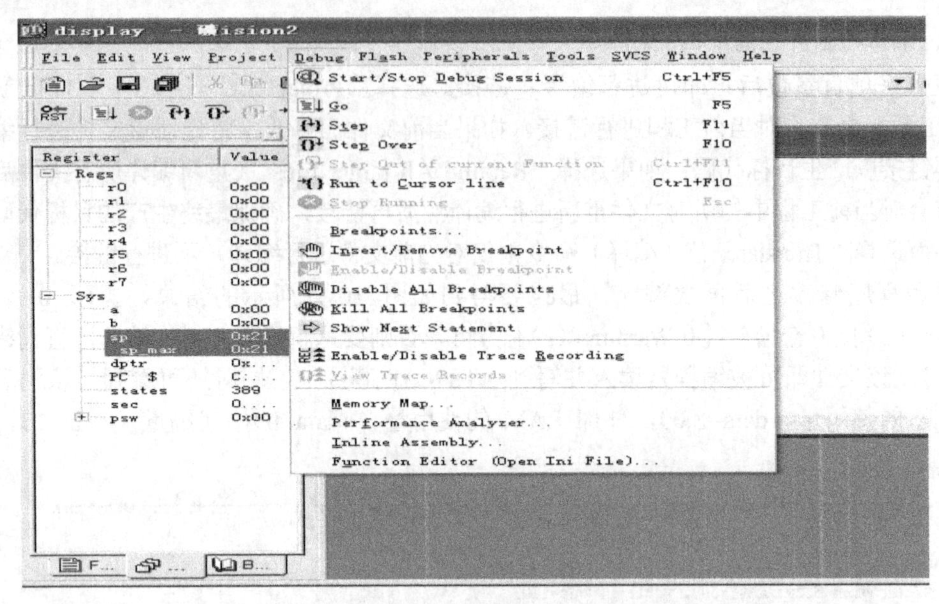

图 10-11 “Debug”菜单及调试工具栏

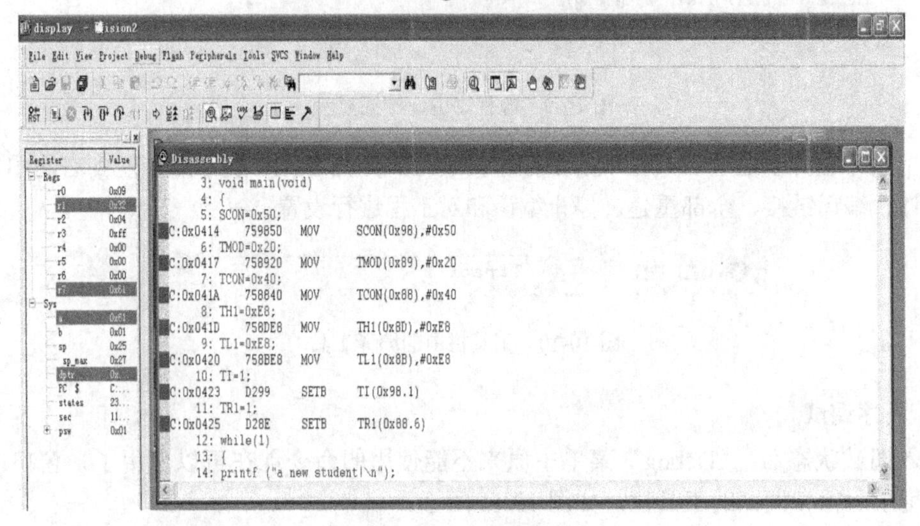

图 10-12 反汇编窗口

```
Serial #1
a new student!
a new student!
a new student!
a new student!
a new student!
a new student!
a new student!
a new student!
a new student!
a new student!
a new student!
a new student!
a new student!
a new student!
a new student!
a new
```

图 10-13 编译成功后的输出信息

存储器窗口有“Memory #1”～“Memory #4”共4个观察子窗，可以用来分别观察代码存储器、内部数据存储器和外部数据存储器。存储器的内容是可以修改的。用鼠标右击要修改的存储单元，选择“Modify Memory at ...”项，弹出修改对话框，可以修改存储单元的内容。

单击工具栏的“ ”图标，将显示变量观察和堆栈窗口（Watch & Call Stack Window）。在“Locals”标签页，会自动显示局部变量的名称和数值。在“Watch”标签页内，先用鼠标单击一次“type F2 to edit”，再按功能键“F2”，输入所要观察的局部或全局变量的名称，回车后就能显示出当前数值。在“Call Stack”标签页内，可以实时地观察到堆栈的使用情况。

7. 外围设备访问

KEIL C51还可以在仿真调试时支持对外围设备的访问。单击菜单“Peripherals”命令，会弹出外围设备菜单。在Peripherals菜单里列出了标准51的外围设备（相对于CPU内核而言）：中断、I/O端口、串行接口和定时器等。

如果执行菜单“Peripherals”→“I/O-Ports”→“Port 1”，即弹出P1端口的对话框，如图10-14所示。在位0～7中，用√表示高电平，无√表示低电平。打开P1调试窗口，再按运行键 ，这时就可以看到P1中不断循环的状态，空为“0”，打勾为“1”。

同样，如果执行菜单“Peripherals”→“Timer”→“Timer 0”，即弹出定时器T0的对话框，如图10-15所示。

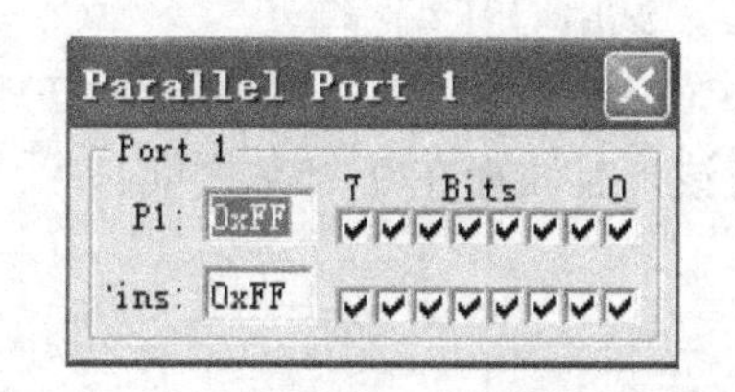

图10-14 外围设备中的P1对话框

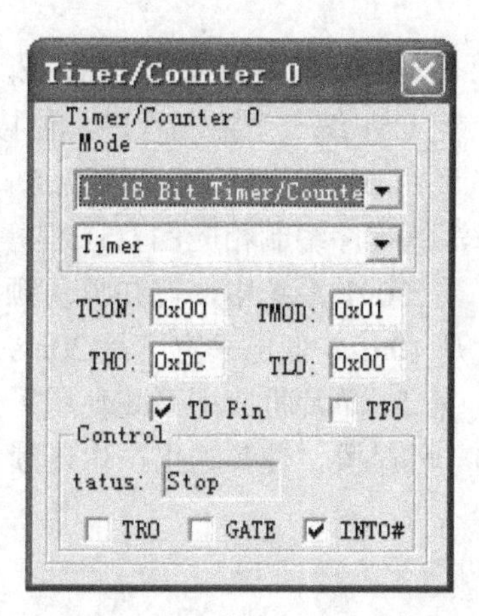

图10-15 定时器T0对话框

本章小结

本章介绍了单片机C51语言的基础知识。包括C51的基本数据类型、存储类型及程序基本结构与相关语句，并通过介绍并行口、人机交互、定时器、中断和串行接口、A/D转换器、D/A转换器的C51典型编程实例，帮助初学者进一步掌握51单片机的知识。

在学习的过程中，要注意以下两点：

第一，深入理解标准ANSI C是学习C51的的重要基础，同时要注意结合ASM51汇编语言来进一步加深对C51的理解，真正做到融会贯通。

第二，要注意 C51 和标准 C 的区别。比如 KEIL C 中的变量除了可以设置数据类型外还可以设置存储类型，对于变量常需要在 data、idata、pdata 和 xdata 这几个存储类型之间选择。

另外，要结合 KEIL C51 开发环境，多编程，多上机调试，不断积累经验，才能提高编程能力，学以致用。

思考题和习题

10.1　C51 语言和汇编语言相比有什么优点？

10.2　简述单片机 C 语言的特点。

10.3　C51 编译器支持哪些变量类型？

10.4　C51 的 data、bdata、idata 有什么区别？

10.5　试说明 xdata 型的指针长度为何要用 2 字节。

10.6　把带有条件运算符的表达式 max=（a>b）?a：b 改用 if-else 语句来写。

10.7　C51 语言中的 while 和 do while 的不同点是什么？

10.8　如果在 C51 语言编程中 switch/case 语句漏掉了 break，程序会怎样？

10.9　C51 中 for 语句三个表达式的含义是什么？

10.10　用 C51 编程将外部 RAM 的 30～35H 单元的内容传送到内部 RAM 的 30～35H。

10.11　设单片机振荡频率为 12MHz，试用 C51 编写一个延时 1s 的延时子程序。

10.12　用 C51 编一个控制程序，使接在 P1.0 引脚上的发光二极管闪烁发光。

10.13　利用 51 单片机 P0 口实现 8 个 LED（发光二极管）的流水灯（又称跑马灯）控制，试参考汇编程序编制相应的 C51 程序。

10.14　在 8051 系统中，已知振荡频率是 12MHz，用定时/计数器 T1 实现从 P1.1 产生高电平宽度是 10ms，低电平宽度是 20ms 的矩形波，试用 C51 编程。

10.15　某 51 单片机应用系统使用了一片 DAC0832 芯片，其端口地址为 7FFEH，试用 C51 语言编一程序段，使其输出产生连续的正锯齿波，且波形在 0～5V 之间。

*第 11 章　单片机应用系统设计方法与应用实例

【知识点】

☆ 单片机应用系统的研发步骤

☆ 单片机应用系统设计方法（单片机应用系统的硬件设计、单片机应用系统的软件设计、单片机应用系统的抗干扰设计、仿真与调试）

☆ 单片机应用系统设计实例（公交车上人数统计器、数字电压表、水塔水位控制器）

单片机是一种集 CPU、RAM、ROM、I/O 接口、中断及其他功能模块（如定时/计数器、E^2PROM 等）等于一体的超大规模集成电路器件，只需要外加电源、晶振、复位等电路就可以独立工作。由于单片机具有较高的性价比，被广泛用于工业控制、仪器仪表、家用电器等。单片机应用系统的设计与 PLC 应用系统设计及其他专用处理器（如 DSP 等）系统设计有明显的不同。单片机应用系统通常针对具体产品而设计，不具有通用性，设计追求低成本、小体积，属于量身定做，功能上冗余不多；设计过程从最底层的元器件选型、原理图设计、PCB 设计，到界面定义、程序调试、下载，甚至壳体设计等所有设计细节均需要设计者自行确定；单片机应用系统擅长处理多输入/输出事件，计算能力相对偏弱。通常一个设计项目可能有多个不同的方案可实现预定功能，最适合项目需要的方案就是最好的方案，但不同的人，定位不一样、预期不一样、侧重点不一样，可能选择的方案也不一样。

本章先从应用角度讨论单片机应用系统研制过程中应考虑的问题，然后通过几个应用实例，使读者把所学到的知识加以系统化。

11.1　单片机应用系统的研发步骤

单片机应用（或控制）系统的研制可以分为硬件和软件两大部分。硬件设计以芯片和元器件为基础，通过原理图设计和 PCB（Printed Circuit Board，印制线路板）设计，目的是要研制一台完整的单片机控制硬件系统。软件设计是基于硬件基础上的程序设计过程。硬件是基础，是载体，但硬件本身无法实现预定功能，所有功能必须通过软件编程才能实现。单片机应用系统的研制自由度很大，涉及的问题细节很多，概括起来，单片机应用系统研制流程如图 11-1 所示。

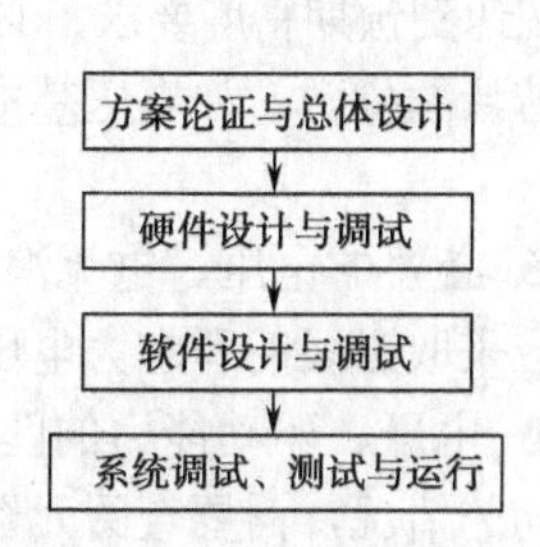

图 11-1　单片机应用系统研制流程

1．方案论证与总体设计

在设计一个实际的单片机控制系统时，设计者首先应对系统的任务、控制对象、硬件

资源和工作环境进行周密的调查研究，明确系统功能定位、成本要求、开发周期及各项指标的要求，如被控对象的调节精度、跟踪速度、可靠性等级，待测脉冲信号的宽度，待测模拟信号的频谱特征等。在此基础上，设计者应在分析研究基础上对设计目标、系统功能、处理方案、控制速度、输入/输出速度、存储容量、地址分配、I/O 接口和出错处理给出符合实际的明确定义，以拟定完整的设计任务计划。

设计任务计划拟定以后，设计者还应对控制对象的物理过程和计算任务进行全面分析，并从中抽象出数学算法。不同的单片机应用系统，数学算法可以是一系列数学表达式，也可以是数学推理和判断，或输出与输入之间的响应关系。建立数学算法，不仅要求设计者具有一定的理论知识和丰富的实践经验，还要对控制对象的内部机理和参数及它对外部环境的联系等有透彻了解，因此，数学算法是软件编程的基础。

总体设计要根据系统的目标、复杂程度、可靠性、精度和速度要求来选择一种性价比合理的单片机机型。目前，单片机厂家和型号颇多，与 Intel 公司 MCS-51 单片机兼容的机型还有 Philips、Atmel 等公司的单片机。不同厂家的单片机，其内部结构、功能、价格等均有不同，需要根据系统实际需要选择。除了单片机选型之外，系统关键功能电路的选型和设计也是非常重要的，这些在硬件设计部分还会介绍。

在总体方案的确定过程中，设计者还必须对所选各部分电路、元器件、传感器等进行综合比较，这种比较应在局部试验基础上进行。研制大型工业测控系统往往是多方协作和联合攻关，因此总体方案中应当大致规定接口电路地址、监控程序结构、用户程序要求、上下位机的通信协议、系统软件的内在驻留区域及采样信号的缓冲区域等。

2．硬件设计与调试

硬件设计是根据总体设计要求，在选择完单片机机型的基础上，具体确定系统中所要使用的所有元器件，并设计系统的电路原理图，经过必要的实验后完成工艺结构设计、电路板制作和样机的组装。在硬件设计过程中要注意以下方面。

❶ 单片机晶振频率和运行速度的确定。通常每一型号的单片机均有其能够正常运行的上限频率，但在实际设计中，却未必越高越好。晶振频率的选择，取决于系统对单片机指令执行速度的要求及接口通信速率等。在电池供电的便携式设备中，晶振频率在满足要求的前提下越低越节省电量，有利于延长电池的使用时间。

❷ 性能指标的匹配和性价比的优化。特别是在涉及 A/D 及 D/A 转换的电路设计中，为保证系统达到预期精度要求，必须统筹考虑影响精度的各种因素，不能片面提高 A/D 或（和）D/A 芯片的位数，如电压基准、信号范围、检测电阻等均需要考虑精度要求，才能达到预期目的。

❸ 必要的电压、电流浪涌抑制措施。由于进出线或空间干扰，硬件电路在输入/输出接口处应采取必要的瞬态大电压或电流的抑制措施，以保护电路元器件不被击穿、烧毁等。

❹ 电平、驱动能力的匹配。不同电路模块相连时，往往涉及电平不兼容，或者不能正常驱动的情况，需要查阅元器件的规格型号，据此进行必要的转换。

在硬件实际设计中需要注意的地方还很多，需要设计人员不断积累，从成功和失败中吸取经验和教训。

3．软件设计与调试

在单片机应用系统的设计中，软件设计占有重要的位置。系统功能均需通过软件才能实现。软件设计通常包括程序整体架构的规划、程序流程图设计、程序单元模块的编辑调试、系统功能调试等阶段。在软件开发过程中，主要注意以下几点。

❶ 规模较大的单片机软件通常由数人联合完成，在这种情况下，每人负责的程序模块通常以文件形式独立存在，不同成员之间的程序必须要规划好单片机资源的有序使用，如单片机内外 RAM、定时器、中断等，否则不同程序模块将无法进行有机融合。

❷ 程序设计采用模块化思想，不同模块之间最好通过子程序调用、中断等方法实现转移，尽量少用跳转语句。子程序名称与其功能对应，做好注释，以提高程序的可读性，养成良好的编程习惯。

❸ 程序调试过程中必须创造各种试验条件对各种可能出现的情况进行全方位测试，要对程序在运行过程中的不同模块、子程序或算法所占用时间比例进行宏观评估，确保关键算法或程序模块的实时性。

4．系统调试、测试与运行

在系统调试阶段，考查的重点是解决本系统与其他设备的连接适应性、外观造型与机箱结构设计、长期运行可靠性、发热情况的影响等。测试不仅包括定性测试，更要做严格的定量测试，以确保精度、速度等满足设计指标，还要进行安全测试、EMC 测试、高低温工作与存储等耐候性测试，以便于及早发现设计中的不足并改进。正式投产之前，还要进行一定数量的试生产，以验证批量产品的一致性、是否适合批量生产工艺等。

11.2 单片机应用系统设计方法

单片机应用系统设计的典型特征在于系统中各种元器件选型、电路设计、软件调试等均需要设计者依据产品技术要求完成，具有很大的灵活性，但也带来一定的不确定性，需要经过反复试验和论证，不断进行改进和提高。本节主要针对单片机应用系统的硬件、软件和抗干扰设计方面进行阐述。

11.2.1 单片机应用系统的硬件设计

单片机硬件设计是系统设计的基础，在很大程度上决定设计的成败。硬件设计阶段主要包括元器件选型、原理图设计、PCB 图设计、焊接与硬件调试等阶段。

在关键技术方案确定之后，就要确定主要元器件的型号规格。本阶段由于还没有形成详细的原理图，只能光选择和确定关键元器件，不同的单片机应用系统关键元器件并不相同，如单片机、运算放大器、继电器、发热量较大的器件等。选型主要依据设计要求，不同器件考虑的指标不一样，需要具体问题具体分析。但有些细节通常是必须考虑的，如器件的封装结构（Footprint）、极限工作参数（Absolute maximum ratings）、正常工作参数（Electrical characteristics）、耐候性、允许电压波动范围等。封装结构（同一种型号可以有不同的封装）影响元器件的价格、散热能力、占用 PCB 的面积、布线难易度等，如 LM324 四运算放大器芯片，既有 DIP14 封装，也有 SO-14 封装，轮廓尺寸差别较大。极限工作参数通常是元器件所能承受的极限值，而正常工作参数则是确保元器件正常工作的参数范围，两者概念有明显的不同，如 MAX7219 芯片，极限电压范围为-0.3～6V，超过此电压范围将会把芯片烧毁，即使没超出此范围，芯片也未必能正常工作；而该芯片的正常工作电压为 4.0～5.5V，说明只要电源电压在该范围内，芯片就能正常工作。耐候性主要是指元器

件的允许工作温度范围和存储工作温度范围，同样对于 MAX7219，有 0～70℃工作范围，也有-40～85℃工作范围，只是芯片型号的后缀不同，前者具体型号为 MAX7219CG，后者具体型号为 MAX7219EG，不同温度范围的同种芯片，价格差异也较大。

主要器件型号规格及总体框架方案确定之后，就可以利用 Protel、PowerPCB 等软件进行硬件详细的原理图设计。这要根据系统硬件复杂度和规模大小，通常采用模块化设计方法，按照层次关系，自顶向下或者自底向上进行设计。这一阶段在一定程度上决定了整个系统设计的成败。本环节通常包括大量电阻、电容、二极管、三极管等元器件的选型参数计算，为了确保原理图设计的正确，可以采用电路仿真软件（如 Proteus 等）进行计算机仿真，也可以手工搭建实际电路进行试验。原理图设计就已经包括确定所有元器件的具体型号和封装结构。原理图设计是需要不断积累的，不同的项目涉及的电路原理和所用元器件往往会有较大差别，因此，一位工程师不可能会设计所有电路。但是，随着设计工作的长期积累，所熟悉的电路和元器件也就越多，从成功、错误或失败中积累的经验也就越丰富，也就越能完成复杂的电路设计任务。

原理图设计完成，并经过验证确定能实现预定功能后，就可以进行 PCB 的设计。PCB 设计的主要目标是把原理图中所有电路绘制到一块（或多块）线路板上，在一定程度上是属于结构设计的范畴。PCB 设计之前要先根据产品整体设计需要，确定由几块电路板组成，每块电路板布局哪些功能，每块电路板的厚度、结构尺寸和轮廓形状等。比如，在进行仪器设计时，通常会把按键和显示等人机接口部分单独设计成一块线路板，有时也会把功率较大、干扰较强的功能电路单独设计。PCB 设计考验工程师对原理图、电磁兼容、热量管理等方面的理解深度和设计能力，PCB 工程师要能依据原理图清楚知道每一条走线的电流、电压、频率范围等，以确保合理安排元器件布局和走线的路径、宽度等。热量管理是较容易被忽略的问题，要养成对每个元器件进行热量核算的习惯，对于发热量较大的器件，必须采取相关散热措施，如果元器件发热量较小，可以采用多个并联、增大敷铜面积、增加散热孔等方法。若发热量较大，则需要采用适当大小的散热器与元器件固连，若发热量非常大，则需要采用风扇等主动散热方法解决散热问题，由具体情况决定。PCB 设计之前必须清楚知道每个元器件的封装结构，最好是先购买元器件，再进行 PCB 设计，以免部分元器件由于各种因素买不到而导致 PCB 设计失败。

PCB 设计完成后就要制作印制线路板，印制线路板的厚度、材料、外观颜色、焊盘镀层材料等若有特殊要求，则需要跟印制板制作企业提出。拿到做好的印制板后，就要着手把准备好的元器件焊到线路板上去，在制样调试阶段，往往以手工焊接为主，应注意选用合适的电烙铁规格并正确使用。焊好所有元器件后，要对 PCB 做硬件测试，以检查 PCB 设计的正确性。硬件测试的主要方法是通过示波器、信号发生器等设备检查测试点的波形是否与设计相符。为了达到硬件测试的目的，常常为单片机写一些专门的测试小程序，以验证硬件设计的合理性。有时是 PCB 设计的问题（如线宽不够），有时是电路原理性问题，有时是印制板制作企业的加工问题等，常常导致 PCB 很难一次设计成功。

11.2.2 单片机应用系统的软件设计

单片机系统软件设计主要包括程序总体框图的绘制和模块划分、模块源代码编辑、编译和调试，以及系统级软件调试等。

总体框图的绘制和模块划分是软件设计的基础，单片机应用系统软件主程序通常都是一个死循环体，在这个循环体中，需要确定事件循环的频率和所用时间，如按键扫描子程序在主程序中被调用的周期一般只要不高于 0.3s 即不会产生漏检，而有些事件执行的频率可能要求很高，如 LED 数码管动态显示刷新频率要达到上百赫兹，这就需要合理控制主程序的循环时间和事件调度的频率和方法。通常对时间要求比较严格的事件，可以采用定时中断触发事件的方法。

软件设计通常也是采用模块化方法，在进行具体程序设计之前，要先进行单片机整个程序流程的总体规划，比如，哪些功能模块采用中断，哪些功能模块采用查询，哪些时间需要定时触发，哪些事件实时性要求较高，等等。然后列出主程序框架，为了便于修改和提高可读性，一般主程序内容安排较简洁，通过调用子程序（包括子程序嵌套）和管理中断实现软件功能。本阶段旨在完成各功能模块程序的设计与调试，调试方法可以采用软件模拟或者用仿真器在用户板上直接调试。源代码的编写要养成良好的习惯，如全局与局部变量、子程序输入/输出变量等的定义与规划、代码注释、变量与子程序名称定义规划等，看似细小的地方都会体现工程师扎实的基本功。

各功能模块调试完成后，要按照一定顺序与主程序形成完整的软件构架，编译链接后形成单片机可以接受的目标文件。系统调试的主要目的在于完整测试所有软件功能和软硬件衔接与配合状况，可以利用软件工程学中的软件测试方法对整个程序流程进行测试。软件测试一定要创造条件把程序所有功能模块、所有程序分支全部测试到位，这里还包括异常处理，如程序异常跑飞的处理、输入信号异常处理等，所有可能出现的情况均应进行测试，并通过软硬件手段进行归并处理，尽最大可能提高系统工作可靠性、降低系统死机概率，即使死机，也不要造成安全危害。性能指标测试主要根据产品设计要求，对系统的精度、准确性、响应速度、实时性等进行测试。如果性能测试达不到要求，则需要进行软件甚至硬件的改进或重新设计。一个产品的设计往往经过几轮的改进甚至完全重新设计才能达到预期效果。

软件设计与测试工作完成后，要进行必要的收尾工作，主要包括设备外壳、面板、其他零配件、包装的设计制造、设备的加密处理、设备的防水防尘处理、设备的屏蔽处理、设备的文档材料，如原理性描述、计算、设计心得、设计规格书、操作指导书等。全部准备就绪后，就可以拿到现场进行试运行，试运行主要是检验设备适应现场环境与工作条件的能力。试运行往往会暴露出各种各样意想不到的问题，需认真检查和改进，直到达到预期目标。单片机应用系统在进行批量生产时，由于元器件的批次不同，同批次元器件性能指标也有一定离散性，因此，不同设备之间仍会存在一定的差异，这种差异要控制在合理范围内，就必须严格控制元器件的质量，并通过各种可能方法弥补或校正这种差异。

单片机应用系统设计流程中的各个步骤并不一定非要按照先后顺序进行，特别是当硬件设计和软件设计由不同工程师完成时，有些步骤是可以并行处理的，如原理图设计完成后，软件工程师就可以进行程序设计了。

11.2.3 单片机应用系统的抗干扰设计

影响单片机应用系统稳定工作的因素有很多，如接地、屏蔽、隔离、滤波和反电动势控制等技术，必须给予充分重视。

1. 滤波技术

在以交流市电为电源的单片机应用系统中，有诸多影响单片机系统可靠性的因素，其

中以电源干扰最为严重。据统计，计算机应用系统的运行故障绝大部分是由电源噪声引起的，滤波技术就是抑制噪声干扰的。

1）直流电源干扰及其抑制

在直流电源回路中，负载的变化会引起电源噪声，例如，在数字电路中，当电路从一种状态转换为另一种状态时，就会在电源线上产生一个尖峰电流，形成瞬变的噪声电压。利用电容、电感等储能元件可以抑制因负载变化而产生的噪声，通常也把这种作用称为滤波或去耦。为了进行滤波或去耦，可在电源线的输入端并联两个电容，这在印制电路板上是经常看到的，如图 11-2 所示。其中 47μF 的电解电容是为抑制电源噪声中的低频分量；而 0.01μF 瓷介电容则是为抑制高频分量。当然，如果在电容的前面再加上一个电感，则滤波效果会更好。

2）交流电源干扰及其抑制

多数情况下，单片机应用系统都使用交流 220V、50Hz 的电源供电。在工业现场中，生产负荷的经常变化、大型用电设备的启动和停止，往往要造成电源电压的波动，有时还会产生尖峰脉冲，如图 11-3 所示。这种高能尖峰脉冲的幅度约在 50～4000V 之间，持续时间为几毫微秒。它对计算机应用系统的影响最大，能使系统的程序跑飞或使系统造成死机。因此，一方面要使系统尽量远离这些干扰源；另一方面要采用浪涌电压和电流的抑制措施，如压敏电阻、瞬态抑制二极管等。

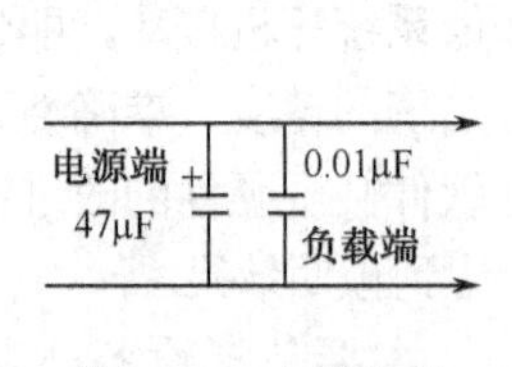

图 11-2　去耦电容

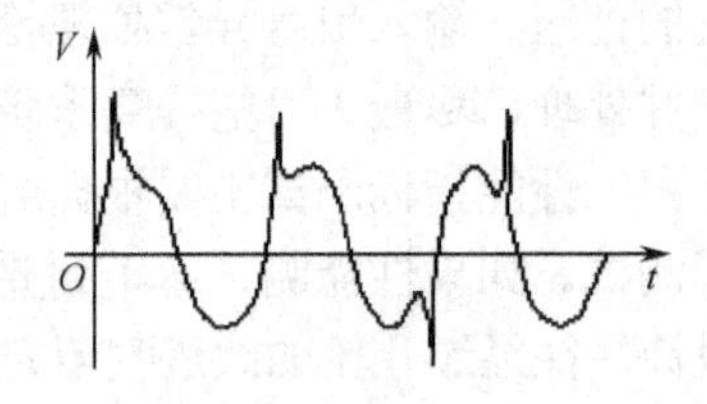

图 11-3　浪涌电压

2．接地技术

在单片机应用系统中，接地是一个非常重要的问题。接地问题处理得正确与否，将直接影响系统的正常工作。

1）接地种类

有两种接地方法：一种是为人身或设备安全目的，而把设备的外壳接地，这种接地称为外壳接地或安全接地；另一种是为电路工作提供一种公共的电位参考点，这种接地称为工作接地。外壳接地是真正的接地，要实实在在把机壳与大地连接，以使漏到机壳上的电荷能及时泄放到大地上去，这样才能确保人身和设备的安全。外壳接地的接地电阻应当尽可能低，因此在材料及施工方面均有一定的要求。外壳接地是十分重要的，但实际上往往又为人们所忽视。工作接地是为电路工作需要而进行的。在许多情况下，工作地不与设备外壳相连，因此工作地的零电位参考点（工作地）相对地球的大地是浮空的，所以也把工作地称为“悬浮地”。

2）接地系统

对于一个较大的单片机系统，应根据信号电压和电流的大小，以及电源的类别等分类接地，构成一个完整的接地系统，接地系统通常有三类接地内容。一是机壳地，包括系统中所有机架、箱体等金属构成的接地，即所谓安全地；二是弱信号地，即把系统中的小信号回

路、控制回路、逻辑回路及它们的直流电源等连在一起接地，实际上就是工作地；三是功率地，即把系统中的继电器、电磁阀及它们的驱动电源等连在一起构成功率地。这些电路往往功率较大，成为干扰弱信号回路的噪声源，因此功率电路与弱信号电路之间通常采用电气隔离措施（光耦合器、变压器等），两者地线一般不可混接，如图 11-4 所示。如果弱信号电路与功率电路（如大功率压控恒流电路）之间无法进行电气隔离，则两者也必须采用独立的电源供电，并在单点连在一起，不能像图 11-5 那样接地，这样会使 AB 间存在的阻抗产生噪声干扰，影响弱电回路。

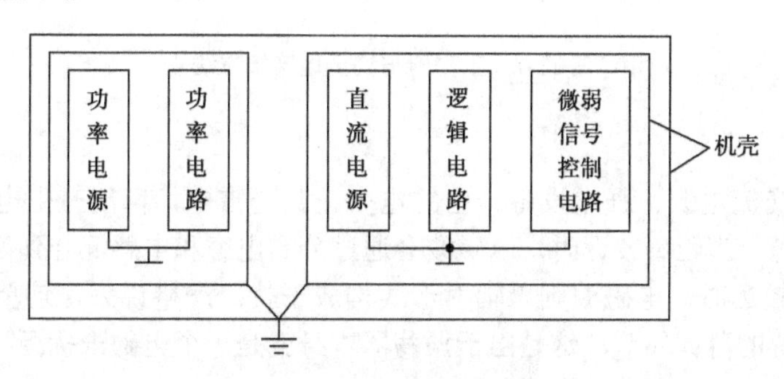

图 11-4　正确接地方法

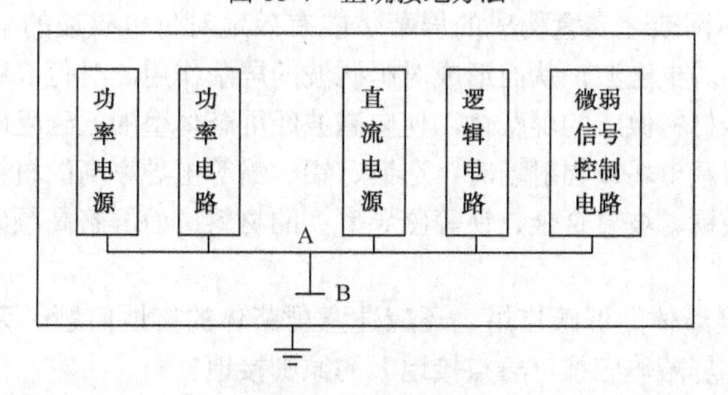

图 11-5　错误接地方法

在数字与模拟电路混合设计中，数字地一般指 TTL 或 CMOS 芯片、I/O 接口电路芯片、CPU 芯片等数字逻辑电路的接地端，以及 A/D、D/A 转换器的数字地；模拟地是指放大器、采样保持器和 A/D、D/A 转换器中模拟信号的接地端。在单片机系统中，数字地和模拟地应分别接地。即使是一个芯片上有两种地也要分别接地，然后在一点处把两种地连接起来，否则，数字回路通过模拟电路的地线再返回到数字电源，将会对模拟信号产生影响。电路设计中，旁路电容的地线要尽量短；功率地通过电流较大，布线应较宽，必须与小信号地分开。为了减少信号回路的电磁干扰，送入单片机的信号有时需要采用双绞线或同轴电缆。当采用带屏蔽的双绞线时，还应注意屏蔽体和工作地的良好连接，而且这种连接只能在信号源侧一个点接地；否则屏蔽体两端就会形成环路，在屏蔽体上产生较大的噪声电流，从而在双绞线上感应出噪声电压。屏蔽体的正确接地如图 11-6 所示。

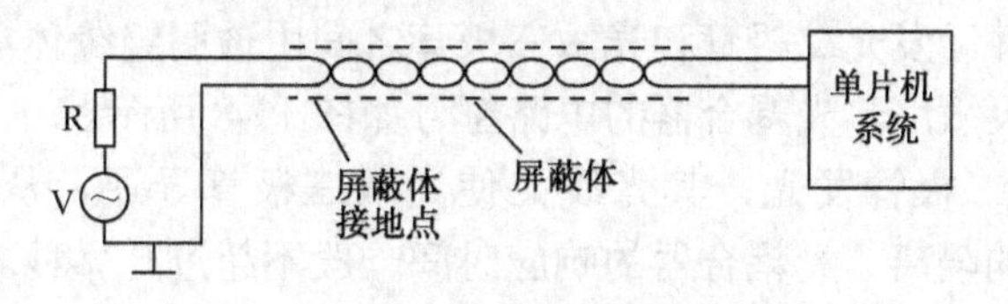

图 11-6　屏蔽体接地方法

当需要把工作地与安全地连在一起时，对于两个以上设备应注意工作地与安全地只能在一点连接，如图 11-7（a）、（b）所示。

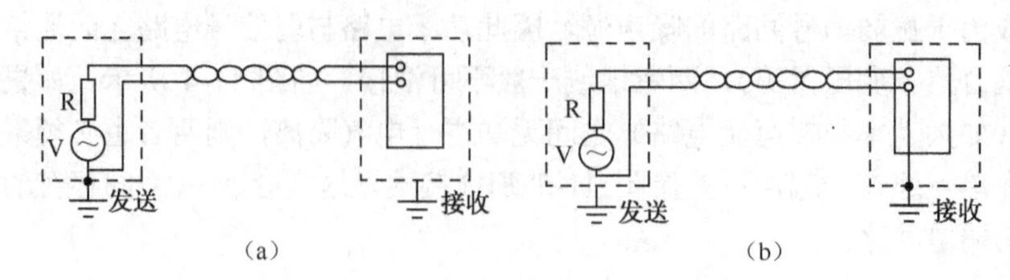

图 11-7　工作地与安全地连接方法

3．屏蔽技术

高频电源、交流电源、强电设备产生的电火花甚至雷电，都能产生电磁波，从而成为电磁干扰的噪声源。当距离较近时，电磁波会通过分布电容和电感混合到信号回路而形成电磁干扰；当距离较远时，电磁波则以辐射形式构成干扰。严格说来，连单片机使用的振荡器，也是电磁干扰的薄弱环节。这是出于振荡器本身就是一个电磁干扰源，同时它又极易受其他电磁干扰的影响，破坏单片机的正常工作。

以金属板、金属网或金属盒构成的屏蔽体能有效地对付电磁波的干扰。屏蔽体以反射方式和吸收方式来削弱电磁波，从而形成对电磁波的屏蔽作用。对付低频电磁波干扰的最有效方法是选用高导磁材料做成的屏蔽体，使电磁波经屏蔽体壁的低磁阻磁路通过，而不影响屏蔽体内的电路。屏蔽电场或辐射场时，选铜、铝、钢等电导率高的材料做屏蔽体；当屏蔽低频磁场时，选择磁钢、坡莫合金、铁等磁导率高的材料；而屏蔽高频磁场则应选择铜、铝等电导率高的材料。

为了有效发挥屏蔽体的屏蔽作用，还应注意屏蔽体的接地问题，为了消除屏蔽体与内部电路的寄生电容，屏蔽体应按“一点接地”的原则接地。

4．隔离技术

隔离包括物理隔离和光电隔离两种。

1）物理隔离

物理隔离是指对低压小信号的隔离。其信号连线应尽量远离高压大功率的导线，以减少噪声和电磁场的干扰。为了实现物理隔离，即使在同一设备的内部也应当把这两类信号导线分开走线。远距离走线时，更应注意把信号电缆和功率电线分开，并保持一定的距离。必要时还可以用钢管把它们分别套起来，以增加屏蔽效果。

2）光电隔离

光电隔离的目的是割断两个电路的电气联系，使之相互独立，从而也就割断了噪声从一个电路进入另一个电路的通路。

光电隔离是通过光耦合器实现的。光耦合器是把一个发光二极管和一个光敏三极管封装在一个外壳里的器件。发光二极管和光敏三极管之间用透明绝缘体填充，并使发光管和光敏管对准，以提高其灵敏度。光耦合器的电路符号如图 11-8 所示。

输入信号使发光二极管发光，其光线又使光敏三极管导通，从而既完成了信号的传递，又实现了电气上的隔离。光耦合器的响应时间一般不超过几微秒。光耦合器的输入端与输出端在电气上是绝缘的，且输出端对输入端也无反馈，因而具有隔离和抗干扰两方面的独特性能。通常使用光耦合器是为实现以下两个主要功能：首先是电平转换，如图 11-9 所示，TTL 电路与 28V 电源电路之间不需要另加匹配电路就可以传输信号，从而实现了电平转换；其次是隔离，由于控制信号电路（光耦合器的左侧）与接收电路（光耦合器的右侧）之间被隔离，两侧采用不同的电源回路，因此，隔离了电气噪声在两侧电路的串扰，提高了抗干扰能力。

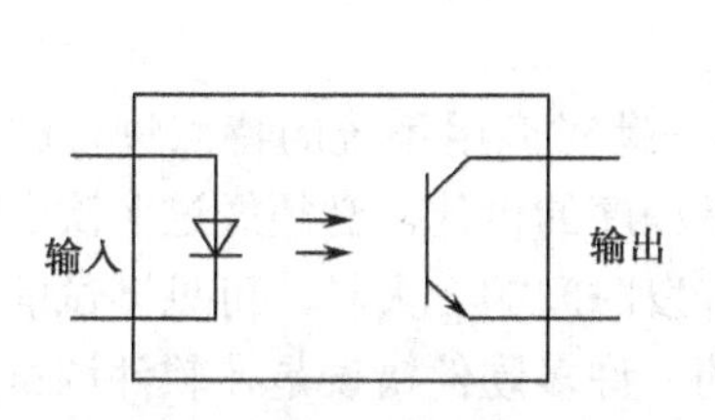

图 11-8 光耦合器电路符号

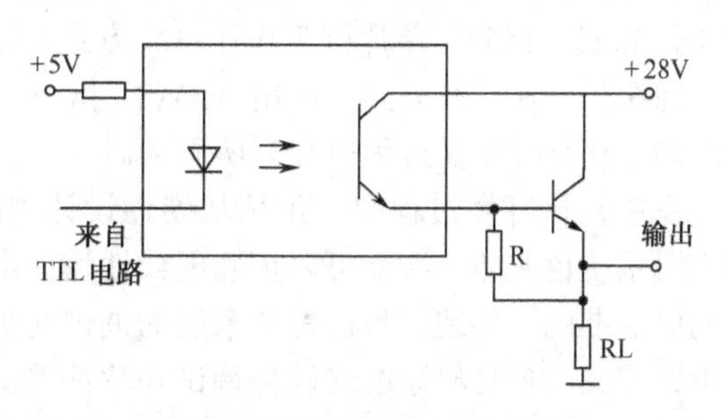

图 11-9 电平转换

5. 反电势干扰及其抑制技术

在单片机的应用系统中，常使用诸如继电器、电动机、电磁阀等具有较大电感量的元件或设备。当电感回路的电流被切断时，会产生很大的反电势而形成噪声干扰。这种噪声不但能产生电磁场干扰其他回路，甚至还可能击穿电路中晶体管之类的器件。对于反电势干扰，可采用下列措施加以抑制。

❶ 如果通过电感线圈的是直流电流，可在线圈两端并联二极管和稳压管，如图 11-10 所示。稳定工作时，并联支路被二极管 VD 阻断而不起作用；当三极管 VT 由导通变为截止时，在电感线圈两端产生反电势 e，此电动势可在并联支路中流通，因此 e 的幅值被限制在稳压管 VS 的工作电压范围之内，并被很快消耗掉，从而抑制了反电势的干扰。

❷ 如果把稳压管换为电阻，同样可以达到抑制反电势的目的，因此也适用于直流驱动线圈的电路。电阻的阻值范围可以从几欧姆到几十欧姆。

❸ 反电势抑制电路也可由电阻和电容组成，如图 11-11 所示。适当选择 R、C 参数，也能获得较好的耗能效果。这种电路不仅适用于交流驱动的线圈，也适用于直流驱动的线圈。

❹ 反电势抑制电路不但可以接在线圈的两端，也可以接在开关的两端，用于吸收火花。

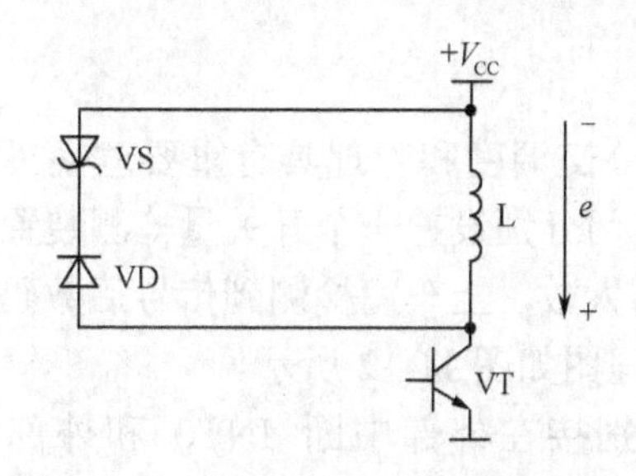

图 11-10 稳压管吸收反电势

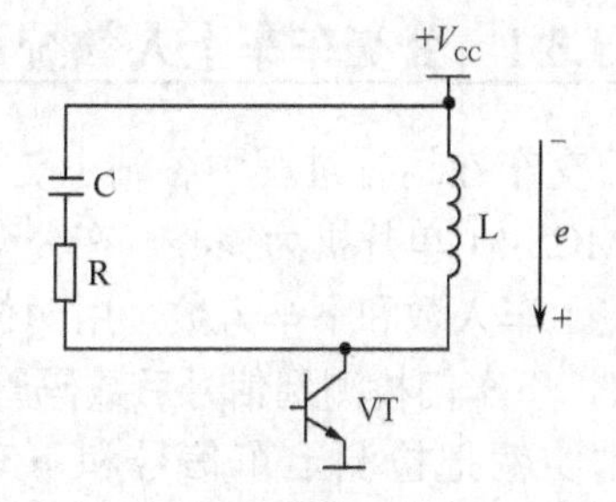

图 11-11 阻容器件吸收反电势

11.2.4 仿真与调试

单片机应用系统的仿真与调试过程所需时间与项目的难度和复杂度有直接关系。为了

提高仿真调试的速度和效率，往往先进行软件仿真，再用仿真器在目标板上进行在线仿真，在线仿真过程又可分为单步、连续等多种调试方法。**MCS-51 系列单片机主要有两种工作方式：一种是总线工作方式**，在该方式下，P0 口和 P2 口用于地址/数据总线，P3 口主要用于第二功能，P1 口作为主要的 I/O 口；**另一种是 I/O 口方式**，在该方式下，所有 P0、P1、P2、P3 口均为一般 I/O 口。通常有外扩程序存储器 ROM、数据存储器 RAM 以及 I/O 口芯片（如 Intel 8155），单片机工作在总线方式，没有外扩上述芯片时为 I/O 口方式，两者的明显区别在于，在总线方式下使用 MOVX 指令，而 I/O 口方式下不使用该指令。工作方式不同，编程和硬件仿真过程也会有所不同。

在单片机开发过程中，虽然从硬件设计到软件编写都是针对应用系统的特点进行的，但应用系统也并非一次就可以正确无误地设计出来，尤其是程序的设计，必须经过多次调试才能保证准确无误地工作。每个系统的调试几乎占去了总开发时间的一大半，可见调试的工作量比较大。单片机系统的硬件调试和软件调试是分不开的，许多硬件错误是在软件调试中被发现和纠正的，但通常是先排除明显的硬件故障后，再和软件结合起来调试以进一步排除故障。可见硬件的调试是基础，如果硬件调试不通过，软件调试则无从做起。

MCS-51 单片机虽然功能很强，但它也只是一块芯片，既没有键盘、LED 显示器，也没有任何系统开发软件，实现编辑、汇编、调试程序等。由于单片机本身没有自开发能力，因此，编制应用软件对硬件电路进行诊断、测试等工作就必须借助仿真开发工具。这些仿真工具可以模拟用户实际使用的单片机，并且能随时观察运行的中间过程而不改变运行中的数据和结果，从而模拟现场的仿真调试。完成仿真调试的开发工具就是单片机在线仿真器。一般也把仿真工具和开发工具统称为仿真开发系统。

11.3 单片机应用系统设计实例

单片机又称微控制器或称为嵌入式微控制器，其应用领域十分广泛，包括面广量大的家用电器，体积小功能各异的仪器仪表，信息通信领域中的广播电视、计算机网络、电话、传真、对讲机、手机等，军事、工业、农业、交通、运输、纺织、航空航天、机器人等自动控制领域的应用。在上述相关设备中，单片机是控制核心，是实现智能化的心脏和大脑，下面介绍几个单片机控制系统的实例。

11.3.1 公交车车上人数统计器

公交车在运行过程中各站上、下车人数的统计对公交调度和管理具有重要意义。本实例以 MCS-51 单片机为核心，在公交车的上车门和下车门分别设置一个开关量检测装置，用于检测上车人数和下车人数，用两位数码管显示车上的人数，上车门检测到信号后数码管显示加 1，下车门检测到信号后数码管显示减 1。电路原理图如图 11-12 所示。

本实例把检测上车信号和下车信号的开关量分别接在外部中断 INT0 和外部中断 INT1 上。假设车上人数不会超过 99 人，显示范围在 0～99 之间。在程序中设置一计数器，用于实时计数当前车上的人数，初始化时清零。每上一个人计数器加 1，每下一个人计数器减 1，均在中断程序中实现。主程序主要实时显示计数器的值。以下是程序清单，采用 C51 编写。

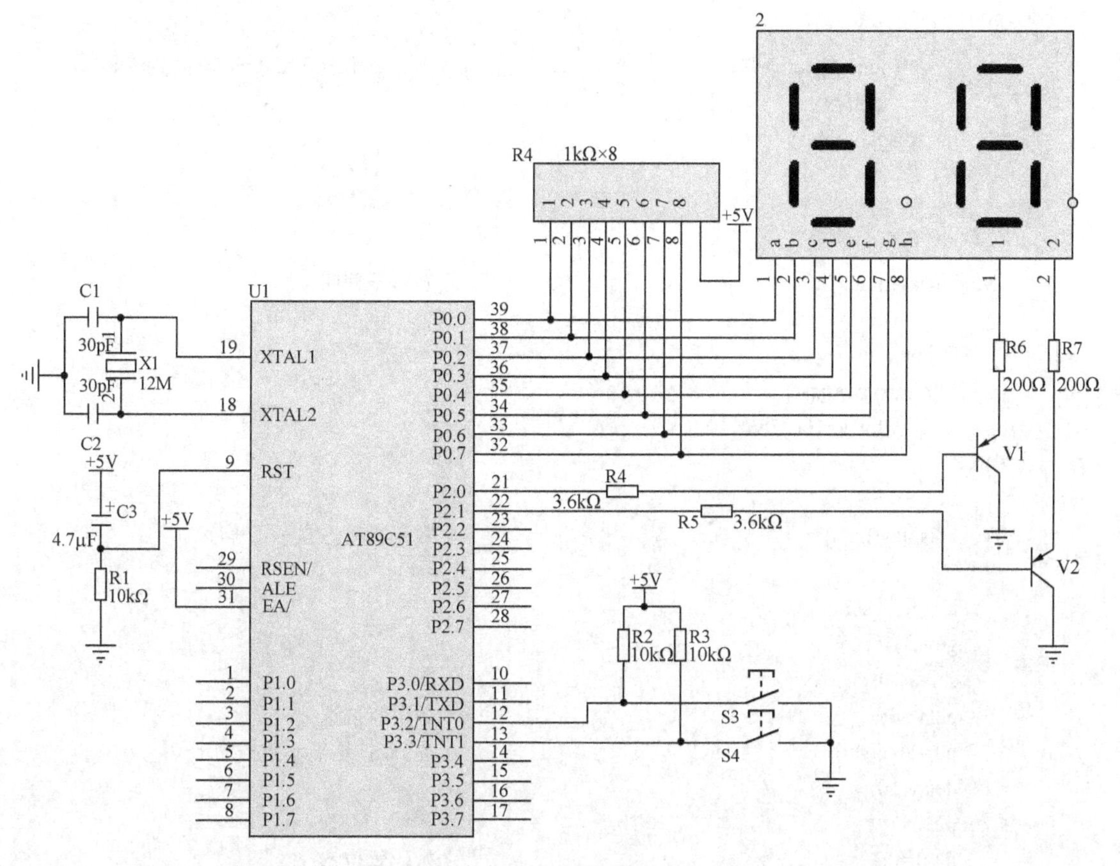

图 11-12　公交车车上人数统计器原理图

```
#include<reg51.h>
#define uint unsigned int
#define uchar unsigned char
int num;
uchar code table[]={  0x3f,0x06,0x5b,0x4f,              ;显示数据表
                      0x66,0x6d,0x7d,0x07,
                      0x7f,0x6f,0x77,0x7c,
                      0x39,0x5e,0x79,0x71     };
                                                        ;函数声明
void delay(uint z);
void display(int a);

void main( )
{
     EA=1;                                              ;开总中断
     EX0=1;                                             ;开外部中断 0
     EX1=1;                                             ;开外部中断 1
     IT0=1;                                             ;下降沿触发
     IT1=1;
     num=0;
     while(1)
```

```
        {
          if(num<0||num>99)                          ;当计数小于 0 或大于 99 时则清零
              num=0;
          display(num);
        }
}

void delay(uint z)                                   ;延时子程序
{
        uint x,y;
        for(x=z;x>0;x--)
              for(y=100;y>0;y--);
}

void display(int a)                                  ;数码管动态显示子程序
{
  uint   ge,   shi;
    ge=a%10;
    shi=a/10;
    p2^0=0;                                          ;数码管位选
    p0=table[shi];                                   ;向 p0 口送显示数据的十位
    delay(10);
    p2^0=1;
    p2^1=0;                                          ;数码管位选
    p0=table[ge];                                    ;向 p0 口送显示数据的个位
    p2^1=1;
}

void exter0( ) interrupt 0                           ;外部中断 0
{
        num++;
}

void exter1( ) interrupt 2                           ;外部中断 1
{
        num--;
}
```

11.3.2 数字电压表

利用 ADC0809 实现测量值为 0～5V 的电压，基准电压采用+5V 电源电压。由于 ADC0809 为 8 位 A/D 转换器，则 A/D 采样的最小分辨电压为 5V/256=0.02V，即 20mV。由此可知，显示的电压值只要小数点后保留两位即可。本实例采用 4 位数码管显示，其中最左边为符号位，依次显示电压的个位和十分位、百分位。由于本例输入的参考电压范围均为正值，因此，符号位不显示即可。小数点在个位数码管上，保持不变，电路原理图如图 11-13 所示。

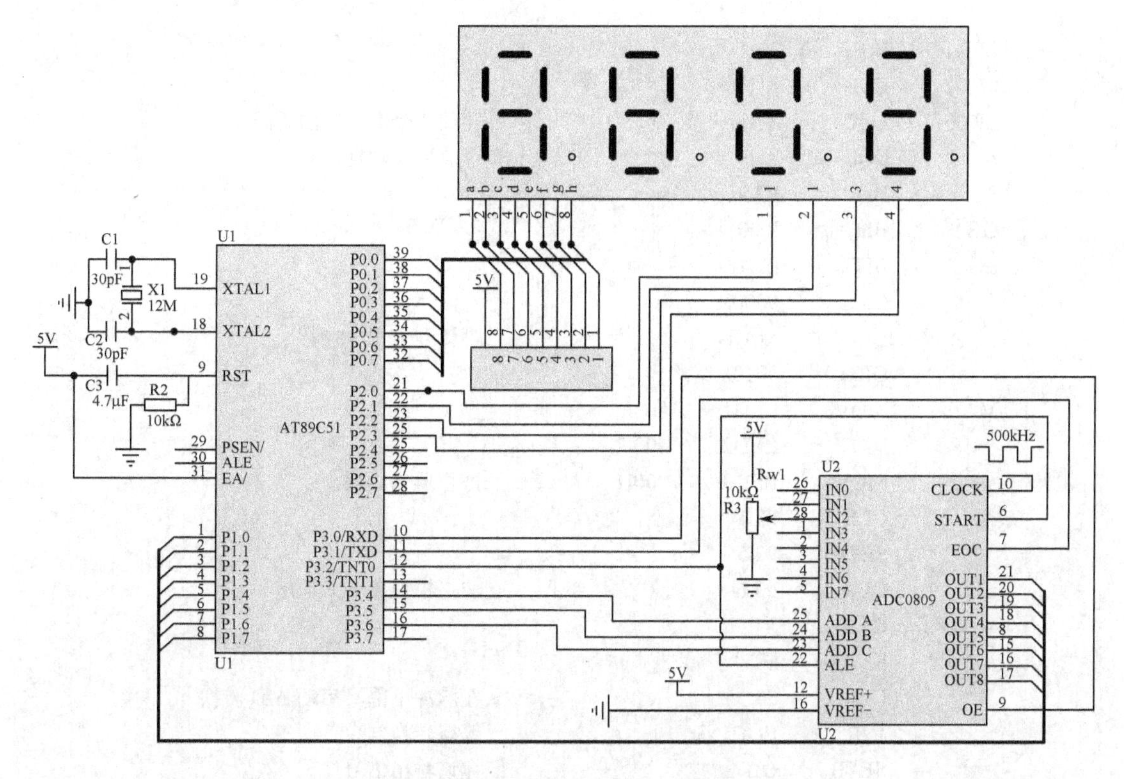

图 11-13 数字电压表电路原理图

为了实时显示采样电压值，必须对采集到的数字量进行处理，并提取电压的个位、十分位和百分位后才能显示。本实例显示值最小分辨率为 0.01V，设采集到的 8 位数字量为 x，则对应的电压值为

$$V_x = \frac{x}{256} \times 5\text{V}$$

V_x 单位为 V，为了得到十分位和百分位值，可以对上式乘以 100，这样所得数值的整数部分就是以 10mV 为单位的电压值，提取该整数的百位、十位和个位，就分别得到了实际电压的个位、十分位和百分位。按照这种算法编程序，涉及无符号 2 字节乘法运算和 2 字节除法运算，比较麻烦。如果精度要求不是特别高，可以采用简化方法，即

$$V_x = \frac{x}{256} \times 5\text{V} \approx \frac{x}{50}\text{V}$$

得到的整数部分就是采样电压的个位值，得到的余数再除以 5，结果的整数部分为十分位，结果的余数即为百分位。算法非常简单，但误差相对较大，相对误差约为 2%。本程序采用该算法编写。程序流程图如图 11-14 所示。

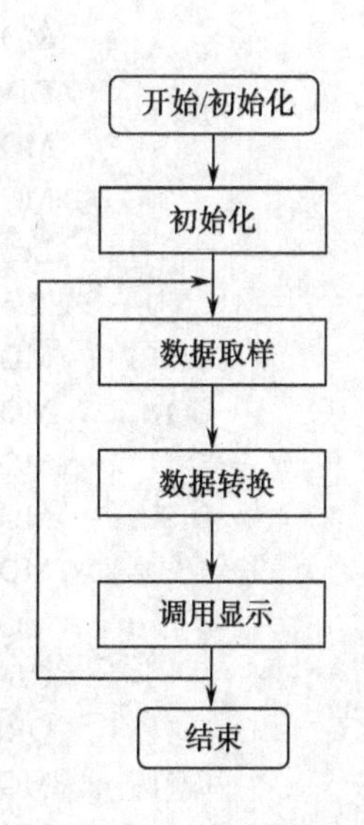

图 11-14 程序流程图

依据程序流程图就可以进行编程与调试。程序先定义了 ADC0809 的控制线，对其控制端口要注意的是操作时序。汇编程序清单如下：

```
LED1    EQU    30H
LED2    EQU    31H
LED3    EQU    32H                       ; 存放 3 个数码管的段码
ADC     EQU    35H                       ; 存放采样数据
ST      BIT    P3.2
OE      BIT    P3.0
EOC     BIT    P3.1
        ORG    0000H
        LJMP   MAIN                      ; 跳转到主程序执行
        ORG    0030H
MAIN:   MOV    LED1,   #00H
        MOV    LED2,   #00H
        MOV    LED3,   #00H              ; 寄存器初始化
        CLR    P3.4
        SETB   P3.5
        CLR    P3.6                      ; 选择模拟量输入通道
WAIT:   CLR    ST
        SETB   ST
        CLR    ST                        ; 在脉冲下降沿启动 A/D 转换
        JNB    EOC，$                    ; 等待转换结束
        SETB   OE                        ; 允许输出信号
        MOV    ADC，   P1                ; 暂存模数转换结果
        CLR    OE                        ; 关闭输出
        MOV    A，     ADC
        MOV    B，     #50
        DIV    AB
        MOV    LED1，  A                 ; 个位值送显示缓冲区 LED1
        MOV    A，     B
        MOV    B，     #5
        DIV    AB
        MOV    LED2，  A                 ; 将十分位值送 LED2
        MOV    LED3，  B                 ; 最后的余数作百分位值送 LED3
        LCALL  DISP                      ; 调用显示程序
        AJMP   WAIT
DISP:   MOV    R1，#LED1
GO:     MOV    R2，#3                    ; 显示位数赋初值，用到 3 位数码管
        MOV    R3，#0FDH                 ; 扫描初值送 R3
DISP1:  MOV    A，     @R1               ; 显示值送 A
        MOV    DPTR，  #TAB              ; 送表首地址给 DPTR
        MOVC   A，  @A+DPTR              ; 查表取段码
        CJNE   R2，#3，GO1               ; 判断是否个位数码管否，则跳到 GO1
        ORL    A,#80H                    ; 将整数的数码管显示小数点
GO1:    MOV    P0，A                     ; 送段码给 P0 口
        MOV    A，R3
        MOV    P2，A                     ; 送位码给 P2 口
        LCALL  DELAY                     ; 调用延时
```

```
           RL      A
MOV        R3，    A
           INC     R1                    ；改变位码
           DJNZ    R2，DISP1             ；3 位是否显示完？否，则跳到 DISP1
           RET
DELAY：    MOV     R6，#10
    D1：   MOV     R7，#250
           DJNZ    R7，$
           DJNZ    R6，D1
           RET
TAB：      DB 3FH，06H，5BH，4FH，66H    ；共阴极数码管的显示码表 0、1、2、3、4
           DB 6DH，7DH，07H，7FH，6FH    ；共阴极数码管的显示码表 5、6、7、8、9
           END
```

11.3.3　水塔水位控制器

水塔水位低到一定限值后启动水泵注水，水位高到一定限值后，停止水泵供水。电路原理图如图 11-15 所示。水塔中虚线表示允许水位变化的上、下限。在正常的情况下，应保持水位在虚线范围之内。为此，在水塔的不同高度安装 3 根金属棒，以感知水位变化情况。其中 B 棒处于下限水位，C 棒处于上限水位，A 棒处于 B 棒之下。A 棒接 5V 电源，B 棒、C 棒各通过一个电阻与地相连。

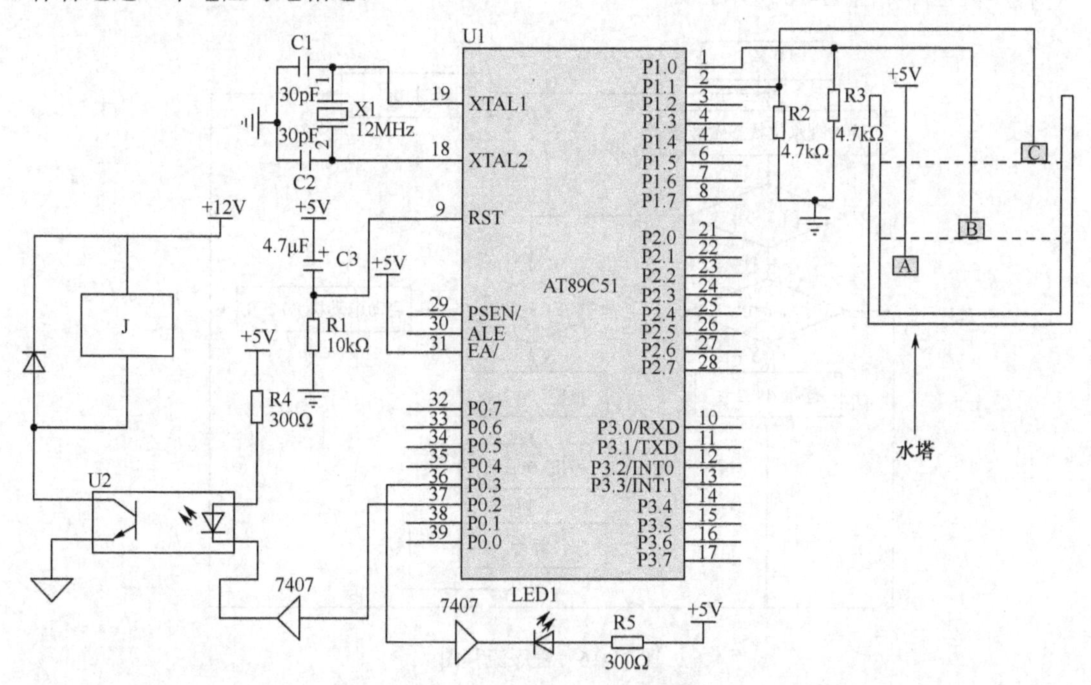

图 11-15　水塔水位控制器原理图

水塔由电动机带动水泵供水，单片机控制电动机转动以达到对水位控制的目的。供水时，水位上升，当达到上限时，由于水的导电作用，B 棒、C 棒连通 5V 电源。因此，B、C 两端为“1”状态，这时应停止电动机和水泵的工作，不再给水塔供水。

当水位降到下限时，B 棒、C 棒都不能与 A 棒导电，因此 B、C 两端均为“0”状态。这时应启动电动机，带动水泵工作，给水塔供水。

当水位处于上下限之间时，B 棒与 A 棒导通。因 C 棒不能与 A 棒导通，B 端为 1 状态，C 端为 0 状态。这时，无论是电动机已在带动水泵给水塔加水使水位上升，还是电动机没有工作，用水使水位下降，都应继续维持原有的工作状态。

本例选用 AT89C51 单片机，由于其内部有 4K 的 E^2PROM，且容量对本项目已足够使用，因此不需要再扩展程序存储器。两个水位信号由 P1.0 和 P1.1 输入，这两个信号共有四种组合状态，见表 11-1。其中第三种组合（B：0，C：1）在正常情况下是不可能发生的，但在设计中还是应该考虑到，并作为一种故障状态。控制信号由 P0.2 端输出，去控制电动机；为了提高控制的可靠性，使用了光电耦合。由 P0.3 端输出报警信号，驱动 1 只发光二极管进行光报警。

表 11-1　水位信号的四种组合状态

C（P1.1）	B（P1.0）	操　作
0	0	电动机运转
0	1	维持原状
1	0	故障报警
1	1	电动机停转

程序流程图如图 11-16 所示。

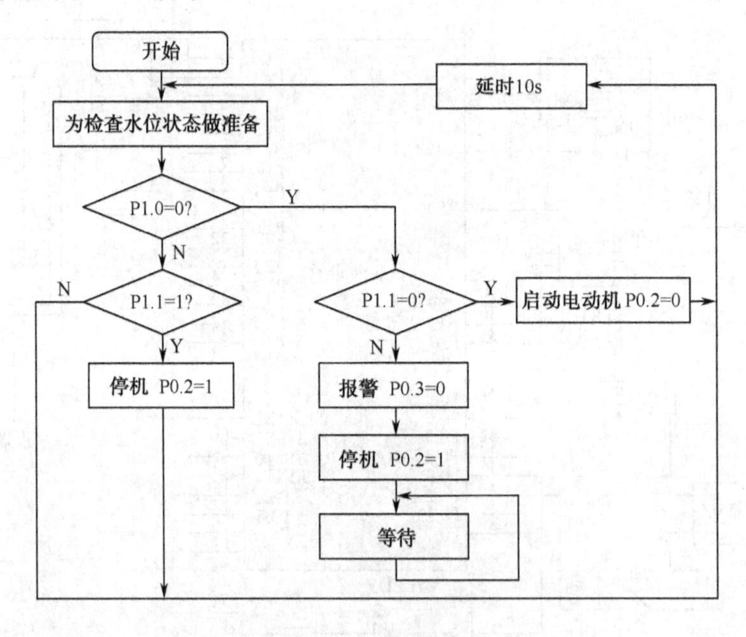

图 11-16　程序流程图

依据程序流程，程序清单如下，采用 C51 编写调试。

```
#include<reg51.h>
#define uint unsigned int
#define uchar unsigned char
void delay(uint z);                                    ;子函数声明
```

```
void main( )
{  p0^2=1;
   P0^3=1;
   P1^0=1;
   P1^1=1;
   while(1)
   {
     if(p1^0= =0)
     {
       if(p1^1= =0)
            p0^2=0;                          ;启动泵
       else
         {
            p0^3=0;                          ;报警
            p0^2=1;
            while(1);                        ;死等
         }
     }
     else if(p1^1=1)
            p0^2=1;                          ;停止泵
     delay(10000);
   }
}

void delay(uint z)                           ;延时子程序
{
     uint x,y;
     for(x=z;x>0;x--)
          for(y=100;y>0;y--);
}
```

本章小结

本章主要讲述单片机应用系统的设计步骤、单片机应用系统的硬件设计、软件设计、仿真与调试等，重点介绍了滤波、屏蔽、接地、反电动势抑制等硬件抗干扰措施。最后通过简单实例说明单片机应用系统的设计过程。期望基于此，读者能够对单片机应用系统的设计有所感悟。由于单片机应用系统的设计必须从产品整体结构造型、硬件、软件、成本等多方面综合考虑，涉及的设计细节很多，相对而言，开发周期较长，常常需要反复修改，才能达到预期效果。

思考题和习题

11.1　请简要说明单片机应用系统的设计步骤。

11.2　单片机应用系统硬件设计一般包括哪些内容？

11.3　单片机应用系统软件设计一般包括哪些内容？

11.4　请简要阐述单片机应用系统仿真调试与下载编程的主要目的。

11.5　单片机应用系统设计过程中，主要采取哪些硬件抗干扰措施？

11.6　什么是工作地？什么是安全地？

11.7　去耦电容的作用是什么？怎样确定去耦电容的参数？

11.8　在设计继电器、电磁阀等电感类器件的驱动电路时，必须注意什么？

11.9　防止电气串扰时常采用哪些隔离措施？

11.10　常用的 MCS-51 单片机开发软件有哪些？

11.11　请自行设计一自动门控制装置，人在距门 1m 内时，门自动打开，人离开时自动关闭。

11.12　对 11.11 题分别采用 C51 和汇编进行编程，体会两者的异同。

*第12章 Proteus电路设计与仿真软件

【知识点】

☆ Proteus 软件概述（Proteus 软件的功能、软件主界面、系统资源）

☆ 用 Proteus 绘制单片机电路原理图（基本编辑工具、绘制原理图）

☆ Proteus 单片机电路仿真（利用集成编译器仿真、利用 KEIL 辅助 Proteus 仿真）

12.1 Proteus 软件概述

Proteus 是英国 Labcenter Electronics 公司开发的 EDA（Electronic Design Automation）工具软件，是目前应用较广的一款电子设计仿真软件。在 Proteus 中，从原理图设计、单片机编程、系统仿真到 PCB（Printed Circuit Board）设计一气呵成，真正实现了从概念到产品的完整设计。

Proteus 软件与现有的其他电路设计仿真软件最大的不同就在于它集成了多种电子设计与仿真功能。其电路原理图设计及 PCB 电路制版功能可以和 Protel 等电路设计软件相媲美；其电路仿真功能丝毫不逊色于 Multisim；独特的单片机仿真功能则是其他仿真软件所不具备的。Proteus 是目前最好的单片机及外围器件仿真工具，适合广大单片机爱好者及单片机开发人员用于辅助电子设计。

Proteus 目前的最新版本为 Proteus 8，软件各版本的界面风格差异不大，只是在功能完善性、支持的元器件模型等方面，做了一定的提升。本书未采用最新版本的 Proteus 软件，所有示例仍基于 Proteus 7.8 SP2 环境。

12.1.1 Proteus 软件功能

Proteus 具有原理图编辑、印制电路板（PCB）设计、电路仿真及单片机协同仿真功能。通过 Proteus 软件的 VSM（虚拟仿真模式），用户可以对模拟电路、数字电路、模数混合电路、单片机及外围元器件等电子线路进行系统仿真。

Proteus 的最大特色在于它提供了实验室无法相比的大量元器件库，提供了修改电路设计的灵活性，提供了实验室在数量、质量上难以相比的虚拟仪器、仪表。软件中的元器件、连接线路等和传统的单片机实验硬件对应，在相当程度上替代了传统的单片机实物实验的功能，例如，元器件选择、电路连接、电路检测、电路修改、软件调试、运行结果等均可在 Proteus 软件中直接操作和获得。

目前，仿真已成为验证设计的重要手段。实践证明，使用 Proteus 进行系统仿真具有设计灵活、设计周期短、设计成本较低等特点。在仿真验证之后再进行实物制造，可大大降低工程风险，极大地提高了设计效率。因此，Proteus 具有较高的推广利用价值。

1）电路原理图设计

Proteus 拥有巨大的元件库资源，用户可以通过分类查找或者模糊搜索，快速定位所需要的元件，以调用所需元件；在电气连线方面，Proteus 是非常智能的，并且支持总线的形式连线，这使得电路设计简明清晰，电气连线简单快捷，大大缩短了绘图时间；另外值得一提的是，Proteus 可以输出 BMP 或者 PDF 等格式的高质量图纸。

2）电路仿真功能

基于工业标准 SPICE3F5 的 ProSPICE 混合仿真，提供了丰富的测试信号用于电路的测试，这些测试信号包括模拟信号和数字信号，可实现数字/模拟电路混合仿真。进行电路仿真时，**软件用色点来显示引脚的数字电平，导线以不同颜色表示其对地电压大小，蓝色代表低电平，红色代表高电平**。Proteus 元件库中有众多的动态器件（如可显示电荷的电容、可以闪烁的 LED 灯、按钮等），这些器件的使用使得仿真更加直观、生动。此外，Proteus 还可以进行高级图形仿真功能（ASF），这种基于图标的分析可以精确分析电路的多项指标，包括工作点、瞬态特性、频率特性、传输特性、噪声、失真、傅里叶频谱分析等。

3）单片机协同仿真功能

Proteus 支持 UART/USART/EUSARTs 仿真、中断仿真、SPI/I^2C 仿真、MSSP 仿真、PSP 仿真、RTC 仿真、ADC 仿真、CCP/ECCP 仿真等。Proteus 支持单片机汇编语言的编辑/编译/源码级仿真，内置 8051、AVR、PIC 的汇编编译器，也可以与第三方集成编译环境（如 IAR、KEIL 和 Hi-tech）结合，进行高级语言的源码级仿真和调试。

在 Proteus 中绘制好原理图后，双击单片机芯片，载入内置编译器或者第三方编译器已编译好的目标代码文件【*.hex】，运行仿真，即可在 Proteus 原理图中模拟实物演示实验的效果，将单片机实例形象地展示出来。此外，Proteus 还支持与 KEIL 软件实现联调，即可以在 KEIL 中调试程序的同时，实时查看 Proteus 中的仿真效果。

4）实用的 PCB 设计平台

PCB 设计平台是一个从原理图到 PCB 的快速通道。原理图设计完成后，用户可方便地转入 ARES 的 PCB 设计环境，轻松地实现从概念到产品的完整设计。该平台和大多数 PCB 设计软件一样，具有先进的自动布局/布线功能，支持引脚交换/门交换功能，使 PCB 设计更为合理。最多可设计 16 个铜箔层、2 个丝印层、4 个机械层（含板边），提供灵活的布线策略，支持规则检查和 3D 可视化预览。支持Gerber 文件的导入或导出，可输出多种格式的 PCB 设计文件，便于与其他 PCB 设计工具（如 Protel）进行互转和 PCB 的制造。

12.1.2 Proteus 7.8 软件主界面

图 12-1 【ISIS 7 Professional】和【ARES 7 Professional】快捷图标

Proteus 软件可运行于 Windows 操作系统上，是一款相对小巧的 EDA 软件，包含 ISIS 和 ARES 两部分应用软件，软件安装完毕后，将会在桌面创建【ISIS 7 Professional】和【ARES 7 Professional】快捷图标，如图 12-1 所示。

在图 12-1 中，Proteus ISIS 是一款智能的原理图输入和仿真平台软件，拥有强大的原理图编辑功能，可仿真、分析各种模拟器件和集成电路；Proteus ARES 是一款高级 PCB 设计软件平台，可进行 PCB 的布线编辑和三维预览，生成电路布线图文件，还可利用各种图形输出设备，如打印机或者绘图仪等输出电路板的布线图。双击【ISIS 7

Professional】和【ARES 7 Professional】的快捷图标，即可对应地打开 Proteus ISIS 或 Proteus ARES 编辑环境，软件的启动界面如图 12-2 所示。

图 12-2 Proteus 7 Professional 启动界面

1．Proteus ISIS 主界面

双击桌面【ISIS 7 Professional】快捷图标，进入 Proteus ISIS 编辑环境，如图 12-3 所示。Proteus ISIS 的编辑环境类似于多数运行在 Windows 环境下的软件一样，其主界面从上到下依次是标题栏、菜单栏、标准工具栏和主窗口。其中主窗口的左侧工具栏为基本绘图工具箱、2D 图形模式按钮、方向控制按钮，左上方为预览窗口，左下方为对象选择按钮和对象选择器窗口（元器件列表区），右侧区域为图形编辑窗口，最下方为仿真进程控制按钮和状态栏。

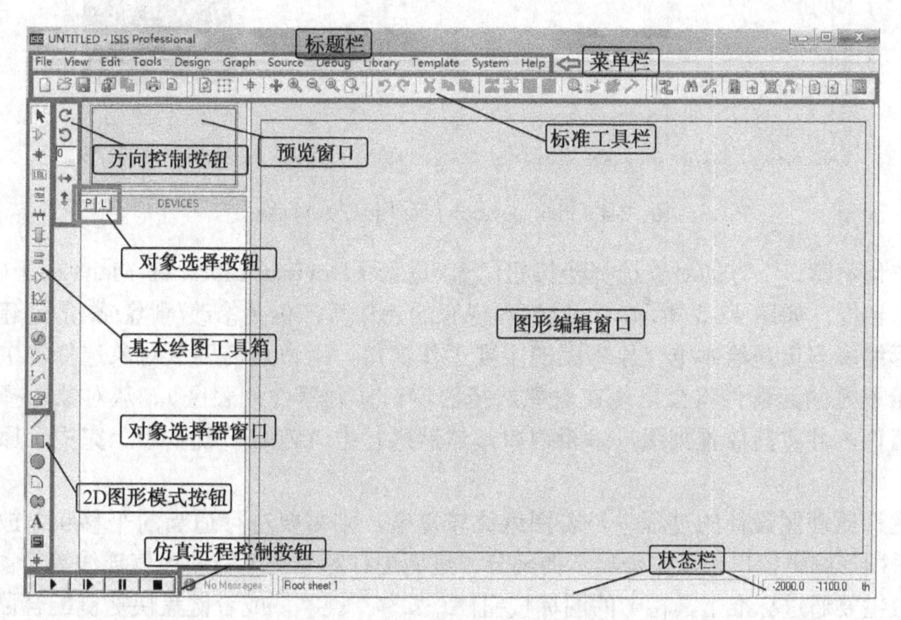

图 12-3 ISIS 7 Professional 编辑环境

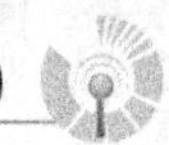

在预览窗口上单击，Proteus ISIS 将会以单击位置为中心刷新图形编辑窗口区域，在一般情况下，预览窗口显示将要放置的对象，表现为放置预览特性。在以下情况下，放置预览特性将被激活。

❶ 对即将放置或已经放置在图形编辑窗口的对象执行旋转或镜像操作时。

❷ 在对象选择器窗口中选中一个对象。

❸ 当为某个可以进行方向设定的对象选择类型图标时（如选中 Component Mode 图标、Device Pins Mode 图标等）。

执行非上述操作或放置完选定对象时，放置预览自动消除，预览整个图形编辑窗口，此时，预览窗口中有两个框，蓝色框表示当前页的边界，绿色框表示当前编辑窗口显示的区域。

单击预览窗口下方的对象选择器按钮 P，将弹出【Pick Devices】（元件拾取）对话框，如图 12-4 所示。绘制原理图的过程中，用户首先要把需要的元件从元件库中拾取到对象选择器窗口（元器件列表区），然后才能调用对象选择器窗口中的元件，将其放置到图形编辑窗口并进行电气连线。具体元件的拾取方法参见 12.2.1 节。

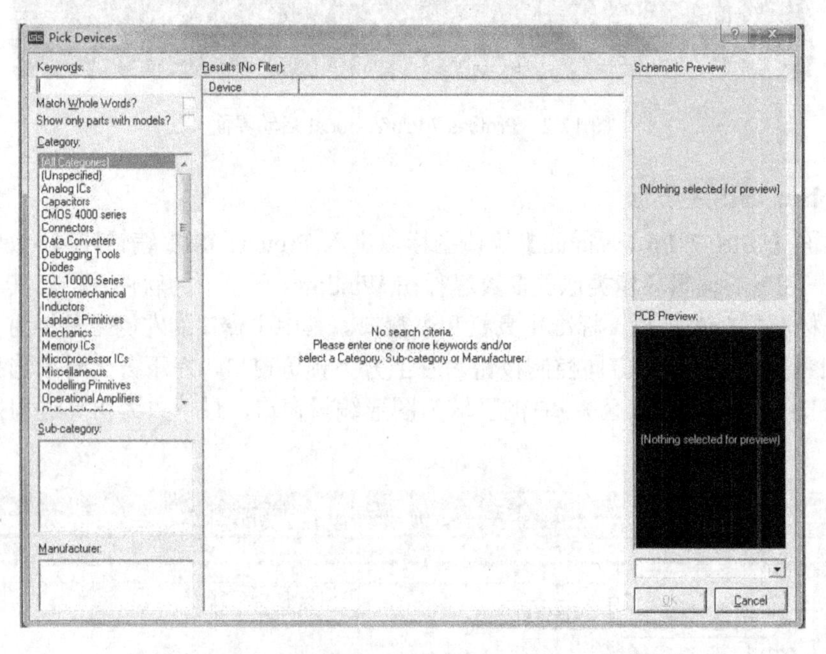

图 12-4　Pick Devices（元件拾取）对话框

单击预览窗口下方的对象选择器按钮 L，进入【Devices Libraries Manager】（元件库管理）对话框，如图 12-5 所示，可以管理现有的元件库，包括修改/删除/备份/创建元件库等。图形编辑窗口是绘制电气原理图的主要工作窗口，用户只需要从对象选择器中拾取元器件，拾取好的元器件将会出现在对象选择器窗口（元器件列表区）。从对象选择器窗口选择元器件，并将其放置到图形编辑窗口，然后进行电气连线，就基本上完成了原理图的绘制。

在进行原理图设计的过程中，若图纸比较复杂，则需要进行适当的平移和缩放操作，以便查看图形编辑窗口未能完全显示的部分，进而进行对象的编辑和电气连线等。窗口的平移和缩放主要通过标准工具栏中的图标按钮，或者键盘快捷键配合鼠标指针移动实现。具体实现方法如下。

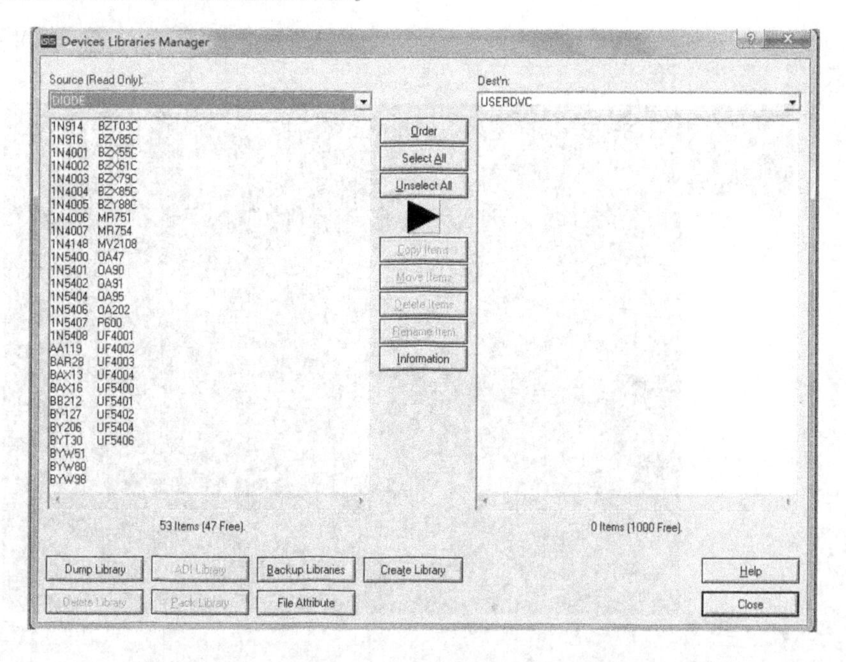

图 12-5　Devices Libraries Manager（元件库管理）对话框

✧ **显示窗口**：鼠标左键单击按钮，然后把鼠标指针放置在图形编辑窗口中某一位置，再次单击鼠标左键，则窗口将以当前鼠标指针位置为中心显示图形；对应的键盘快捷操作为【F5】，使用键盘快捷键操作前，应先将鼠标指针移动到欲显示窗口区域的中心点，则窗口将以该点为中心显示图形。

✧ **平移窗口**：按住【Shift】键，移动鼠标指针到上、下、左、右边界，则图形编辑窗口的视野将自动沿鼠标指针方向平移；也可以通过把鼠标指针移向预览窗口中某一位置，并单击鼠标左键，直接拖动预览窗口的绿色边框，实现图形编辑窗口的平移。

✧ **缩放窗口**：鼠标左键单击按钮或，则图形编辑窗口将对应地以当前窗口的中心为中心点放大或缩小；此外，直接前后滚动鼠标滚轮也可以实现图形编辑窗口的缩放；对应的键盘快捷操作为【F6】（放大）和【F7】（缩小），使用键盘快捷键操作前，应先将鼠标指针移动到欲缩放窗口区域的中心点。注意，采用图标按钮或者鼠标滚轮实现的缩放与采用键盘快捷键实现的缩放，其缩放的中心点是不同的，前者的中心点是当前窗口中心，而后者的中心点则是当前鼠标指针位置。

✧ **缩放到图纸大小**：鼠标左键单击图标按钮，则窗口将缩放到图纸大小，进而显示整张图纸，即图形编辑窗口的蓝色框区域。对应的键盘快捷操作为【F8】。

✧ **选框缩放**：鼠标左键单击按钮，或者按住【Shift】键，在图形编辑窗口内单击鼠标左键，拖出一个欲显示的窗口，则该窗口将被局部放大至撑满整个窗口。

2．Proteus ARES 主界面

双击桌面【ARES 7 Professional】快捷图标，进入 Proteus ARES 编辑环境，如图 12-6 所示。可以发现 Proteus ARES 的界面风格与 Proteus ISIS 是基本一致的，只不过针对 PCB 设计的特点对菜单栏和工具箱做了较大的修改。

本章主要介绍 Proteus 的单片机仿真功能，因此，对 Proteus ARES 编辑环境不做详细的介绍，读者可以通过其他专门介绍 Proteus 软件的书籍自行研究学习。

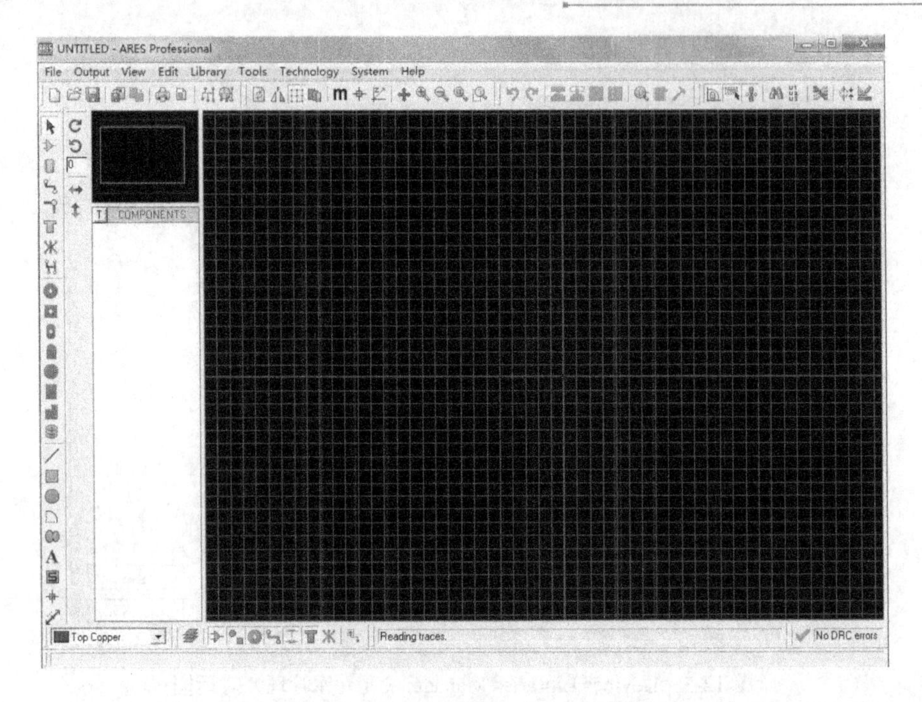

图 12-6　ARES 7 Professional 主界面

12.1.3　Proteus 系统资源

Proteus 软件拥有非常丰富的系统资源，尤其是其庞大的仿真器件和仪表资源是其他 EDA 软件无法比拟的。Proteus 的集成元件库模型包括绘制原理图使用的原理图符号模型、制作 PCB 用的封装模型、进行电路仿真的 SPICE 模型和进行电路板信号分析的 SI 模型等。

1．Proteus 元件库资源概览

✧ **仿真元器件资源**：有 30 多个元件库，包括数字和模拟、交流和直流等数千种仿真元器件，而且新的仿真器件还在不断更新中，用户还可以通过内部原型或使用厂家的 SPICE 文件自行设计仿真器件，或者导入第三方发布的仿真器件。

✧ **多样的激励源**：包括直流、正弦、脉冲、分段线性脉冲、音频（使用 wav 格式文件）、指数信号、单频 FM、数字时钟和码流，还支持文件形式的信号输入。

✧ **丰富的虚拟仪器**：拥有多种逼真的面板操作虚拟仪器，如示波器、逻辑分析仪、信号发生器、直流电压/电流表、交流电压/电流表、数字图案发生器、频率计/计数器、逻辑探头、虚拟终端、SPI 调试器、I^2C 调试器等。除了现实存在的仪器外，Proteus 还提供了一个图形显示功能，可以将线路上变化的信号，以图表的形式实时地显示出来，其作用与示波器相似，但功能更多，这些虚拟仪器仪表具有理想的参数指标，例如极高的输入阻抗、极低的输出阻抗，这些都尽可能减少了仪器对测量结果的影响。

✧ **支持主流的微处理器**：目前支持的处理器模型有 8051、HC11、8086、PIC10/12/16/18/24、DsPIC30/33、AVR、ARM、MSP430、DSP 等，其他支持的处理器模型还在持续更新中。

✧ **支持通用的外设模型**：如字符/图形 LCD、LED点阵，数码管，按键/键盘，直流/步进/

伺服电动机，RS232，虚拟终端，电子温度计等，其 COMPIM（COM 口物理接口模型）还可以将仿真电路和外部电路通过 PC 串口连接起来，进行双向异步串行通信。

2．元件库资源的大类（Category）

Proteus 软件的所有菜单命令等都是英文的，库元件也不例外，对于刚入门的用户，可能会有一些难度。因此本节将对 Proteus ISIS 的库元件做一个简单的介绍，以帮助读者了解库元件的分类，并快速掌握一些比较常用的元件。Proteus ISIS 的库元件是按类存放的，即大类→子类→生产厂家→元件。

在【Pick Devices】(元件拾取）对话框左侧的【Category】中，列出了元件库的所有大类供用户筛选元器件。表 12-1 给出了这些大类的中英文对照，以帮助读者理解 Proteus 的元件库。

表 12-1 库元件大类中英对照

Category（类）	中文对照	Category（类）	中文对照
Analog ICs	模拟集成器件	Capacitors	电容器
CMOS 4000 series	CMOS 4000 系列	Connectors	接插件
Data Converters	数据转换器	Debugging Tools	调试工具
Diodes	二极管	ECL 10000 series	ECL 10000 系列
Electromechanical	电动机	Inductors	电感器
Laplace Primitives	拉普拉斯模型	Memory ICs	存储器芯片
Microprocessor ICs	微处理器芯片	Miscellaneous	混杂器件
Modelling Primitives	建模源	Operational Amplifiers	运算放大器
Optoelectronics	光敏器件	PLDs&FPGAs	可编程逻辑器件 和现场可编程门阵列
Resistors	电阻器	Simulator Primitives	仿真源
Speakers&Sounders	扬声器和声响	Switches&Relays	开关和继电器
Switching Devices	开关器件	Thermionic Valves	热离子真空管
Transducers	传感器	Transistors	晶体管
TTL 74 series	标准 TTL 系列	TTL 74ALS series	先进的低功耗肖特基 TTL 系列
TTL 74AS series	先进的肖特基 TTL 系列	TTL 74F series	快速 TTL 系列
TTL 74HC series	高速 CMOS 系列	TTL 74HCT series	与 TTL 兼容的高速 CMOS 系列
TTL 74LS series	低功耗肖特基 TTL 系列	TTL 74S series	肖特基 TTL 系列

3．元件库资源的子类（Sub-category）

从库元件的大类中，可以看出 Proteus 的库元件仅大类就有 34 个之多，限于篇幅，下面只选取较常用的大类进行介绍。表 12-2～表 12-15 列出了各常用大类的子类的中英对照。

表 12-2 Analog ICs（模拟集成器件）子类

Sub-category（子类）	中文对照	Sub-category（子类）	中文对照
Amplifier	放大器	Comparators	比较器
Display Drivers	显示驱动器	Filters	滤波器
Miscellaneous	混杂器件	Multiplexers	多路复用器
Regulators	三端稳压器	Timers	定时器
Voltage References	参考电压		

表 12-3　Capacitors（电容器）子类

Sub-category（子类）	中 文 对 照	Sub-category（子类）	中 文 对 照
Animated	可显示充放电电荷电容	Audio Grade Axial	音响专用电容
Axial Lead Polypropene	径向轴引线聚丙烯电容	Axial Lead Polystyrene	径向轴引线聚苯乙烯电容
Ceramic Disc	陶瓷圆片电容	Decoupling Disc	解耦圆片电容
Electrolytic Aluminum	电解铝电容	Generic	普通电容
High Temp Radial	高温径向电容	High Temp Axial Electrolytic	高温径向电解电容
Metallised Polyester Film	金属聚酯膜电容	Metallised polypropene	金属聚丙烯电容
Metallised Polypropene Film	金属聚丙烯膜电容	Mica RF Specific	特殊云母射频电容
Miniture Electrolytic	微型电解电容	Multilayer Ceramic	多层陶瓷电容
Multilayer Ceramic COG	多层陶瓷 COG 电容	Multilayer Ceramic NPO	多层陶瓷 NPO 电容
Multilayer Ceramic X5R	多层陶瓷 X5R 电容	Multilayer Ceramic X7R	多层陶瓷 X7R 电容
Multilayer Ceramic Y5V	多层陶瓷 Y5V 电容	Multilayer Ceramic Z5U	多层陶瓷 Z5U 电容
Multilayer Metallised Polyester Film	多层金属聚酯膜电容	Mylar Film	聚酯薄膜电容
Nickel Barrier	镍栅电容	Non Polarised	无极性电容
Poly Film Chip	聚乙烯膜芯片电容	Polyester Layer	聚酯层电容
Radial Electrolytic	径向电解电容	Resin Dipped	树脂蚀刻电容
Tantalum Bead	钽珠电容	Tantalum SMD	贴片钽电容
Thin film	薄膜电容	Variable	可变电容
VX Axial Electrolytic	VX 轴电解电容		

表 12-4　CMOS 4000 series（CMOS 4000 系列）子类

Sub-category（子类）	中 文 对 照	Sub-category（子类）	中 文 对 照
Adders	加法器	Buffers&Drivers	缓冲和驱动器
Comparators	比较器	Counters	计数器
Decoders	译码器	Encoders	编码器
Flip-Flops&Latches	触发器和锁存器	Frequency Dividers&Timers	分频和定时器
Gates&Inverters	门电路和反向器	Memory	存储器
Misc.Logic	混杂逻辑电路	Mutiplexers	数据选择器
Multivibrators	多谐振荡器	Phase-locked Loops(PLLs)	锁相环
Registers	寄存器	Signal Switcher	信号开关

表 12-5　Connectors（接插件）子类

Sub-category（子类）	中 文 对 照	Sub-category（子类）	中 文 对 照
Audio	音频接头	D-Type	D 型接头
DIL	双排插座	FFC/FPC Connectors	挠性扁平电缆接头
Header Blocks	插头	Header/Receptacles	插座

续表

Sub-category（子类）	中 文 对 照	Sub-category（子类）	中 文 对 照
IDC Headers Insulation Displacement Connectors	绝缘层位移连接件接头	Miscellaneous	各种接头
PCB Transfer	PCB 传输接头	PCB Transition Connector	PCB 转换接头
Ribbon Cable	带状电缆	Ribbon Cable/Wire Trap Connector	带状电缆/线接头
SIL	单排插座	Terminal Blocks	接线端子台
USB for PCB Mounting	PCB 用 USB 接头		

表 12-6 Data Converters（数据转换器）子类

Sub-category（子类）	中 文 对 照	Sub-category（子类）	中 文 对 照
A/D Converters	模数转换器	D/A Converters	数模转换器
Light Sensors	光传感器	Sample&Hold	采样保持器
Temperature Sensors	温度传感器		

表 12-7 Diodes（二极管）子类

Sub-category（子类）	中 文 对 照	Sub-category（子类）	中 文 对 照
Bridge Rectifiers	整流桥	Generic	普通二极管
Rectifiers	整流二极管	Schottky	肖特基二极管
Switching	开关二极管	Transient Suppressors	瞬态电压抑制二极管
Tunnel	隧道二极管	Varicap	变容二极管
Zener	稳压二极管		

表 12-8 Inductors（电感器）子类

Sub-category（子类）	中 文 对 照	Sub-category（子类）	中 文 对 照
Fixed Inductors	固定电感	Generic	普通电感
Multilayer Chip Inductors	多层芯片电感	SMT Inductors	表面安装技术电感
Surface Mount Inductors	表面安装电感	Tight Tolerance RF Inductor	紧密度容限射频电感
Transformers	变压器		

表 12-9 Memory ICs（存储器芯片）子类

Sub-category（子类）	中 文 对 照	Sub-category（子类）	中 文 对 照
Dynamic RAM	动态数据存储器	E^2PROM	电可擦除程序存储器
EPROM	可擦除程序存储器	I^2C Memories	I^2C 总线存储器
Memory Cards	存储卡	SPI Memories	SPI 总线存储器
Static RAM	静态数据存储器	UNI/O Memories	非输入输出存储器

表 12-10 Microprocessor ICs（微处理器芯片）子类

Sub-category（子类）	中 文 对 照	Sub-category（子类）	中 文 对 照
68000 Family	68000 系列	8051 Family	8051 系列
ARM Family	ARM 系列	AVR Family	AVR 系列
BASIC Stamp Modules	Parallax 公司微处理器系列	DSPIC33 Family	DSPIC33 系列
HC11 Family	HC11 系列	i86 Family	i86 系列
MSP430 Family	MSP430 系列	Peripherals	CPU 外设
PIC 10 Family	PIC 10 系列	PIC 12 Family	PIC 12 系列
PIC 16 Family	PIC 16 系列	PIC 18 Family	PIC 18 系列
PIC 24 Family	PIC 24 系列	Z80 Family	Z80 系列

表 12-11 Operational Amplifiers（运算放大器）子类

Sub-category（子类）	中 文 对 照	Sub-category（子类）	中 文 对 照
Dual	双运放	Ideal	理想运放
Macromodel	大量使用的运放	Octal	八运放
Quad	四运放	Single	单运放
Triple	三运放		

表 12-12 Optoelectronics（光敏器件）子类

Sub-category（子类）	中文对照	Sub-category（子类）	中文对照
14-Segment Displays	14 段显示数码管	16-Segment Displays	16 段显示数码管
7-Segment Displays	7 段显示数码管	Alphanumeric LCDs	字符液晶显示器
Bargraph Displays	条形 LED 显示	Dot Matrix Displays	LED 点阵显示
Graphical LCDs	图形液晶显示器	Lamps	普通白炽灯
LCD Controllers	液晶显示控制器	LCD Panels Displays	液晶面板显示
LEDs	发光二极管	Optocouplers	光耦合器
Serial LCDs	串行液晶显示		

表 12-13 Resistors（电阻器）子类

Sub-category（子类）	中 文 对 照	Sub-category（子类）	中 文 对 照
0.6 Watt Metal Film	0.6W 金属膜电阻	10 Watt Wirewound	10W 绕线电阻
2 Watt Metal Film	2W 金属膜电阻	3 Watt Wirewound	3W 绕线电阻
7 Watt Wirewound	7W 绕线电阻	Chip Resistor	晶片形电阻器
Generic	普通电阻	High Voltage	高压电阻
NTC	负温度系数热敏电阻	PTC	正温度系数热敏电阻
Resistor Network	电阻网络	Resistor Packs	排阻
Variable	滑动变阻器	Varistors	可变电阻

注：Chip Resistor 电阻的子类不止一个，还有诸多不同瓦数和精度的子类。

表 12-14 Switches&Relays（开关和继电器）子类

Sub-category（子类）	中 文 对 照	Sub-category（子类）	中 文 对 照
Key pads	键盘	Relays(Generic)	普通继电器
Switches	开关	Relays(Specific)	专用继电器

表 12-15 Transducers（传感器）子类

Sub-category（子类）	中 文 对 照	Sub-category（子类）	中 文 对 照
Distance	距离传感器	Pressure	压力传感器
Humidity/Temperature	温/湿度传感器	Temperature	温度传感器
Light Dependent Resistor(LDR)	光敏电阻		

另外一些大类，有些是没有细分子类的，有些是涉及电力电子技术的元器件，这里就不做详细介绍了；还有一些是 74 系列的数字集成芯片，这些系列的子类可以对应地参考 CMOS 4000 系列。

12.2 用 Proteus 7.8 绘制单片机电路原理图

Proteus 具有和其他 EDA 工具一样的原理图编辑、印制电路板（PCB）设计及电路仿真功能。无论是进行印制电路板（PCB）设计还是电路仿真，第一步都是光进行原理图设计，只有在设计好的原理图基础上，才可以进行印制电路板（PCB）设计、电路仿真等操作。

12.2.1 基本编辑工具

本节主要介绍 Proteus 的主菜单栏、主工具栏、绘图工具箱的相关操作以及编辑环境的设置等，涉及 Proteus 大部分的菜单命令，以及一些常用的绘图操作。对于初学者可以先浏览一遍，知道有哪些主要菜单命令和功能，然后通过动手操作加以熟悉。

1. Proteus ISIS 的主菜单栏

Proteus ISIS 的主菜单栏包括 File（文件）、View（视图）、Edit（编辑）、Tools（工具）、Design（设计）、Graph（图形）、Source（源）、Debug（调试）、Library（库）、Template（模板）、System（系统）和 Help（帮助）。每一个菜单项都包含多个子菜单项，以实现不同的功能。如图 12-7 所示为 Proteus ISIS 的主菜单栏和主工具栏。

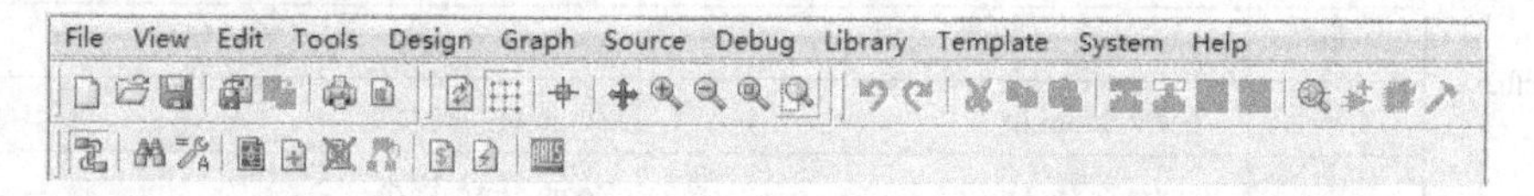

图 12-7 ISIS 7 Professional 主菜单栏和主工具栏

- ✧ File 菜单：包括新建/打开/保存/导入/导出/打印设计文档/设置打印机以及退出软件等。
- ✧ View 菜单：包括栅格网格设置、格点间距设置、窗口缩放以及工具栏的定制等。
- ✧ Edit 菜单：包括撤销/恢复操作、查找与编辑元件、剪切/复制/粘贴对象，以及设置多个对象的层叠关系等。
- ✧ Tools 菜单：包括实时注解、自动布线、查找并标记、全局注解、元件清单、电气规则

检查、编译网络标号/模型、将网络标号导入 PCB 以及从 PCB 返回原理设计等工具。

✧ Design 菜单：具有编辑设计属性/原理图属性/设计说明，配置电源、新建/删除原理图，在各层次的原理图间相互切换以及管理设计目录等功能。

✧ Graph 菜单：可编辑图形、添加曲线/仿真图形、导出/清除数据、进行一致性分析等。

✧ Source 菜单：可执行内置编译器的代码编译或者设置外部文本编辑器等操作。

✧ Debug 菜单：包含所有执行程序调试仿真操作及相关的设置。

✧ Library 菜单：包含所有元件库的相关操作，如拾取元件、管理元件库等功能。

✧ Template 菜单：包括设置图形格式/文本格式/颜色/节点/图形等。

✧ System 菜单：可查看系统信息，设置系统环境/路径/图纸尺寸/标注字体和仿真参数等。

✧ Help 菜单：包括 Proteus ISIS 学习教程和示例，查看软件信息等。

2．Proteus ISIS 的主工具栏

为帮助用户更快捷地使用命令，Proteus ISIS 将一些常用操作添加到工具栏，以主工具栏的形式出现在 Proteus ISIS 主界面中。表 12-16 详细介绍了各主工具栏图标按钮对应的菜单栏操作以及功能，以帮助大家快速掌握主工具栏的使用方法。

Proteus 的主工具栏可以分为 File Toolbar、View Toolbar、Edit Toolbar、Design Toolbar 四部分，四个工具栏执行不同类型的操作，用户可以根据需要定制工具栏，通过【View→Toolbar】菜单项，显示或隐藏任意一个工具栏。

表 12-16　主工具栏按钮说明

按钮图标		对应的菜单栏操作	功　能
File Toolbar		File→New Design	New file（From default template）：新建设计
		File→Open Design	Open Design：打开设计
		File→Save Design	Save Design：保存设计
		File→Import Section	Import Section：导入部分文件
		File→Export Section	Export Section：导出部分文件
		File→Print	Print Design：打印
		File→Set Area	Mark Output Area：设置区域
View Toolbar		View→Redraw	Redraw Display：刷新
		View→Grid	Toggle Grid：栅格开关
		View→Origin	Toggle false Origin：原点
		View→Pan	Center at Cursor：选择显示中心
		View→Zoom In	Zoom In：放大
		View→Zoom Out	Zoom Out：缩小
		View→Zoom All	Zoom to View Entire Sheet：显示全部
		View→Zoom to Area	Zoom to Area：缩放一个区域
Edit Toolbar（含 Library 菜单栏操作）		Edit→Undo	Undo Changes：撤销
		Edit→Redo	Redo Changes：恢复
		Edit→Cut to clipboard	Cut to clipboard：剪切
		Edit→Copy to clipboard	Copy to clipboard：复制

续表

按钮图标		对应的菜单栏操作	功　能
Edit Toolbar（含 Library 菜单栏操作）		Edit→Paste from clipboard	Paste from clipboard：粘贴
			Block Copy：(块)复制
			Block Move：(块)移动
			Block Rotate：(块)旋转
			Block Delete：(块)删除
		Library→Pick Device/Symbol	Pick Device/Symbol：拾取元器件或符号
		Library→Make Device	Make Device：制作元件
		Library→Packaging Tool	Packaging Tool：封装工具
		Library→Decompose	Decompose：分解元器件
Design Toolbar（含 Tools 菜单栏操作）		Tools→Wire Auto Router	Wire Auto Router：自动布线器
		Tools→Search and Tag	Search and Tag：查找并标记
		Tools→Property Assignment Tool	Property Assignment Tool：属性分配工具
		Design→Design Explorer	Design Explorer：设计资源管理器
		Design→New Sheet	New Sheet：新建图纸
		Design→Remove Sheet	Remove Sheet:移去图纸
			Exit to Parent Sheet：转到主原理图
		Tools→Bill of Materials	View BOM Report：查看元器件清单
		Tools→Electrical Rule Check	Electrical Rule Check：生成电气规则检查报告
		Tools→Netlist to ARES	Netlist to ARES：创建网络表

3. Proteus ISIS 的绘图工具箱

电路原理图的绘制主要通过绘图工具箱实现，因此，熟悉绘图工具箱的操作是快速绘制电路原理图的前提。

在 Proteus 绘图工具箱中提供了各种绘图模式供用户选择，在不同的模式下，对象选择器窗口将显示不同的内容，有元端口、终端、引脚、图形符号和图表等。另外，对于具有方向性的对象，Proteus 还提供了旋转和镜像图标按钮，以方便用户调整对象的放置方向。表 12-17 给出了绘图工具箱各图标按钮对应的图标和功能说明。

表 12-17　绘图工具箱按钮说明

图　标		图标说明	功能说明
	Selection Mode	选择模式	暂时退出绘图状态，用于查看原理图
	Component Mode	元件模式	从对象选择器中拾取元器件
	Junction Dot Mode	节点模式	放置电气节点
LBL	Wire Label Mode	线标签模式	使用线标签代替电气连接，可用于连接多个原理图
	Text Script Mode	文本模式	自由格式的文本编辑工具
	Buses Mode	总线模式	总线绘制工具
	Subcircuit Mode	子电路块模式	子电路块绘制工具
	Terminals Mode	终端模式	在电路原理图中引出输入、输出、电源和地等终端

续表

图标		图标说明	功能说明
	Device Pins Mode	引脚模式	标记普通引脚、时钟引脚和短接引脚等
	Graph Mode	图表模式	在对象选择器中列出各种仿真分析所需的图表
	Tape Recorder Mode	录制模式	当对设计电路分割仿真时采用此模式
	Generator Mode	激励源模式	在对象选择器中列出各种激励源，用于仿真
	Voltage Probe Mode	电压探针模式	添加电压探针，电路仿真时可显示各探针处的电压值
	Current Probe Mode	电流探针模式	添加电流探针，电路仿真时可显示各探针处的电流值
	Virtual Instruments Mode	虚拟仪器模式	在对象选择器中列出各种虚拟仪器，用于仿真
	2D Graphics Line Mode	2D 图形线模式	放置直线
	2D Graphics Square Mode	2D 图形矩形模式	放置矩形
	2D Graphics Circle Mode	2D 图形圆模式	放置圆
	2D Graphics Arc Mode	2D 图形圆弧模式	放置圆弧
	2D Graphics Closed Path Mode	2D 图形闭合路径模式	放置闭合曲线
A	2D Graphics Text Mode	2D 图形文字模式	放置文字
	2D Graphics Symbol Mode	2D 图形符号模式	放置图形符号
	2D Graphics Marker Mode	2D 图形标记模式	为设计好的图形做标记，或在设计元件时做符号
	Rotate Clockwise	顺时针旋转	将元器件顺时针旋转 90°
	Rotate Anti-clockwise	逆时针旋转	将元器件逆时针旋转 90°
	X-mirror	左右镜像	水平镜像对象，以 Y 轴为对称轴，将对象翻转 180°
	Y-mirror	上下镜像	垂直镜像对象，以 X 轴为对称轴，将对象翻转 180°

4．Proteus ISIS 图形编辑基本操作

绘图工具箱和菜单栏选项很相似，几乎每个按钮都有对应的可选子项。下面通过一些典型的绘图操作，介绍几个常用的绘图工具箱按钮。

1）拾取元器件

新建一个 Proteus ISIS 设计文档时，对象选择器窗口是空的。我们首先需要将绘图所需的元器件从元件库中拾取到对象选择器窗口，以备后续绘图过程使用，这个过程就是元件的拾取。拾取元件的步骤如下。

❶ 选中绘图工具箱【Component Mode】图标。

❷ 单击对象选择器中的 P 按钮（位于预览窗口下方），也可以在大写锁定模式下，按下键盘上的【P】按键），弹出【Pick Devices】（元件拾取）对话框。

❸ 在【Keywords】文本框中输入一个或多个关键字，或者选择元件所属的大类（Category）和元件所属的子类（Sub-category），元件拾取对话框中间的查找结果区（Results）将显示所有符合条件的元件列表。逐个查找，根据显示的元件符号、参数来判断是否是所需要的元件，若元件还是太多，还可以通过生产厂家（Manufacturer）来过滤元件。

❹ 在元件查找结果区域中双击元器件，即可将元件添加到对象选择器窗口中。

❺ 当完成元件的拾取后，单击【OK】按钮关闭对话框，返回 Proteus ISIS 主界面，所有拾取好的元件都将出现在对象选择器窗口中，供后续绘制原理图时使用。

一般元件拾取的方法是分类查找，用户首先必须对元件的分类有一个比较清楚的概念，才能顺利完成大量元件的拾取。对于较常用的元件，建议用户记住它们的名称，这样就可以通过直接输入名称的方式快速拾取元件。

2）放置元器件

放置元器件是将拾取到对象选择器窗口的元件放置到图形编辑窗口中，若用户所需的元件未在对象选择器窗口中列出，则必须去元件库中拾取。放置元件的步骤如下：

❶ 选中绘图工具箱【Component Mode】图标。

❷ 在对象选择器窗口选中所需元件，此时，预览窗口将预览选中的元件。

❸ 在图形编辑窗口指定位置双击鼠标左键，即可放置元器件。也可以先在编辑窗口空白处单击鼠标左键，然后将元件拖动到指定位置，单击鼠标左键结束放置。

❹ 根据需要使用旋转或镜像按钮，改变元件的放置方向。

3）替换元器件

选择原理图上指定的元件，双击鼠标右键，即可删除元件，但是删除元件的同时会将其周边连线删除，为了避免删除周边连线，应当采用替换元件的方式修改电路图，以保留原有连线。替换元件的步骤如下：

❶ 选中绘图工具箱【Component Mode】图标。

❷ 从元件库中拾取作为替换元件的新元件，添加到对象选择器窗口。

❸ 选择新元件，查看预览窗口，并根据需要使用旋转或镜像按钮调整元件的方位。

❹ 在图形编辑窗口空白处单击鼠标左键，并移动鼠标指针，使得新元件至少有一个引脚末端与旧元件的某一引脚重合，然后再次单击鼠标左键，在随后出现的对话框中，单击【OK】按钮，确定替换元件即可。在某些情况下，元件进行替换操作时可能会得不到预期的结果，这时候应进行撤销操作恢复替换元件前的状态。

4）编辑元器件

放置好的元件，可以通过双击元件，或者通过选择【Edit】→【Find and Edit Component】菜单项，打开元件属性对话框，进而编辑元件的属性。

对于不同的元件，其在【Edit Component】对话框中可编辑的选项不一样，通过勾选【Hidden】可选项，可以隐藏元件名称、元件值或者元件标号等。此外还可以通过单击【Hidden Pins】按钮，查看或编辑隐藏的电源引脚。

5）放置节点

Proteus ISIS软件中用Junction Dot（节点）表示导线之间的连接点。通常进行电气连线时，系统将根据情况自动添加或删除节点，但在某些情况下，用户可能需要预先放置节点，从该节点引线或引线到该节点，这时就需要放置节点。放置节点的具体操作如下：

❶ 选中绘图工具箱【Junction Dot】图标。

❷ 在图形编辑窗口指定位置双击，即可在该位置放置节点。

当从已存在的导线上引出另外一条线时，Proteus ISIS将自动放置节点；当一条线或多条线被删除时，Proteus ISIS将检测留下的节点是否有连接的线，若没有连接线，则系统会自动删除节点。

6）编辑脚本

Proteus支持自由格式的文本编辑（Text Script），可自定义变量；定义用于VSM仿真的原始模型及脚本；标注设计等；此外，还可以用于保存分解元件的属性和封装信息。编辑脚本的步骤如下：

❶ 选中绘图工具箱【Text Script】图标。

❷ 在图形编辑窗口单击，即弹出【Edit Script Block】对话框，选择【Script】选项卡。

❸ 在【Text】区输入文本，然后选择【Style】选项卡，调整【Script】属性。

❹ 单击【OK】按钮，完成【Text Script】的放置与编辑。

7）放置总线

Proteus 支持定义总线型引脚的库元件，并支持在层次模块间通过总线连接。放置总线的步骤如下：

❶ 选中绘图工具箱【Bus】图标。

❷ 在指定位置单击鼠标左键，作为总线的起始。

❸ 继续单击鼠标左键，可以添加总线拐点，双击鼠标左键，可结束总线绘制。

在 Proteus 中，可以通过总线命令或者一般连线命令绘制总线分支。使用总线命令画总线分支时，粗线会自动转变成细线，为了使电路图看起来更美观，通常在绘制总线分支的同时，按住 Ctrl 键，这样总线分支将是一组与总线呈 45° 角的平行斜线。

8）添加线标签

在原理图设计过程中，为使电路原理图更简洁、美观，我们经常使用线标签来代替导线连接，或者用于标记总线两端的总线分支。添加线标签的步骤如下：

❶ 选中绘图工具箱【Wire Label】图标。

❷ 把鼠标移动到准备放置标签的总线分支处，被选中的导线将显示红色的虚线，并且鼠标指针端部出现一个【×】号，此时单击鼠标左键，将弹出【Edit Wire Label】对话框。

❸ 在该对话框的【Label】选项卡中键入相应的文本，如【AD0】。

❹ 单击【OK】按钮，结束文本的输入。

❺ 然后在总线的另一侧对应的总线分支上，重复以上操作，在下拉窗口中选择或者输入相同的线标签，这样两个总线分支就通过线标签关联起来。

若建立好的线标签想要更改或删除，可以将鼠标移动到相应的线标签，单击鼠标右键，在出现的快捷菜单中选择【Edit Label】编辑线标签，选择【Delete Label】删除总线标签，选择【Drag Wire】移动总线标签。**值得注意的是**，不能像删除元件那样，直接双击鼠标右键来删除线标签，这样会将线标签相连的导线一起删掉。

9）放置终端

Proteus 提供各种不同的终端用于仿真，在终端模式（Terminals Mode）下，有 DEFAULT（默认端口）、INPUT（输入端口）、OUTPUT（输出端口）、DIDIR（双向端口）、POWER（电源）、GROUND（地）、BUS（总线）等子项。需要说明的是，BUS 终端和 Buses Mode（总线模式）是两个不同的概念，通常，使用 Buses Mode 来绘制总线，使用 BUS 终端来绘制层次原理图的上层框图中的总线。放置终端的步骤如下：

❶ 选中绘图工具箱【Terminal Mode】图标。

❷ 从对象选择器窗口中选择合适的终端。

❸ 在图形编辑窗口指定位置双击鼠标左键，即可放置终端，或者先单击鼠标左键，将终端拖动到指定位置，再次单击鼠标左键确定终端放置。

10）放置元件引脚

在创建新元件或绘制层次电路图时，放置元件引脚要用到【Device Pin】工具。放置元件引脚的步骤如下：

❶ 选中绘图工具箱【Device Pin】图标。

❷ 在对象选择器中选中想要的引脚，在预览窗口可预览选中的引脚。

❸ 根据需要使用旋转及镜像图标确定引脚方位。

❹ 在图形编辑窗口中指定位置双击鼠标左键，即可放置引脚，或者先单击鼠标左键，将引脚拖动到指定位置，再次单击鼠标左键确定引脚放置。

5. Proteus ISIS 常用的编辑环境设置

创建一个设计文档，要进行编辑环境的设置，这些设置包括图形的风格、图纸的样式甚至是设计者的一些偏好等，这些设置项非常繁多、琐碎。Proteus 的设计模板就包括电路图外观的信息，如图形格式、文本格式、设计颜色、线条连接点大小和图形等。

如果在新建设计文档的时候选择合适的设计模板，就可以最大化地减少设置，节约设计时间，此外，设计者还可以通过【Template】→【Load Styles From Design】菜单项，实现从已有的设计载入设计模板。

选择【File】→【New Design】菜单项，在弹出的对话框中，选择合适的模板，通常选择 DEFAULT 模板，单击【OK】按钮，即可完成新设计文件的创建。创建完设计文件，应先保存，选择【File】→【Save Design】菜单项，在弹出的对话框中在【保存在】下拉列表框中选择合适的文件保存路径，并在【文件名】框中输入设计的文档名称。同时，保存文件的默认类型为【Design Files】，即文档自动加扩展名【.DSN】，单击【保存】按钮即可。至此，一份空白的设计文档创建完成。

新建一个设计文档，并选择合适的模板后，用户还可以根据需要，在 Proteus ISIS 菜单栏选择【Template】，对编辑环境做适当的修改，具体可修改的内容如下：

选择【Template】→【Set Design Defaults】菜单项，对设计的默认选项进行更改；

选择【Template】→【Set Graph Colours】菜单项，编辑图形的颜色；

选择【Template】→【Set Graph Styles】菜单项，编辑图形的全局风格；

选择【Template】→【Set Text Styles】菜单项，编辑全局文本风格；

选择【Template】→【Set Graphics Text】菜单项，编辑图形字体格式；

选择【Template】→【Set Junction Dots】菜单项，编辑节点大小和形状。

然后设置图纸，如设置纸张的型号及标注的字体等。图纸的格点会为放置元器件和连接线路带来很多的方便。

在 Proteus ISIS 菜单栏选择【System】→【Set Sheet Sizes】菜单项，即可在弹出的对话框选择合适的图纸尺寸或自定义图纸的大小（系统默认的图纸尺寸为 A4：10in×7in）。选择【System】→【Set Text Editor】菜单项，即可在弹出的对话框中对文本的字体、字形、大小、效果和颜色等进行设置。在设计电路图时，图纸上的栅格既有利于放置元器件和连接线路，也方便元器件的对齐和排列，可以在菜单栏选择【View】→【Grid】菜单项，设置编辑窗口中的格点显示或隐藏，另外可通过选择【View】→【Snap 10th】菜单项或【Snap 50th】、【Snap 0.1in】、【Snap 0.5in】项，调整格点的间距（默认的间距值为 0.1in）。

12.2.2 绘制原理图

1. 绘制原理图的一般步骤

1）新建设计文档

选择合适的模板，设置合适的图纸大小，并保存空白文档。图纸大小可以根据需要在设计过程中随时调整。

2）放置元件

首先从元件库拾取绘图需要用到的元件，添加到对象选择器窗口；然后将元件放置到图纸中合适的位置，并对元件的名称及标注等进行适当的修改；最后根据各元件间的走线联系，对元件在图纸上的方位进行调整。也可以在放置元件前先调整好方位，再放置到图纸上合适的位置。

3）进行电气连线

将放置好的元件用导线连接起来，得到完整的电路图。在连线过程中，也可根据电路实际情况，适当地使用线标签代替连线。

4）原理图的电气规则检查

当完成原理图连线后，一般应执行电气规则检查操作，对原理图设计进行检查，并按照系统提示的错误检查报告，修改原理图，直到通过电气规则检查为止。

5）建立网络表

网络表是印制电路板与电路原理图之间的桥梁。完成上述步骤后，电路图设计就完成了。而为了进行后续的 PCB 设计，还需要导出网络表文件；但如果不做 PCB 设计，则可以跳过这一步。

6）存盘和输出报表

单击【保存】按钮，则将绘制完成的电路原理图存盘。当然，设计者还可以将设计好的原理图和报表打印输出。

2．原理图绘制实例

下面以图 12-8 所示的单片机与数码管接口电路为例，详细介绍电路原理图的绘制方法和步骤。

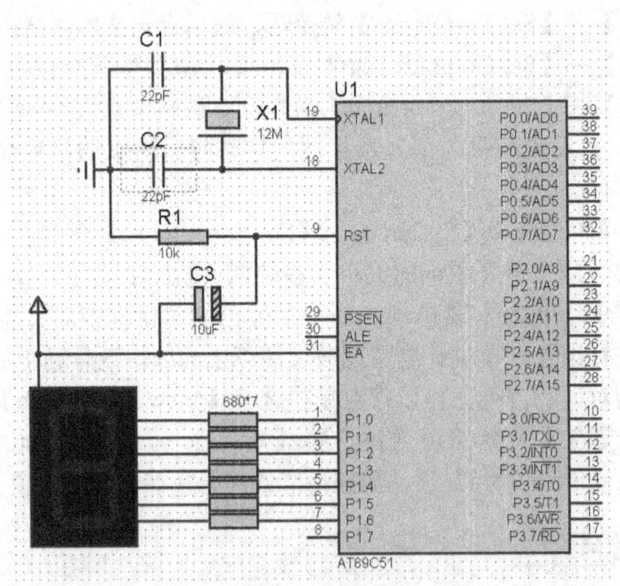

图 12-8　单片机数码管接口电路

1）创建并保存新设计文档

双击桌面图标【ISIS 7 Professional】，进入 Proteus ISIS 编辑环境。选择【File】→【New Design】菜单项（或者直接单击工具栏图标），在弹出的模板对话框中选择

DEFAULT 模板，如图 12-9 所示，单击【OK】按钮，完成新的设计文档的创建。然后，先保存新建的设计文档，选择【File】→【Save Design】菜单项（或者直接单击工具栏图标 ），在弹出的模板对话框中选择文档保存的位置【D:/Proteus files】，并输入文件名【Mydesign-LED】，如图 12-10 所示，单击【保存】按钮。

2）设置工作环境

打开【Template】菜单，可对一般的工作环境项进行修改。本例中，仅修改图纸的大小，其他项目使用系统默认的设置。选择【System】→【Set Sheet Sizes】菜单项，弹出对话框，如图 12-11 所示，勾选 A4 复选框，单击【OK】按钮，即可完成图纸设置。

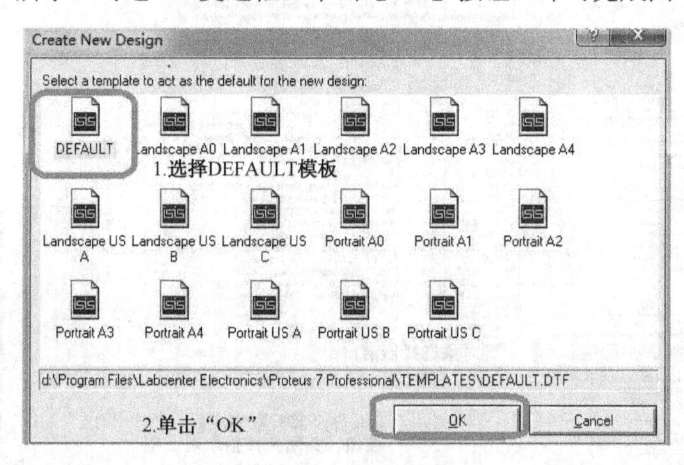

图 12-9　选择设计模板

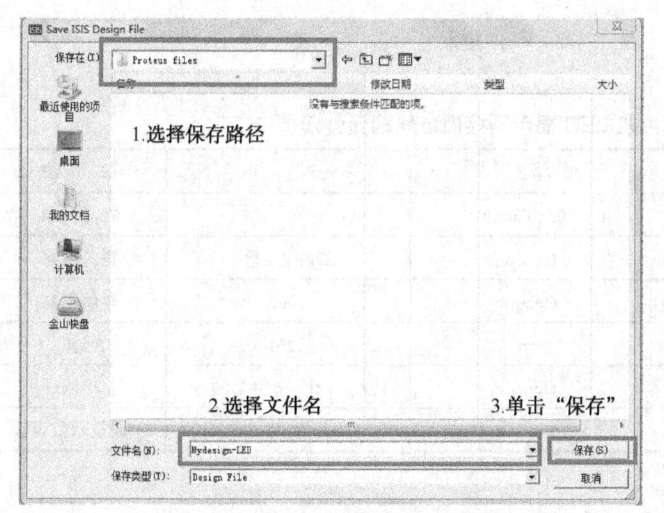

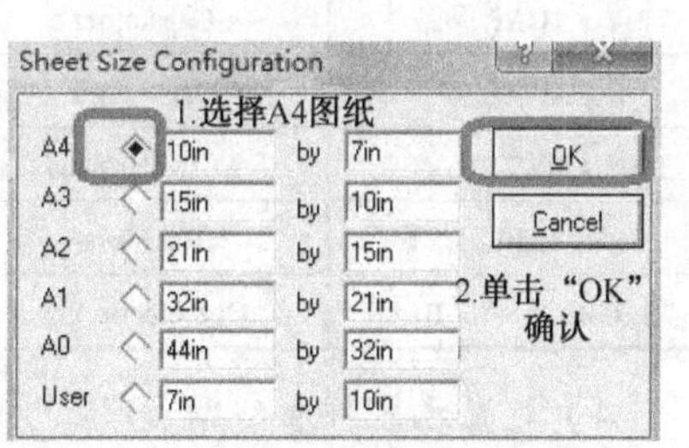

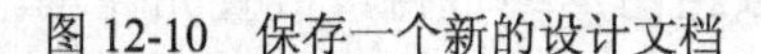

图 12-10　保存一个新的设计文档　　　　图 12-11　设置图纸大小

3）拾取元件

选择【Library】→【Pick Device/Symbol】菜单项，或者选择绘图工具箱的元件模式图标 ，然后单击预览窗口下方的 P 图标，打开元件拾取对话框，如图 12-12 所示。

以查找【七段显示数码管】为例，在大类列表中选择【Optoelectronics】类，并在子类列表中选择【7-Segment-Displays】子类，则在结果列表区将出现符合条件的所有元器件。

双击鼠标左键选择【7SEG-COM-AN-BLUE】。

拾取完【七段显示数码管】，还应参照以上拾取办法，依次将图 12-8 所示电路图中的其他元器件加载到对象选择器窗口。单击【OK】按钮，关闭元件拾取对话框，添加的元器件将出现在对象选择器列表中。本例所用到的元件清单见表 12-18。

图 12-12　元件拾取

表 12-18　单片机 LED 显示器接口电路的元件清单

元 件 名 称	所 属 大 类	所 属 子 类	参　　数	备　　注
AT89C51	Microprocessor ICs	8051 Family		51 单片机
CAP	Capacitors	Generic	22pF，2 个	瓷片电容
CAP-ELEC	Capacitors	Generic	10uF	电解电容
CRYSTAL	Miscellaneous	—	12M	晶振
RES	Resistors	Generic	10K，1 个；680Ω，7 个	电阻
7SEG-COM-AN-BLUE	Optoelectronics	7-Segment-Displays	蓝色，1 个	七段显示数码管

4）*放置元器件和终端*

在对象选择器窗口添加完元件后，就可以在图形编辑窗口放置元件了。下面仍然以“七段显示数码管”为例，说明放置元件的操作办法。选中对象选择器窗口中的【7SEG-COM-AN-BLUE】元件，预览窗口将预览“七段显示数码管”的放置方位，若元件方位不合适，可通过旋转或镜像按钮调整。在图形编辑窗口适当位置双击鼠标左键，“七段显示数码管”即被放置到原理图中，如图 12-13 所示。参照上述方法，依次将元件清单中的所有元件放置到图形编辑窗口中。

选择绘图工具箱【Terminal Mode】图标，从对象选择器窗口中依次选择【POWER

（电源）】和【GROUND（地）】终端，在图形编辑窗口指定位置双击鼠标左键，或者先单击鼠标左键，将终端拖动到指定位置，再次单击鼠标左键确定放置终端，如图 12-14 所示。

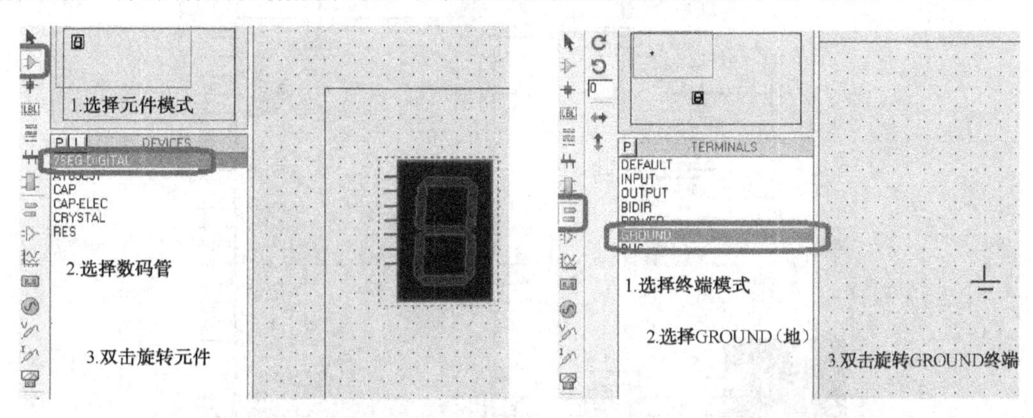

图 12-13　放置元件　　　　　图 12-14　放置终端

5）调整和编辑元件

放置好元件后，将鼠标移到图形编辑窗口的任意元件上并单击鼠标左键，使其高亮显示，就可以对该元件进行调整或者编辑。当元件处于高亮状态时，可以直接拖拽该元件，或者单击鼠标右键，打开右键菜单，如图 12-15 所示，可执行旋转、镜像、删除等操作。以编辑 AT89C51 芯片为例，用鼠标左键双击 AT89C51 芯片，即可打开元件属性编辑对话框，如图 12-16 所示。

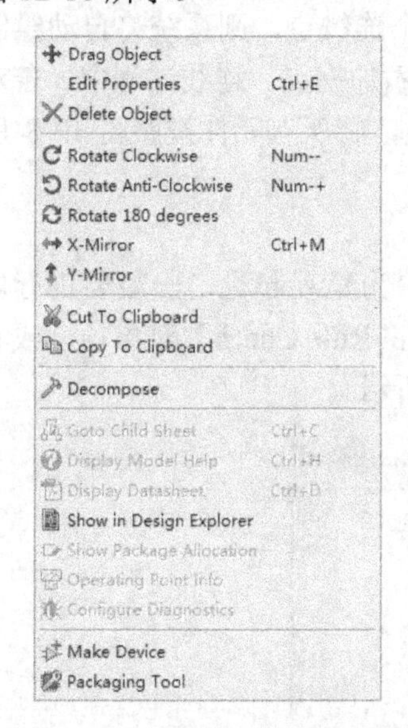

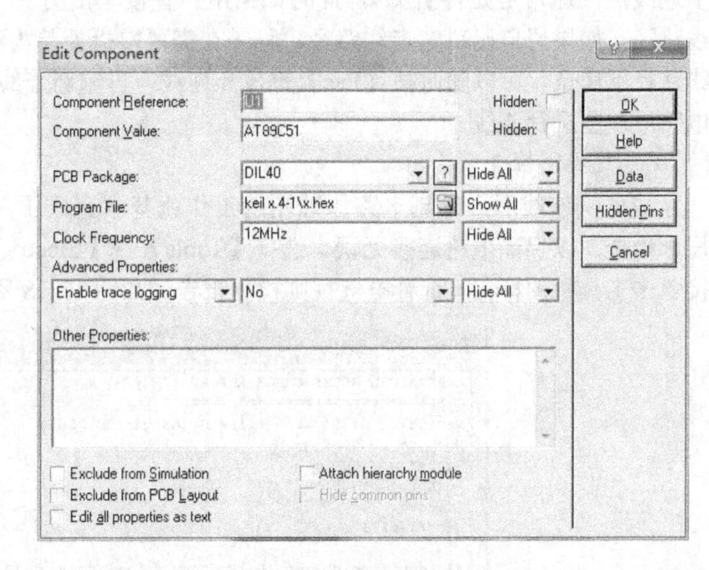

图 12-15　调整元件的右键菜单　　　　　图 12-16　编辑元件

其中：Component Reference 是元件在原理图中的编号，Component Value 是元件的参数值或者芯片名称，Hidden 复选框用于选择是否在原理图中隐藏其左侧项，Program files 项用于添加仿真用的二进制程序文件，Clock Frequency 用于指定仿真时的芯片外接晶振频率。若要修改元件的信息，可以直接在对应的窗口中修改，修改完单击【OK】按钮，即可结束元件编辑。放置、调整并编辑过的元件如图 12-17 所示。

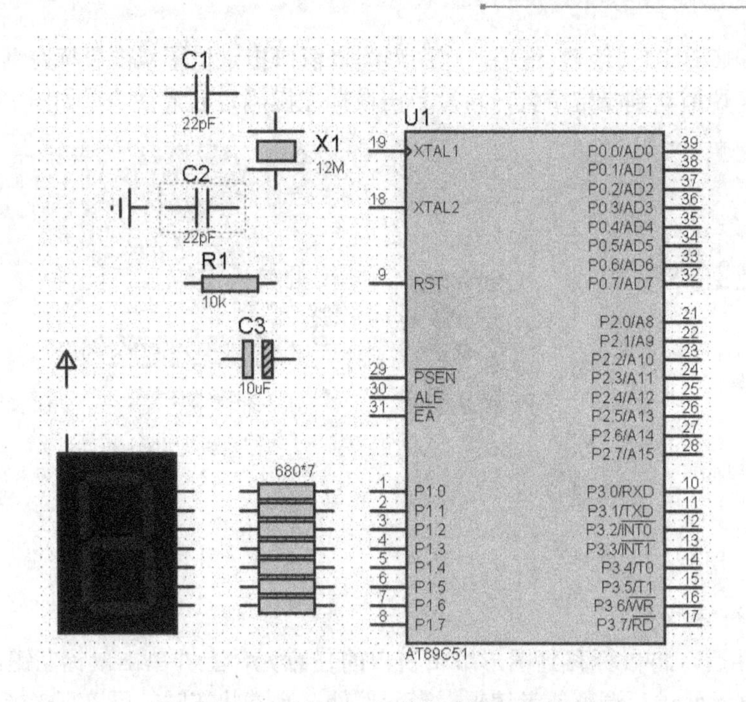

图 12-17　放置、调整并编辑元件后

6）电气连线

Proteus 的电气连线是非常智能的，它能自动检测用户是否准备连线。用户首先单击第一个连线点（通常是元件引脚），此时如果用户直接单击另一个连线点，则系统将自动绘制走线路径；如果想自己决定走线路径，只需在需要转折处单击添加拐点。连线过程中，若对走线路径不满意，可以随时按【Esc】键放弃连线，再重新连线，将所有元件按照图 12-8 所示电路原理图进行连线。

7）电气规则检查

完成电气连线后，绘制电路原理图的工作就基本完成了，为稳妥起见，一般要进行电气规则检查，以保证电路连接无误。选择【Tools】→【Electrical Rule Check】菜单项，或者直接单击工具栏图标，查看电气规则检测报告，如图 12-18 所示。

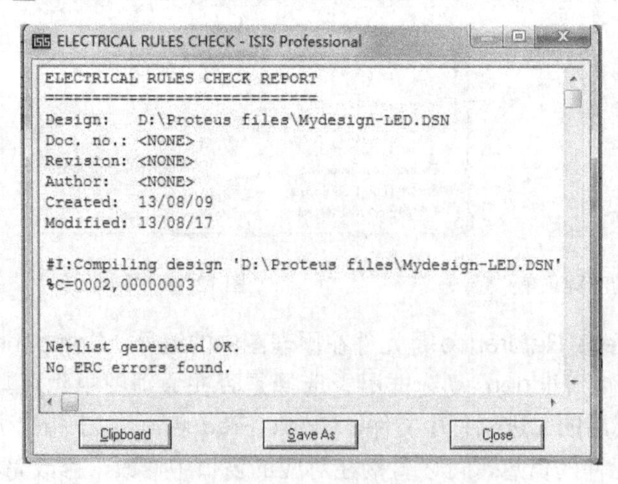

图 12-18　电气规则检查

通常要保证系统提示【Netlist generated OK】(网络表已经生成),并且【No ERC errors found】(无电气规则错误),整张电气原理图的设计才算彻底完成。如果电气规则报告提示有错误,就要根据错误信息修改电路原理图,重复电气规则检查操作,直到没有错误或者错误不会影响后续操作为止。

8)存盘及输出报表

单击工具栏图标,将设计好的原理图文件存盘。同时,还可使用【Tools】→【Bill of Materials】菜单项,或者直接单击工具栏图标,输出 BOM 文档,查看元件清单,如图 12-19 所示。

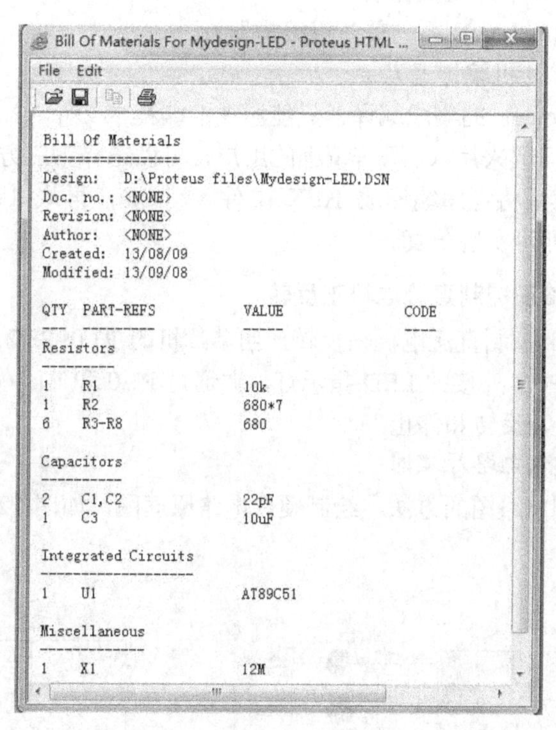

图 12-19 查看元件清单

12.3 Proteus 单片机电路仿真

单片机在工程实践中应用广泛,对于一个实际的应用项目,硬件成本较高,如果设计方案存在原理性错误,将会浪费许多不必要的硬件开销和时间。利用 Proteus 仿真软件对原理电路进行仿真,可以帮助我们及时发现问题。Proteus 可以直接在硬件电路原理图的单片机上编程,配合显示系统的虚拟仪器资源(如虚拟逻辑分析仪、示波器等),可以方便地查看程序运行的效果,帮助设计者完善设计。

此外,对于刚接触单片机的用户,Proteus 也是一款相当不错的工具,它能帮助我们在不需要任何硬件投入的条件下,了解并熟悉单片机及其外围电路,相比于纯理论的知识,更容易接受。**值得注意的是**,软件仿真主要是仿真单片机电路的关键部分,因而在仿真时,可以不设置单片机的晶振和复位电路,并不会影响仿真效果,这是因为 Proteus 电路内部已经集成了电源、晶振及复位电路,用户只需要在仿真前设置相应的选项即可。

12.3.1 利用集成编译器仿真

1．程序编译器简介

Proteus 提供了简单的文本编辑器，作为源程序的编辑环境。另外，Proteus 还集成了几大主流单片机的编译器，使用时，用户应根据具体的单片机型号和编程语言来选取相应的编译器。目前 Proteus 支持的单片机编译器有：

- ASEM51（51 系列单片机编译器）；
- ASM11（Motorola 单片机编译器）；
- AVRASM32（Atmel AVR 系列单片机编译器）；
- MPASM（PIC 单片机编译器）。

需要说明的是，Proteus 的集成编译器只能添加汇编程序文件（*.ASM），而不能添加 C 程序文件（*.c），对于习惯采用 C 语言编程的用户，可以选择第三方编译器（如 Keil，Hi-tech 等）进行编程，然后将程序编译成 HEX 文件（*.hex），再从电路原理图中的单片机属性中添加 HEX 文件，即可实现仿真。

2．仿真实例——按键控制直流电机正反转

用单片机 AT89C51 控制直流电机正反转，当单片机的 P3.0~P3.2 外接的按键 K1~K3 按下时，对应点亮 P0.0~P0.2 外接的 LED 指示灯，并通过 P1.0 和 P1.1 输出控制三极管通断，进而控制直流电机正转、反转和停止。

1）在 Proteus 中绘制电路原理图

按照前面介绍绘制电路图的方法，绘制硬件电路原理图，如图 12-20 所示。保存文件为【MotorControl.DSN】。

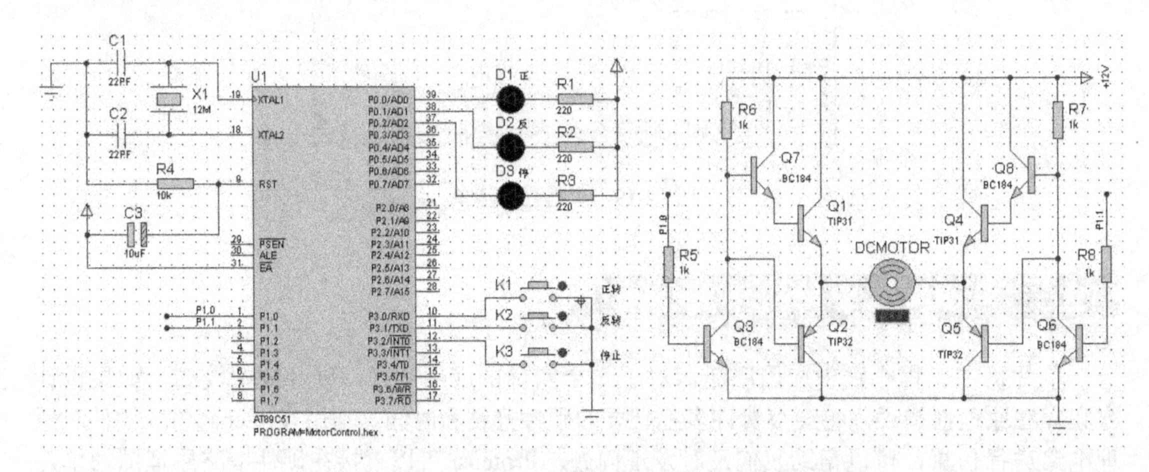

图 12-20　按键控制直流电机正反转原理图

2）建立并添加源程序文件

在 Proteus ISIS 主界面中单击菜单【Source】（源程序）→【Add/Remove Source Files…】（添加/移除源程序），弹出如图 12-21 所示对话框，单击【Code Generation Tool】（目标代码生成工具）下拉菜单，从下拉菜单中选择相应的编译器。例如使用 AT89C51 单片机，则相应地选择【ASEM51】（51 系列单片机编译器）。

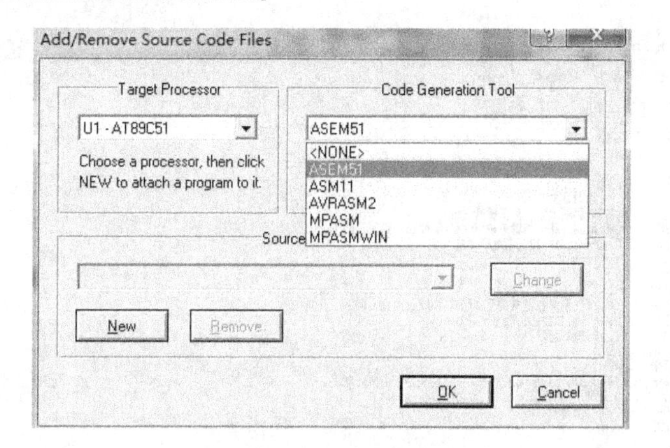

图 12-21　选择编译器

选择完编译器，接着就要添加程序代码文件。在图 12-21 对话框中，单击左下方【New】按钮，弹出如图 12-22 所示对话框，在文件名框中输入源程序文件名【MotorControl】，选择文件类型为 ASEM51 Source files(*.ASM)，单击【打开】按钮，在随后弹出的确认对话框中，选择【是】按钮，确认创建新的源程序文件，并将新文件添加到【Source Code Filename】方框中。同时，Proteus ISIS 菜单栏【Source】会增加【MotorControl.ASM】菜单子项，这样，我们就可以通过【Source】菜单，方便地编辑源程序。另外，在单击【New】按钮后，也可以直接从已经创建好的程序文件中添加。

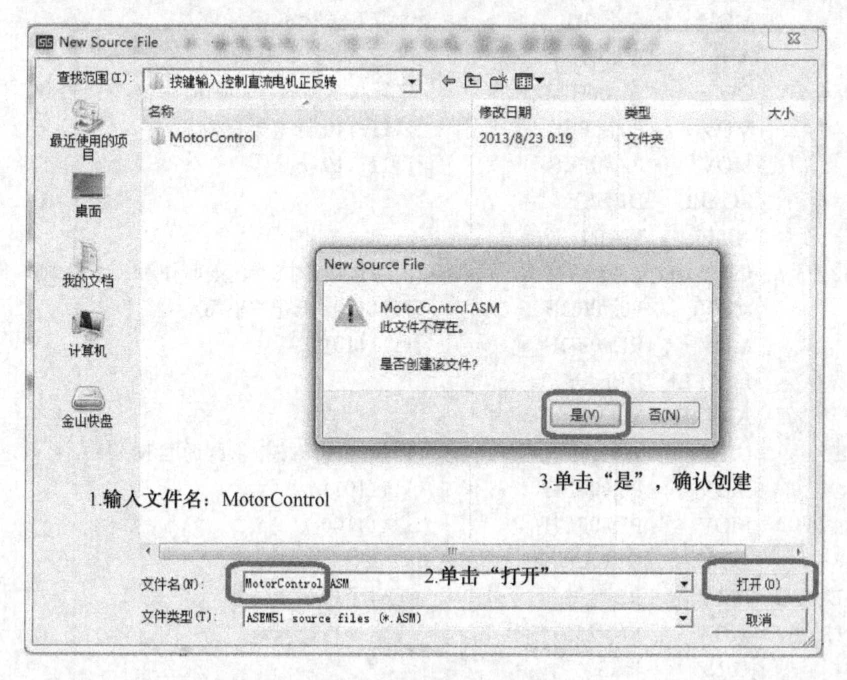

图 12-22　新建源程序文件

3）编辑源程序代码

单击菜单【Source】→【MotorControl.ASM】，出现如图 12-23 所示的源程序编辑窗口。在该窗口中使用汇编语言编写程序，然后存盘退出。

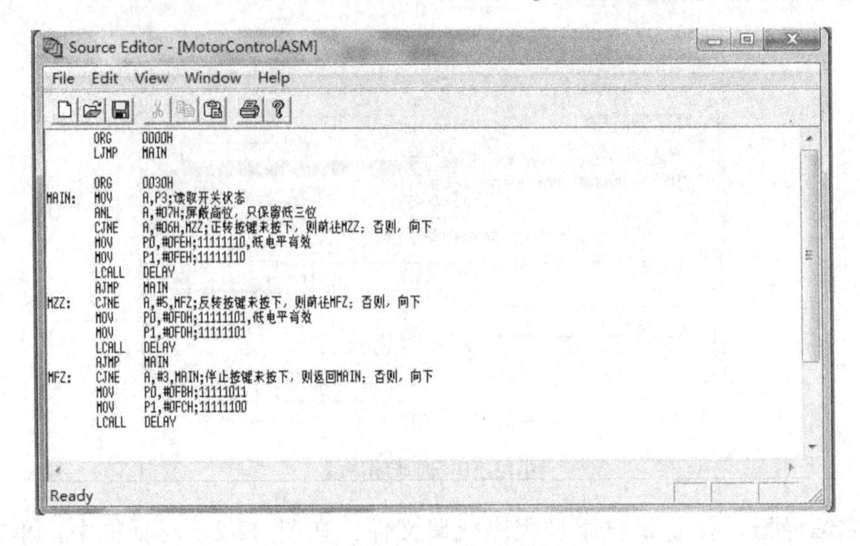

图 12-23 Proteus 源程序编辑窗口

本例的汇编程序代码如下：

```
        ORG 0000H
        LJMP    MAIN
        ORG     0030H
MAIN:   MOV     P3,#0FFH        ;置 P3 口为输入态
        MOV     A,   P3         ;读取开关状态
        ANL     A,#07H          ;屏蔽高位，只保留低三位
        CJNE    A,#06H,MZZ      ;正转按键未按下，则前往 MZZ；否则，向下
        MOV     P0,#0FEH        ;11111110,低电平有效
        MOV     P1,#0FEH        ;11111110
        LCALL   DELAY
        AJMP    MAIN
MZZ:    CJNE    A,#5,MFZ        ;反转按键未按下，则前往 MFZ；否则，向下
        MOV     P0,#0FDH        ;11111101,低电平有效
        MOV     P1,#0FDH        ;11111101
        LCALL   DELAY
        AJMP    MAIN
MFZ:    CJNE    A,#3,MAIN       ;停止按键未按下，则返回 MAIN；否则，向下
        MOV     P0,#0FBH        ;11111011
        MOV     P1,#0FCH        ;11111100
        LCALL   DELAY
DELAY:  MOV     R5,#195         ;延时子程序
C1:     MOV     R6,#255
        DJNZ    R6,$
        DJNZ    R5,C1
        RET
        END
```

4）源程序编译

编译程序前，需要先设置编译器。单击菜单【Source】→【Define Code Generation

Tools】，弹出如图 12-24 所示对话框，对编译器进行设置。设置好编译器后，单击【Source】→【Build All】，即可对源程序进行编译，编译完成后，将弹出相应的编译日志，用户可以通过查看编译日志了解程序是否有错误。若没有错误便成功生成目标代码文件【*.hex】，若编译出错，则编译日志中会以红色标识错误，并指出所在的行号及错误类型，以便用户返回修改源程序。

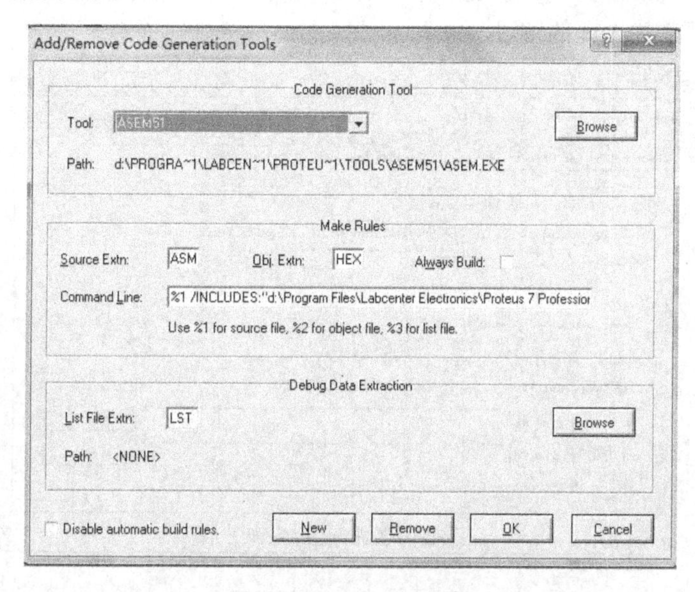

图 12-24 编译器设置

5）运行仿真

Proteus ISIS 主界面左下角的仿真工具栏 ▶ ▶| ‖ ■ ，从左到右依次是【开始】、【单步执行】、【暂停】和【停止】仿真操作按钮。单击左侧第一个按钮，将全速运行仿真，如果程序和原理图都没有错误的话，原理图上的各个器件都将表现出预期的效果；若仿真结果未能达到预期要求，我们可以使用中间两个仿真调试按钮调试程序，找出程序或者原理图出错的地方，有针对性地修改程序或者电路原理图，使得设计方案最终满足设计要求。

12.3.2 利用 Keil 辅助 Proteus 仿真

Keil 是用来编辑单片机程序的第三方软件，支持 C 语言或者汇编语言编程；Proteus ISIS 则是用来进行电路分析和电路仿真的软件。Proteus 虽然集成了几大主流单片机的编译器，但也仅仅局限于汇编语言，如果你既使用汇编语言，又使用 C 语言编程，那么 Keil 无疑是个不错的选择。

Keil μVision2 是美国 Keil Software 公司出品的 51 系列兼容单片机 C 语言软件开发系统，它通过一个集成开发环境（μVision）将 C编译器、宏汇编、连接器、库管理和一个功能强大的仿真调试器等部分组合在一起，是目前最好的单片机开发工具之一。具体 Keil 的操作方法可参见本书第 10 章。

1. 用 Keil 辅助 Proteus 仿真的方法

1）Keil 以离线方式辅助 Proteus 单片机电路仿真

❶ 进入 Keil μVision2 开发环境，创建一个新工程，选择单片机的型号，然后新建一个

空白的源程序文件，并将该文件添加到新工程中。

❷ 在选中【target1】的情况下，选择【project】→【options for target 'target1'】，或者直接选中【target1】，右击选择【options for target 'target1'】，打开 Keil 工程配置选项卡，如图 12-25 所示。选择【output】选项卡，在【create HEX file】前的方框里打钩，单击【保存】。另外，还必须保证【Target】选项卡中的【Xtal】框内的晶振频率值符合要求，通常选择 12.0MHz，以便产生 1μs 的定时。

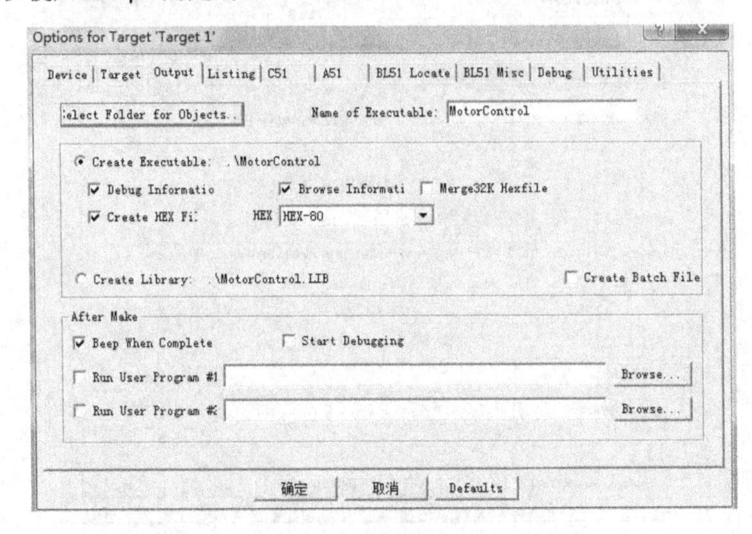

图 12-25　Keil 工程配置

❸ 在程序文件中写入程序代码，并编译源程序，生成单片机能够识别的 HEX 文件，不论 Keil 采用何种方式参与仿真，HEX 文件都是必不可少的。Keil 的程序编译后，会弹出相应的编译日志，用户可以通过查看编译日志了解程序是否有错误。若没有错误便有目标代码文件【*.hex】成功生成，若编译出错，则编译日志中会以红色标识错误，并给出错误所在行号及错误信息指令，我们可以方便地通过错误信息链接到程序出错的位置进行修改。

❹ 运行 Proteus，单击单片机芯片，在元件属性中的【Program file】对应的方框中，打开 Keil 工程文件所在的路径，并选择 Keil 编译产生的 HEX 文件。

❺ 单击 Proteus 仿真工具栏按钮，运行仿真，如果程序和原理图都没有错误的话，原理图上的各个器件都将表现出预期的效果。

2）Keil 与 Proteus 联调实现单片机电路仿真

Keil 还可以和 Proteus 进行联合仿真调试，就是通过安装联调驱动程序，将两个软件连接起来，然后同时运行 Keil 和 Proteus 两个软件，实现在 Keil 上调试程序，对应地在 Proteus 的电路原理图中执行指定动作。这样用户可以直观地调试单片机程序和电路，验证设计方案，有针对性地修改源程序。下面介绍 Keil μVision2 与 Proteus 7.8 联调时的设置方法。

❶ 首先确保计算机上已安装有 TCP/IP 协议。一般来说，一台能上网的计算机就已经安装了 TCP/IP 协议。

❷ 下载并安装联调驱动程序【vdmagdi.exe】，这个文件可到 Labcenter 公司官网上下载：http://downloads.labcenter.co.uk/vdmagdi.exe。安装完该驱动后，在 Keil 安装目录下的 TOOLS.INI 文件中，[c51]字段的最后多了两行：tdrv5=binvdm51.dll 和 book10= hlplvdmagd，用于两个软件的连接和帮助文档。

❸ 和离线方式一样，必须进入 Keil μVision2 开发环境，建立一个工程文件，添加程序，选中【target1】，选择【project】→【options for target 'target1'】，配置晶振并勾选【output】选项卡中的【create HEX file】。此外，必须做的重要一步是：在【debug】选项卡中，选择右侧的【use】，并在下拉框中选中【Proteus vsm simulator】，接着单击其右侧的【Setting】配置通信接口，在 Host 后面输入【127.0.0.1】，在【Port】后面输入【8000】，如图 12-26 所示，单击【OK】按钮即完成 Keil 的配置。

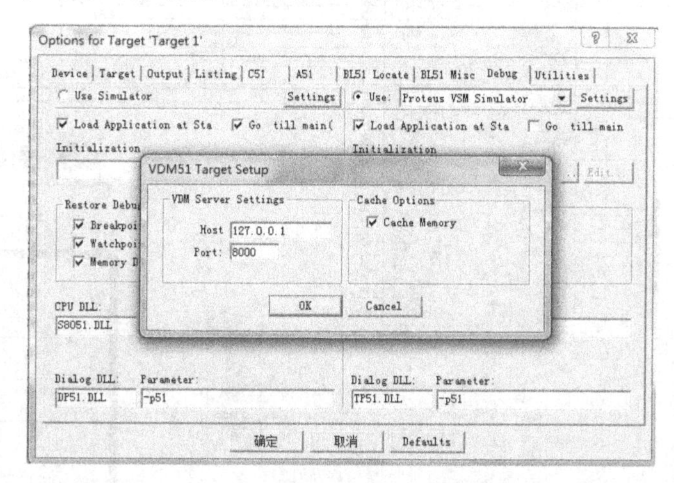

图 12-26 配置通信接口

❹ 打开 Proteus ISIS 编辑环境，选择菜单栏【debug】→【use remote debug monitor】，至此，联调的准备工作已基本完成。

联调可以在同一台计算机上，也可以在同一局域网的两台计算机上。前者两个软件的窗口都要相应地调小，看起来不够直观，而如果一台运行 Keil，另一台运行 Proteus，两台显示器各显示一个界面，则可以非常直观地查看仿真结果。若在同一台计算机上实现联调时，一定要把 Keil 的工程文件夹和 Proteus 工程文件放到同一层目录下，否则可能会出现联调失败的情况。若采用两台计算机各打开一个软件进行联调，则应在配置通信口时，将 Host 设置为另一计算机（安装有 Proteus 的计算机）的 IP 地址。

2．Keil C 程序仿真实例——定时器控制数显交通灯

以 AT89C51 单片机为核心，利用 Proteus 的交通指示灯组件（traffic lights）和共阳极数码管（7SEG-MPX2-CA）等，设计一个十字路口的数字显示倒计时的交通指示灯系统。

要求一个方向的绿灯亮 25s，然后黄灯闪烁 5s，要求数码管以两位数倒计时显示时间，在显示数字 29～05 期间，数码管每秒更新一次显示倒计时时间；在显示数字 04～00 期间，数码管闪烁显示倒计时时间。此时另一个方向红灯 30s，要求数码管以两位数倒计时显示时间 30～00，数码管每秒更新一次显示倒计时时间。每过 30s，两个方向的信号灯状态交换一下。

选用 12MHz 晶振，以产生 1μs 的机器周期，设置倒计时变量 x，其最大值为 30s，通过定时器计时，时间每过 1s，利用标志位 flag 控制 x 变量减 1，实现时间倒计时，并利用数码管输出当前的 x 值。

1）电路原理图

按照前面介绍的绘制电路图的方法，在 Proteus ISIS 中绘制硬件电路原理图，如图 12-27 所示。保存文件为【TrafficlightsDisplay.DSN】。

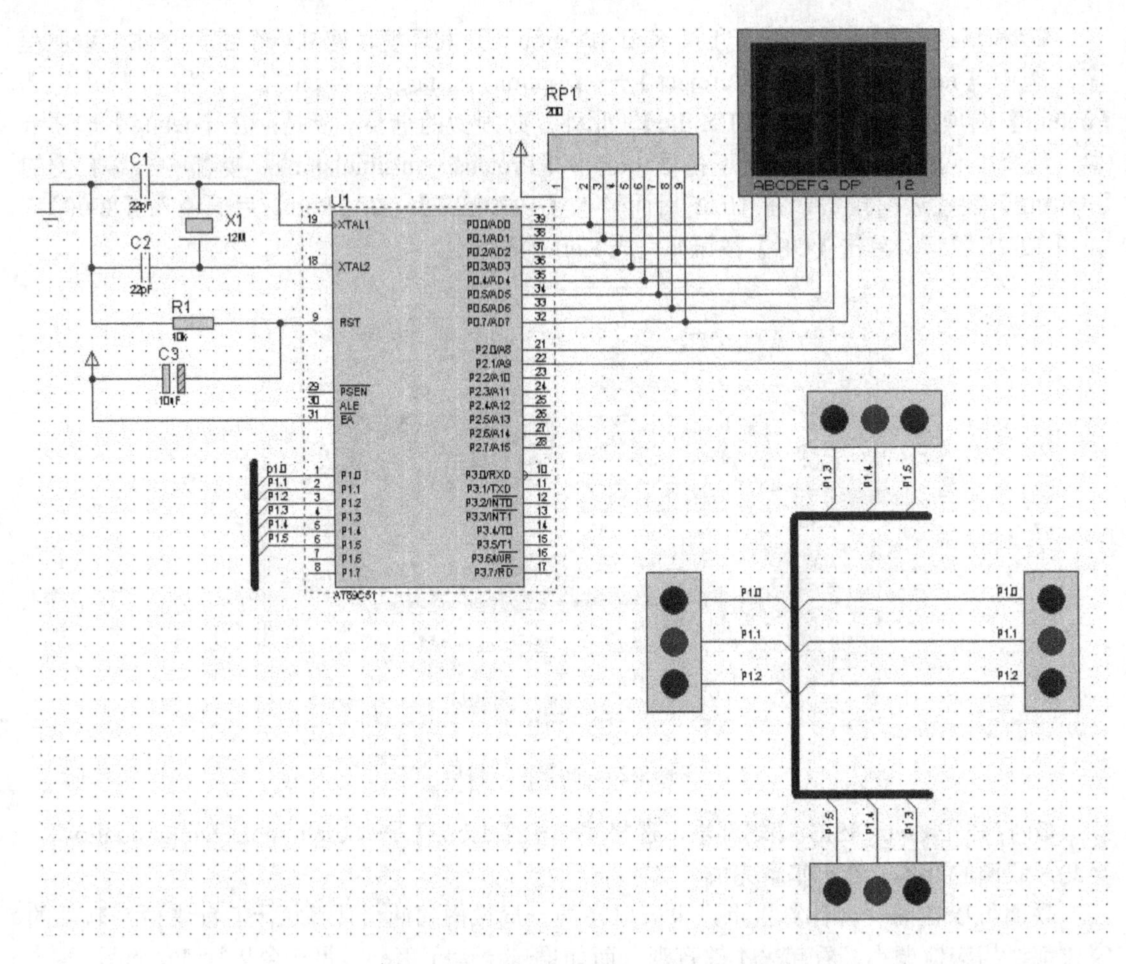

图 12-27　定时器控制数显交通灯原理图

2）用 Keil 创建一个工程并仿真

创建一个新的 Keil 工程文件，命名为 TrafficLightsDisplay，添加程序文件(*.c)。在文件中输入 C 语言程序代码如下：

```
/********************** Proteus 单片机电路仿真实例*********************************/
/* 程序名称：定时器控制的数显交通指示灯(TrafficLightsDisplay)
/***************************************************************************/
#include<reg51.h>
#define uchar unsigned char
#define uint unsigned int
uchar tcnt=0;
uchar x=30;      //设置 x 为 30s 变量，定时器计时 1s，flag 置 1，变量 x 减 1，实现时间倒计时
bit flag=0  ;    //时间增加一秒标志位
uchar code DSY_Table[]={0xc0,0xf9,0xa4,0xb0,0x99,0x92,0x82,0xf8,0x80,0x90};    // 0～9 字形码
void DelayMS(uchar x)                    //延时 xms，用作辅助延时
{
      uchar i,j;
      while(x--){
            for(i=0;i<10;i++)
                  {
```

```
                for(j=0;j<33;j++){}
                }
            }
    }
    void Display()                                  //数码管显示等待时间倒计时
    {
        while(flag==0)
        {
            P2=0x01;
            P0=DSY_Table[x/10];
            DelayMS(2);
            P2=0x02;
            P0=DSY_Table[x%10];
            DelayMS(2);
        }
    }
    void main()                                     //主程序
    {
        P2=0x03;                                    //数码管的上电显示
        P0=0xBF;
        DelayMS(2);
        TMOD=0x01;                                  //定时器方式
        IE=0x8A;
        TH1=(65536-50000)/256;                      //对 TH1 TL1 赋值
        TL1=(65536-50000)%256;                      //使定时器 0.05s 中断一次
            TR0=1;                                  //开始计时
        while(1)
        {
            /*  P1=0x21;东西向(P1.0~1.2)红灯,南北向(P1.3~1.5)绿灯
                P1=0x11;南北向黄灯，东西向红灯
                P1=0x0C;东西向绿灯，南北向红灯
                P1=0x0A;东西向黄灯，南北向红灯    */
            for(x=30;x--;0==x)                      //东西向通行
                {
                    if(x>5){P1=0x0C;}               //东西向绿灯，南北向红灯
                        else
                        {
                        P1=0x08;                    //东西向黄灯闪烁，南北向保持红灯
                        P0=0xff;                    //数码管数字闪烁
                        DelayMS(250);
                        P1=0x0A;}
                        Display();
                        flag=0;
                        }
            for(x=30;x--;0==x)                      //南北向通行
                {
                    if(x>5){P1=0x21;}               //南北向绿灯，东西向红灯
                        else
                        {
                        P1=0x01;                    //南北向黄灯闪烁，东西向保持红灯
```

```
                        P0=0xff;            //数码管数字闪烁
                        DelayMS(250);
                        P1=0x11;}
                        Display();
                        flag=0;
                        }
                }
}
//定时器 0 对应的中断优先级为 interrupt 1，工作寄存器 Rn 使用第 1 工作区
void Time0()interrupt 1 using 0                 //定时器 0 中断服务程序
{
    TH1=(65536-50000)/256;                       //延时 50ms
    TL1=(65536-50000)%256;
    tcnt++;//每过 50ms,tcnt+1
    if(tcnt==13)                                 //计满 20 次（1s）时
        {
        tcnt=0;                                  //重新再计
        flag=1;                                  //时间过 1s 标志
        }
}
/**************************************结束********************************/
```

本例的仿真效果如图 12-28 所示。

读者可根据自己的偏好和使用习惯，选择离线方式仿真或者联调仿真。

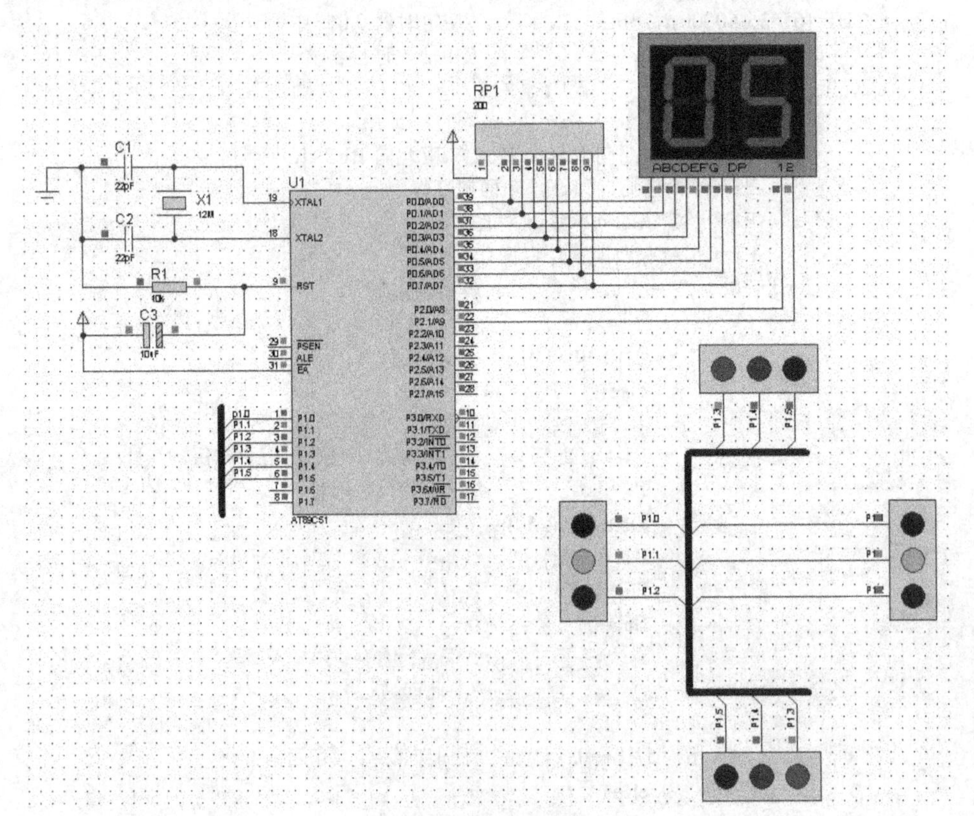

图 12-28　定时器控制的数显交通指示灯仿真效果

本章小结

本章简要介绍了 Proteus 软件的操作界面和系统资源等，并通过具体的实例详细介绍了利用 Proteus 进行电路原理图设计以及单片机电路仿真的方法和步骤，以帮助初学者快速地学会软件的基本操作。此外，本章还介绍了 Proteus 与 Keil 的联调方法，可通过 Keil 的多种调试功能来调试程序并观察仿真效果。由于软件操作实践性比较强，读者要结合实例亲自动手练习软件的各种操作，在使用中学习，这样才能快速熟悉 Proteus 软件，并运用该软件进行单片机电路原理图的设计与仿真。

思考题和习题

12.1 试说明 Proteus 软件的主要功能。

12.2 简述进行单片机电路仿真的主要目的。

12.3 在 Proteus 软件中绘制电路原理图的一般步骤是什么？

12.4 进行 Proteus 和 Keil 的联调设置时，应注意什么？

12.5 试将仿真实例——按键控制直流电机正反转，改用 Keil 编程并与 Proteus 联调仿真。

附录A　美国标准信息交换代码（ASCII码）

（American Standard Card for Information Interchange）

		高3位　MSD　$b_6b_5b_4$							
低4位		0	1	2	3	4	5	6	7
LSD	$b_3b_2b_1b_0$	000	001	010	011	100	101	110	111
0	0000	NUL	DLE	SP	0	@	P	`	p
1	0001	SOH	DC1	!	1	A	Q	a	q
2	0010	STX	DC2	"	2	B	R	b	r
3	0011	ETX	DC3	#	3	C	S	c	s
4	0100	EOT	DC4	$	4	D	T	d	t
5	0101	ENQ	NAK	%	5	E	U	e	u
6	0110	ACK	SYN	&	6	F	V	f	v
7	0111	BEL	ETB	'	7	G	W	g	w
8	1000	BS	CAN	(	8	H	X	h	x
9	1001	HT	EM	)	9	I	Y	i	y
A	1010	LF	SUB	*	:	J	Z	j	z
B	1011	VT	ESC	+	;	K	[	k	{
C	1100	FF	FS	,	<	L	\	l	|
D	1101	CR	GS	-	=	M	]	m	}
E	1110	SO	RS	.	>	N	↑	n	~
F	1111	SI	US	/	?	O	←	o	DEL

控制符注释			
NUL	空	DLE	数据链换码
SOH	标题开始	DC1	设备控制1
STX	正文结束	DC2	设备控制2
ETX	本文结束	DC3	设备控制3
EOT	传输结束	DC4	设备控制4
ENQ	询问	NAK	否定

续表

控制符注释			
ACK	承认	SYN	空转同步
BEL	响铃（Bell）	ETB	信息组传送结束
BS	退一格	CAN	作废
HT	横向列表	EM	纸尽
LF	换行	SUB	减
VT	垂直制表	ESC	换码
FF	走纸控制	FS	文字分隔符
CR	回车	GS	组分隔符
SO	移位输出	RS	记录分隔符
SI	移位输入	US	单元分隔符
SP	空格（Space）	DEL	删除

附录B　MCS-51 单片机指令表

指　令	功能说明	机器码	字节数	周期数
数据传送类指令				
MOV A，Rn	寄存器送累加器	E8～EF	1	1
MOV A，direct	直接字节送累加器	E5（direct）	2	1
MOV A，@Ri	间接 RAM 送累加器	E6～E7	1	1
MOV A，#data	立即数送累加器	74（data）	2	1
MOV Rn，A	累加器送寄存器	F8～FF	1	1
MOV Rn，direct	直接字节送寄存器	A8～AF（direct）	2	2
MOV Rn，#data	立即数送寄存器	78～7F（data）	2	1
MOV direct，A	累加器送直接字节	F5（direct）	2	1
MOV direct，Rn	寄存器送直接字节	88～8F（direct）	2	2
MOV direct2，direct1	直接字节送直接字节	85（direct1）（direct2）	3	2
MOV direct，@Ri	间接 RAM 送直接字节	86～87（direct）	2	2
MOV direct，#data	立即数送直接字节	75（direct）（data）	3	2
MOV @Ri，A	累加器送间接 RAM	F6～F7	1	1
MOV @Ri，direct	直接字节送间接 RAM	A6～A7（direct）	2	2
MOV @Ri，#data	立即数送间接 RAM	76～77（data）	2	1
MOV DPTR，# data16	16 位立即数送数据指针	90（data15～8）（data7～0）	3	2
MOVC A，@A+DPTR	以 DPTR 为变址寻址的程序存储器读操	93	1	2
MOVC A，@A+PC	以 PC 为变址寻址的程序存储器读操作	83	1	2
MOVX A，@Ri	外部 RAM（8 位地址）读操作	E2～E3	1	2
MOVX A，@ DPTR	外部 RAM（16 位地址）读操作	E0	1	2
MOVX @Ri，A	外部 RAM（8 位地址）写操作	F2～F3	1	2
MOVX @ DPTR，A	外部 RAM（16 位地址）写操作	F0	1	2
PUSH direct	直接字节进栈	C0（direct）	2	2
POP direct	直接字节出栈	D0（direct）	2	2
XCH A，Rn	交换累加器和寄存器	C8～CF	1	1
XCH A，direct	交换累加器和直接字节	C5（direct）	2	1
XCH A，@Ri	交换累加器和间接 RAM	C6～C7	1	1
XCHD A，@Ri	交换累加器和间接 RAM 的低 4 位	D6～D7	1	1

续表

算术运算类指令				
指　令	功 能 说 明	机 器 码	字 节 数	周 期 数
ADD A，Rn	寄存器加到累加器	28～2F	1	1
ADD A，direct	直接字节加到累加器	25（direct）	2	1
ADD A，@Ri	间接 RAM 加到累加器	26～27	1	1
ADD A，#data	立即数加到累加器	24（data）	2	1
ADDC A，Rn	寄存器带进位加到累加器	38～3F	1	1
ADDC A，direct	直接字节带进位加到累加器	35（direct）	2	1
ADDC A，@Ri	间接 RAM 带进位加到累加器	36～37	1	1
ADDC A，#data	立即数带进位加到累加器	34（data）	2	1
SUBB A，Rn	累加器带寄存器	98～9F	1	1
SUBB A，direct	累加器带借位减去直接字节	95（direct）	2	1
SUBB A，@Ri	累加器带借位减去间接 RAM	96～97	1	1
SUBB A，#data	累加器带借位减去立即数	94（data）	2	1
INC A	累加器加 1	04	1	1
INC Rn	寄存器加 1	08～0F	1	1
INC direct	直接字节加 1	05（direct）	2	1
INC @Ri	间接 RAM 加 1	06～07	1	1
DEC A	累加器减 1	14	1	1
DEC Rn	寄存器减 1	18～1F	1	1
DEC direct	直接字节减 1	15（direct）	2	1
DEC @Ri	间接 RAM 减 1	16～17	1	1
INC DPTR	数据指针加 1	A3	1	2
MUL AB	A 乘以 B	A4	1	4
DIV AB	A 除以 B	84	1	4
DA A	十进制调整	D4	1	1
逻辑运算类指令				
指　令	功 能 说 明	机 器 码	字 节 数	周 期 数
ANL A，Rn	寄存器“与”累加器	58～5F	1	1
ANL A，direct	直接字节“与”累加器	55（direct）	2	1
ANL A，@Ri	间接 RAM“与”累加器	56～57	1	1
ANL A，#data	立即数“与”累加器	54（data）	2	1
ANL direct，A	累加器“与” 直接字节	52（direct）	2	1
ANL direct，#data	立即数“与” 直接字节	53（direct）（data）	3	2
ORL A，Rn	寄存器“或”累加器	48～4F	1	1

续表

逻辑运算类指令				
指　令	功能说明	机器码	字节数	周期数
ORL　A，direct	直接字节“或”累加器	45（direct）	2	1
ORL　A，@Ri	间接 RAM“或”累加器	46～47	1	1
ORL　A，#data	立即数“或”累加器	44（data）	2	1
ORL　direct，A	累加器“或” 直接字节	42（direct）	2	1
ORL　direct，#data	立即数“或” 直接字节	43（direct）（data）	3	2
XRL　A，Rn	寄存器“异或”累加器	68～6F	1	1
XRL　A，direct	直接字节“异或”累加器	65（direct）	2	1
XRL　A，@Ri	间接 RAM“异或”累加器	66～67	1	1
XRL　A，#data	立即数“异或”累加器	64（data）	2	1
XRL　direct，A	累加器“异或” 直接字节	62（direct）	2	1
XRL　direct，#data	立即数“异或” 直接字节	63（direct）（data）	3	2
CLR　A	累加器清零	E4	1	1
CPL　A	累加器取反	F4	1	1
移位操作指令				
指　令	功能说明	机器码	字节数	周期数
RL　A	循环左移	23	1	1
RLC　A	带进位循环左移	33	1	1
RR　A	循环右移	03	1	1
RRC　A	带进位循环右移	13	1	1
SWAP　A	半字节交换	C4	1	1
位操作指令				
指　令	功能说明	机器码	字节数	周期数
MOV　C，bit	直接位送进位位	A2（bit）	2	1
MOV　bit，C	进位位送直接位	92（bit）	2	2
CLR　C	进位位清零	C3	1	1
CLR　bit	直接位清零	C2（bit）	2	1
SETB　C	进位位置 1	D3	1	1
SETB　bit	直接位置 1	D2（bit）	2	1
CPL　C	进位位取反	B3	1	1
CPL　bit	直接位取反	B2（bit）	2	1
ANL　C，bit	直接位“与”进位位	82（bit）	2	2
ANL　C，/bit	直接位取反“与”进位位	B0（bit）	2	2
ORL　C，bit	直接位“与”进位位	72（bit）	2	2

续表

位操作指令				
指　令	功 能 说 明	机 器 码	字 节 数	周 期 数
ORL C，/bit	直接位取反“与”进位位	A0（bit）	2	2
JC rel	进位位为1转移	40 （rel）	2	2
JNC rel	进位位为0转移	50 （rel）	2	2
JB bit，rel	直接位为1转移	20 （bit）（rel）	3	2
JNB bit，rel	直接位为0转移	30 （bit）（rel）	3	2
JBC rel	直接位为1转移并清零该位	10 （bit）（rel）	3	2
控 制 转 移 类 指 令				
指　令	功 能 说 明	机 器 码	字 节 数	周 期 数
ACALL addr11	绝对子程序调用	（addr10～8 10001）（addr7～	2	2
LCALL addr16	长子程序调用	12（addr15～8）（addr7～0）	3	2
RET	子程序返回	22	1	2
RETI	中断返回	32	1	2
AJMP addr11	绝对转移	（addr10～8 00001） （addr7～	2	2
LJMP addr16	长转移	02（addr15～8）（addr7～0）	3	2
SJMP rel	短转移	80（rel）	2	2
JMP @A+DPTR	间接转移	73	1	2
JZ rel	累加器为零转移	60 （rel）	2	2
JNZ rel	累加器不为零转移	70 （rel）	2	2
CJNE A，direct，rel	直接字节与累加器比较，不相等则转移	B5（direct）（rel）	3	2
CJNE A，#data，rel	立即数与累加器比较，不相等则转移	B4（data）（rel）	3	2
CJNE Rn，#data，rel	立即数与寄存器比较，不相等则转移	B8～BF（data）（rel）	3	2
CJNE @Rn，#data，rel	立即数与间接RAM比较，不相等则转移	B6～B7（data）（rel）	3	2
控 制 转 移 类 指 令				
指　令	功 能 说 明	机 器 码	字 节 数	周 期 数
DJNZ Rn，rel	寄存器减1不为零转移	D8~DF（rel）	2	2
DJNZ direct，rel	直接字节减1不为零转移	D5（direct）（rel）	3	2
NOP	空操作	00	1	1

附录C KEIL C51常用库函数原型

```
/*--------------------------------------------------------------------------
ABSACC.H
Direct access to 8051, extended 8051 and Philips 80C51MX memory areas.
Copyright (c) 1988-2001 Keil Elektronik GmbH and Keil Software, Inc.
All rights reserved.
--------------------------------------------------------------------------*/
#ifndef __ABSACC_H__
#define __ABSACC_H__
#define CBYTE ((unsigned char volatile code  *) 0)
#define DBYTE ((unsigned char volatile data  *) 0)
#define PBYTE ((unsigned char volatile pdata *) 0)
#define XBYTE ((unsigned char volatile xdata *) 0)
#define CWORD ((unsigned int volatile code  *) 0)
#define DWORD ((unsigned int volatile data  *) 0)
#define PWORD ((unsigned int volatile pdata *) 0)
#define XWORD ((unsigned int volatile xdata *) 0)

#ifdef __CX51__
#define FVAR(object, addr)     (*((object volatile far *) (addr)))
#define FARRAY(object, base) ((object volatile far *) (base))
#else
#define FVAR(object, addr)       (*((object volatile far *) ((addr)+0x10000L)))
#define FCVAR(object, addr)      (*((object const far *) ((addr)+0x810000L)))
#define FARRAY(object, base)    ((object volatile far *) ((base)+0x10000L))
#define FCARRAY(object, base) ((object const far *) ((base)+0x810000L))
#endif

/*--------------------------------------------------------------------------
REG51.H
Header file for generic 80C51 and 80C31 microcontroller.
Copyright (c) 1988-2001 Keil Elektronik GmbH and Keil Software, Inc.
All rights reserved.
--------------------------------------------------------------------------*/
/*  BYTE Register   */
sfr P0    = 0x80;
sfr P1    = 0x90;
sfr P2    = 0xA0;
sfr P3    = 0xB0;
sfr PSW   = 0xD0;
sfr ACC   = 0xE0;
```

```
sfr B      = 0xF0;
sfr SP     = 0x81;
sfr DPL    = 0x82;
sfr DPH    = 0x83;
sfr PCON = 0x87;
sfr TCON = 0x88;
sfr TMOD = 0x89;
sfr TL0    = 0x8A;
sfr TL1    = 0x8B;
sfr TH0    = 0x8C;
sfr TH1    = 0x8D;
sfr IE     = 0xA8;
sfr IP     = 0xB8;
sfr SCON = 0x98;
sfr SBUF = 0x99;

/*   BIT Register   */
/*   PSW     */
sbit CY     = 0xD7;
sbit AC     = 0xD6;
sbit F0     = 0xD5;
sbit RS1    = 0xD4;
sbit RS0    = 0xD3;
sbit OV     = 0xD2;
sbit P      = 0xD0;

/*   TCON   */
sbit TF1    = 0x8F;
sbit TR1    = 0x8E;
sbit TF0    = 0x8D;
sbit TR0    = 0x8C;
sbit IE1    = 0x8B;
sbit IT1    = 0x8A;
sbit IE0    = 0x89;
sbit IT0    = 0x88;

/*   IE     */
sbit EA     = 0xAF;
sbit ES     = 0xAC;
sbit ET1    = 0xAB;
sbit EX1    = 0xAA;
sbit ET0    = 0xA9;
sbit EX0    = 0xA8;

/*   IP     */
sbit PS     = 0xBC;
```

```
sbit PT1   = 0xBB;
sbit PX1   = 0xBA;
sbit PT0   = 0xB9;
sbit PX0   = 0xB8;

/*  P3  */
sbit RD    = 0xB7;
sbit WR    = 0xB6;
sbit T1    = 0xB5;
sbit T0    = 0xB4;
sbit INT1 = 0xB3;
sbit INT0 = 0xB2;
sbit TXD   = 0xB1;
sbit RXD   = 0xB0;

/*  SCON  */
sbit SM0   = 0x9F;
sbit SM1   = 0x9E;
sbit SM2   = 0x9D;
sbit REN   = 0x9C;
sbit TB8   = 0x9B;
sbit RB8   = 0x9A;
sbit TI    = 0x99;
sbit RI    = 0x98;

/*--------------------------------------------------------------------------
STDIO.H
Prototypes for standard I/O functions.
Copyright (c) 1988-2001 Keil Elektronik GmbH and Keil Software, Inc.
All rights reserved.
--------------------------------------------------------------------------*/
#ifndef EOF
#define EOF -1
#endif

#ifndef NULL
#define NULL ((void *) 0)
#endif

#ifndef _SIZE_T
#define _SIZE_T
typedef unsigned int size_t;
#endif

#pragma SAVE
#pragma REGPARMS
```

```
extern char _getkey (void);
extern char getchar (void);
extern char ungetchar (char);
extern char putchar (char);
extern int printf     (const char *, ...);
extern int sprintf    (char *, const char *, ...);
extern int vprintf    (const char *, char *);
extern int vsprintf (char *, const char *, char *);
extern char *gets (char *, int n);
extern int scanf (const char *, ...);
extern int sscanf (char *, const char *, ...);
extern int puts (const char *);

#pragma RESTORE
```

说明：

（1）以符号#开头的都是预处理指令中的一种。预处理指令共有四种类型：宏定义命令、文件包含命令、条件编译命令、布局控制命令。功能如下：

```
#define        宏定义
#undef         未定义宏
#include       文本包含
#ifdef         如果宏被定义就进行编译
#ifndef        如果宏未被定义就进行编译
#endif         结束编译块的控制
#if            表达式非零就对代码进行编译
#else          作为其他预处理的剩余选项进行编译
#elif          这是一种#else 和#if 的组合选项
#line          改变当前的行数和文件名称
#error         输出一个错误信息
#pragma        为编译程序提供非常规的控制流信息
```

例如：

```
#ifndef <标识符>
程序段 1
#else
程序段 2
#endif
```

其作用是：若标识符未被定义则编译程序段 1，否则编译程序段 2。详细解释可参考有关资料。

（2）上例中的<标识符>的命名规则一般是头文件名全部大写，前后加下画线，并把文件名中的“.”也变成下画线，如 ABSACC.H。

```
#ifndef _ABSACC_H_
#define _ABSACC_H_
```

（3）#define CBYTE（(unsigned char volatile code *）0）定义了一个宏 CBYTE，其具有如下属性：

❶ 把 CBYTE 定义成一个指针（*号）；0 是 CBYTE 的初始地址；

❷ 这个地址是代码段的地址（code）；并且是 unsigned char 类型的地址；

❸ 这个地址的内容是易逝性的（volatile）；

例如，如果用语句#define XBYTE（(unsigned char volatile xdata *）0）定义了宏 XBYTE，则当程序中出现 XBYTE[0x007f]=0xff 语句，则其功能是向外部 RAM 的地址 0x007f 写入 0xff。

参考文献

［1］姚国林．单片机原理与应用技术．北京：清华大学出版社，2009.

［2］黄建新．单片机原理、接口技术及应用．北京：化学工业出版社，2009.

［3］陈光军，傅越千．微机原理与接口技术．北京：北京大学出版社，2007.

［4］李群芳，肖看．单片机原理、接口及应用——嵌入式系统技术基础．北京：清华大学出版社，2005.

［5］胡汉才．单片机原理及其接口技术．(第2版)．北京：清华大学出版社，2004.

［6］李广弟，朱月秀，王秀山．单片机基础．(第 2 版)．北京：北京航空航天大学出版社，2001.

［7］张毅刚．MCS-51 单片机应用设计．哈尔滨：哈尔滨工业大学出版社，1997.

［8］李全利．单片机原理及接口技术．(第 2 版)．北京：高等教育出版社，2009.

［9］葛长虹．工业测控系统的抗干扰技术．北京：冶金工业出版社，2006.

［10］边春远，王志强．MCS-51 单片机应用开发实用子程序．北京：人民邮电出版社，2005.

［11］朱清慧，张凤蕊，翟天嵩等编著．Proteus 教程—电子线路设计、制版与仿真[M]．第 2 版．北京：清华大学出版社，2011.

［12］彭伟编著．单片机 C 语言程序设计实训 100 例—基于 8051+Proteus 仿真[M]．北京：电子工业出版社，2009.

［13］刘娟，梁卫文，程莉等编著．单片机 C 语言与 PROTEUS 仿真技能实训[M]．北京：中国电力出版社，2010.

［14］吴亦锋，阵德为．单片机原理与接口技术．北京：电子工业出版社，2010.

读者服务表

尊敬的读者：

感谢您采用我们出版的教材，您的支持与信任是我们持续上升的动力。为了使您能更透彻地了解相关领域及教材信息，更好地享受后续的服务，我社将根据您填写的表格，继续提供如下服务：

1. 免费提供本教材配套的所有教学资源；
2. 免费提供本教材修订版样书及后续配套教学资源；
3. 提供新教材出版信息，并给确认后的新书申请者免费寄送样书；
4. 提供相关领域教育信息、会议信息及其他社会活动信息。

基 本 信 息					
姓名		性别		年龄	
职称		学历		职务	
学校		院系（所）		教研室	
通信地址				邮政编码	
手机		办公电话			
E-mail				QQ 号码	

教 学 信 息			
您所在院系的年级学生总人数			
	课程 1	课程 2	课程 3
课程名称			
讲授年限			
类　型			
层　次			
学生人数			
目前教材			
作　者			
出 版 社			
教材满意度			

书　评
结构（章节）意见
例题意见
习题意见
实训/实验意见

您正在编写或有意向编写教材吗？希望能与您有合作的机会！		
状　态	方向/题目/书名	出 版 社
□正在写□准备中 □有讲义□已出版		

联系的方式有以下三种：

1. 发 Email 至 lijie@phei.com.cn 领取电子版表格；
2. 打电话至出版社编辑 010-88254501（李洁）；
3. 填写该纸质表格，邮寄至“北京市万寿路 173 信箱，李洁收，100036”

我们将在收到您信息后一周内给您回复。电子工业出版社愿与所有热爱教育的人一起，共同学习，共同进步！